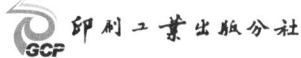

  中国轻工业"十三五"规划教材
普通高等教育"十四五"规划教材

包装印刷技术

（第二版）

主　编｜霍李江

编　著｜霍李江　刘俊杰　商　洪
　　　　王　男　盛　龙　李　超

主　审｜赵秀萍

BAOZHUANG
YINSHUAJISHU

文化发展出版社
Cultural Development Press
·北京·

内容提要

中国轻工业"十三五"普通高等教育规划教材《包装印刷技术》（第二版）是根据国家教育部针对普通高等教育包装工程专业制定的有关规范要求，参考在本课程教学与实践中的有益经验编写而成。本书共分七章，分别就包装印刷含义与基本概念、印前图文信息处理、常规印刷技术方法、数字印刷和特种印刷技术方法、印后加工技术方法、常规印刷设备与生产线、包装印刷产品典型实例进行了系统全面的介绍。结合包装印刷产业的发展，在系统阐述包装印刷技术基本概念、原理和方法的同时，本书重点介绍包装印刷生产加工流程各环节的工艺、材料、设备以及质量控制的常见问题，并吸纳了该领域近年发展的新技术。本书还特别关注对学生的包装印刷工艺设计以及包装印刷绿色化意识和能力的培养，在相关章节介绍了有关方法。

本书适于做普通高等教育包装工程专业教材，也可供包装、印刷领域的相关人员及高等院校其他相关专业师生参考。

图书在版编目（CIP）数据

包装印刷技术 / 霍李江主编. — 2版. — 北京：文化发展出版社，2023.3
ISBN 978-7-5142-3890-7

Ⅰ．①包… Ⅱ．①霍… Ⅲ．①装潢包装印刷－高等学校－教材 Ⅳ．①TS851

中国版本图书馆CIP数据核字(2022)第240953号

包装印刷技术（第二版）

主　　编：霍李江
编　　著：霍李江　刘俊杰　商　洪　王　男　盛　龙　李　超
主　　审：赵秀萍

责任编辑：杨　琪　　　　　责任校对：岳智勇
责任印制：邓辉明　　　　　封面设计：韦思卓
出版发行：文化发展出版社（北京市翠微路2号 邮编：100036）
发行电话：010-88275993　010-88275710
网　　址：www.wenhuafazhan.com
经　　销：全国新华书店
印　　刷：北京九天鸿程印刷有限责任公司

开　　本：787mm×1092mm　1/16
字　　数：438千字
印　　张：20.25
版　　次：2023年3月第2版
印　　次：2025年3月第2次印刷

定　　价：69.00元
ＩＳＢＮ：978-7-5142-3890-7

◆ 如有印装质量问题，请与我社印制部联系　电话：010-88275720

前言

　　包装印刷技术和产品以其显著的特点,已经在印刷生产和市场中占有越来越大的份额。包装印刷技术研发与生产的各个环节都不断采用来自设计、材料、机械、计算机技术、自动化控制、网络技术、激光技术等领域的新兴技术,正在快速地变革。

　　包装印刷技术是普通高等教育包装工程专业的核心课程,《包装印刷技术》(第二版)是中国轻工业"十三五"普通高等教育规划教材。它是根据国家教育部《普通高等学校包装工程专业规范》的相关要求,结合包装印刷产业的发展,由包装印刷技术课程教学一线教师团队和在包装印刷生产领域耕耘多年的高级专业技术人员共同编写。本书在编写过程中充分挖掘本门课程中的思政元素和内涵,将爱国主义、科学精神、生态文明渗透到课程教学之中,特在本书相关章节介绍了有关内容,以此引导学生树立正确的印刷原稿选择和工艺设计、绿色包装印刷生产、环境保护等理念,增强社会责任感,厚植爱国情怀。

　　《包装印刷技术》(第二版)系统介绍了包装印刷技术基本概念和原理、包装印刷工艺及其典型应用实例。考虑到包装印刷技术的实践性较强,全书相应部分以实际包装印刷生产加工流程为主线,对相关理论知识、实际技术方法进行了梳理;同时,将包装印刷技术理论方法与实际产品制造相结合,将常见包装产品印刷生产实例独立成章,以便能进一步增强学生分析基本问题与解决实际问题的能力,也便于学生对相关理论方法达成更好的理解。

　　全书分为七章,第一章介绍了包装印刷的含义、包装印刷工艺设计方法框架以及包装印刷绿色化的基本思想和方法;第二章介绍了颜色的分解与复制、图文信息处理与输出、打样与制版的相关理论和方法;第三章介绍了常规印刷技术方法及其质量检测与控制,包括柔性版印刷、平版胶印、凹版印刷和丝网印刷技术;第四章介绍了数字印刷和特种印刷技术方法,包括静电印刷、喷墨印刷、立体印刷、全息印刷和各类防伪印刷技术;第五章介绍了印后加工技术方法,包括覆膜、上光、凹凸压印、烫印和模切压痕等工艺方法及其设备；第六章介绍了与柔性版印刷、胶版印刷、凹版印刷、丝网印刷相关的常规印刷设备及其生产线；第七章介绍了包装印刷产品典型实例，包括各类纸盒印刷、瓦楞纸箱印刷、塑料包装印刷、金属包装印刷和标签印刷等包装产品的印制加工方法。

  本书由大连工业大学霍李江教授主编并统稿。天津科技大学赵秀萍教授对全书进行了审阅，给予了宝贵意见。书中第一章、第二章、第七章由大连工业大学霍李江、李超编写；第三章第一节、第六章第一节由天津赛嘉科技有限公司商洪和大连工业大学刘俊杰、霍李江编写；第三章第二节、第六章第二节由大连新世纪印刷信息产业有限公司王男和大连工业大学刘俊杰、霍李江编写；第三章第三、四节和第六章第三、四节由大连工业大学刘俊杰编写；第四章由大连工业大学刘俊杰、盛龙编写；第五章由大连工业大学霍李江、盛龙编写。

  在书稿编写过程中，编著者参阅了印刷科技界前辈和学者的书籍、科技文章以及印刷生产领域的科技信息，有幸得到了同行们的支持和帮助。借本书出版之机，一并深表谢意！由于作者水平有限，书中难免有疏漏不当之处，敬请同人与广大读者给予批评指正。

编著者

2022 年 9 月

目录

第一章 包装印刷概述 / 1

第一节 印刷与包装印刷 / 1
  一、印刷的定义与分类 / 1
  二、包装与包装印刷 / 6
  三、一般印刷工艺流程 / 7
第二节 包装印刷工艺设计 / 8
  一、包装印刷原稿选择与设计 / 8
  二、包装印刷技术方式的选择 / 9
  三、包装印刷表面整饰与成型工艺的确定 / 9
第三节 包装印刷绿色化 / 10
  一、包装印刷的环境影响 / 10
  二、包装印刷生命周期评价 / 10

第二章 印前图文信息处理 / 11

第一节 颜色的分解与复制 / 11
  一、颜色、颜料的要素与特性 / 11
  二、颜色分解与合成 / 14
  三、图像再现原理与方式 / 16
  四、色彩管理 / 20
第二节 图文信息处理与输出 / 21
  一、数字印前处理系统和数字工作流程 / 21
  二、图像采集与数字化处理 / 22
  三、图像输出与数字化加网 / 27
  四、排版规范与软件 / 29
  五、文字处理及排版 / 30
  六、拼大版 / 30

第三节 打样与制版 / 32
    一、打样原理与系统 / 32
    二、传统制版 / 36
    三、计算机直接制版 / 36

第三章 常规印刷技术方法 / 39

第一节 柔性版印刷 / 39
    一、柔性版印刷的原理与特点 / 39
    二、柔性版版制作 / 41
    三、柔性版印刷工艺 / 46
    四、柔性版印刷质量检测与控制 / 48

第二节 平版印刷 / 49
    一、平版印刷原理与特点 / 49
    二、平版制版 / 51
    三、平版胶印印刷工艺 / 56
    四、平版印刷质量检测与控制 / 56
    五、无水胶印 / 66

第三节 凹版印刷 / 69
    一、凹版印刷原理与特点 / 69
    二、凹版制作 / 70
    三、凹版印刷工艺 / 73
    四、凹版印刷质量检测与控制 / 80

第四节 丝网印刷 / 83
    一、丝网印刷原理与特点 / 83
    二、丝网版制作 / 85
    三、丝网印刷工艺 / 90
    四、丝网印刷质量检测与控制 / 98

第四章 数字印刷和特种印刷技术方法 / 108

第一节 静电印刷 / 108
    一、静电成像技术 / 108
    二、静电成像基本过程 / 110
    三、静电照相数字印刷机 / 113

第二节 喷墨印刷 / 119
    一、喷墨印刷工艺概述 / 120
    二、喷墨印刷技术原理 / 120
    三、喷墨印刷材料 / 123

四、喷墨印刷设备 / 125
第三节　立体印刷 / 129
　　一、立体印刷基本原理 / 129
　　二、光栅 / 134
　　三、立体印刷图像效果和分类 / 136
　　四、普通立体印刷工艺 / 138
　　五、立体变画印刷工艺 / 144
第四节　全息印刷 / 145
　　一、全息照相技术 / 145
　　二、全息印刷工艺 / 152
　　三、全息图产品的复制 / 159
第五节　防伪印刷 / 160
　　一、油墨防伪技术 / 160
　　二、承印材料防伪技术 / 161
　　三、制版防伪技术 / 162
　　四、印刷、印后工艺防伪技术 / 165
　　五、条形码防伪技术 / 171

第五章　印后加工技术方法　/　181

第一节　覆膜 / 181
　　一、覆膜工艺的分类 / 182
　　二、即涂膜覆膜工艺与设备 / 182
　　三、预涂膜覆膜工艺与设备 / 187
　　四、开窗覆膜工艺与设备 / 189
第二节　上光 / 191
　　一、上光工艺的分类 / 191
　　二、通用上光工艺 / 192
　　三、压光工艺 / 194
　　四、特殊产品的上光、压光工艺 / 195
　　五、上光设备 / 197
第三节　凹凸压印 / 200
　　一、凹凸压印的制版工艺 / 201
　　二、凹凸压印的加工工艺 / 204
　　三、凹凸压印设备 / 206
第四节　烫印 / 207
　　一、烫印的原理与分类 / 208
　　二、常规烫印工艺 / 209

三、全息烫印技术 / 214
　　四、立体烫印技术 / 216
　　五、烫印设备 / 218
第五节　模切压痕 / 224
　　一、模切压痕的原理 / 224
　　二、模切压痕制版工艺 / 225
　　三、模切压痕加工工艺 / 231
　　四、模切压痕设备 / 233

第六章　常规印刷设备与生产线 / 239

第一节　柔性版印刷设备与生产线 / 239
　　一、柔性版印刷设备类型与机构组成 / 239
　　二、柔性版印刷设备生产线 / 246
第二节　胶版印刷设备与生产线 / 257
　　一、胶版印刷设备类型与机构组成 / 257
　　二、胶版印刷机自动控制系统 / 262
第三节　凹版印刷设备与生产线 / 262
　　一、凹版印刷设备类型与机构组成 / 263
　　二、凹版印刷机自动套准控制系统 / 267
第四节　丝网印刷设备与生产线 / 273
　　一、丝网印刷设备类型与机构组成 / 273
　　二、丝网印刷设备生产线 / 281

第七章　包装印刷产品典型实例 / 285

第一节　纸包装印刷 / 285
　　一、纸盒印刷 / 285
　　二、瓦楞纸箱印刷 / 289
第二节　塑料包装印刷 / 292
　　一、塑料软包装印刷 / 292
　　二、塑料容器印刷 / 297
第三节　金属包装印刷 / 301
　　一、单张金属板印刷 / 301
　　二、金属容器印刷 / 306
第四节　不干胶标签印刷 / 307
　　一、不干胶标签材料 / 307
　　二、不干胶标签印刷 / 309

参考文献　/ 313

第一章　包装印刷概述

第一节　印刷与包装印刷

一、印刷的定义与分类

（一）印刷的定义及要素

印刷曾经被定义为"是使用印版或其他方式将原稿上的图文信息转移到承印物上的工艺技术"。而今国家标准 GB9851.1—2008《印刷技术术语》中对印刷的定义是：印刷是使用模拟或数字的图像载体将呈色剂/色料（如油墨）转移到承印物上的复制过程。可见，随着相关科学技术的发展，印刷的内涵和外延均有所变化，一些印刷工艺和方法也出现了日新月异的变革。

常规印刷都是使用印版将信息源中的图文信息转移到承印物上，这类印刷工艺技术也统称为有版印刷，而不使用印版完成图文转移的印刷工艺技术则称为无版印刷。对于常规印刷来说，必须具有信息源（原稿）、印版、油墨、承印物、印刷机械五大要素，才能生产印刷品。

1. 信息源

信息源是印刷复制的对象，是制版与印刷的基础，在印刷中也通常被称为原稿。信息源中的信息类型及信息质量和准确性是直接影响印刷品质量的主要因素之一，因此为保证印刷品的质量，必须选择和制作适合制版、印刷的信息源（原稿）。

传统原稿主要是指各类物理载体上的图文信息，如彩色照片、彩色反转片、画稿及织物等，然而随着计算机技术及网络技术在印刷领域中的广泛应用，印刷信息源的形式更加多样化。

按信息源的载体不同可以分为传统的物理载体原稿和电子原稿，电子原稿是以各种媒体为图文信息载体的原稿，常见的存储图文信息的载体有磁性媒体（软磁盘、硬磁盘、可移动磁盘）、光学媒体（光盘）、磁光媒体（磁光盘）等。印刷信息源的分类与说明如表 1-1 所示。

表 1-1 印刷信息源的分类与说明

名称		说明	实例
传统印刷信息源	反射原稿	以不透明材料为图文信息载体的原稿，包括：反射线条原稿、照相反射线条原稿、反射连续调原稿、照相反射连续调原稿	彩色照片、黑白照片、线条图案画稿、文字原稿、画稿等
	透射原稿	以透明材料为图文信息载体的原稿，包括：透射线条原稿、照相透射线条负片原稿、照相透射线条正片原稿、照相透射连续调正片原稿、绘制透射连续调原稿、照相透射连续调正片原稿	照相底片、黑白或彩色负片、黑白或彩色反转片、拷贝片、胶片画稿等
	实物原稿	复制技术中以实物作为复制对象	画稿、织物、实物等
电子原稿		以电子媒体为图文信息载体的原稿	软磁盘、硬磁盘、可移动磁盘、光盘、磁光盘等

2. 印版

印版是用于传递油墨至承印物上的印刷图文载体。根据印版上图文部分和空白部分的相对位置、高度差别或传递油墨的方式，印版被划分为平版、凸版、凹版和孔版等。用于制版的材料有金属和非金属两大类。

（1）平版

平版印版上的图文部分和空白部分，没有明显的高低之差，几乎处于同一平面上，如图 1-1（a）所示。图文部分亲油疏水，而空白部分亲水疏油。平版印版有 PS 版、平凹版、多层金属版和蛋白版等。

（2）凸版

凸版印版上的空白部分凹下，图文部分凸起并且在同一平面或同一半径的弧面上，图文部分和空白部分高低差别悬殊，如图 1-1（b）所示。凸版印版有铅活字版、铜版、锌版以及橡胶凸版和感光树脂版等柔性版。

（3）凹版

凹版印版上的图文部分凹下，空白部分凸起并在同一平面或同一半径的弧面上，版面的结构形式和凸版相反，如图 1-1（c）所示。凹版印版有手工或机械雕刻凹版、照相凹版、电子雕版凹版、激光雕刻凹版。

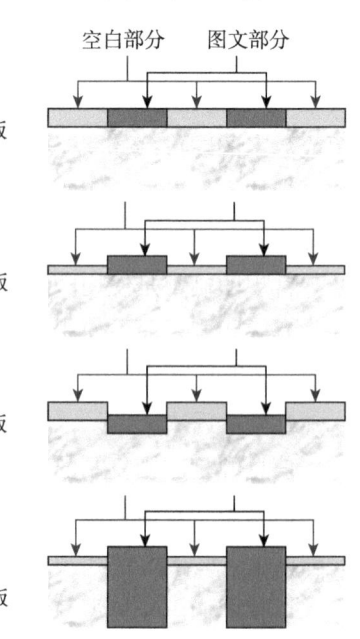

图 1-1 印版结构示意图

（4）孔版

孔版印版上的图文部分由可以将油墨漏印至承印物上的孔洞组成，而空白部分则不能透过油墨，如图1-1（d）所示。孔版印版有誊写版、镂空版、丝网版等。

3. 油墨

油墨是在印刷过程中被转移到承印物上的成像物质，通常是用色料（一般是颜料或染料）、连接料和助剂按照一定比例调配而成，具有一定的流动性和黏附性。按目前印刷方式的大类，油墨可分为平版印刷油墨、柔性版印刷油墨、凹版印刷油墨、丝网版印刷油墨以及特种印刷油墨等。

4. 承印物

承印物是能够接受油墨或吸附色料并呈现图文的各种物质的总称，主要有纸张、塑料薄膜、纤维织物、金属、玻璃、陶瓷等。随着新材料的研制和开发，一些新型复合材料在印刷业内已越来越多地被使用，但目前用量最大的承印材料还是纸质材料和塑料类材料。

5. 印刷机械

印刷机械是用于生产印刷品的机器、设备的总称。其主要功能是将油墨涂布到印版上，然后在印刷压力的作用下使印版上的图文转移到承印物表面而形成印刷品，因此，"印刷机械"这一印刷要素又被称为"印刷压力"。

若按印版的种类进行分类，印刷设备可以分为平版、凸版、凹版、孔版、特种印刷机五大类。每一类印刷机又可根据其结构、印刷幅面、色数等进行分类，例如，按印刷装置压印机构施加压力的方式，可将印刷机分为平压平型、圆压平型和圆压圆型三种类型；按印刷色数可以分为单色印刷机、双色印刷机及多色印刷机等；按印刷幅面可以分为四开印刷机、对开印刷机和全开印刷机。

若按常规印刷和数字印刷工艺，印刷设备又可以分为常规印刷机和数字印刷机。常规印刷机通常指平版、凸版、凹版、孔版印刷机，一般由输纸、输墨（平版印刷机还有输水装置）、定位控制、印刷（印版和压印滚筒）、收纸等装置组成。

随着数字印刷技术的不断发展，数字印刷机的种类也越来越多。按数字印刷成像原理，可将数字印刷机分为静电成像数字印刷机、离子成像数字印刷机、磁记录成像数字印刷机、热敏成像数字印刷机、电子成像数字印刷机和其他成像（如直接成像/诱导成像、离子流成像等）数字印刷机。不同成像方式的数字印刷机则由不同的部件组成。

（二）印刷的分类

按照媒质转移到承印物上的方式不同，可将印刷分为模拟印刷和数字印刷两大类别。

1. 模拟印刷

模拟印刷就是人们通常所说的传统四大印刷方式，即平版印刷（胶版印刷）、凸版印刷、凹版印刷和孔版印刷。

（1）平版印刷（胶版印刷）

平版印刷现在一般也被称为胶版印刷，是指使用平版印版，利用油、水不相溶的原理施印的印刷方式。印刷时，先由水辊向印版供给润湿液（主要成分是水），使空白的部分吸附水分，形成抗拒油墨浸润的水膜，然后由墨辊向印版供给油墨，使图文部分黏附油墨，再施加压力，图文部分的油墨经橡皮滚筒转印到承印物表面。平版印刷的印刷原理如图1-2所示。

（2）凸版印刷

凸版印刷是使用凸版印版施印的印刷方式。墨辊首先滚过印版表面，使油墨黏附在凸起的图文部分，然后承印物和印版上的油墨相接触，在压力的作用下，图文部分的油墨便转移到承印物表面。凸版印刷的印刷原理如图1-3所示。

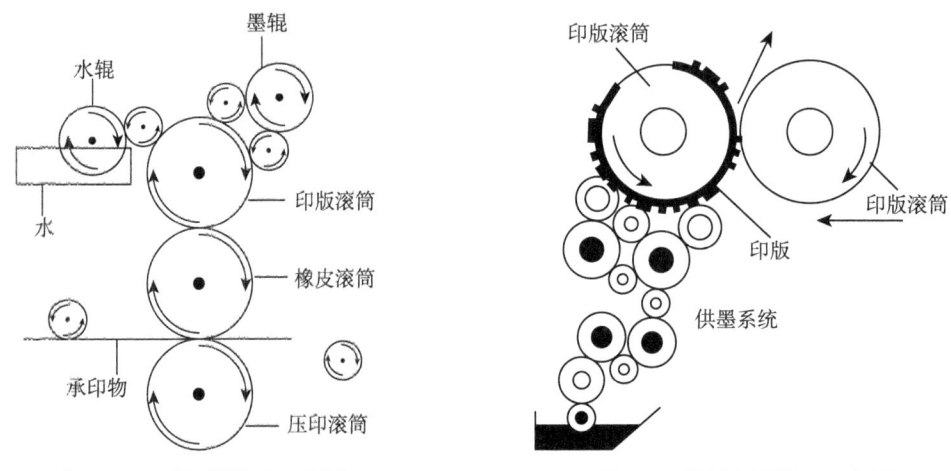

图1-2　平版印刷原理示意图　　　　　图1-3　凸版印刷原理示意图

（3）凹版印刷

凹版印刷是使用凹版印版施印的印刷方式。印刷时，先将整个印版表面涂满油墨，然后由刮墨装置去除空白部分的油墨，使油墨仅存留在图文部分的"孔穴"之中，再在较大的压力作用下，将油墨转移到承印物表面。凹版印刷的印刷原理如图1-4所示。

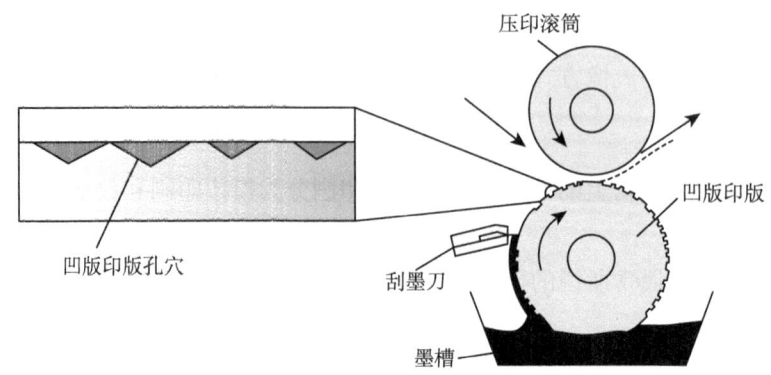

图1-4　凹版印刷原理示意图

（4）孔版印刷

孔版印刷是使用孔版印版施印的印刷方式。印刷时，先把油墨堆积在印版的一侧，然后用刮板或压辊边移动边刮压或滚压，使油墨透过印版的孔洞或网眼漏印到承印物表面。目前常说的孔版印刷通常是指丝网印刷，丝网印刷的印刷原理如图1-5所示。

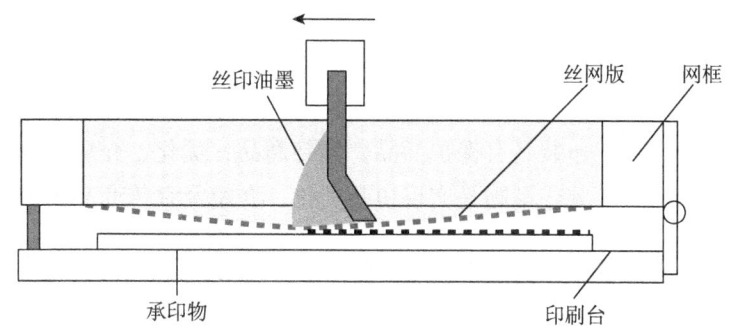

图1-5　丝网印刷原理示意图

2. 数字印刷

数字印刷是与传统模拟印刷的概念迥然不同的现代印刷技术，可以说是计算机技术和数字技术发展的产物。与模拟印刷相比，它省去了许多工序，如不需要胶片、不需要分色制版，可以将数字页面直接输出到承印物上，从而大大简化了印刷工艺过程。如图1-6所示为一台数码打样机输出样张图。

数字印刷是利用某种技术或工艺手段将数字化的图文信息直接记录在印版或承印介质（纸张、塑料等）上，即将由计算机制作好的数字页面信息经

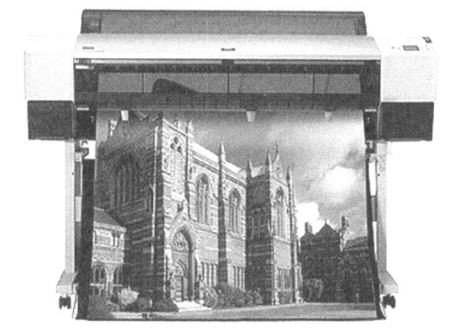

图1-6　数码打样

过RIP处理，激光成像，直接输出印版或印刷品。数字印刷的工作过程是从计算机直接到印版或纸张等承印物，即所谓CTP技术。目前，业内对CTP的理解有以下4种。

（1）Computer to Plate：即从计算机直接到印版，也是人们经常说的"脱机直接制版"，免去了胶片这一中间媒介，减少了中间过程的信息质量损失和材料消耗。

（2）Computer to Press：即从计算机直接到印刷机，也是人们经常说的"在机直接制版"。它是将印版装在数字印刷机的滚筒上，通过计算机控制的激光束，将图文信息直接输出到印版上，然后就开机印刷。目前，这种印版可以记录图文，但不能擦去，只能一次使用。

（3）Computer to Paper / Print：即从计算机直接到纸张或印品。Computer to Paper技术相当于喷墨印刷，即通过计算机控制喷墨头，将极小的墨滴直接喷绘在纸上，形成图文信息；Computer to Print相当于由计算机控制的激光束将图文信息直接输出到"印版"上，即可开机印刷。

（4）Computer to Proof：即从计算机直接得到样张，是数字打样。

由于印刷品的种类繁多，应用范围极为广泛，除了上述分类方法以外，还有很多其他的分类方法，例如：按印刷品的用途可将印刷分为书刊印刷、报纸印刷、包装印刷、表格印刷、证券印刷及地图印刷等等；按承印材料的种类可将印刷分为纸及纸板印刷、塑料印刷、金属印刷及玻璃印刷等；按印刷色数可分为单色印刷、双色印刷和多色印刷。

二、包装与包装印刷

随着商品经济的发展，包装已经不仅是为了保护商品，同时具有识别、方便使用并且美化商品的作用。因此，现代包装具有保护商品，容装商品，美化、介绍、宣传商品和方便流通及使用等多种功能，而包装印刷则是实现包装美化、介绍及宣传商品和方便流通等功能的重要技术手段之一。

（一）包装印刷及其分类

包装印刷是指以包装材料、包装制品、标签等为承印物而采用的印刷方式和印后加工处理技术。包装印刷广泛采用了一般印刷技术的成果，并在一般印刷技术的基础上不断发展，已经逐步形成了一个独立的印刷产业体系。

包装印刷的产品种类繁多，用途广泛，包装印刷的分类方法有很多种，常用的有以下4种。

1. 按印版类型分类

按印版类型的不同，包装印刷可以分为平版印刷（胶版印刷）、凸版印刷（常用的是柔性版印刷）、凹版印刷、孔版印刷（最常用的是丝网印刷）和其他印刷。

2. 按承印材料分类

按承印材料种类的不同，包装印刷可以分为纸和纸板印刷、塑料印刷、金属印刷、玻璃印刷、陶瓷印刷、织物印刷和其他印刷。

3. 按包装制品及用途分类

按包装制品及用途的不同，可以将包装印刷分为纸盒、纸箱、纸袋印刷，塑料软包装和塑料容器印刷，金属罐、金属盒、软管印刷，玻璃及陶瓷包装制品印刷，商标及标签印刷，条形码印刷以及其他包装制品印刷。

4. 按承印的包装制品表面形态分类

按包装制品表面形态的不同，可以将包装印刷分为平面印刷、曲面印刷和球面印刷等。

（二）包装印刷的特点

包装的形式多种多样，包装印刷亦更加多样化和复杂化。与一般印刷相比，包装印刷的技术特点和产品特性主要体现在以下5个方面。

1. 承印物种类多、变化大

一般印刷通常是在纸上进行平面印刷，而包装材料不仅有纸和纸板，还包括瓦楞纸、塑料、金属、玻璃、陶瓷以及各种复合材料等；包装容器造型也越来越多样化，有平面亦有曲面和不规则面的包装印刷品。因此，包装印刷产品的承印材料和形态各异。

2. 印刷方式多样化

包装印刷除采用常规的胶版印刷、凹版印刷、柔性版印刷和丝网印刷外，为了增加一些特殊装潢或者功能效果，还常常采用特种印刷技术，如立体印刷、激光全息印刷、液晶印刷、组合印刷等。

3. 生产方式灵活

包装印刷的生产方式根据产品的要求，呈现出鲜明的特性，例如，品种多、规格多、质量档次高，印刷数量从几十到百万印不等。

4. 印前印后加工处理复杂

包装印刷承印材料多样化，纸包装印刷印后往往需要上光、覆膜、模切成型等加工；塑料包装印刷时，为了增加油墨在塑料表面的黏附性并消除静电，通常印前需经过电晕等方式对塑料进行印前处理；金属包装印刷时，印前需印涂料印白墨，而印后又需要印罩光油及冲压成罐等操作加工。

5. 包装印刷产品需满足包装适性

包装印刷产品为了满足充填内容物的包装过程以及包装使用过程的一系列要求，必须具有一些特性，如耐包装充填性、耐摩擦性、耐内容物性、耐水性、耐光性、无臭性且引人注目性等。

三、一般印刷工艺流程

一个完整的印刷工艺流程包括印前、印刷和印后三大环节，如图1-7所示。

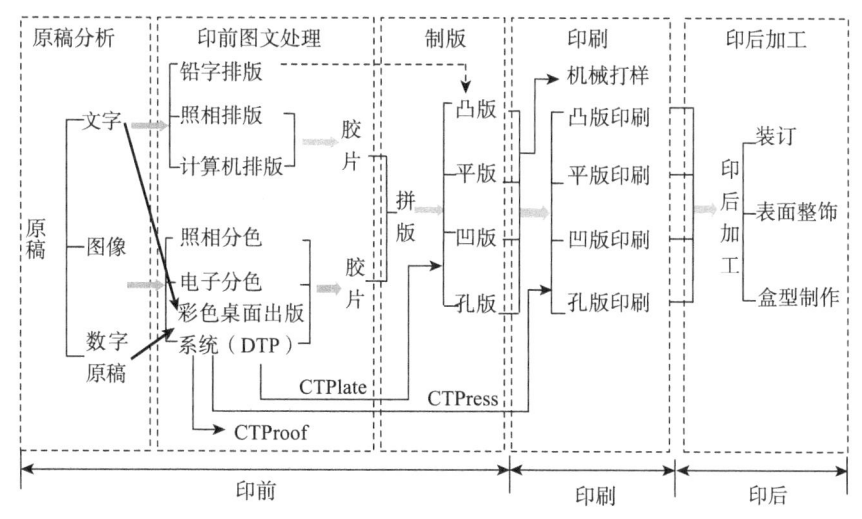

图1-7 一般印刷工艺流程

传统印刷品的生产，一般要经过原稿的选择或设计、原版制作、印版晒制、印刷、印后加工等5个工艺过程。而现代数字印刷流程将大大地减少印刷工艺过程，能够实现从数字页面直接获取印版或者印刷品。

第二节 包装印刷工艺设计

包装印刷工艺设计即是根据客户提出的要求,对包装印刷诸要素进行的一种科学设计。具体地说,就是根据客户对包装印刷品在装潢、造型、质地、功能、价格、生产周期方面的要求,对包装设计、包装印刷材料、印前工艺、印刷工艺、印后加工等方面经过系统比较分析,做出的一项合理的选择。

以纸包装为例,一个包装印刷工艺设计的流程如图1-8所示。

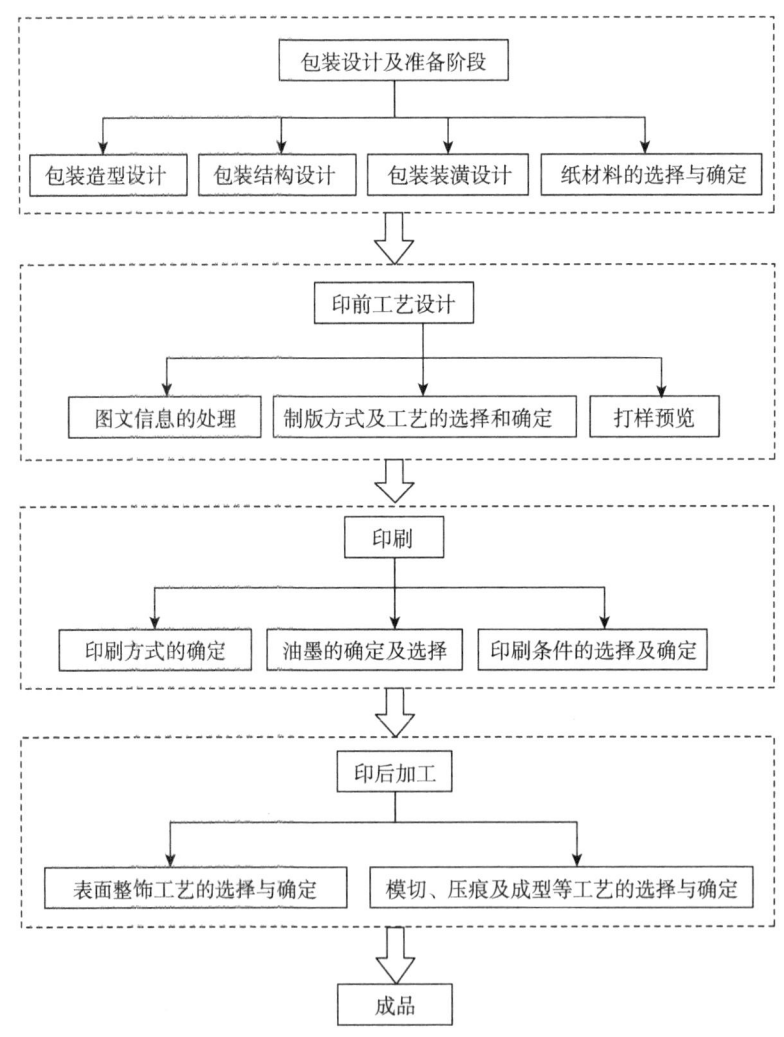

图1-8 纸包装印刷工艺设计流程

一、包装印刷原稿选择与设计

一件包装装潢设计稿往往是图案、色彩、文字相互综合而成的总体,在确定文字图案的布局、色彩选择及总体方案时，除考虑包装商品的性质和美学、艺术效果外，还需考虑制版印刷后的实际效果。

在整个包装印刷复制过程中，应尽量保持原稿的格调。原稿常有反射原稿、透射原稿和电子原稿等，每类原稿按照制作方式和图像特点又有照相、绘制、线条调、连续调之分。原稿质量的优劣直接影响包装印刷产品的质量，因此必须选择和设计适合印刷的原稿。

产品包装及其表面装潢是流动的广告，是一种无声的语言，选择和设计包装印刷原稿图文内容时要注重弘扬时代和民族主旋律，具备传承优秀文化的意识，遵守包装设计职业道德。例如，用于中华老字号产品的包装印刷原稿，常用的主题和素材可以包括：体现中国地域风采和人文精神，以特色地标、文化以及体现时代新风采的人文景观为素材；体现我国优秀传统文化，展现历史积淀和传承，以瓷器、国画、书法、功夫、戏曲、老手艺等为素材；体现各地民风民俗和人民幸福生活，以各地传统节日特色活动以及常用来代表思乡的剪纸、窗棂、屏风、服饰、家庭团圆画面等为素材；体现时尚发展主题，借鉴有趣的卡通形象和健康的时尚元素，与老字号进行有机融合等。

二、包装印刷技术方式的选择

可用于包装印刷的印刷方式有很多种，如平版印刷（胶版印刷）、凸版印刷（柔性版印刷）、凹版印刷、丝网印刷、数字印刷及其他特种印刷，必须基于产品需求及印刷技术方式自身的特点来进行选择。

油墨是主要印刷材料之一，应该根据不同的印刷方式及承印材料特点进行选择，并且要考虑其环保性能。

从印刷的角度，包装材料的选择应从包装印刷品的功能、环境特性及最终印刷效果等方面进行综合考虑。对不同种类的包装材料要进行准确的印刷适性分析，以便确定合理的印刷工艺及其技术参数。

印前是印刷工艺流程中的重要一环，不同的印刷方式对印前环节有不同的要求。印前工艺设计主要包括：（1）根据客户的要求、实际印刷工艺以及包装印刷产品的特点来对图文信息进行技术处理，如图像清晰度处理、图像的色彩校正等；（2）制版方式及工艺的选择和确定。制版方式是与印刷方式相对应的，一般有胶版、凹版、凸版（柔性版）及丝网印版的制版。而对于无版印刷，则无须制版。因此，可根据实际需要设计合理的工艺流程。

三、包装印刷表面整饰与成型工艺的确定

包装印刷产品表面整饰工艺主要有上光、覆膜、烫印、压凹凸等，主要用于提高包装印刷产品表面的装饰性，也可为防伪包装技术所用。另外，还采用模切压痕等印后加工技术完成包装印刷产品的成型。

第三节　包装印刷绿色化

由于经济全球化和日益凸显的环境问题，包装印刷产品及其生产系统的绿色化和可持续性得到了社会各界广泛的关注。许多国家现已将环境性能作为评价产品和开展贸易的一项重要衡量指标，具有国家或地区环保绿色标志的产品才能够顺利进入流通环节。

一、包装印刷的环境影响

包装印刷品对环境造成的影响主要来源于资源消耗、能源消耗、噪声污染、印刷生产产生的废弃物、静电污染及产品废弃处理方式等，具体内容请扫描封底二维码阅读。

二、包装印刷生命周期评价

生命周期评价（Life Cycle Assessment，LCA）是用于评价某一产品或服务相关的环境因素和潜在环境影响的方法，是用于评价产品绿色性的可靠手段和工具。它能够对产品从获得原材料经生产、使用直至废弃的整个过程中的环境因素和潜在影响加以分析和解释，找出与这些投入与产出相关的潜在环境影响。依据 ISO 14040 系列标准中生命周期评价技术框架，包装印刷生命周期评价应该包括以下四个有机联系的部分：目标与范围定义、清单分析、影响评价和结果解释，具体内容请扫描封底二维码阅读。

采用 LCA 方法论，可以对任何一件包装印刷产品或者某个包装印刷生产系统开展生命周期评价案例研究，以便逐步实现可持续包装印刷模式。例如，开展一项瓦楞纸箱生产工艺生命周期评价案例研究，就是根据 LCA 技术框架，采用特定生命周期影响评价计量方法，通过对瓦楞纸箱生产过程的物耗、能耗及向环境排放的计算与特征化分析，对瓦楞纸箱生产工艺进行环境影响评价。结果显示，其所致环境影响主要是化石能源消耗、全球变暖、酸化和富营养化。还可以进一步对瓦楞纸箱生产过程中制版、印刷和成箱三大工序的环境影响量化指标值做对比分析，进而指出导致各工序环境影响的主要原因。以此，在瓦楞纸箱设计阶段、生产工艺流程实施阶段和废物处理等方面，为改善瓦楞纸箱生产工艺的环境性能提出改进建议。

复习思考题

1. 什么是印刷？常规印刷的五大要素是什么？
2. 说明常规印刷的各类印版版面结构及其特点。
3. 什么是 CTP 技术？
4. 说明一般印刷工艺流程。
5. 说明包装印刷的分类和特点。
6. 什么是生命周期评价？包装印刷产品 LCA 的技术框架是什么？

第二章　印前图文信息处理

第一节　颜色的分解与复制

一、颜色、颜料的要素与特性

1. 颜色的要素

人类通过视觉、听觉、嗅觉、味觉和触觉感知外部客观世界，而外部世界信息的80%是通过视觉提供的，视觉分为颜色视觉与形象视觉两部分。人们观察物体时，视觉神经首先反映的是物体的颜色，其次才是形状、质感等具体细节。

颜色视觉产生的过程是：光源（包括太阳光与各种人工光源）发出的光照在物体表面，经过物体对光选择性地吸收反射或透射之后作用于人眼，由人眼内视细胞将光刺激转换为神经冲动由视神经传入大脑，由大脑判断出该物体的颜色。由此可知，光源、物体、眼睛、大脑是颜色视觉（以下简称色觉）产生的四大要素，如图2-1所示。

在色觉形成的过程中，光源显然为四要素之首。光是电磁波辐射的一部分，因而光源又称作物理辐射体。并不是所有的电磁波都能引起人眼的视觉反应，刺激人眼能引起视觉感觉的电磁波辐射称为可见光辐射，简称可见光或光。可见光的波长范围在380～780nm（1nm=10^{-6}mm=10^{-9}m），在整个电磁波谱中只占很小

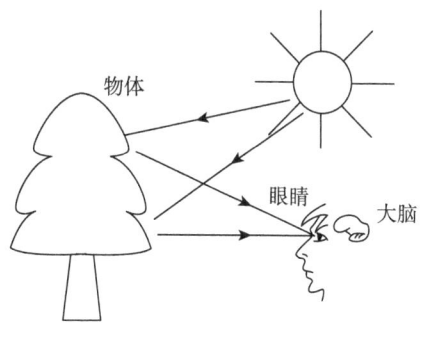

图2-1　颜色形成的要素

的一部分,如图 2-2 所示。

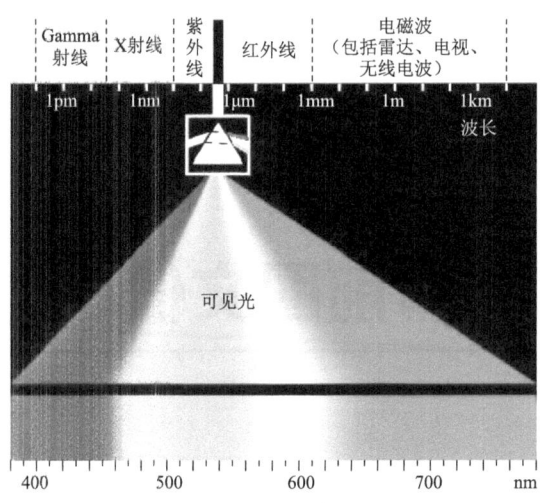

图 2-2 可见光的光谱范围(见彩图)

白光色散后按波长顺序排列而成的彩色光带称为可见光谱,组成光谱的各种单色光又叫作光谱色。由色散实验可以说明:自然光和大多数光源发出的光是由单色光复合而成的。不同波长的单色光可以产生不同的颜色感觉。

人对颜色的感觉不仅由光的物理性质所决定,往往还受到周围颜色、个人情感、色彩记忆等因素的影响。通常情况下,人们将世界上不同物体产生不同颜色的物理特性直接称为颜色。

2. 颜色的属性

人们对颜色的表示方法基本上分为两大类,即显色表色标准和混色表色标准。显色表色标准最著名的代表就是孟塞尔表色系统。在该系统中,颜色的三种基本属性定义为:色相或色调、明度和彩度(饱和度),如图 2-3 所示。

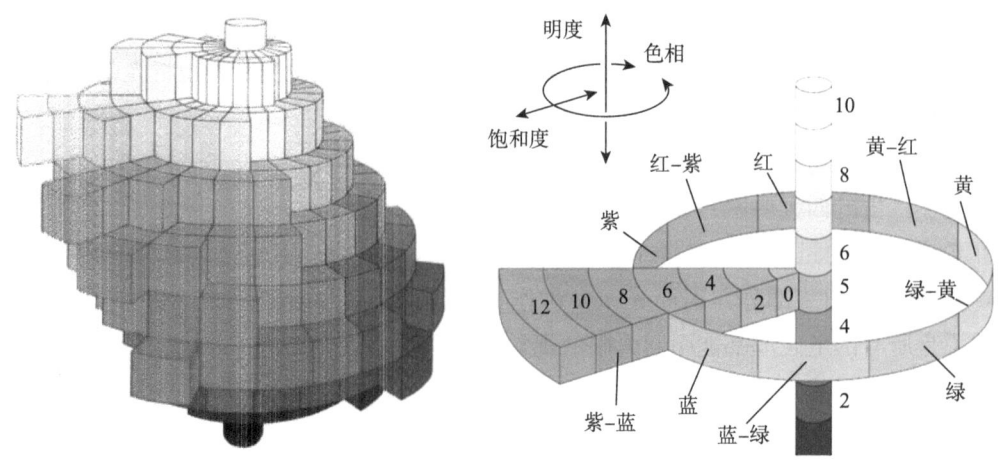

图 2-3 孟塞尔表色系统(见彩图)

在孟塞尔色立体中，中央轴代表色彩的明度，颜色越靠近上方，明度越大；垂直于中央轴的圆平面周向代表颜色的色相；在垂直于中央轴的圆平面上，距离中央轴越近的颜色彩度越小，反之越大。孟塞尔色立体水平剖面上表示10种基本色，包含有5种原色红（R）、黄（Y）、绿（G）、蓝（B）、紫（P）和5种间色黄红（YR）、绿黄（GY）、蓝绿（BG）、紫蓝（PB）、红紫（RP）。然后，再进一步把这十个色相各自从一到十细细划分，总计得到100个刻度的色相环，用5R、8R等方式表示。这时各色相的第五号，即5R、5YR、5Y……是该色相的代表色相，也可以概略表示成R、YR、Y等。另外，也有把RP和R中间的10RP表示成PR-R，把R和YR中间的10R表示成R-YR的情况。

孟赛尔表色系统是基于人眼即人的感觉分类的色彩混合，这样的颜色信息无法直接供计算机计算。因为计算机要想能够计算颜色信息，必须能够有这些色彩信息精确的数量描述，这就需要用到混色表色系统。

混色表色标准与混色表色系统是根据任何色彩都可以由红、绿、蓝三原色光混合而成这一色度学理论建立起来的。此三种原色光的作用量称为色彩的三刺激值，从而使得色光的刺激与色彩感觉能以定量的方式来表达。混色表色系统以国际照明委员会CIE系统最为典型，这种表色法作为国际通用的表色、测色的标准已为世界各国所普遍接受。混色系统是色度测量的基础，也是目前印刷行业以色彩管理为核心的质量控制技术的理论基础。

3. 印刷颜料的呈色机理

当光照射在透明物体上，一部分光会透过物体，另一部分光则被吸收。光照射在反射物体（非透明体）上时，由于其表面分子结构差异而形成选择性吸收，将可见光谱中某些波长的辐射能吸收了，而将剩余波长的色光反射出来。

若一个表面对投射到它上面的白光在各波段内做等比例吸收，则保持照明光原来的颜色，仅改变对照明光的反射强度，当反射率从0到1变化，物体表面就呈现出黑色、灰色（由深入浅）、白色。因为，该物体表面对白光中光谱各波段的辐射能做等比例吸收，则反射（或透射）光各波长的辐射能均做等量减少，而光谱组成比例不会改变，这种现象就称为非选择性吸收。

非透明物体对光谱成分选择性反射特性是它产生不同颜色的主要原因。印刷过程中所使用的油墨，其呈色颜料的基本色青、品红、黄色，就是根据这个原理呈色的。如图2-4所示为其不同颜色油墨颜料的选择性吸收产生颜色示意图。

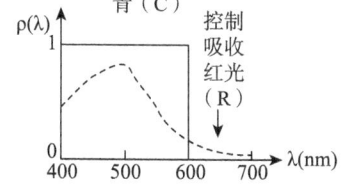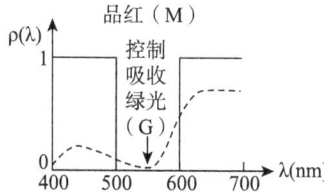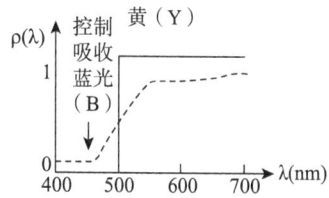

图2-4 选择性吸收产生的颜色

4. 印刷油墨的呈色特性

油墨的主要成分之一是颜料，它决定了油墨的光谱特性。油墨组分中的连接料是颜料粒子的载体，具有一定的流动性及透明度并能固着于承印物表面进而形成一层墨膜的液体物质。油墨中还含有一些能调整油墨的印刷适性以达到更佳印刷效果的辅助材料。

（1）油墨的颗粒度

油墨的颗粒度又称细度，是指油墨中颜料颗粒的粗细程度。颜料颗粒越细，在连接料中的分散程度越高，油墨的细度越低。

油墨颜料的颗粒粗即油墨细度高对网点印刷非常不利，会造成网点边缘发毛、网点变形、网点增大等情况，使图像模糊、层次丢失，严重影响复制质量。油墨细度低，网点饱满有力，而且可以提高油墨的着色力，对彩色图像印刷非常有利。从经济的角度考虑，加网线数越高，所选择油墨的细度应越小，加网线数低，油墨的细度大些也无妨。

（2）油墨的透明性

三原色油墨应当具有良好的透明度，否则上层油墨将遮盖下层油墨，彩色复制达不到应有的效果。一般无机颜料的透明度差，遮盖力强，而有机染料的透明度好；油性材料连接料透明度差，而高分子树脂连接料透明度高。透明度差的油墨往往先印，而有时却需要油墨有一定的遮盖力，例如：当纸张白度差时，可采用不透明的黄墨作底色；商标、广告、图纹底色，作衬底用的油墨等。

（3）油墨的着色力

油墨的着色力也称油墨的色浓度。油墨的着色力主要由颜料在连接料中的含量及分散度决定。颜料在连接料中的含量高、分散度大，油墨的着色力就强，反之则弱。若油墨的着色力强，相对来说墨量就可降低，墨层厚度也可薄一些，这对平版胶印非常有利。

二、颜色分解与合成

1. 色光加色法与色料减色法

两种或两种以上的色光相混合时，会同时或者在极短的时间内连续刺激人的视觉器官，使人产生一种新的色彩感觉，这种色光混合被称为加色混合。这种由两种以上色光相混合，呈现另一种色光的方法，称为色光加色法。色光加色法的三原色是红（R）、绿（G）、蓝（B），如图2-5所示。

当光线透过颜料或有色物体时，这些表面吸收某些波长而反射出来的光线，即为人们看到该物体的颜色，则是基于色料减色法的原理。色料减色法的三原色是青（C）、品红（M）、黄（Y）三色，如图2-6所示。

印刷品的呈色即是利用减色原理，印刷机在纸上或其他承印物上印上青、品红和黄等三种原色色墨，则必须使用反射光来作业，从白纸上反射出红、绿和蓝色光量。彩色印刷是利用大小不同的网目调网点以不同的角度一层层叠印在纸上而产生复杂的色彩。纸张本身对色彩复制有极重要的影响。

图 2-5　色光加色法（见彩图）

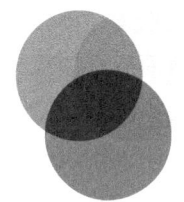

图 2-6　色料减色法（见彩图）

黄品青三色油墨等量混合时，理论上会呈现黑色，但实际上由于油墨本身的色彩纯度不够，三色墨叠印时呈现的是浊褐色。正因如此，在印刷技术上，人们采用了第四种原色——黑色，以弥补三原色之不足。这套原色系统常被称为"CMYK 色彩空间"，亦即由青（C）、品红（M）、黄（Y）以及黑（K）所组合出的色彩系统。

2. 颜色的分解与合成

颜色复制首先是将原稿的颜色分解为供印刷用的四个分色，再通过四色叠印再现原稿的色彩。经过颜色分解，四色分色版需要经过加网后叠印才能再现原稿的色彩，这个过程可以理解为颜色的合成。加网使连续调的印刷原稿变成了网目调（半色调），印刷品是用网点构成的图像来再现连续调图像的。

网点就是组成网点图像的像素，通过面积和／或墨量变化再现原稿浓淡层次和色彩。四原色叠合网点呈色法是根据人们的视觉特性和印刷特点而产生的一种呈色方法，网点呈色的方法有以下不同的种类：a. 墨层厚度一样，完全靠网点面积率（即单位面积上油墨网点所占的比例）变化改变颜色，如胶版印刷。网点面积率高则饱和度高、颜色浓，也就是对其补色光吸收充分；反之，网点面积率低则饱和度低、颜色淡、吸收弱。b. 墨层厚度有变化，墨层越厚颜色越浓，同时也有网点面积率的变化，如凹版印刷。

基于色料减色法，通过印刷网点重叠共可产生 8 种颜色：纸张白色（W）；黄（Y）、品红（M）、青（C）三种原色，又称一次色；红（R）、绿（G）、蓝（B）这三种间色，又称二次色；黑色（BK），称为复色，又称三次色，如图 2-7 所示。由于印刷网点很小且距离很近，在正常视距下网点对眼睛所成的视角均小于 1°，所以并列网点的呈色属于加色法呈色，如图 2-8 所示。

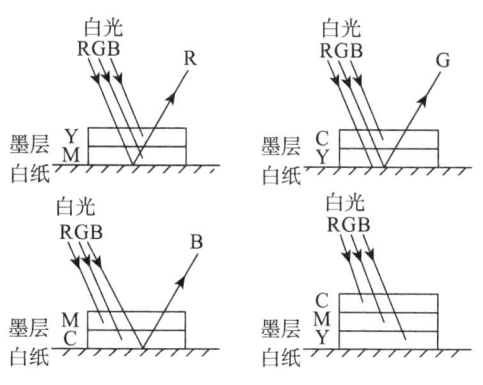

图 2-7　油墨呈色的减色过程

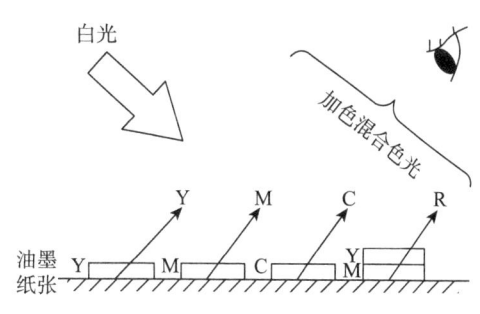

图 2-8　并列网点的呈色

由于分色系统误差、油墨与纸张性能不理想、印刷套印不准等原因,三色印刷往往达不到理想的效果,从而导致图像模糊、饱和度降低。尤其是黄、品红、青三色叠印产生的中性灰色容易出现色偏,使图像的暗调部分黑度不够,密度太低,往往使本应偏冷的暗调出现偏暖的情况,因此,印刷中需要增加黑版。采用黑版的目的是用来替代黄、品红、青三色叠印非彩色成分,这种替代可以是完全替代,也可以是部分替代,在印刷工艺上分别称作非彩色结构和底色去除。

三、图像再现原理与方式

网点是构成印刷品图像的基本单元。印刷品微观意义上的网点通过改变大小和空间叠合位置,使印刷品产生色相、明度、饱和度上的颜色变化,也就是与原稿相对应的千变万化的颜色。这些在微观空间上不连续的小点,映入人眼睛时,能够产生宏观上的连续感觉的彩色图像,这就是网点的作用。图 2-9 所示是在相同面积内,使用同一种黑色油墨印刷的一个灰梯尺,从左至右其网点覆盖率逐渐增大,在视觉表现上就是色块的颜色逐渐加深,即色彩的色相保持一致,明度逐渐降低,饱和度逐渐升高。由此可见,在以网点为基本呈色单元的印刷品上,通过网点覆盖率的变化,就产生了颜色在明度和饱和度属性上的变化。

图 2-9 灰梯尺

因为各个网点间的距离极小,印刷品上反射的色光在到达人眼时产生了加色效应(色光加色法)就引起了色相的变化。以一般 150 线 / 英寸(1 英寸≈2.54 厘米)的印刷品为例,网点间最大距离的理论值约 0.1mm。如此小的间距内排列这么多的网点,人的肉眼是无法分辨的。因此,印刷品上不同颜色油墨反射到人眼的几种色光投射到视网膜上时,几乎在同一位置成像,不同色光的加色混合产生了新的色相。

网点分为两大类:一类称为调幅网点(AM),另一类称为调频网点(FM)。还有一种是混合加网生成的网点,混合加网是以传统的调幅加网为主,并在暗调和高光中进行调频处理。如果图像的解像度较低,印版上或印刷时高光和暗调部分的细节可能丢失,混合加网可以进行高光和暗调网点补偿,使得使用较少的网点可以表现更高色域。这些网点还是在调幅网格中,各个分色还是以固定的加网角度成像。混合加网的缺陷是在高光处成像不规则。

(一)调幅网点

调幅网点是利用网点发生器进行电子加网形成的网点,它是以网点的大小变化来表现图像的层次,即这种网点间距固定,而面积可变。

1. 网点面积率

网点面积率指单位面积内网点所占面积的百分比,即网点的面积覆盖率,如图 2-10 所示。

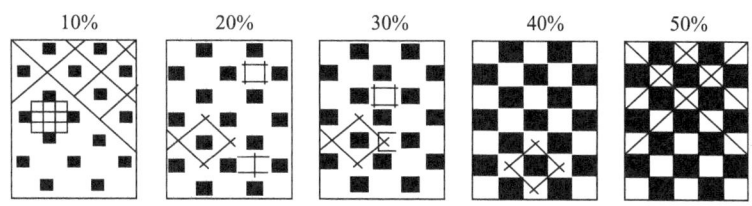

图 2-10　网点面积率示意图

网点的面积率控制纸张单位面积内被油墨所覆盖的面积大小，使光线部分被吸收，部分被反射。例如：网点面积为 10% 指的是纸张单位面积内有 10% 被油墨所覆盖，吸收光线，而另外 90% 的纸面反射光线。

2. 网点形状

网点形状分为常用点形和特殊点形。方形网点、圆形网点、菱形网点等是印刷生产中普遍采用的网点形状，如图 2-11 所示。特殊点形的线性网点、波纹点等是为获得特殊的艺术效果专门设计的网点形状，以用来改善图像的阶调再现。随着计算机技术的发展，加网技术出现了艺术加网、三维加网、仿实物加网技术等，不断被应用于制版工艺中。

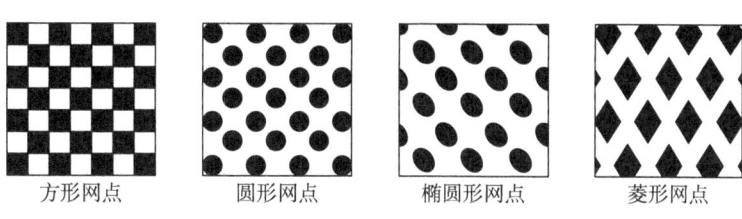

图 2-11　网点形状

不同形状的网点在图像复制过程中有不同的变化规律，其图像阶调传递特性不同，会产生不同的复制结果，并影响对复制结果的质量要求。在选择采用何种形状的网点对图像加网时，网点增大是首要考虑的因素。不同形状网点的变化趋势不同，则导致了不同产品对网点的选择不同。传统加网方法使用的网点形状有正方形、圆形、菱形、椭圆形、双点式等；在现代的数字加网技术中，可选用的网点形式更多。

（1）正方形网点

当选用正方形网点复制图像时，则在 50% 网点处墨色与白色刚好相间而成棋盘状，容易根据网点间距判别正方形网点的相对百分率，它对于原稿层次的传递较为敏感。图 2-12 所示为呈 90° 角排列的 50% 正方形网点。

正方形网点在 50% 网点百分率处才能真正地显示出它的形状，当超过 50% 或小于 50% 的时候，由于网点形成过程中受到光学和化学的影响，在其角点处会发生变形，结果是方中带圆甚至成为圆形。在印刷时，油墨受到压力作用和油墨黏度等因素的影响会引起网点面积的扩张。与其他形状的网点相比较，正方形的网点面积率是最高的。产生这一现象的原因是，正方形网点的面积率达到 50% 后，网点与网点的四角相连，如图 2-13 所示，印刷时连角部分容易出现油墨的堵塞和粘连，从而导致网点增大。

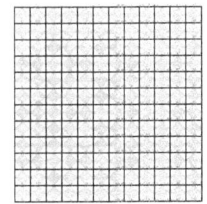 

图 2-12　90°角排列的 50% 正方形网点（见彩图）　　图 2-13　50% 时正方形网点开始搭接（见彩图）

（2）圆形网点

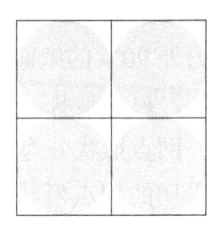

在同面积的网点中，圆形网点的周长是最短的。当采用圆形网点时，画面中的高光和中间调处网点均互不相连，仅在暗调处网点才能互相接触，因此画面中间调以下的网点增大值很小，可以较好地保留中间层次。相对于其他形状的网点而言，圆形网点的增大较小。在正常情况下，圆形网点在 70% 面积率处四周相连，如图 2-14 所示。一旦圆形网点与圆形网点相连后，其扩张就会很高，从而导致印刷时因暗调区域网点油墨量过大而容易在周边堆积，最终使图像暗调部分失去应有的层次。

图 2-14　70%处圆形网点开始搭接（见彩图）

圆形网点因表现暗调层次的能力较差，在使用上受到一定的限制。在通常情况下，印刷厂往往避免使用圆形网点，特别是采用胶版纸印刷时。但是，如果要复制的原稿画面中亮调层次比较多，暗调部分较少时，采用圆形网点来表现高、中调区域层次还是相当有利的。

（3）菱形网点

菱形网点的两根对角线是不相等的。因此，除高光区域的小网点呈局部独立状态、暗调处菱形网点的四个角均连接外，画面中大部分中间调层次的网点都是长轴互相连接，在短轴处不相连，形状像一根根链条，所以菱形网点又被称为链形网点。用菱形网点表现的画面阶调特别柔和，反映的层次也很丰富，对人物和风景画面特别合适。当网点面积率大约为 25% 时发生链形网点长轴的搭接；接下来在 75% 时发生第二次搭接。由于网点增大是不可避免的，所以菱形网点会在 25% 与 75% 处发生两次跳跃，如图 2-15 所示。但是由于菱形网点的交接仅是在两个顶点处发生，这样的阶调跳跃要比正方形网点四个角均相连接时的变化要缓和得多。由此可见，用菱形网点复制图像时印刷阶调曲线较为平缓，在 30%～70% 的中间范围内表现得特别好。因此，菱形网点适合于复制主要景物为人物的原稿。

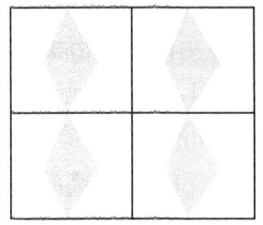 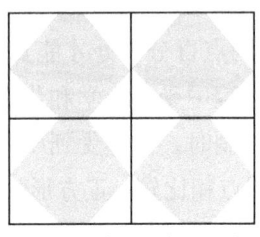

（a）网点面积为25%时　　　（b）网点面积为75%时

图 2-15　菱形网点的搭接（见彩图）

（4）椭圆形网点

椭圆形网点与对角线不等的菱形网点相似，区别是四个角不是尖的，而是圆的，因此不会像对角线不等的菱形网点那样在25%网点面积率处交接，此外在75%网点面积率处也没有明显的阶调跳变现象。图2-16是用Photoshop的椭圆形网点制成的从0%～100%的渐变。

图2-16　椭圆形网点制作的0%～100%的渐变

3. 网点角度

网点角度一般是指网点排列线（网目线）和水平线（基准线）间的夹角。黄品青黑各色版网点，印刷时相互干涉，会出现各种干涉花纹，花纹随网点角度差的大小的变化而变化，如果这种花纹交替地成规律出现对视觉造成图像干扰，即被称为龟纹。龟纹出现的周期能够在理论上计算出来，根据计算结果和实际的生产验证，印版的网点角度差为30°时，龟纹出现周期变得较大、间隔较远，人眼几乎看不到因干涉而形成的龟纹，图像均一而和谐。但在90°范围内，以30°角度差只能安排三个颜色，还有一种颜色只好用15°角度。由于黄色最浅，最接近白纸的明度，而青、品红和黑色油墨引起的视觉感觉颜色较黄色强烈，所以通常把青、品红和黑安排为30°角度差，把黄色版安排为15°角度差，如图2-17所示。

图2-17　常见的加网角度

4. 加网线数

加网线数又称加网频率，它是指单位长度内所含平行线的数目，即每英寸（1英寸≈2.54厘米）内单向平行线的条数。通常所说的加网线数指的是每英寸内的网线数，网线愈细，单位面积内所容纳的网点愈多，而且，网点线数愈高，单位面积内所容纳的网点数目增加愈快。网点线数的提高，大大地丰富了印刷品表达的层次，增强了阶调复制的效果。反之，网点线数降低，便会减弱网屏所表达的层次，阶调复制效果也随之降低了。

网点线数的选择，主要取决于印刷品的类别，纸张的种类和表面状况，包装印刷的加网线数根据产品和要求不同，差别很大，如表2-1所示。

表 2-1　不同印刷品的网线

网点粗细	印刷品类别	视距	用纸
80～100 线/英寸	外箱包装、全张宣传画、电影海报等	较远	招贴纸
100～133 线/英寸	对开年画、宣传画、教育挂图等	较远	胶版纸
150～175 线/英寸	月历、明信片、画报、画册等	较近	铜版纸
175～200 线/英寸	高档礼盒、精细画册、古画复制	较近	高级铜版纸、高级白板纸

（二）调频网点

调频加网技术与调幅加网技术不同，它不是通过改变网点大小的方法，而是由计算机按数字图像的像素值产生大小相同的点，这些点的最小直径可与设备的记录精度相等。一个网目调单元中有限个点群的集合构成了形式上很特殊的网点，它没有固定的形状。调频网点在空间的分布没有规律，出现的位置是随机的，又被称为"随机网点"。

调频加网有两种基本类型：一种是每个网点的面积保持不变，依靠改变网点密集的程度，也就是改变网点在空间分布的频率，使原稿上图像的明暗层次在印刷品上得到再现，如图 2-18 所示。这就是通常所指的调频网点，也称为一级调频网点。另一种是网点大小和空间分布频率均在变化，称为二级调频网点。

图 2-18　调频加网

调频网点具有很多调幅网点所不具备的优势，其表现在：第一，由于调频网点是无规则排列，所以在加网的时候不必考虑加网角度，从理论上彻底消除了龟纹。第二，由于调频加网的单个小点可以是照排机或者 CTP 的最小激光点，所以网点可以做得很小，加网线数可以很高。第三，由于不受印刷网点角度的限制，可以采用多于四色的印刷，加大颜色复制范围，要求较高的包装产品所采用的高保真印刷经常有选择地使用调频网点作为部分色版的加网方式。

调频加网因其特殊的网点形态也带来不可避免的一些缺陷，主要包括：第一，由于加网网点小，所以在晒版和印刷过程中高光部分很容易丢失网点，造成图像层次的大量损失，高光部分的印刷品阶调出现难以摒除的跳跃现象。第二，由于调频网的网点形态和传统网点形态区别很大，传统的根据网点判断印刷色彩的方法不再完全适用，网点增大的规律不相同，所以对操作人员来说，印刷质量控制有一定的难度。

四、色彩管理

色彩管理所要解决的根本问题是使系统中输入、显示和输出设备在色彩信息获取、处理和再现时，尽可能保持视觉效果或色彩测量结果的一致，相关内容请扫描封底二维码阅读。

第二节 图文信息处理与输出

一、数字印前处理系统和数字工作流程

（一）数字印前处理系统

数字印前处理系统是以计算机为核心，利用计算机技术完成图形、图像、文字和页面描述信息等二维平面数字信息的采集输入、合成处理后，将这些数字信息进行印刷和打印输出的相关工艺和技术。

数字印前处理系统包括彩色图像输入系统、图像编辑处理系统、文字编辑处理系统、版面设计、图文合成、图文输出等几个部分。它具体包括的硬件和软件是：PC机、Mac工作站、大容量存储设备（如MO可擦写光驱、刻录机和硬盘）、扫描仪（平台式、滚筒式）、黑白校样（如黑白激光打印机）、彩色数字打样设备（如EPSON大幅面喷绘仪）、排版软件、字库、栅格图像处理器（RIP）、PDF数字化流程、激光图像照排机（铰盘式、内鼓式、外鼓式）、冲片机、计算机直接制版机（CTP）、数码印刷机以及质检设备（透射式黑白密度计、反射式彩色分光光度仪）和服务器、网络设备、Internet等。

与数字工作流程的发展和必须解决的问题的相关介绍请扫描封底二维码阅读。

（二）数字化印刷生产流程

数字化印刷生产流程提出了基于数字化平台将印刷媒体生产过程进行整合的概念，即通过数字化流程系统的数据流和控制流的关联，使其生产过程集成化与整体化，其基本宗旨是将印前处理、印刷、印后加工工艺过程中图文信息及其多种控制信息纳入计算机管理，用数字化控制图文信息流在整个印刷生产过程中的准确传递，系统的核心思想是用一个集成数据库来控制印刷生产中的图文信息数据及其在全部处理设备中的控制与应用。在数字化印刷生产流程中，数据流的传递过程如图2-19所示。数据流传递的核心是页面内容数据的描述，不同属性数据的页面配置及其对印刷过程数据误差的补偿或纠正。

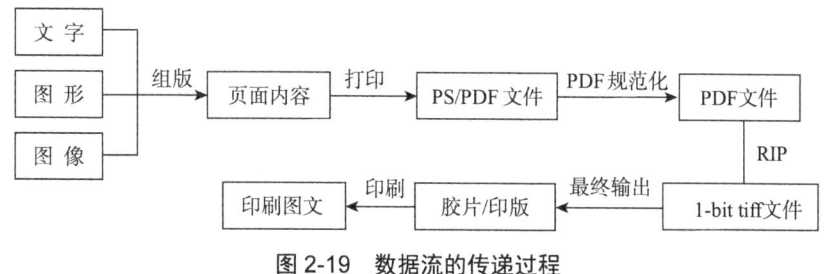

图2-19 数据流的传递过程

数字化印刷生产流程改变了传统模拟生产模式，其特点可概括如下。

（1）生产流程数字化

印刷企业的数字化是指将印前处理、印刷、印后加工工艺过程的多种信息，应用数字化

控制方法使整个印刷生产过程的信息流一体化。印刷流程的数字化则主要体现在印前、印刷和印后过程中有效集成各种作业与过程控制软件，用数字信息控制整个作业流程。数字化生产流程的应用能够简化传统工艺流程，缩短生产周期，精减工作人员，提高产品质量，构建企业竞争力，用更低成本、更短作业周期和更高产品质量来满足客户的新需求。

（2）媒体数字化

数字化生产流程全方位整合了生产过程，通过数字媒体取代了传统可视物理媒体和储运方式，改变了整个产业的运营模式。例如，桌面出版系统DTP就使传统纸质图文原稿的存在和传输变为数字信息文件，数码相机和扫描仪使原稿信息数字化，CTP技术的应用省却了传统胶片，使图文数据直接在印版上成像。总之，数字化在印刷领域应用的延伸，使印刷各表现媒体和传输媒体向数字化方向转变，不仅降低了数据传输过程中的质量损失，还提高图文再现精度与作业效率。

（3）控制自动化

在数字化生产流程环境下，印刷生产中的信息采集、处理、组版、打样、拼大版以及加网等作业，全部摒弃了传统手工作业，采用数字作业与数字控制，既有利于印刷流程的智能化，又能够实现作业的自动化处理，提高生产效率。

（4）生产集成化

数字化生产流程使印刷生产的集成化体现在两个方面：其一是生产过程的集成化，使从原稿到印刷成品之间的步骤减少，界限变得模糊；其二是信息流的集成化，CIP3/CIP4有效集成与印刷相关的多种信息流，使生产作业更集中。

（5）传输网络化

网络化是数字化生产流程的最突出优点。在数字化生产流程环境下的印刷企业内部，就能够及时提交客户任务，实现多个工作点同时作业；在企业和客户的业务沟通上，网络数据传输可以接受客户电子文件，实现了远程打样和异地印刷，拓宽了业务范围。

二、图像采集与数字化处理

图文信息处理的第一步是将各种图像、图形、文字输入计算机中，这就需要用到各种输入设备，最常见的包括扫描仪、数码相机、文字录入与识别系统等等。尽管越来越多的图像由数码相机拍摄得到，鉴于摄影过程的专业性和特殊性，本书对数码相机及其使用不做过多论述，本部分主要介绍扫描输入设备。

（一）扫描仪分类与成像

1. 平台式扫描仪

平台式扫描仪分为平置型和竖直型，如图2-20所示。平台式扫描仪的核心感光元件是电路耦合器件（CCD），如图2-21所示。平板扫描仪的优点是价位低、原稿适应性强，透射稿、反射稿甚至实物都可在扫描之列。

  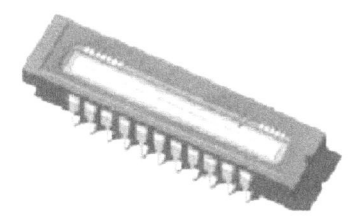

（a）平置型　　　（b）竖直型

图 2-20　平台式扫描仪　　　　　　　图 2-21　CCD 感光元件

CCD 图像传感器主要作用就是将照射到其上的光图像转换成电信号。将 CCD 图像传感器放大，可以发现在 10μm 的间隔上并行排列着数千个 CCD 图像单元，这些图像单元规则地排成一线，当光线照射到图像传感器的感光面上时，每个 CCD 图像单元都接受照射其上的光线，并根据感应到的光线强弱，产生相应的电荷。然后，若干电荷以并行的顺序进行传输。

扫描仪驱动程序启动后，安装在扫描仪内部的可移动光源通过机械传动机构在控制电路的控制下带动装着光学系统和 CCD 的扫描头与图稿进行相对运动来完成扫描。为了均匀照亮稿件，扫描仪光源为长条形，并沿垂直方向扫过整个原稿，每扫一行就得到原稿横向一行的图像信息。照射到原稿上的光线经反射后穿过一个很窄的缝隙，形成横向光带，又经过一组反光镜，由光学透镜聚焦并进入分光镜，经过棱镜和红绿蓝三色滤色镜得到的 RGB 三条彩色光带，分别照到各自的 CCD 上，CCD 将 RGB 光带转变为模拟电子信号，此信号又被 A/D 变换器转变为数字电子信号。至此，反映原稿图像的光信号转变为计算机能够接受的二进制数字电子信号，最后传送至计算机并在计算机内部逐步形成原稿的全图。平台式扫描仪的构成及工作原理如图 2-22 所示。

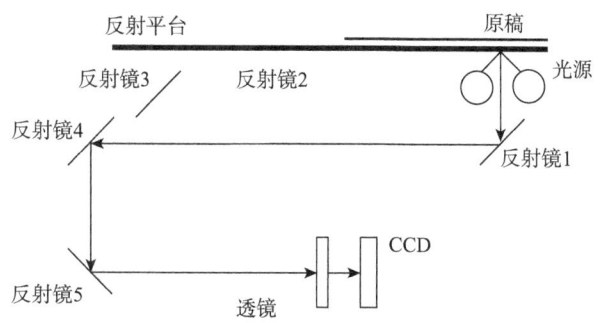

图 2-22　平台式扫描仪的构成及工作原理

2. 滚筒式扫描仪

滚筒式扫描仪是在电分机的基础上发展起来的，其感光成像装置是光电倍增管（PMT），如图 2-23 所示。光电倍增管是一种真空器件，由光电发射阴极（光阴极）和聚焦电极、电子倍增极及电子收集极（阳极）等组成。

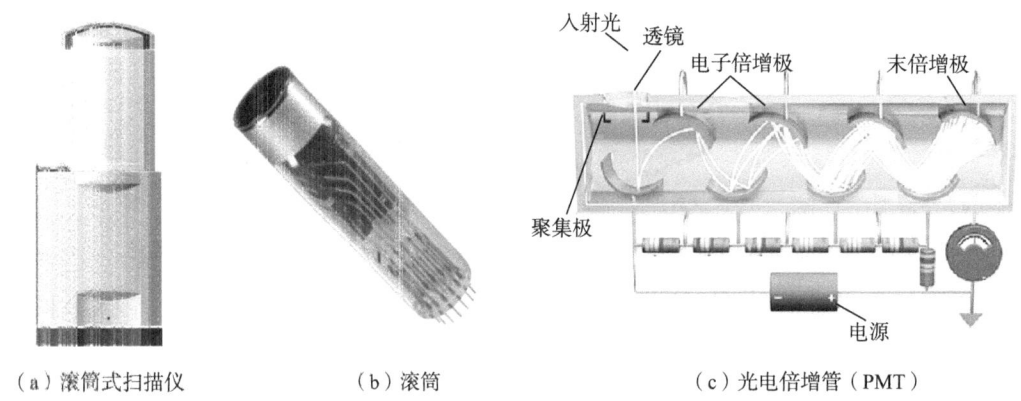

(a) 滚筒式扫描仪　　　　　(b) 滚筒　　　　　(c) 光电倍增管（PMT）

图 2-23　滚筒式扫描仪及主要部件

阴极遇光发射电子，此电子被高于阴极 90V 的第一倍增极加速吸引，当电子打击此倍增极时，每个电子使倍增极发射出几个额外电子。然后电子再被电压高于第一倍增极 90V 的第二倍增极加速吸引，每个电子又使此倍增极发射出多个新的电子。这个过程一直重复到第九个倍增极。从第九个倍增极发射出的电子已比第一倍增极发射出的电子数大大增加，然后被阳极收集，产生较强的电流，再经放大，由指示器显示或用记录器记录下来，光电倍增管检测器大大提高了仪器测量的灵敏度。

滚筒式扫描仪主要的优点是精度很高，可达到 8000dpi 或更高，能满足精品制作的要求；动态范围较宽（3.5～4.0），可以复制非常宽的色调范围，在原稿的暗调区域也能反映出非常丰富的细节，层次再现良好；清晰度也明显优于一般的平板扫描仪。

扫描仪在出厂时已经根据生产条件设定了基准，但制造条件的差别、温湿度差、运输中的震动等会影响扫描仪的基准。扫描仪的基准校正包括焦距调节，亮度、对比度、白平衡和颜色调校等。调校扫描仪基准是保证图像输入、图像灰平衡、去网、色偏、尺寸大小和清晰度符合设定的控制要求。

（二）原稿选择与扫描方法

原稿是印前工艺复制的依据和基础，其质量的优劣直接影响印刷品的质量，是印刷工艺组成的五大要素之首。因此，必须对原稿的特点进行分析，以确定是否适合印刷复制。原稿的质量决定了复制印刷品的质量和印前设备的工作效率。

根据印刷特点，标准原稿不仅要求洁净、无斑纹划痕、几何尺寸稳定等，还要求以下几点：首先，原稿的密度范围要维持在 0.3～2.5，即反差为 2.2；彩色反转片原稿密度要控制在 2.4 以内。若原稿反差小于 2.5，复制时进行合理压缩效果较理想；若原稿反差大于 2.5，即使复制时进行阶调压缩，也会造成层次损失、并级，复制效果欠佳。其次，要求画面色彩平衡、层次丰富，即可辨认的颜色浓淡梯级变化数量较大。原稿立体部分的高、中调部分的层次梯级应完整、丰富。例如，印刷用彩色反转片的最低密度小于 0.3、中密度值小于 2.6 的各梯级应齐全。最后要求图像清晰度高，颗粒细腻；彩色反转片对被摄物体的色相、饱和度和亮度还原基本一致，记忆色还原要准。

如果出现图像严重虚晕、轮廓层次不清、颗粒过分粗糙、倍率放得过大、严重偏色、色调完全失真则属于不能复制的原稿，应做退稿处理。不同的原稿在扫描时应该采取不同的原则，针对内容不同稿件，扫描时应进行相应的调节。各类原稿的具体扫描方法请扫描封底二维码阅读。

（三）印前图像处理内容与方法

1. 色彩校正

色彩校正的目的是纠正色偏，当数字图片倾向于某一种颜色时，该图片就产生色偏。色彩校正之前首先要进行设备校正和系统的标定。

在对扫描后数字图像的色偏进行判别的时候，要用到灰平衡的概念。如果知道了生成各种亮度的中性灰所需要的原色比例，就可以利用原稿中的中性灰区域进行颜色校正。在Photoshop中用屏幕密度工具（Inof）测量数字图像中颜色值，如果本应是中性灰的区域，其值却不是灰平衡的值，则说明图像发生了色偏。表2-2和表2-3分别是ISO 12647-2推荐的灰平衡原色数据和ISO 12642规定的IT8/7.3中用于评价灰平衡的彩色比例。考虑到实际生产中使用油墨标准差别很大，因此这个数据对一般印刷用户而言并不具有多少指导性，印前操作人员可以根据特定的印刷条件制作出油墨和纸张的灰平衡数据以指导校色。

表2-2 ISO 12647-2 推荐的灰平衡原色数据

ISO 12647-2	C	M	Y
高调	25%	19%	19%
中间调	50%	40%	40%
暗调	75%	64%	64%

表2-3 ISO 12642 规定的 IT8/7.3 中用于评价灰平衡的彩色比例

ISO 12642	C	M	Y
高调	20%	12%	12%
中间调	50%	39%	39%
暗调	75%	63%	63%

对于大部分RGB原稿而言，采用中性灰校正是非常容易看到效果的方法，中性灰方法的校正基础是如何找到中性灰点以及原稿的黑点和白点。按照RGB三原色成像理论，彩色图像由RGB组成，每一个原色通道都是由从0到255的256个递进灰阶组成，256^3可以组合出16777216种颜色，而在这些组合中，必定有一部分颜色的RGB值是相等的，当等量的R、G和B原色组合时就形成纯正的中性灰色，即R∶G∶B=1∶1∶1。因此，理论上只要将这些中性灰色还原，则图像的整体色彩即可还原其本来面目。彩色图像定位白场、黑场和中性

灰点，是依据 RGB 三原色成像理论，从数据上精确控制色彩还原的高级技术，它与数码相机依据白平衡捕获图像的道理相同，数码相机的白平衡正是要让相机以中性参考色为依据处理所拍摄的图像数据，从而生成最终的图像。如果使用荧光灯模式白平衡去室外拍摄，或使用阴天模式白平衡去拍摄阳光下的景物，则必然导致严重的偏色，其原因就是相机的白平衡参考值是错误的。当图像存在偏色问题时，还原色彩的科学方法必然是要将图像中原本应该是中性色的点或区域还原成中性，偏色的"偏"是相对于中性而言的，中性为正，不正则偏。

2. 层次校正

色彩是在中性灰层次基础上呈现的。层次也叫作阶调，指一幅图像从亮到暗的自然变化范围，或者说是图像从明到暗的自然密度变化阶梯。印刷品的层次是指复制密度范围内可识别的明度级别，级数越多，其层次就越丰富。层次表达的好坏，对一幅图像来说是至关重要的。在一幅图像中，图像的层次有亮调、中间调和暗调之分。层次的调节是图像调节的基础，在 Photoshop 中调节层次的功能有很多，最常用的是曲线、色阶等工具。

3. 图像清晰度调整

图像清晰度是衡量图像品质优劣的另一个重要标准。在图像细节的边缘处，光学密度或亮度随位置的变化越敏锐（变化快）、越剧烈（反差大），则细节的边缘就越清晰，可辨程度越高。清晰的包装印刷图像能给人以赏心悦目的视觉享受。

数字式虚光蒙版技术大量用于图像扫描仪和图像处理软件中，以提高图像的清晰度。针对不同的图像清晰度处理要求，可以取不同强度的虚光蒙版信号进行处理（幅度值），还可以改变周围像素选取的范围大小（半径值）。同时，为了避免对图像中某些区域（皮肤等）进行清晰度强调后造成粗糙感觉，还可以设置一个阈值，只有细节边缘灰度值反差大于阈值时才进行清晰度强调。

4. 网点增大与补偿

网点增大可以分为光学网点增大和机械网点增大，人们看到的实际网点增大是这两种增大的综合效果。由于在印刷过程中，采用包衬、非刚性压印和纸张对油墨的吸收、油墨在纸张上的扩散以及印刷压力、滑移等原因，导致最终印到纸面上的油墨网点面积比预设的网点面积率增大，即网点增大。网点类型不同、面积率不同，网点增大也有相应的差异。

网点增大会影响印刷品阶调的再现，导致印刷画面的阶调层次并级，尤其是暗调层次会有较大的损失；网点是印刷品色彩的最小呈现单位，当网点增大严重时，印刷品颜色的叠印必然出现相应的色彩误差。

不同的印刷机和不同的纸张组合会有不同的网点增大值。对印刷的网点增大补偿并不是由测量值与理论值做减法得到补偿量的，而是由网点增大曲线，根据反函数关系得到补偿值。如图 2-24 所示，以 50% 处的网点 A 为例，网点增大后得到的网点面积为 75%（点 C），但实际并不是以 75%-50%=25%

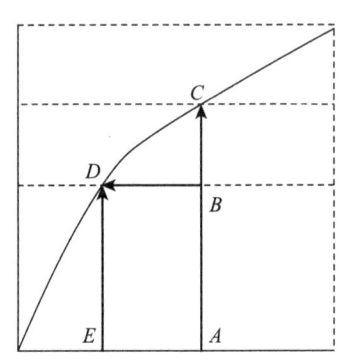

图 2-24 印刷网点扩大补偿原理

的网点面积来实现补偿的，而是由点 B 向 Y 轴做垂线，与曲线的另一个交点 D 所对应的 X 轴上的点 E（30%），才是网点增大补偿后的网点面积。

印刷过程产生的网点增大一般在 Photoshop 中分色时进行补偿，可以对彩色图像的整体阶调或 CMYK 四个独立通道分别进行网点增大补偿设定，另外 Photoshop 还提供了对灰度图像（在分色时要转化为灰度图才有效）以及专色的网点扩大补偿。

三、图像输出与数字化加网

图像输出所使用的设备主要有计算机直接制版机、激光照排机、数码印刷机等。任何设备在输出前都需要对数字文件进行加网，数字加网的种类非常多，总体上看分为点聚集态加网和点离散态加网，如图 2-25 所示。数字加网过程如图 2-26 所示，校正后的图像像素值（决定加网后的网点面积率）通过一个比较电路，在比较电路中和网点模型存储器给出的网点模型信号值相比较，比较后的结果决定激光信号是否曝光以及曝光的位置。

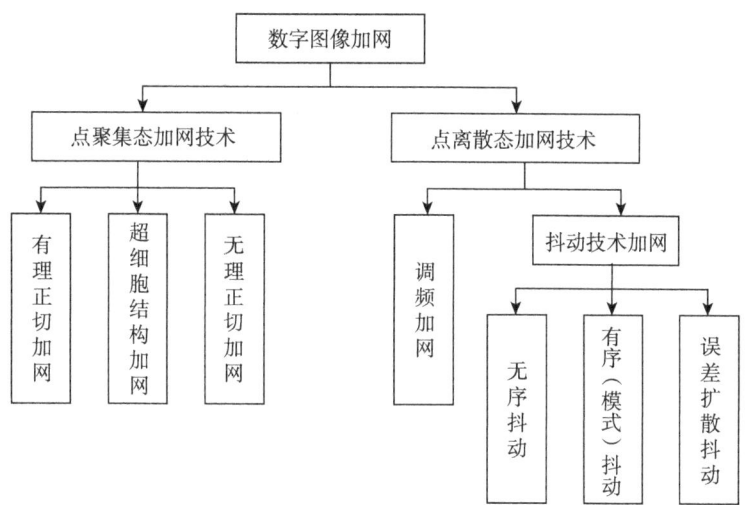

图 2-25 数字加网的分类

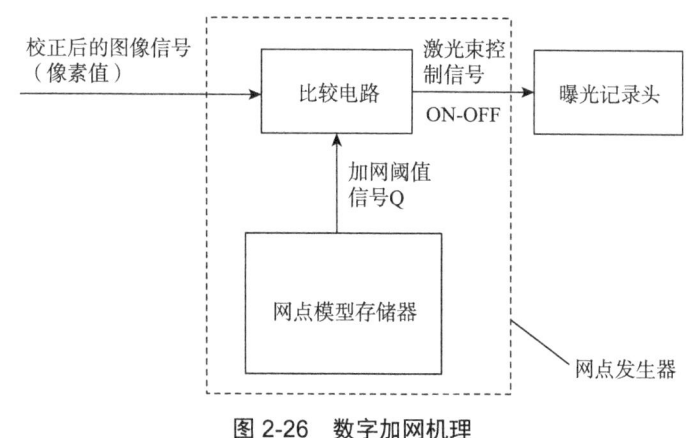

图 2-26 数字加网机理

点聚集态加网是最常使用的加网技术,网点是以中心胞点方式向外增长的。网点中心具有固定的空间位置,每个网点的相互中心位置保持不变,由像素的灰度值来控制网点面积率。点聚集态网点可用传统网点的四个参数来表征,即网点面积率、网点形状、网线角度、加网线数。

数字加网的阈值矩阵是加网质量的重要影响因素。有学者研究发现,为了能获得高质量的网目调图像,在选择阈值矩阵时,可以参考如下3个实用的准则。

(1)保证网点的边缘面积比最小。因为网目调图像中的噪声主要来自网点的边缘。

(2)保证网点中心的位移量最小。网点的大小随着图像灰度级的变化而变化,网点中心的位移量保持最小时,就能保证网点均匀增长组合印刷,网点的重心位置稳定。

(3)注意网点增长的顺序。数字加网的网点增长顺序是影响输出图像质量的一个主要因素。数字网格离散的本质特征决定了数字网点不能像传统照相网屏一样均匀增长。灰度每增加一级,相应地增加一个打印像素,从而实现网点的增长。所以,网点很容易变得不平衡、不对称,印刷时会产生一些视觉干扰性的图纹,例如多余的纹理、粗糙的图案,等等。如果条件允许的话,为每个大小不同的网点分别设计阈值矩阵,有助于避免这些干扰性的图纹。

点离散态抖动技术是网点技术主要的发展方向之一,其网点是由尺寸固定的胞点组成,网点中心无固定的空间位置,胞点数目的多少由图像像素的灰度值控制。相对点聚集态而言,点离散态能够复制出更多的图像细节,具有不产生龟纹和玫瑰斑,不受网点角度限制等优点。但因网点大小相等而具有颗粒感,尤其是在高光部分和25%左右的阶调更明显。印刷过程中,需要更细致的工艺控制和监测技术。网点尺寸太小,使许多印刷机无法正确完成网点再现。点离散态有序抖动技术加网的图像在打样、印刷、晒版等方面还存在一定困难,这都将严重妨碍该技术的应用。

色彩和阶调各不相同的图像经历数字化处理、模拟输出等工艺过程,图像的整体感官效果就会出现一定的变化。理想条件下,激光照排机或CTP制版机接收到PS或ONE-BIT-TIFF文件后,输出的激光量应该与文件上不同图文部分的网点面积成正比。电子图像的每1个像素被输出为1个网点,像素的灰度值与网点大小是一一对应关系。但是,由于机器制造的工艺精度等原因,大部分设备实际输出效果并非如此,往往会呈现出一定程度的非线性,再加上其他光学以及显影方面等因素的影响,就会造成胶片或CTP印版上输出的网点图像的阶调偏离原像素值。

为了获得需要的网点大小,必须采取措施修正偏差,使像素值与最终的输出保持线性关系。这种偏差的修正是目前印前制版过程不可或缺的一步,在实际生产中,这一过程也常常被称作机器校准或者线性化,操作对象包括激光照排机系统、直接制版机系统以及数码打样系统等等。线性化应当在显影正常的条件下进行,对于CTP阳图型版材,当显影药水的显影能力严重衰减时印版上的网点增大也会十分明显,一般50%的网点在增大到53%时就要考虑更换显影药水。

四、排版规范与软件

所谓排版，即在有限的版面空间里，将版面构成要素包括文字字体、图片图形、线条线框和颜色色块诸要素，根据特定内容的需要进行组合排列，并运用造型要素及形式原理，把构思与计划以视觉形式表达出来。对于书籍和报纸，常用的排版系统有Pagemaker，Indesign，QuarkxPress等，对于包装产品，常用的版面设计软件有Photoshop，Illstrator，Coreldraw，Auto CAD等。

版面的大小称为开本，开本以全张纸为计算单位，每全张纸裁切和折叠多少小张就称多少开本。我国习惯上对开本的命名是以几何级数来命名的，如图2-27所示。

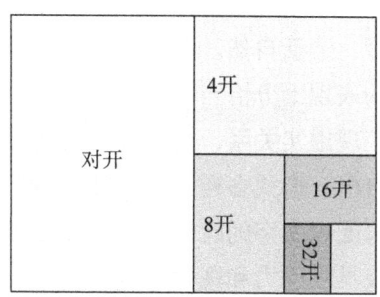

图2-27　纸张与开本关系

印刷图像边缘正好与纸的边缘复合的版面时需要做出血，这是为避免切纸机对位不准造成成品切口一侧留有白边，在排版时将图像边缘往页的边缘扩张。通常成品尺寸为210mm×285mm时，文档则做成216mm×291mm，出血则设为3mm。

1. 正文的排版规则

（1）每段首行必须空两格，特殊的版式作特殊处理；

（2）每行之首不能是句号、分号、逗号、顿号、冒号、感叹号、引号、括号、模量号以及矩阵号等的后半个；

（3）非成段落的行末必须与版口平齐，行末不能排引号、括号、模量号以及矩阵号等的前半个；

（4）双栏排的版面，如有通栏的图、表或公式时，则应以图、表或公式为界，其上方的左右两栏的文字应排齐，其下方的文字再从左栏到右栏接续排。在章、节或每篇文章结束时，左右两栏应平行。行数成奇数时，则右栏可比左栏少排一行字。

（5）在转行时，下列各项不能分拆：整个数码；连点（两字连点）、波折线；数码前后附加的符号（如95%，r30，-35℃，×100，～50）。

2. 标点的排版规则

（1）行首禁则（又称防止顶头点）。在行首不允许出现句号、逗号、顿号、叹号、问号、冒号、后括号、后引号、后书名号。

（2）行末禁则。在行末不允许出现前引号、前括号、前书名号。

（3）破折号"——"和省略号"……"不能从中间分开排在行首和行末。

一般采用伸排法和缩排法来解决标点符号的排版禁则。伸排法是将一行中的标点符号加开些，伸出一个字排在下行的行首，避免行首出现禁排的标点符号；缩行法是将全角标点符号换成对开的，缩进一行位置，将行首禁排的标点符号排在上行行末。

五、文字处理及排版

1. 文字排版

（1）文字前后关系的处理，具有醒目的视觉流程。

（2）中文文字排版设计的一个典型探索，传统与现代的直接对话。

（3）字的大小与颜色的处理，清新自然。图文关系简单清楚。

（4）传统与现代、虚与实的表现十分恰当。

（5）用版面的刻意留白来表现虚实关系，具有凝聚视线的作用。

（6）文字的编排严谨中有自由，形式多样，使内容变得充实。

（7）整个图片充满版面，再配以文字的疏张排列，视觉冲击力十分强烈。

（8）主题文字形式活泼，极具吸引力和视觉冲击力。

（9）自由字体的排版设计，非常有张力。以图为主体，将文字融入其中，文图相衬，意味深长。

2. 艺术排版

（1）形式的独特与直接，准确地传达了所要表现的内容。

（2）大小不等、起伏变化的文字安排在一个版面上，构成了点线面在布局上的巧妙组合。

（3）图形的夸张性使版面颇显刺激。

（4）包装上的排版设计，宁静儒雅。图形的点缀又增加了几分动势。

（5）版面中点的疏密对比，使版面灵气十足。

（6）纯图形与文字的排版设计，自由活泼。

（7）图形与图像的混合排式，两者优势互补，相得益彰。

（8）图片的规整与文字形式的个性编排协调醒目。

（9）文字即是图，图即是文字，效果整体，极具装饰情趣。

六、拼大版

拼大版在印刷中的作用就是确定最合理的印刷方式，提供正确折页的印张，同时还可以节省材料、缩短印刷时间。从主要用途来看，主要有折手拼和自由拼两种形式，图2-28为折手拼示意图。

从拼大版和RIP的关系上看，可分为RIP前拼版和RIP后拼版两种方式，其中RIP后拼版具有RIP速度快、效率高的特点；一旦某个小文件出现问题能够快速处理，使其他文件不受影响，如图2-29所示。

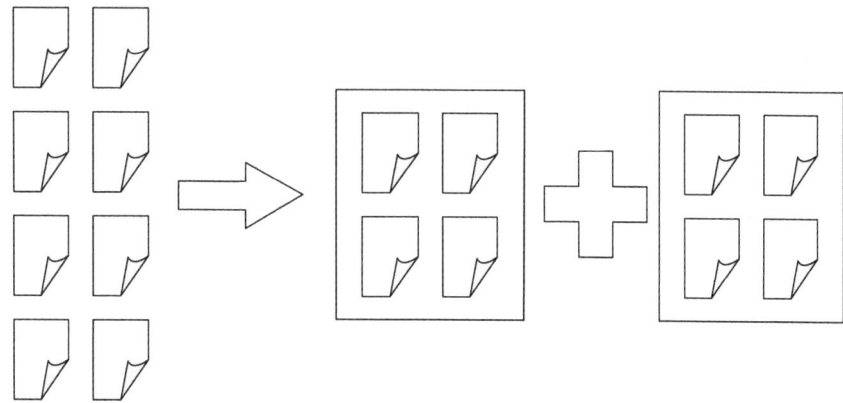

图 2-28 折手拼

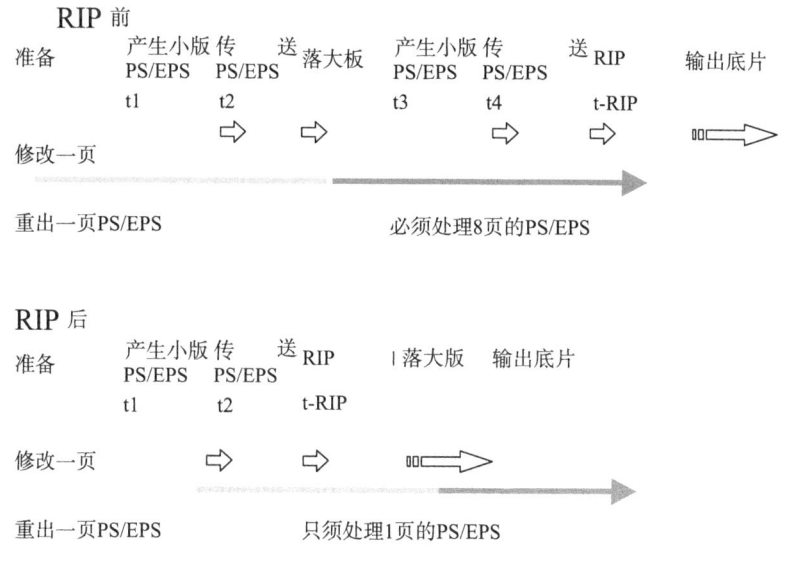

图 2-29 RIP 前拼版与 RIP 后拼版对比

拼大版工艺流程一般包括如下步骤：

1. 定义大版属性

①定义大版的尺寸、分辨率、加网线数。

②定义每一大版上小版的页数及行列的排列方式。

③设定装订方式、印刷方式、折页方式。

2. 定义小版属性

定义小版面积、在大版上的位置、小版的间距、四周边界、小版的方位（头对头，脚对脚，直向横向）等。

3. 定义出血

可选择单页设定（Single）或四页设定（Quad），亦可个别设定（Individual），以此来定义出血属性。

（1）单页设定：定义一页的出血属性，赋予所有的小版相同的属性。

（2）四页设定：定义相邻四页的出血属性，按照四页小版的相对位置关系，赋予所有的小版相同的属性。

4. 页码顺序

由于装订方式不同，页码顺序也不同。

5. 标记设定

包括裁切、折页、套准、脊标、测试条的尺寸、位置等。

第三节 打样与制版

一、打样原理与系统

打样的目的主要有两个：第一，对原版的质量进行检查。例如，对原稿阶调、色彩的再现性是否达到了要求；版面尺寸、图像、文字的编排、规矩线等是否正确，有无遗漏等，如有不妥之处，就要进行修正。第二，为正式印刷提供样张或印刷的基本参数，如墨色、网点再现的范围等，使印刷达到规范化、标准化的操作。

打样的方法可以分为两大类：一类是硬打样，如机械打样、喷墨打样等；另一类是软打样，如屏幕显示。

（一）机械打样

机械打样也叫模拟打样。一般是在和印刷条件基本相同的情况下（如纸张、油墨、印刷方式等），把用原版晒制好的印版，安装在打样机上，进行印刷，得到样张，然后对照原稿或版式设计图样进行校对，直到阶调、色彩、文字、版面规格尺寸无误为止，最后由客户签字，即可付印。平版印刷的单色打样机如图2-30所示。

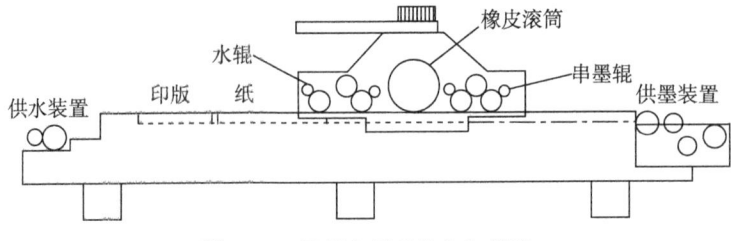

图 2-30 平版印刷的单色打样机

机械打样虽然是模拟印刷而进行的，但机械打样的油墨转移原理、使用的印刷材料以及印刷环境等往往和实际印刷不一致。因此，从打样机上获取的样张对原稿的色彩、再现性和印刷机上获取的印张总有差异。为了缩小这种差别，目前已经研制出多色自动打样机，并应用于印刷生产之中。

(二) 数码打样

随着高精度大幅面喷绘系统以及CTP的出现，在色彩管理技术的基础之上，数码打样系统应运而生。

数码打样系统包括系统软件和系统硬件两部分。其中，系统软件是支持色彩管理系统（Color Management System，CMS）的数码打样软件，负责控制硬件的运行；而系统硬件主要有数字彩色输出设备，如高速、高精度的彩色打印机，以及输出控制器，如计算机。系统硬件的作用是通过数字控制方法实现图文信息从数字到模拟的转换，获得彩色样张。此外，还有附属的打印耗材，如纸张和墨水，以及为色彩管理软件提供色彩测量和质量监控的测量仪器。

1. 数码打样软件

数码打样软件是数码打样系统的核心，一个具有色彩管理功能和页面组织功能的控制软件，在打样系统中起着直接决定打印页面上点阵信息的聚集或分布方式、各种色彩墨水的组合和分配方式、印刷特性和打印机特性的匹配的作用，通常具备以下功能。

（1）兼容多种数据格式

能够兼容和接收彩色印前系统各种应用软件制作的各种文件格式，如常用的 PS、PDF、JPEG、TIFF 和 1 bit tif 格式。

（2）连续调打样功能

连续调打样功能的工作流程如图 2-31 所示，也称为普通彩色打样或者 RIP 前打样。连续调打样是在色彩管理的前提下，通过直接对电子文件的解释，在打印介质上输出模拟印刷品的打印样张。其特点是处理文件的数据量相对较小，文件计算速度快，生产效率高。由于没有直接采用 RIP 输出生成的文件，在生产过程中，采用多次 RIP 输出的工艺，存在多次输出色彩不一致和数据不一致的缺点。

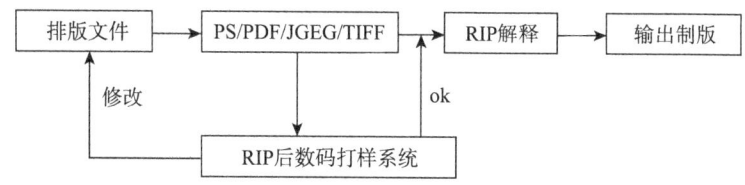

图 2-31 RIP 前数码打样系统工作流程

（3）网点打样功能

网点打样功能也称为 RIP 后打样，是指在色彩管理的前提下，通过接收各种 RIP 后数据，实现数字样张与印刷品的一致，工作流程如图 2-32 所示。其特点是一次 RIP 多次输出（ROOM Rip Once，Output Many），即采用与印刷同样的加网数据输出数字样张，保证了色彩、层次和清晰度的一致性，并可以反映印前设计中的加网问题。

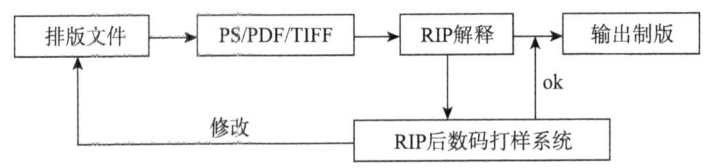

图 2-32　RIP 后数码打样系统工作流程

RIP 后打样接收的数据有两种形式，其一是接收数据由输出 RIP 最终生成的 1 bit tif 格式，这种格式虽然是百分之百的准确，但文件数据量非常大，其处理速度非常慢，生产效率低。其二是采集 RIP 后但还未生成 1 bit tif 数据信息的中间文件进行解释，这种状态的文件经过 RIP 的压缩，在保持文件所有信息的同时，又包含网点控制信息，相对前一种形式数据量稍有减小，处理速度有所提高，但相对于使用 PS、PDF、TIFF 等格式的 RIP 前打样软件来说还是较慢。

网点打样也称为真网点打样，实质上是模仿印刷调幅网点的打样技术，即实现了通过软件应用 RIP 数据来控制打印机喷墨过程，使多个喷墨点能聚集形成符合调幅网点加网规律的网点。图 2-33 是调幅网点和调频网点放大图效果，反映了真网点技术和调频网点技术数码打样的差异。

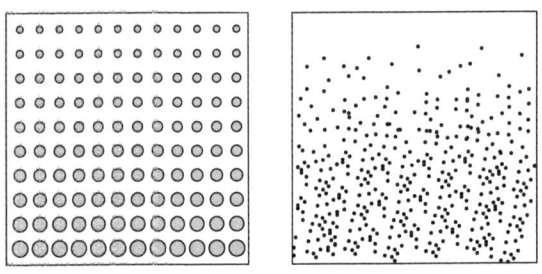

图 2-33　数码打样调幅网点（左）和调频网点（右）

（4）专色输出功能

专色打样与四色印刷打样的原理和机制不同，其目标不是色域匹配或者色彩数据的整体转换，而是个别特定色彩的模拟和再现。由于专色的数量和种类繁多，准确模拟和输出专色是数字化打样系统的关键问题之一。图 2-34 是部分专色与打印机色域的空间位置比较，其中蓝色格点代表专色，中间实体代表打印机空间色域，很容易发现很多专色位于打印机空间色域之外，打印机很难模拟。

（5）其他扩展功能

除上述主要功能外，部分码打样软件还提供一些其他有用的功能，如拼大版、裁切、旋转、预览、添加测控条、选择性色彩校正和色彩叠

图 2-34　部分专色与打印机色域比较（见彩图）

印等。

2. 数码打样硬件设备

数码打样系统的硬件部分主要是数码打样系统的输出设备，主要有激光打印、热转移、热升华、喷墨打印四类。其中，喷墨打印机色彩稳定、色彩饱和度高、成本低。数码打样的喷墨打印设备采用六色以上的配色系统，增加了浅黑、浅青、浅品红墨等墨水，以改善打印机高调部分的颗粒粗糙感。

喷墨打印机是利用控制指令来操控打印头上的相关装置，使喷嘴孔能够依照使用者需求，喷出定量的墨水，从而在承印物上成像并完成输出。大幅面的喷墨打印机可以采用连续喷墨与按需喷墨两种技术。

（1）连续喷墨技术

连续喷墨技术以电荷调制型为代表，即利用压电驱动装置对喷头中墨水加以固定压力，使其连续喷射。记录时利用振荡器的振动信号激励射流生成墨水滴，并对其墨水滴大小和间距进行控制。由字符发生器、模拟调制器而来的打印信息对电荷电极上的电荷进行控制，形成带电荷和不带电荷的墨水滴，再由偏转电极来改变墨水滴的飞行方向，使需要打印的墨水滴飞行到纸面上，生成字符、图形记录。不参与记录的墨水滴由导管回收。偏转电极既可采用两对互相垂直的偏转电极，对墨水滴打印位置进行二维偏转型又可采用多维控制的多维偏转型。二维偏转型的连续喷墨打印原理如图 2-35 所示。

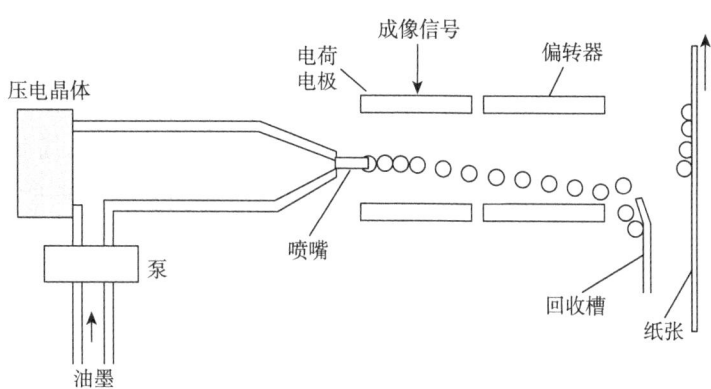

图 2-35 二维偏转型的连续喷墨打印原理示意图

这种连续循环的喷墨系统能生成高速墨水滴，所以打印速度高，可以使用普通纸，还易于实现彩色打印。但打印质量不够精确，现在这种喷墨打印机已极少。

（2）按需喷墨技术

目前的喷墨打印机主要采用按需喷墨技术，按需喷墨技术分压电打印方式、热泡打印方式与静电喷墨打印三类，只在图文信息需要时，喷嘴才会产生墨滴，不产生非记录的多余墨滴，不需要回收装置。按需喷墨技术利用随图像信号变化的电场作用力来控制喷墨状况，电场力作用使墨滴释放。

标准印刷样张的要求相关内容请扫描封底二维码阅读。

二、传统制版

制版是指将经印前处理过的图文信息复制，再制作成满足各种印刷工艺需要的印版，包括平版、凸版、柔性版、凹版及丝网版等。传统制版工艺是需要先做好晒版原版准备，将图文信息记录在胶片材料上，然后再通过曝光、显影等工序将图文信息复制传递到印版的表面。例如：凸版从发展历程来看主要有铜锌版、感光树脂凸版和柔性版，传统的凸版制版包括铜锌版制版工艺、感光树脂凸版制版工艺等，这些制版过程都离不开胶片。

目前，传统制版又被称为 CTF 制版。这种技术方式即将经印前处理好的图文信息先通过激光照排机输出成分色片，然后再将这种胶片上的信息通过晒版机晒制到印版上的工艺过程。例如，传统平版胶印四原色印刷就需要先输出青、品红、黄、黑四张分色片，然后再晒制出相应的四色胶印印版，即 PS 版，供上印刷机使用。

三、计算机直接制版

计算机直接制版（CTP）是采用激光扫描方式将数字式的页面信息记录在印版上，再通过适当的后处理获得印版。与传统的 CTF 工艺相比，CTP 制作的印版记录网点的质量高，网点增大和损失小，能够较好地完成调频网点的记录，省去了输出胶片的工序，节约了手工修版、去脏点的时间，整体缩短了印刷生产周期，提高了生产效率，减少了工序和人员，节约了成本，上机印刷时套准精度高，上印刷机印刷基本不用拉版，提高了印刷机、印后加工设备的利用率，提升了产品利润。

CTP 生产工艺是以 CTP 技术为核心，按照时间的顺序和空间的布局而组织起来的生产工艺流程和质量控制流程。应用 CTP 制版工艺的印刷工作流程如图 2-36 所示。

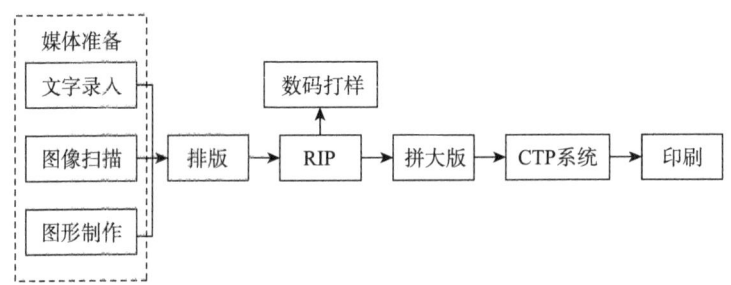

图 2-36　CTP 工作流程基本框架示意图

CTP 工作流程中各个组成部分及其作用如下所述：

（1）媒体准备

媒体准备（Premedia）广义上讲是为不同形式的媒体输出（显示/打样/出胶片/直接制版/数字印刷）所做的素材准备工作。狭义上讲是为印前（Prepress）提供标准规范素材的技术环节，即满足原稿信息的获取手段多"媒体"化、输出应用跨"媒体"化、数据流传输跨媒体与跨平台的根本要求。

媒体准备是整个数字化生产流程的关键，其核心是生成规范化或标准化输出所需要的全部数据信息，即页面内容信息和生产控制信息。保证印前、印刷、印后的优质、高效、顺畅。

（2）排版

排版工序完成了单页面内，图、文、表等版面元素及其相互关系的设计。

（3）栅格图像处理（RIP）

RIP（Raster Image Processor）即栅格图像处理器，功能是将制作好的页面快速地解释成可控制激光记录仪输出点阵的命令，能将页面中的文字、图形、图像等元素自动地转换成数字点阵信息，控制输出设备进行记录。

（4）拼大版

在CTP流程中，由于不再需要输出胶片，因而传统的输出胶片后手工拼大版的工序便由数字化拼大版技术所取代。数字化拼大版作业主要包括设计折手方式和拼大版两个方面的工作。折手是指小版在大版上的拼版规则，折手决定了大版和小版的位置关系。拼大版是指将要印刷的页面按其折手方式排在大版上，拼大版分为整印张拼大版和非整印张拼大版两类。

（5）数码打样

在CTP流程中，由于没有胶片（Film）的输出，因而数字文件在送往CTP系统输出的前一刻，对该数字文件进行检查就显得尤为重要。数码打样是CTP工作流程中最关键的环节，它以数字化方式模拟印刷效果，提供了一种快捷、简便的打样方式，可以认为是CTP数字化生产流程的支撑技术。由于它是全数字化控制，因此提供了一个稳定的输出环境，非常有利于使用颜色管理进行色彩控制。

（6）色彩管理

色彩管理是指使用软、硬件结合的方法在生产系统中自动统一地管理和调整颜色，保证在整个CTP工作流程中颜色传递的一致性，真正实现"所见即所得"。建立色彩管理系统就是依据CTP工作流程建立一套完整的颜色管理与控制方案来保证工作流程中的各种设备，如扫描仪、显示器、打印机等，所表达的颜色就是我们需要的颜色信息的过程。

复习思考题

1. 人眼看到油墨叠印呈现的色彩，这个过程是减色法呈色还是加色法呈色？
2. 印刷流程中，为什么需要对图像加网？
3. 调幅网点和调频网点相比有什么区别？
4. 加网线数是不是越高越好，为什么？
5. 调幅网点有哪些特征参数？
6. CTF 制版和 CTP 制版的工艺流程有什么不同？
7. 什么是打样？其目的是什么？打样包括哪些方法？
8. 平台式扫描仪和滚筒式扫描仪的工作原理分别是什么？
9. 数字化工作流程系统有哪些基本特征？
10. 什么是数字印前处理系统？

第三章　常规印刷技术方法

第一节　柔性版印刷

一、柔性版印刷的原理与特点

柔性版印刷是指使用柔性印版，采用网纹传墨辊传递适量油墨到印版表面，印版滚筒和压印滚筒进行压印，从而使油墨转移到承印材料上，以此完成印刷的技术方法，其工作原理如图3-1所示。柔性版印刷兼有凸印、胶印和凹印三者的特性。从印版结构来看，其图文部分凸起，高于非图文部分，具有凸印的特性；从印刷适性来说，它是柔性的印版版面与印刷承印材料接触，具有胶印特性；从输墨机构来说，其结构简单，属于短墨路输墨方式，具有凹印的特点。

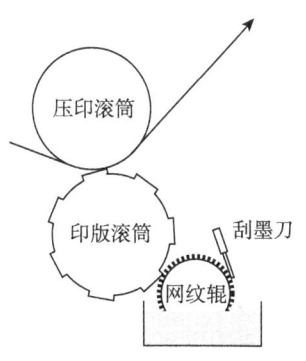

图 3-1　柔性版印刷工作原理示意图

综合来看，柔性版印刷具有如下特点。

(1) 印版使用高分子树脂材料，具有柔软、可弯曲、富于弹性的特点

柔性印版根据不同的厚度，其硬度在肖氏（A）28～82。印版耐印力高，根据所制作的内容大小不同，在10万印到100多万印之间。与传统凸印压力50kgf/cm²、凹版印刷压力40kgf/cm²、平版胶印压力4～10kgf/cm²相比，柔印压力仅1～3kgf/cm²，属于轻压力印刷。所以，柔性版印刷特别适用于瓦楞纸板、低克重薄膜等不能承受过大印刷压力的承印物的印刷。

(2) 制版周期短，制版设备简单

一般情况下，制作一副多色的凹版滚筒的周期为3～5天，而柔性版印版根据不同的制版工艺，制作时长为0.5～4小时。

(3) 承印材料非常广泛，柔性版印刷工艺几乎不受承印材料的限制

光滑或粗糙表面、吸收性和非吸收性材料、厚与薄的承印物均可实现柔性版印刷。可承印不同厚度（28～450 g/m²）的纸张和纸板、瓦楞纸板、塑料薄膜、铝箔、不干胶纸、玻璃纸、金属箔等。承印材料的种类多于凹印，而胶印除纸张外，其余承印材料都不能印刷或印刷效果不好。

(4) 机器设备结构简单，造价低，设备投资少

柔性版印刷机由于构造相对简单，因此设备投资低于相同规模的胶印机，同样色组的印刷设备，柔性版印刷生产线比胶印机价格低40%～60%。

(5) 应用范围广泛，可用于包装装潢产品的印刷

柔性版印刷既可印刷各种复合软包装产品、折叠纸盒、烟包、商标及标签；也可以印刷报纸、书籍、杂志和信封等。

(6) 可使用无污染、干燥快的油墨

柔性版印刷生产线可使用水溶性或UV油墨，对环境污染较低。柔印水墨是目前所有油墨中唯一经美国食品药品协会认可的无毒油墨，因而柔性版印刷又被人们称为绿色印刷，被广泛用于食品和药品包装。

使用水溶性油墨的柔印机，每个印刷色组都设有红外线干燥系统，通过红外线热风干燥装置，墨层可在0.2～0.4s内干燥，不会影响下一色组的叠印。

(7) 印刷速度快、联机生产、效率高、生产周期短

柔性版印刷设备通常采用卷筒型材料，可进行双面和多色印刷。一般机组式窄幅柔印机印刷速度可达80～150米/分，卫星式宽幅柔印机印刷速度可达350～500米/分。特别是柔印机可与上光、烫金、压痕、模切等印后加工设备相连接，形成印后加工连续化生产线，设备综合加工能力强。因此，生产周期比其他印刷工艺短，节省后道工序的用工，避免了工序之间周转的浪费，实现了高速多色印刷。所以，人们将柔性版印刷机称为印刷加工生产线。而在平版胶印中，往往要使用更多的人员和多台设备用三四个工序才能完成相同的活件。

（8）生产成本低，经济效益高

柔性印版耗墨量比凹印少 1/3，节电 40%，从而降低了生产成本。

（9）现代柔性版印刷产品质量好

柔性版印刷可以着墨量大，使印刷产品底色饱满；网线产品也已达到 175～200 线/英寸。

二、柔性版印版制作

柔性版印刷，在 20 世纪 60 年代前主要使用橡皮凸版，业内也习惯称为橡皮版，采用雕刻橡胶或模压的方法获得印版，这在我国瓦楞纸箱印刷中曾经广泛使用。橡皮版只能制作简单的实地色块和文字，不能制作图文有渐变色和网点层次的印版。20 世纪 70 年代以来，美国杜邦、德国巴斯夫、日本东洋纺相继研发出了各自的固体感光柔性树脂版，主要使用具有弹性、高分辨率、版基厚度为 1.7～7mm 的感光树脂版。近年又出现了感光树脂薄型版，用于高质量的柔性版印刷。

柔性版是由高弹聚合物、光引发剂、交联剂、热阻聚剂、增感剂等组分构成。高弹态聚合物主体是高分子的弹性体树脂，常用的有合成橡胶、丁苯橡胶、丁腈橡胶、丁钠橡胶等。使用的弹性树脂不同，各种柔性版的弹性、耐磨性、耐溶剂性及显影液都不相同。

柔性版的感光度取决于光引发剂的性能，一般采用的有安息香醚类、芳香酮类、重氮化合物、蒽醌类物质等。交联剂常用的有丙烯酸单酯或多酯，也有用双重氮基化合物或叠氮化合物等。热阻聚剂主要是阻止热聚合反应的发生，提高版材的保存期，常用的有苯二酚、没食子酸、维生素 C 等。增感剂主要是提高版材的感光度和扩大感光光谱范围，一般采用染料，如曙红、亚蓝等。

自 20 世纪 70 年代，感光树脂版制作柔性版需要先制作用于成像的胶片，然后晒版。这种树脂版可以制作出线数 80 lpi 以上的网点版，提高了图像的印刷精度。直到 1995 年，基于激光雕刻遮光黑膜涂层的柔印直接制版技术面世，用于直接制版的激光雕刻机也同时上市，业内称其为 CDI（Cyrel Digital Imager），这种直接制版技术可以制作更小的网点、更细的线条和文字，制版网线能到 175 lpi，能印刷出来更长的阶调范围，实现更精美的图像复制。直接制版技术对柔印品质的提升产生了极其巨大的推动作用，使柔印有了和胶印、凹印一样的精美产品。在 2000 年，无溶剂的热敏制版技术开始使用，热敏制版是利用树脂在感光及未感光条件下熔点的差异，当加热到一定的温度，未曝光的树脂就会融化掉，再用无纺布通过接触吸附的方式将融化的未曝光树脂移除，最后显露出凸起的图文部分。这种热敏制版最大的优势在于不使用溶剂洗版，解决了环保的问题，也不用烘干，省掉了大量的烘干时间。除了这种热敏制版不用洗版溶剂以外，还有水洗版也是不用有机溶剂洗版的，水洗版只用水洗就能完成洗版过程，烘干时间也很短，目前以旭化成和住友的水洗版为代表。柔印水洗版目前仅能制作 1.7 毫米以下的薄版。

柔印版除了这些固体感光树脂版以外，还有液体树脂版和橡胶直雕版。液体树脂版成本低，但制作工序复杂，无法实现高精度的制版，只使用在对图文精度要求不高的瓦楞纸箱印刷。随着激光技术的进步，目前的橡胶直雕版有别于早期的橡皮版，它可以制作精美的图案，并且可以控制网点的3D形状，其缺点是制版速度慢、设备昂贵。

1. 传统柔性版制版

采用胶片制版的方式也称为传统制版，传统柔版的制版工艺一般分为6个步骤：背面曝光、正面曝光（主曝光）、冲洗（显影）、烘干（干燥）、去粘、后曝光，其工艺流程如图3-2所示。

背面曝光 → 正面曝光 → 冲洗（显影） → 干燥 → 去粘 → 后曝光

图3-2 传统柔性版制版工艺流程

曝光是在晒版机中，将正向阴图底片和柔性版材紧密接触，先进行背面曝光，再进行正面曝光，如图3-3和图3-4所示。

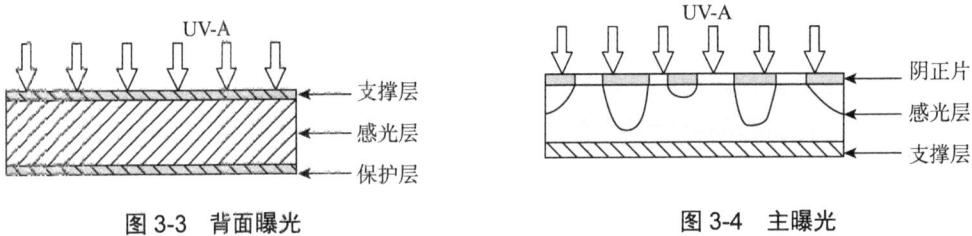

图3-3 背面曝光　　　　　　　图3-4 主曝光

（1）背面曝光

背曝光是将感光版材放入曝光装置，把版材正面朝下放在曝光机平台上，调节曝光定时器，进行决定浮雕深度的曝光。其作用是形成版基，决定浮雕的高度，同时活化印版，缩短主曝光时间，并建立可支撑线条和网点的基层。背曝光时间过长会造成底基过厚，图文浮雕浅，印刷时没有图文的地方容易着墨蹭脏；背曝光时间不足会造成底基厚度不足，可能产生底基不平整现象，严重不足还会出现图文内容弯曲、倾斜，甚至被洗掉，小网点倾斜或断点。

（2）主曝光

主曝光是柔性版在背曝光做完之后进行，其目的是在印版上产生浮雕图文，保证图文元素牢固地站立在背曝光建立的印版底基上。主曝光时紫外线透过胶片的空白区域照射过去，引发感光树脂的聚合反应，曝光过的感光树脂在洗版过程中不会被洗掉，未曝光的感光树脂在洗版过程中则会被洗掉，这就在印版上产生了浮雕图文。具体操作是把经过背曝光的版材放到曝光机平台上，将胶片（正阴菲林片）正面朝下放在印版上，清洁灰尘后，四周放置导气压条，用真空膜覆盖住胶片和版材，抽真空到0.8bar或更高，检查胶片和印版之间无气泡，覆盖平整后开启UVA主曝光，曝光一般为8～10分钟，曝光结束后再次检查胶片和版材中间没有气泡后，关掉真空机，拿出版材准备洗版。

（3）冲洗

冲洗的作用是除去未曝光空白部分的树脂（未发生聚合反应的树脂），形成浮雕图像，洗版溶剂除了常见的四氯乙烯/正丁醇洗版溶液外，还广泛使用环保溶剂对版材进行冲洗。具体操作是首先对完成主曝光的版材进行打孔，正面朝上安放在洗版版夹上，洗版机上选择对应的版材厚度，浮雕高度和洗版时间，启动洗版机，洗版机会拖动版夹，连同印版一起进入洗版机，洗版机毛刷对印版先进行搓洗，后进行冲淋，直至版夹把印版拖出洗版机。完成洗版后，准备放入烘箱烘干。

在洗版过程中，由于洗版溶剂溶解了未曝光部分的树脂而变得黏稠，洗版效率会逐渐降低，也达不到完美的清洗效果，这时需要不断地增加干净的溶剂，使溶剂里树脂的固含量保持不变，才能顺利地完成洗版过程。含有大量树脂的洗版溶剂从洗版机抽出后可以在真空负压的回收机里进行蒸馏回收，蒸馏的过程就是使树脂和溶剂分离，对分离出来的溶剂重新测量调整配比后可以重新使用。

（4）干燥

印版从冲版机中取出来后，通常是膨胀的、粘而软，原来的直线看起来像波浪线，需要在烘箱内进行干燥，排出所吸收的溶剂恢复原先版的厚度，版材恢复原来的厚度，并保持均匀的厚度。根据不同的版材干燥时间为2～3时，温度设定为约60℃±5℃。在烘干20分钟后要对版材进行检查，检查印版图文完整无缺，版面平整，阴文锐利，版面不能有残留的溶剂斑。如果检查出印版有问题，应该马上安排重新制版，这样能够最大限度地节约制版时间。没有问题的印版继续烘干，直到达到要求。

（5）去粘

去粘的作用是去除由溶剂引起印版的表面粘性，提高印版耐日光和耐溶剂的能力，提高油墨转移性和其高表面张力。去粘在后曝光之前采用UVC（短波长）进行照射，或与后曝光同时进行，否则将会增加去粘时间。

（6）后曝光

后曝光的作用是增加柔性版的耐印力。后曝光使整个树脂版完全发生光聚合反应，版面树脂全面硬化，以达到所需的硬度，提高印版的耐印力，并提高印版的耐溶剂性。后曝光使用和主曝光一样的UVA光源。

长期以来，柔性版印刷一直采用胶片制版的方式，这种制版方式的确具有很多优点，比如，成本比较低、适应的承印物材料十分广泛、油墨选择范围大、印刷机结构简单以及印刷品质量较高等。但是柔印本身网点增大相当严重，在高光区域形成断点，而且在印刷时稳定性比较差。计算机直接制作柔印版技术的出现彻底改变了这种局面。直接制版的柔印方式的网点增大十分稳定，而且网点增大率比较小，与胶印相差无几。不论是细小的阳文（或者线条）还是阴文（或者线条），印刷之后都能十分清晰、不糊死；在一定的条件下，印版上2%的网点在成像制版及印刷之后仍然保持2%的大小不变，使图像层次变得更加丰富，如图3-5所示。

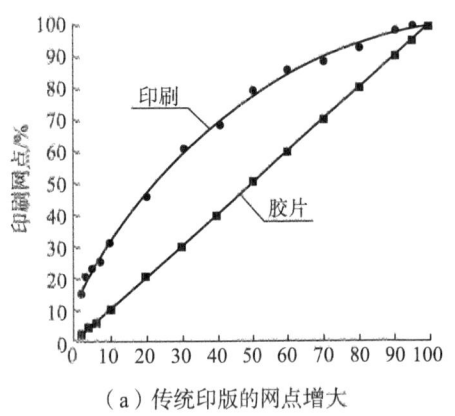
(a)传统印版的网点增大

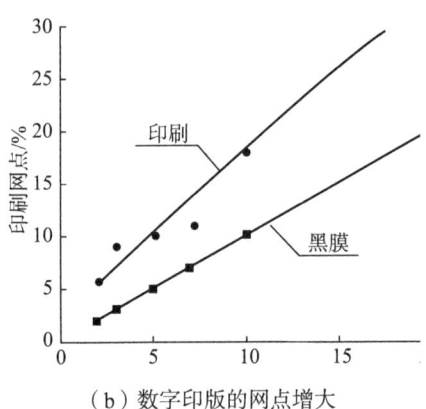
(b)数字印版的网点增大

图 3-5　CTF 与 CTP 印刷网点增大比较

常见的计算机直接制作柔性版方法有：基于蒙版涂层的计算机直接制版、直接激光雕刻制版工艺等。

带有蒙版涂层的光聚柔印版在目前的柔版计算机直接制版中使用较多。其印版材料上涂覆有一层被称为激光剥离蒙版系统（Laser Ablation Mask System，LAMS）的深色不透明涂层（具有遮光作用的黑膜）。这一涂层（黑膜）代替了传统工艺中的感光胶片，可以在激光的作用下被去除，露出下面的感光树脂。其工作系统的原理是通过计算机控制雕刻机的激光，经过光学镜头聚焦在版材的遮光涂层上（通常为黑色），将成像部位（图文部分）的遮光涂层烧灼掉，使图文部分的感光树脂外露，而非图文部分的遮光涂层不受影响，保持原状。雕刻好图案的版材在曝光机下直接曝光，随后借助紫外光使印刷图文凸起部分的感光树脂聚合固化。与传统工艺相比，由 LAMS CTP 制成的印版图文部分的肩部更陡峭、反差更鲜明。尤其在复制细小的正片或负片文字时，这一工艺质量优势明显。高光部分的细小网点也能很好地生成，而且网点的生成与周边网点无关，这样可以保证很好地预知所制成的印版效果。

先对一个预涂层曝光成像看上去似乎是复杂了一些，但这样做的确有它的优点。由于将两个成像步骤分开（先在蒙版涂层上成像，然后再通过 UV 光固化之），印版两部分的组成可以根据需要而更好地定制。预涂层可以根据设备的性能最优化配置，而光聚合层可以根据印刷特性最优化配置。

LAMS CTP 系统自使用以来已经有了不少的改进，比如，柯达公司的 Flexcel NX 系统通过对材料的改进，使得凸起的图文部分顶部成为更精细的"平顶"，相对于一般的 LAMS CTP，这个改进有力地提高了产品阶调复制再现性能，如图 3-6 所示。

Flexcel NX 的平顶图文

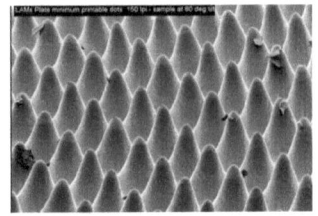
传统 LAMS CTP 的圆顶图文

图 3-6　平顶图文和圆顶图文比较

柔性版平顶网点技术将数码激光制版和传统胶片制版的优点集于一身，通过使用平顶网点版材，或者非平顶网点版材经过特殊工艺（LED高能量快速成像曝光设备、覆膜隔绝氧气、充氮气隔绝氧气），实现平顶网点。平顶网点技术的最主要优点是平顶网点印版印刷时受压变形小，印刷压力的波动、印刷幅宽方向压力的不均衡、网点顶端磨损后网点增大的问题得以解决。

随着自带平顶网点技术版材的出现，高清网点和实地上加微穴技术加快了市场应用。高清网点技术，主要是为了解决高光绝网的问题和提升制版精度，实现高光渐变的完美重现，达到胶印、凹印的效果。高清网点在高光部分采用了大小点混合加网技术，如图3-7所示。利用网点彼此相互支撑的方式来提升耐印力。高清网点的典型代表是Esko的HD网点和Full HD网点技术。

图3-7 HD高清加网示意图

相比凹印，柔印的色密度比较低。在柔印行业，特别是奶包、标签、预印、透气膜等应用领域，在制版时会进行实地加网和中间调网上加网，主要是为了提升实地和文字色块的色密度、优化外观品质、减少白针孔、提高文字和细小内容清晰度、提升颜色饱和度等。其原理就是通过把网点面积率100%的实地地方改为有网点，制出来的印版在实地的地方就出现了很多小坑（就是印版的表面变粗糙了），这样油墨在印版上相对光面来说就有了更大的表面积，从而从网纹辊转移到印版上的油墨变多了，由印版转移到承印材料上的油墨也变多了，由此可以提升实地色密度和减少白针孔现象。ESKO的"Pixel+"技术，杜邦的Easy Brite网点技术，赛康的啄木鸟微穴加网技术都是微穴加网技术的代表，如图3-8所示。

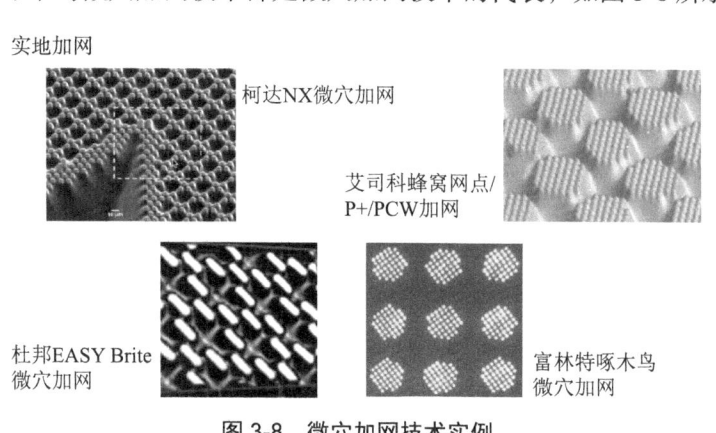

图3-8 微穴加网技术实例

随后出现的磨砂表面版材，即便不使用微穴加网技术，也可以获得比较好的实地密度。杜邦的磨砂表面版材是基于自带平顶网点技术，在印版表面再增加一层特别的树脂层用来提升油墨转移的版材，杜邦的磨砂表面版材也被称为多层版。和杜邦的磨砂表面版材相似的还有富林特的表面纹理印版，如图3-9所示。这些版材都能增加油墨的转移，提高色块的色密度。

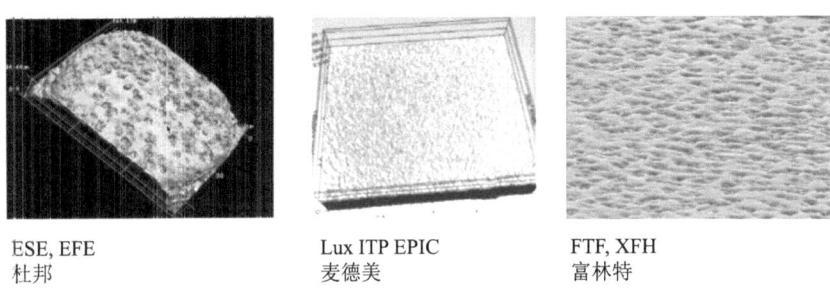

图 3-9 磨砂或表面纹理印版实例

直接激光雕刻制版工艺属于一步成像工艺。电子图像数据通过激光束写到印版上，印版上不需要的部分被蒸发掉，结果形成要印刷的凸起图文部分。这种工艺不需要后续步骤，用于雕刻的印版主要是各种各样的橡胶版，不过现在也可以使用聚合版以及光聚版。

直接激光雕刻制版工艺属于干式制版工艺，在干式制版工艺中可以省去冲洗步骤的所有操作和费用。大部分直接激光雕刻系统使用 CO_2 激光束，使用从几百到几千瓦的功率就可以获得能够接受的质量水平，同时还可以保持较低的成本。不过对于更高分辨率的要求，CO_2 激光技术发展空间有限。CO_2 激光束已经达到其极限1270dpi，可以生成1221线/英寸的网线。很显然，为了达到更高的质量要求，需要使用其他的激光技术。

此外，柔性版制版还包括有缝套筒印版制版技术（PTS）和无缝套筒印版制版技术（CTS）方式。PTS是将未曝光的感光树脂版材拼贴在一个套筒上，再进行激光曝光，完成图像传输、冲洗等处理。印版整个加工过程都装在套筒上，无须印刷前装版；CTS是在涂有光聚合物的无缝印版套筒上进行激光曝光，整个加工过程需要使用特殊的直接制版机。

三、柔性版印刷工艺

柔性版印刷工艺流程如图3-10所示。

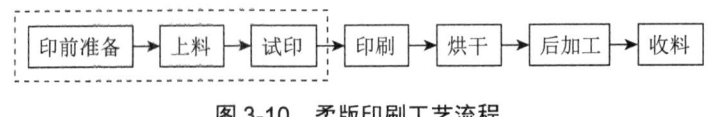

图 3-10 柔版印刷工艺流程

（一）印前准备

印前准备包括：印版、印刷材料准备和正式印刷前的准备，其准备工作与流程如图3-11

所示。相关具体内容请扫描封底二维码阅读。

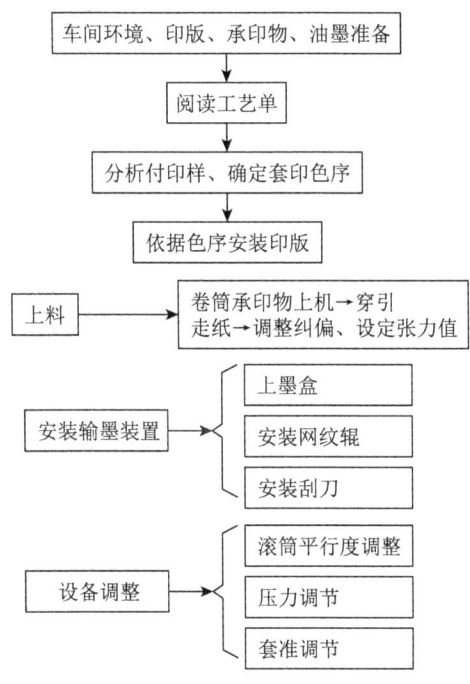

图 3-11　印前准备工作内容与流程

（二）印刷

1. 印刷中的监控与调整

在正常的生产作业过程中，要不断对印刷品的表面颜色、套印情况、油墨量、张力、油墨的黏度和 pH 值等进行监控，发现问题必须进行调整。

印刷中必须保持各辊的清洁，不得有干固的油墨，以免影响承印物、印件及版材寿命。同时，保持传动齿轮的清洁干净，因为飞溅的油墨干固在齿面局部也将导致精确的套准定位。滑动面与调节机构，要防止油墨和其他物质干固洒落在上面，影响定位、固定。

印刷时要随时加墨，加墨时注意避免外滴、外漏。油墨在使用一段时间后，就要进行必要的测试和调整，特别是水墨的黏度和流动性，要保持相对稳定。在调整过程中，要根据水墨性能，使用相应的助剂，否则将造成性能上的变化，直接影响印刷质量。各种助剂在使用中要谨慎精确，调整时要留有宽容度，要少加、勤加。

2. 印品的干燥

（1）红外干燥装置

印刷油墨被转移到承印物上后失去流动性变为固体，使其在后续工作中不蹭脏、耐摩擦，防止了第一色油墨被第二色油墨润湿混色。干燥装置能满足快速使油墨从液态到固态发生变化。机组式柔印机在每个机组后面都装有一个烘干器，采用红外电热管加热空气，并用风机将热空气高速吹向印刷后的承印材料，形成冲击式的气帘，冲破运行纸张附带的空气层，以达到最佳的干燥效果。在用较厚墨层进行实地印刷时，应该充分考虑到承印材料的种类及其吸收能力，因为柔印使用的油墨大部分是水性墨，挥发干燥是主要的，有时干燥问题影响承印机的运行速度。此时可使用红外线直接加热，温度为70℃左右，并增加气流的冲击速度，尽量使横向气流均匀。

（2）UV干燥装置

紫外线油墨稳定良好，无须经常清洁机器；固着好，利用紫外线中的光子源进行照射，可瞬时干燥。

（三）印后加工

印后加工是使经过印刷机印刷出来的印张获得最终要求的形态和使用性能的生产技术的总称，其对印刷品表面进行美化装饰加工，使印刷品获得特定功能的加工和印刷品的成型加工，常见方法有上光、覆膜、烫金、压凹凸和模切压痕。

（四）收料

印刷完成后的材料复卷时要注意张力的变化，同时要特别注意纸卷紧密程度及冷却情况，防止纸张印刷面的蹭脏、粘连等情况。

四、柔性版印刷质量检测与控制

一幅合格的印刷品应能达到如下8种标准：

（1）产品整洁，无明显脏污、残缺；

（2）文字印刷清晰完整，无缺笔断画，小于5号字不误字意；

（3）印版边缘光洁，无明显墨杠，无糊版；

（4）图版色彩鲜艳，实地墨色平复厚实，版面均匀、整洁，网点清晰完整；

（5）色彩还原良好；

（6）阶段层次还原良好；

（7）图文套准精度好；

（8）印刷墨层结合面牢。

在印刷中应随时抽样检查印张，根据相关的标准，操作人员用目测法在现场对印刷品从外观、墨色、层次阶调、套准、网点等方面进行评价、检查，具体包括如下5点。

（1）印刷尺寸符合生产要求，文字完整、清楚，图文位置准确；版面干净，细小墨斑、脏迹不影响主体。

（2）墨色均匀一致，颜色复制符合原稿，真实、自然、协调。

（3）层次阶调。高、中、低调分明，层次清楚。低调密度达标，高调部分网点再现，阶调范围大。

（4）图像轮廓清楚，套印准确。

（5）网点清晰，角度准确，没有重影，增大值小。

如表 3-1、表 3-2、表 3-3 所示列出了不同柔性版印刷品印刷要求，可供参考比对。

表 3-1　彩色层次版印刷的实地反射密度

色　别		纸张印刷品	塑料印刷品	销售包装纸箱印刷品
精细印刷品	黄	1.00～1.20	1.00～1.20	1.00～1.20
	红	1.20～1.50	1.20～1.50	1.20～1.50
	蓝	1.30～1.60	1.30～1.60	1.30～1.60
	黑	1.40～1.80	1.40～1.80	1.40～1.80
	叠加色	1.50	1.50	1.50
一般印刷品	黄	0.80～1.10	0.80～1.10	0.80～1.10
	红	1.10～1.40	1.10～1.40	1.10～1.40
	蓝	1.20～1.50	1.20～1.50	1.20～1.50
	黑	1.20～1.60	1.20～1.60	1.20～1.60
	叠加色	1.30	1.30	1.30

表 3-2　套印允差　　　　　　　　　　　　　　　　　　　　　　单位：mm

产品级别	纸张印刷品	塑料印刷品	纸箱印刷品
精细印刷品	主要部位＜0.2	主要部位＜0.2	＜1.5
	次要部位＜0.3	次要部位＜0.3	
一般印刷品	主要部位＜0.3	主要部位＜0.3	＜2
	次要部位＜0.5	次要部位＜0.5	

表 3-3　70% 网点的增大值　　　　　　　　　　　　　　　　　　单位：%

产品级别	纸张印刷品	塑料印刷品	销售包装纸箱印刷品
精细印刷品	≤14	≤18	≤18
一般印刷品	≤18	≤21	≤21

第二节　平版印刷

一、平版印刷原理与特点

平版印刷是一种间接印刷方式，是先将印版图文上的油墨转移到中间橡皮布滚筒上，再借助橡皮布的弹性将油墨转印到承印材料上，以此完成印刷的技术。平版印刷过程采用的橡皮布滚筒起到了相当重要的作用，它不仅可以很好地弥补承印物表面的不平整，使油墨充分转移，还可以减小印版上的"水"向承印物上的传递，提高和稳定印刷质量。

现代平版印刷又称平版胶印或者胶印，其技术原理如图3-12所示。平版印版图文部分和空白部分几乎在一个平面上，无明显的高低之分。印刷时需用"水"润湿印版，使平版上的非印刷部位铺一层水膜，这样才能保证在上墨的时候不上脏。平版胶印使用的"水"即润版液是极性物质，而胶印油墨连接料中干性植物油的非极性基团具有憎水性，连接料合成树脂具有高度抗水性。合成树脂在制连接料时，有的加入干性植物油助溶，有的利用干性植物油改性，从而进一步提高了胶印油墨抗"水"性。在平版印版表面就是利用油"水"相斥原理，使图文部分亲油斥水、非图文部分亲水斥油，来实现印刷图文的转移。

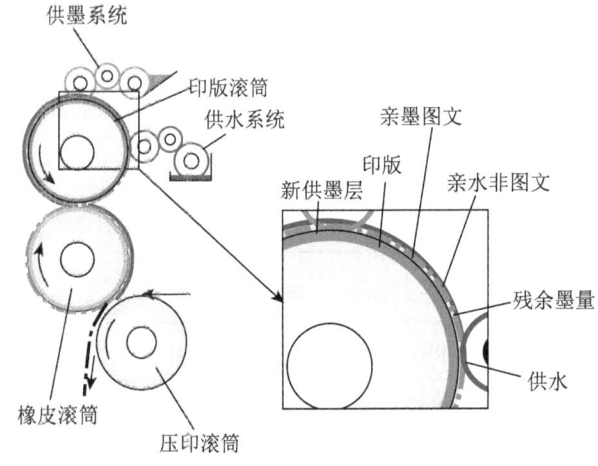

图 3-12 平版胶印技术原理示意图

平版印刷以"水"作为图文和空白部分的隔离剂，经过一定的理化处理，使几乎处在印版同一平面上的图文部分斥水亲油，空白部分斥油亲水，为实现图文的正确转移奠定基础。只要在同一平面上达到水墨平衡，就可使图文得以清晰、完整地转移。在平版胶印过程中，通过控制水墨平衡，避免出现油墨乳化和脏版、糊版等现象。

由于平版胶印印版的图文和空白部分的高度差别非常小，所以无法依赖油墨的厚薄表现印刷品上图文的层次。它是通过将原稿上的不同层次"拆分"成很微小的肉眼觉察不到的网点单元，来有效地表现出丰富的图像层次，即网点构像。

在平版印版表面，如果印版不先润湿而直接上墨，完全可能在空白部分也着墨，从而分不清图文和空白部分，使图文失真。因为具有干燥表面的物体，一般都具有亲油的特性，因此必须先用"水"润湿印版，然后再使版面着墨。当印版先接触"水"时，空白部分被其润湿，着墨时则排斥油墨；而图文部分具有憎水性，它排斥水分，吸附油墨，从而可以完成图文的正确转移，获得清晰、完整的图像，即平版印刷的先水后墨。

平版印刷以弹性体为媒介，先将油墨从印版上转移到橡皮布上，即第一次转移；橡皮布上的油墨再转印到承印物上，即纸张从橡皮布上获得图文。由于橡皮滚筒的引入，利用软硬相间、接触紧密、压力需求小的特点，使得机器负载小，油墨转移率高。通过具有弹性的橡皮布的传递，不但能提高印刷速度，减少印版磨损，从而延长印版的使用寿命，而且可以在较粗糙的纸张上印出细小的网点和线条，比直接印刷更为清晰。另外，该种间接印刷的印版图文多为阳图文，便于印前操作。

基于以上技术原理和特征，为保障平版印刷的顺利进行，该印刷工艺流程必须满足以下条件：①印版的图文部分必须是以亲油性物质为基础，完全能被油润湿并呈亲油斥水性；②印版空白部分必须有能被"水"润湿的性能，能完全被"水"润湿并呈亲水斥油性；③油墨和水作用于同一表面上，两者必须达到相对稳定的平衡条件，即水墨平衡。

二、平版制版

平版印刷的印版有预涂感光版（Pre-Sensitized Plate，以下简称 PS 版）、平凹版、蛋白版（平凸版）、多层金属版等。

（一）预涂感光版

PS 版的版基一般为铝锌合金，厚度范围 0.15～0.5mm。版基经过电解粗化、阳极氧化、封孔等处理，再在版面上涂布感光层，制成预涂感光版。

1. PS 版制版

PS 版按其感光层的感光原理和制版工艺，分为阳图型 PS 版和阴图型 PS 版，但后者目前应用已经很少。阳图型 PS 版制版工艺过程如图 3-13 所示。

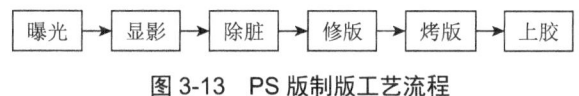

图 3-13　PS 版制版工艺流程

曝光是将阳图底片有乳剂层的一面与 PS 版的感光层贴在一起，放置在专用的晒版机内，对版材进行曝光，如图 3-14 所示。晒版机配有真空抽气装置，以排除印版和胶片之间的空气，使二者贴合更紧密；晒版机的光源一般为紫外灯光，曝光过程中，非图文部分的感光层在光的照射下发生光分解反应。

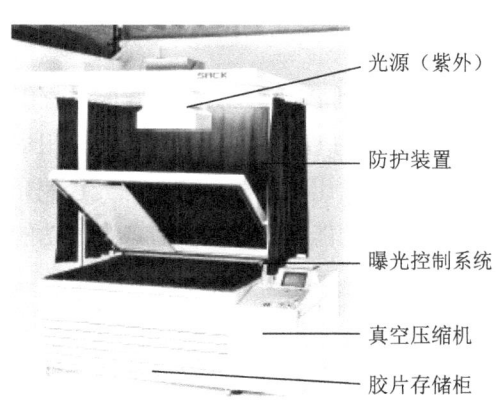

图 3-14　PS 版专用晒版机

显影是用稀碱溶液对曝后的PS版进行显影处理，使见光发生光分解反应生产的化合物溶解，化学反应的感光层被洗掉，从而将亲水的金属版面裸露出来，版面上便留下了未见光的感光层，形成亲油的图文部分。显影一般在专用的显影机中进行。

除脏是利用除脏液，把版面上多余的规矩线、胶粘纸、阳图底片粘贴边缘留下的痕迹、尘埃污物等清除干净。

修补是将经过显影后，常常因为曝光设备中的脏点、抽气不均匀、显影药水浓度以及胶片密度变化等原因造成版材上全部或部分图文存在缺陷的PS版进行修补。为了避免重新制版，对少部分图文的缺陷，可以采用修补的方法来弥补。常用的修补主要是用修补液补笔修补的方法来弥补。

烤版是为了强化版面图文的硬度，提高印版的耐印力。将经过曝光、显影后的印版，表面涂布保护液，放入烤版机中，在230～250℃的恒定温度下烘烤5～8分钟，取出印版，待自然冷却后，清除版面残存的保护液，用热风吹干。烤版处理后的PS版耐印力可以提高到15万印以上。

上胶是PS版制版的最后一道工序，即在印版表面涂布一层阿拉伯胶，使非图文的空白部分的亲水性更加稳定，并保护版面免被脏污。

PS版的砂目细密，图像分辨率高，形成的网点光洁完整，具有良好的阶调、色彩再现性。将在印刷中用过的PS版，清除版面上残存的油墨和感光层，在原来的铝版基上重新涂布感光液，形成新的感光层，便可重新制成供打样或正式印刷的印版。这种利用用过的PS版的铝版基重新制作PS版的方法叫作PS版的再生，可使铝版基重复使用。

2. PS版制版质量控制

PS版晒版质量的因素主要有三个：版材的质量、曝光时间、显影质量。

正确地控制好曝光时间，才能够保证晒出的印版网点光洁、轮廓分明、图文复制准确，同时也是避免"空心""毛刺""虚边"等晒版故障的关键。如果曝光时间短就会造成暗调层次的损失、暗调中的小白点糊死等故障；如果曝光时间过长，就会导致小网点缺失，细线条的文字缺笔断画，整体图文浅淡。另外合理地控制好曝光时间也能弥补原版上的一些不足，提高晒版质量。

为了精确地将胶片上的网点还原到PS版上，在晒版的过程中一般使用晒版控制条，对网点质量进行监控。常见的方法是使用UGRA晒版测试条，如图3-15所示。UGRA晒版控制条是德国印刷与复制技术研究所开发出的印版显影与曝光控制条，是目前世界上最先进的控制条。UGRA晒版控制条共有五个功能段，每段均有各自的功能。

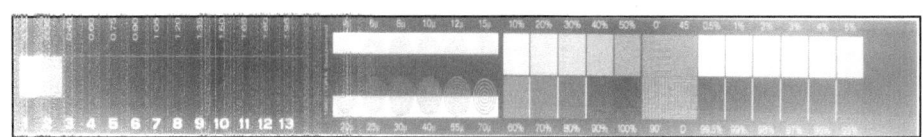

图3-15　UGRA晒版测试条

如图 3-16 所示显影梯尺段是用来检查 PS 版显影状况的，一般印刷要求为 3 段白，4 段灰。

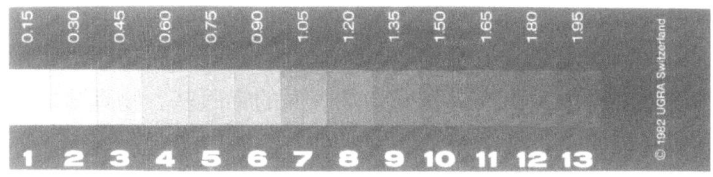

图 3-16　UGRA 晒版测试条——梯尺段

如图 3-17 所示微米线圈段是用来检查 PS 版晒版状况的，一般印刷的要求是 8μm 线圈残，12 μm 线圈完整。

如图 3-18 所示网点段分 10% 网点到 100% 实地 10 块。用来检查曝光显影，也用来作为印刷特性曲线测量的基准。

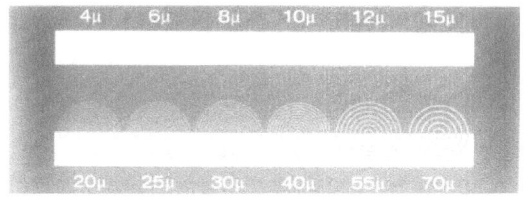 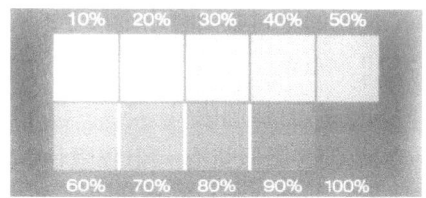

图 3-17　UGRA 晒版测试条——微米线圈段　　图 3-18　UGRA 晒版测试条——网点段

如图 3-19 所示精细网线段是由沿不同角度的精细网线组成的，可以用来检查胶片曝光时的抽气情况，也可以使印刷员工目测检查印刷机有无网点变形和重影。

如图 3-20 所示精细网点段是由阳图 0.5% 到 5% 和阴图 95% 到 99.5% 的图案组成，用来检查晒版、印刷过程中有无网点缩小。一般印刷要求为 2% 网点残，3% 网点清晰完整。

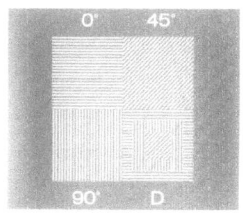 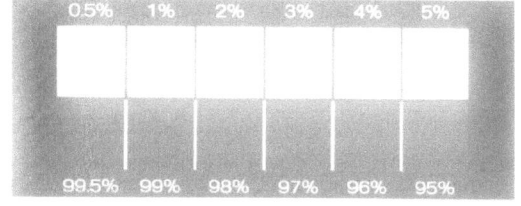

图 3-19　UGRA 晒版测试条——精细网线段　　图 3-20　UGRA 晒版测试条——精细网点段

（二）计算机直接制版

计算机直接制版系统（CTP）就是计算机直接到印版，采用数字化工作流程，直接将文字、图像转变为数字化信息，直接生成印版。它是一种数字化印版成像过程，省去了胶片这一材料、人工拼版的过程以及半自动或全自动晒版工序。CTP 制版设备均是用计算机直接控制，用激光扫描成像，再通过显影、定影生成直接可上机印刷的印版。

1. CTP 制版系统和版材分类

平版 CTP 系统使用较多的有三类技术：银盐、热敏和紫激光技术。每类技术都必须有与之相匹配的输出设备、成像材料和相应的输出工艺。利用这三类技术生产的印版分别为银盐版、热敏版和光敏版。

银盐版包括扩散型和银盐复合型感光版，扩散型银盐版又包括向下扩散型和向上扩散型两种版材。向下扩散型银盐版是由具有良好亲水表面的铝版基、物理显影核心层（中间层）和卤化银乳剂层组成，而向上扩散型银盐版材的核心层则位于版材表面。热敏型直接制版版材是由对红外热辐射敏感的感热材料制成，有烧蚀式热敏版和非烧蚀式热敏版，是商业印刷中使用广泛的CTP版材。按热敏时发生的反应不同分为三种类型：热聚合型、热分解型、热烧蚀型。光敏版中常用的是光聚合型版，也是使用较广泛的CTP版材。

CTP制版系统从曝光系统方面可分成：内鼓式、外鼓式、平板式、曲线式四大类；从自动化程度方面可分为：手动单机、半自动型、全自动型和混合型（CTF和CTP）；从印版的固定方式方面可分为：全吸附式、首尾用卡夹固定两种，全吸附式对版材的尺寸没有限制，而卡夹式使用的版材幅面有固定尺寸；从应用方面可分为：商用CTP系统和报用CTP系统。

2. CTP制版机

（1）平台式直接制版机

平台式CTP制版机有一个载版台，载版机构简单，印版能够较准确地卡到相应位置。曝光时，激光调节器根据计算机中图像信息的明暗特征，对激光器所产生的连续激光束进行明暗调节。调节后的激光束通过一个多棱镜，反射到印版上，从而完成扫描，平台式CTP制版机的结构如图3-21所示。

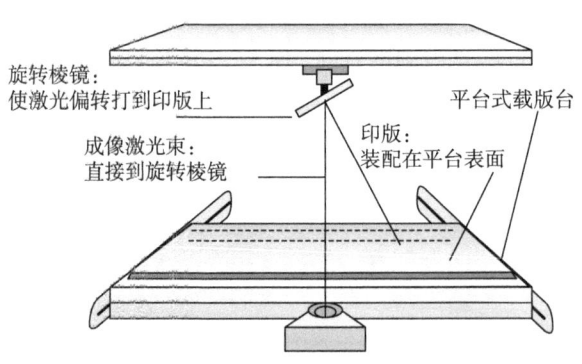

图3-21 平台式CTP制版机

平台式制版机拥有高效的装版速度和生产速度，但是由于成像技术的限制，印版上图文面积的宽度也受到相应的限制。平台式制版机的优点是：①机械结构简单，设备好维护，上下版容易，稳定性好、问题少、成本低；②具有高效的印版装载速度和生产速度；③可同时支持多种打孔规格。平台式制版机的缺点是：①曝光区域小；②激光点有光学变形；③工作时，投射到印版上的激光光路长短不同，故要求持续变焦；④光学路径长，抖动敏感。

（2）内鼓式直接制版机

内鼓式制版机的内鼓是向内凹陷的，和字母"C"很相像。印版装载到内鼓的内部后，卷曲地贴在成像鼓的内壁，通过抽真空设备将其固定在成像位置。

内鼓式制版机使用单束激光在印版上曝光成像，曝光时，激光调节器根据计算机中图像信息的明暗特征，对激光器光源所产生的连续的光束进行明暗变化的调节。调节后的激光并不是直接照射在印版上，而是先照射到一组旋转镜上。棱镜将投射来的激光偏转垂直照射在内鼓的印版上，随着棱镜沿着内部的丝杠自一端向另一端移动，进而完成整个印版版面的曝光。在曝光过程中，内鼓始终保持不动，通过改变激光束的直径可以改变印版上的图像分辨率，调整镜子的转速则可以调节曝光时间。内鼓式CTP制版机结构如图3-22所示。

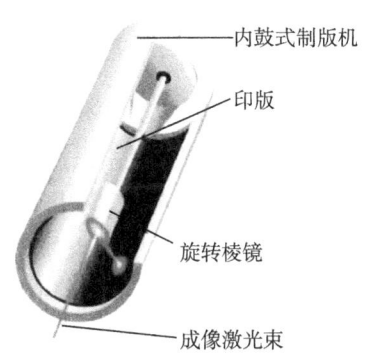

图3-22 内鼓式CTP的内部结构

内鼓式制版机对偏转棱镜的转速有一定的限制（≤68000转/分），这是因为热敏CTP印版的成像材料的反应速度较慢，需要的能量较高，这就意味着制版速度将会不可避免地降低一些。内鼓式制版机的优点是：①只有一个光源，因此无激光束间的相互调节；②光学元件都是一次性的，更换时只需调换激光头；③扫描速度快，精度高，稳定性好；④可同时支持多种打孔规格，打孔的设计简便；⑤版材静止不动，这样使整体结构变得简单。内鼓式制版机的缺点是：①不能使用激光二极管；②光学路径长，使激光到印版的距离变长，对抖动敏感；③印版曝光后显影复杂。

（3）外鼓式直接制版机

在外鼓式制版机系统中，印版被固定在成像鼓的外侧，当滚筒以每分钟几百转的速度沿圆周方向旋转时，版材会随着滚筒以相同的速度旋转。与此同时，激光照射在印刷版上，完成对印刷版的扫描。一般情况下，为提高生产效率，经常采用多个激光束进行扫描。

外鼓式制版系统不需要任何偏转棱镜，同时允许成像激光头更加靠近成像鼓，这一点对热敏成像非常有利，因为距离越近，所提供的激光能量很高。外鼓式CTP制版机结构如图3-23所示。

外鼓式制版机的优点是：①采用多束激光束（一般10束、32束、64束、240束、480束），因此滚筒转速低，约为1500转/分；②激光到印版的距离短；③光学系统不依赖于照排幅面。外鼓式制版机的缺点是：①光束间的相互

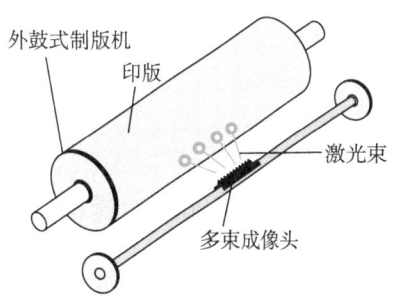

图3-23 外鼓式CTP制版机结构

调节会产生"条状效果";②光学系统采用多光学元件组合;③打孔装置很难和制版机一体化。

另外,从感光成像原理上CTP设备又分为热敏CTP和光敏CTP。热敏CTP制版机一般采用外鼓式结构,具有以下特点:①采用了高输出能量的红外线激光(830nm);②多激光束、多通道,在低转速下可实现高速曝光;③记录头与曝光材料垂直并保持很近的距离(1cm);④网点质量好,套印精度高而持久,可达4000dpi以上精度;⑤光源寿命与光敏相当,成本相对高一些,但光路简捷稳定,抗震、抗灰;⑥易维护,使用成本低,设备使用寿命长;⑦周向、轴向与印版滚筒一致,优质的网点在上机印刷时得到保持。

热敏CTP设备依靠光子热效应和物态变化曝光,取决于光子的数量密度(光强),但低感光度导致制版速度较慢(20～40张/时);成像功率阈值明显,曝光宽容度大,分辨力较高,但二值影像存在硬点,使用上最大的优点是无曝光量累积/记忆效应,全明室操作很安全。

光敏CTP制版机结构一般采用内鼓式或平台式,选择可视激光(如He-Ne,FD-YAG等)曝光,其波长短,光点扩散小,但能量较低,仅有单束激光二极管(250mw),一般依靠增加激光转速(激光转镜采用高速马达,超过50000rpm)和多激光束来解决。

光敏CTP内鼓式制版机存在一些困难:一是加工精度要求苛刻,旋转马达难以严格在圆心轴移动;二是记录头高速转动(2万至4万),抗震性能差,容易吸附灰尘并且光路长(几十厘米)且复杂,影响网点的精确性,对震动敏感,最多只能达2540dpi;光敏CTP虽然光源成本较低,但是光学结构复杂,更换成本高昂,维护繁复且困难,使用成本比较高。

光敏CTP依靠光子量子效应和化学反应曝光,感光度高,制版速度相对较高,取决于曝光量的大小;成像功率阈值不明显,曝光宽容度窄,相对来说局部存在软点,分辨力较高。由于感光原理的原因,光敏CTP有曝光量累积/记忆效应,必须在暗室/黄色安全灯下操作。

三、平版胶印印刷工艺

平版胶版印刷工艺流程如图3-24所示,此工艺过程的具体技术要点请扫描封底二维码阅读。

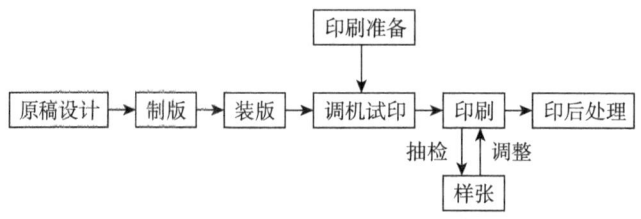

图3-24 平版胶版印刷工艺流程

四、平版印刷质量检测与控制

(一)印刷图像质量评价

对于彩色图像来说,印刷质量的评价内容主要包括色彩再现、阶调层次再现、清晰度和分辨力、网点的微观质量和质量稳定性等内容。可使用密度计、分光光度计、控制条、图像处理手段等测得这些质量参数。

根据印刷品表面功能的不同，可将其分为两部分：信息表面和非信息表面。印刷品的信息面包含印刷品要表达的信息或图像，非信息面通常形成一个背景，借助于反差或期望的气氛衬托信息面。在评价这两种表面时所用的评判依据是不同的。信息面可能是线条调图文、单色网目调图像和多色网目调图像。线条调图文通常是具有足够高的色彩强度而没有层次，线条调图文的印刷质量参数如表 3-4 所示。

表 3-4 线条调图文的印刷质量参数

图像质量参数	包括的内容
图文形状质量	几何尺寸偏差
	几何形状失真
	缺损及断线
	细节的分辨力
	套准正确性
反射率或密度	图像的
	背景的
边缘的分辨力	清晰度
	平滑度和直线度
凹凸的影响	文字印刷的印痕
	有意加高的图像

网目调印刷品能够通过细节的表达传递一个场景、物体或人物的大量信息。应当具有一个好的"均匀网目调"所应有的特性及预期的密度分布，以便达到图像的预期效果。对这种印刷图像有影响的质量参数如表 3-5 所示。

表 3-5 单色网目调的印刷质量参数

质量参数	包括的内容
调值	每个部位的密度 色彩
细节的清晰度	特别在暗调和高光部位
缺陷	脱印 网点变形

多色网目调的印刷质量参数如表 3-6 所示。这类印刷品涉及复杂得多的色彩平衡等问题。

表 3-6 多色网目调的印刷质量参数

质量参数	包括的内容
阶调和色彩	每个位置的色彩 灰平衡 每个位置的密度
网点叠印效果	套准 龟纹
细节的清晰度	特别在暗调和亮调

印刷品的非信息面又可分为三种：未被印刷的纸面（或其他未被印刷的承印表面）、实地印刷面或均匀的网目调面。非信息面的一般特点是整个区域外观均匀。对非信息面的评价，一般是根据它跟原稿的接近程度和整个非信息面的一致程度。

影响非信息面质量高低的因素主要包括漫反射性质、在整个非信息面上漫反射的一致性、光谱分布或色彩。镜面反射和光泽也是很重要的，但透明度和不透明度只影响纸张本身，纹理主要与表面的平整性和几何凹凸有关。影响非信息面质量高低的因素如表 3-7 所示。对于这些性质主要从反射密度和光泽两个方面考虑，主要考虑它们的平均值、在整个非信息面分布的偏差和纹理的影响。

表 3-7 影响印刷品非信息面质量的参数

影响质量的参数		是否影响		
特性	对非信息面产生的影响	纸面	实地	网目调
漫反射	亮度成密度	√	√	√
	色彩成光谱分布		√	√
	密度的一致性		√	√
镜面反射	光泽	√	√	√
	光泽的一致性	√	√	√
组织结构	不透明度	√		
	透明度		√	√
纹理	表面粗糙度	√	√	
	浮凸模式	√		
微观质量	网点覆盖率			√
	分辨力			√
	密度值			√

对印刷品进行质量评价，除了上述从技术角度评判外，还要考虑到其美学性和一致性的要求。美学性是指印刷品对观察者感染力的大小，其评价的结果很难用量化的数值来表示。设计时的字体选择、色彩设计、美术图案、图像位置、版面编排样式以及对纸张、油墨的选择等都跟印刷品的美学效果有关。良好的设计可以使印刷品表现出良好的美学特性，印刷品

的美学效果主要跟工艺人员的设计水平有关。一致性即分析评价各个印张之间视觉效果是否稳定一致,在实际的印刷工作中,不可能有完全一致的印张,但是只要其不一致的程度能符合规定的要求即可。如在标准观察距离上,当加网线数为150线/英寸时,套准变化最大允许值为0.05mm,超出这个范围,视觉上就能观察出图像发生的变化,即视为不合格产品。

（二）印刷品质量的测量仪器

检查印刷品图像质量时,根据实际条件和具体要检查的内容使用密度计、色度计、分光光度计和放大镜进行检测。

1. 密度计

密度计是印刷中的主要仪器,这种测量方式一直是印刷工业最常用的客观评价质量的形式,密度计价格便宜,应用广泛。密度计利用的是内置的红、绿、蓝光学滤色片测量黄、品红和青颜色的光反射或透射率,计算得到密度值,这种基于三色滤色片的原理,使得其结构非常简单和使用广泛。密度计由光源、透镜组、偏光镜（可选）、滤色片、传感器和电子系统、显示器等部分组成。

密度计可以测量印刷品的光学密度,对于确定墨层厚度提供良好的数据依据。同时,还可以测量印品的色密度和网点面积等。

反射密度计测量颜色表面时,只能获得印刷中某一原色油墨的相对量,它不能指示被测颜色的色相。反射密度计测量值不与各种表色系统相联系,因而不能用色彩语言描述被测颜色。在颜色测量和评价中,反射密度计具有一定的局限性。

2. 色度计

光电色度计可以看成一个反射率计,它带有一套专门的三滤色片,这不同于密度计的红绿蓝滤色片,这套滤色片根据CIE光谱三刺激值在色度计的每个通道中给光谱的各波长加权。色度计是通过对被测颜色表面直接测量获得与颜色三刺激值X、Y、Z成比例的视觉响应,经过换算得出被测颜色的X、Y、Z值,也可将这些值转换成其他匀色空间的颜色参数。色度计是一种带有三个宽带滤色片的特殊密度计。由于仪器自身器件及原理方面存在一定的误差,使颜色测量值的绝对精度不好。但由于其价格便宜,仍是应用广泛的测色仪器。对于色度仪有如下4点要求：

①外型轻便,以便能灵活地在被测试印刷品上定位和适应大幅面印张的测量。

②测量几何条件应为45°/0°或0°/45°；标准光源为C或D65光源；采用CIE 2°小视场标准观察者为宜（因为印刷作业中评价色的面积都较小）。

③色度仪测量孔径应不大于5mm。通常,印刷用色谱的色块均小于10mm²,印刷质量控制条上的色块也只有6mm²。特别是对连续调彩色图像需测量的范围更小,故色度仪的测量孔径应不大于5mm。

④色度仪输出值不仅有标准色值（如XYZ）,还应能输出CIE LAB和CIE LUV色度的坐标植。

相对于密度测量,光电色度计能通过三刺激值具体描述颜色信息,而不是仅仅局限于亮度信息,由于其采用的仍是三滤色片原理,采样的光谱范围有限,因此导致精度不高,不适合高精度的色彩管理中颜色的测量和控制。

3. 分光光度计(光谱分光光度计)

分光光度测量是将整个可见光谱等间隔取点测量光谱反射量,跟光电色度计相比,分光光度测量法可以看成连续地对光谱测量,它提供的颜色信息要多得多,丰富得多。

分光光度计将可见光谱的光以一定步距(5nm、10nm、20nm)照射颜色表面,然后在规定照明体和观察视场下,逐点测量反射率。将各波长光的反射率值与各波长之间关系描点可获得被测颜色表面的分光光度曲线。每一条分光光度曲线唯一地表达一种颜色。也可将测得值转换成其他表色系统值。分光光度计是一种灵活的、理想的测色仪器。目前,国外一些印刷机配备的印品色彩质量检验的测色仪器就是采用分光光度计。

理论上讲,所有的油墨,无论是四色油墨还是专色油墨,都可以利用分光光度计进行测量。系统自动将测得的数据与目标颜色值进行比较,并将比较的结果显示在屏幕上。如果选定的是密度值,那么可以用传统的方法对质量进行判定;如果选择的是 Lab 值,可以通过 △E 值直观地判断出颜色的偏差,偏差数量的多少将在一个图表中显示出来。操作者可根据图表上的数据来判断哪个区域的颜色是正确的,哪个区域的墨大了或墨小了。如果操作者决定对颜色进行调整,分光光度计还会通过联机控制,只需按一个按钮即可将推荐的调整数据发送给墨区设置。

4. 色差计

在印刷过程中,由于生产中诸多因素的变化,批量印刷的产品可能出现颜色偏差,因此,必须在生产中经常用色差计测量颜色偏差,来调整生产工艺,以达到产品颜色的一致性。在市场上有三刺激值和光谱式两种色差计。三刺激值色差计与密度计的设计很相似,包括三原色滤色镜,把可见光分为三原色。两种仪器不同之处是:

① 三刺激值色差计用于观察颜色,其功能与人眼相近;密度计的设计要考虑油墨的特殊灵敏度。

② 三刺激值色差计可以处理和计算不同的数字,这些数字都是用不同的颜色公式计算得到的,并可以让用户在三维空间上画出颜色坐标。随着计算机应用的普及,上述数字可以在显示屏上显示,以表示在颜色空间上的位置。通过软件可使用户在测量标准色后,再比较试样与标准色之间的差别,用图像及文字说明。

光谱式色差计也称分光色差计,是把可见的白光分为非常窄细的间隔,而每一个间隔即代表白光里不同波长的部分。由于白光光谱能被分成细小部分,故分光色差计能收集更多信息,使其精确度比密度计高,有更佳的重复性与吻合性。光谱式色差计也可以把测量结果以数字形式显示在屏幕上,用于测量细微的颜色差别。色差的数值 ΔE 与色差程度的关系如表 3-8 所示。

表 3-8　色差数值与色差程度的关系

ΔE	色差程度	ΔE	色差程度
0～0.5	微量色差	3.0～6.0	明显
0～1.5	轻微	6.0～12.0	很大
1.5～3.0	能感觉到	12.0 以上	截然不同

色差计不但用于评判印品颜色的偏差，而且也可用于测试油墨及各种物料，以及用于油墨的配色工艺，但可靠性比分光光度计差。

（三）印刷测控条

彩色印刷品是由多种颜色油墨重叠而成，对油墨密度及网点变化的控制，是印品质量管理的关键，更应贯穿制版、印刷的全过程。晒版、打样、印刷中应用的控制条是一种重要的质量控制手段，是实施标准化、数据化行之有效的方法，可以对彩色印刷品进行系列的品质测量和生产过程监控。

一般测量印刷图像色彩时不是测量画面上的颜色，而是测量与印刷图像同时印刷的质量控制条。控制条一般放置在印张的拖梢处。用测量仪器检测控制条相应色块可以获得印刷质量信息，如各原色油墨的实地密度、叠印率、网点增大、网点密度、中性灰还原、反差等参数，以判断图像阶调和色调复制情况。

目前国内外使用的控制条种类比较多，我国国家印刷标准推荐采用布鲁纳尔控制条，作为国家印刷行业使用的质量控制工具，在国内常用的还有 GATF 号码信号条、FOGRA 测控条等，无论选用哪种控制条，它们都有共同的测量元素，帮助监控生产过程。下面简要介绍布鲁纳尔控制条的功能及应用方法。

1. 结构组成

布鲁纳尔控制条用于打样和印刷的实地密度、网点增大、网点变形和印刷反差（K 值）的测量和计算，既可用于密度计测量，也可用于目测。其先后有几种版本，但目前多数采用最新的具有 7 个控制段的版本，如图 3-25 所示。

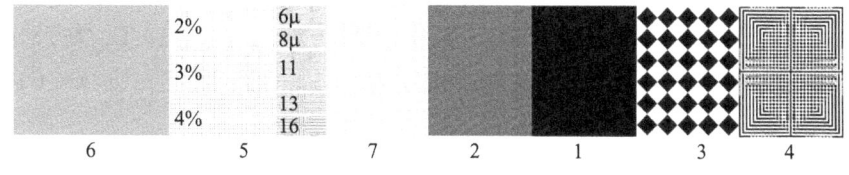

图 3-25　布鲁纳尔控制条

图中 1 所示为实地色块段，图中 2 所示为 75% 细网段，图中 3 所示为 50% 粗网（10 线/厘米）段，图中 4 所示为 50% 细网微测段，图中 5 所示为细线与小网点控制段，图中 6 所示为灰平衡观察段，图中 7 所示为 25% 细网段。

2. 功能及使用方法

(1) 实地色块段

实地色块段的功能是：测量打样、印刷的实地密度和油墨的上墨程度；测量、计算三原色油墨的三大特性，即色偏、带灰和效率。

用密度计测量时，布鲁纳尔建议采用窄光带、非偏振密度计（测量孔径不小于3.5mm）。控制四色油墨的最佳实地密度值，不仅是打样和印刷数据化色彩管理的核心，也是整个复制过程数据化色彩管理的核心。因为实地密度（墨层厚度）对样张和印刷品的质量影响极大，实地密度过大，则网点增大多，印品粗糙；实地密度过小，则色彩饱和度不足，因此必须达到实地密度最佳点。简言之，最佳实地密度，即在75%～80%网点区的网点增大最小或在合理的增大范围内的前提下，达到的最大实地密度值，也就是在K值最大时的实地密度为最佳实地密度。因为反射密度测量，其墨层厚度和密度之间有着密切关系，墨层的吸收特性取决于油墨色调、墨层厚度和油墨色料的性质和密度。基本上，当墨层厚度逐渐增加时，密度也随之上升，但当墨层厚度到达一定限度，一般达到10μm厚度时，已基本处于墨层饱和状态，此时密度也不能再上升。

(2) 75%网点段

75%网点段的功能是：测量75%网点区的网点增大；测量、计算印刷相对反差值（以下简称K值）。

印刷相对反差值能代表印刷质量，表示暗调层次，其计算公式反映了实地密度与网点密度之间在实地密度变化过程中所产生的反差效果。布鲁纳尔控制条是用实地密度与75%网点区的网点密度比较，来达到最佳实地密度值和暗调区域的层次，优质的打样和印刷必须控制K值在最佳的范围内。K值大，说明实地密度足，色彩饱和、鲜艳，75%网点区的网点增大少，暗调层次丰富；反之，说明实地密度不足，色彩不饱和，75%网点区的网点增大多，暗调层次并级。

实践证明，提供优质的印刷适性，采取各种工艺技术措施，提高员工的操作技能，都是为了达到最佳的K值，从而保证打样和印刷的高质量，所以说控制K值在实际生产中有重要的实用意义。

K值的计算公式：$K=(D_V-D_R)/D_V$，其中，D_V为实地密度值，D_R为75%网点密度值。例如，M色实地密度为1.50，75%网点密度为0.85，代入上述公式：K=(1.50-0.85)/1.50=0.43。

(3) 50%粗网段

50%粗网段是由网点面积为50%的10线/厘米的网点组成，其作用一是视觉直接观察网点增大和减小的变化；二是与50%细网段进行测量比较，计算出50%网点区的增大值。其结构是以粗、细网点相对比的原理，在粗、细网点总面积相等的基础上制定的，其线数比为1:6，即一个50%的细网点的周长是粗网点的1/6，一排6个细网点的周长相加等于一个粗网点的圆周长度，6排细网点的总和是粗网点的6倍，因而，网点增大要大6倍。在相同条件下，细网点的增大就很多，因此，以50%粗网段为基准，取粗、细网两者密度之差，即可求出打样、印刷50%网点区的增大值。

① 50%网点区增大值公式

50%网点区的增大值=（细网段密度－粗网段密度）×100%。如果测得50%粗网段密度值为0.30，50%细网区密度值为0.45，代入上述公式：50%网点区的增大值=（0.45-0.30）×100%=15%。这种方法既简单又准确，很适合现场管理。

控制好打样、印刷网点增大是质量管理的关键，特别是控制50%网点区的网点增大。目前要协调解决打样与印刷的一个问题是，打样不能盲目追求50%网点增大越小越好，有的公司只增大3%左右，结果打出的样张，最好的印刷厂也追不上。所以应该规范打样网点增大在10%左右，如果印刷适性条件好，则规范打样网点增大在20%以下，18%左右是最理想的。这样就解决了打样与印刷之间的矛盾。

② 网点增大的定义

依据 *SWOP*（《美国卷筒胶印印刷出版指标》），网点增大被定义为胶片网目调网点与PS版上印刷成品的网点在某区域的增大百分比。公式为：网点增大＝实际网点面积－胶片上的网点面积。

③ 网点增大的种类

网点增大可分为两种：机械性网点增大和光学性网点增大。在实际生产中，两种网点增大结合起来控制打样和印刷质量为佳。

印版网点面积上的油墨在向承印物表面传递过程中，由于受压力挤压，向四周铺展，使承印物上的网点面积覆盖率比印版上的网点面积覆盖率有所增大，这种网点尺寸在物理上的变化叫作机械性网点增大。这种网点增大均发生在网点边缘，布鲁纳尔称之为边区理论。50%以下的黑点变化在外边缘上，50%以上的白点变化在黑圈的里圈边缘上。也就是说，这种网点增大的多少取决于网点四周边缘的长度，网点边缘越长，增大越多。

从这一边区网点增大理论可以得知两个规律：一是5%～95%的网点大小不同，其边缘长度也不一样，所以网点增大不同。用玛雷-戴维思（Murray-Davies）公式计算网点增大，可以看出，50%网点边缘最长，所以增大最多。二是细网线网点的外边长度大于粗网线网点的外边长度，所以细网线比粗网线的网点增大多。例如，175线/英寸比150线/英寸的网点增大多，200线/英寸比175线/英寸的网点增大多。

光学性网点增大完全是由光反射作用引起的，打样和印刷时人们视觉所看到的和反射密度计显示出来的密度，在75%～80%色调值范围内的网点增大是相当大的。光学性网点增大，是在网点墨膜的边缘部分入射光散射，在纸张内部反射，从网点外侧作为带墨色的光反射回来的效应而产生的，光学性网点增大取决于油墨的透明度和纸张的平滑度、吸收性能等表面状态。

因为人的目视只能看到表面的网点增大，但玛雷-戴维思公式同时考虑到机械性、光学性的网点增大。爱色丽密度计使用玛雷-戴维思公式，自动计算网点面积与网点增大情况。

玛雷-戴维思公式：网点面积=[(1-10-Dt)/(1-10-Ds)]×100%，其中，Dt 为网点密度减去纸张密度，Ds 为实地密度减去纸张密度。

（4）细网点微测段

细网点微测段也叫超微测量元素，是布鲁纳尔系统的核心部分。细网段由60线/厘米的等宽折线组成，其总网点面积为50%，细网段用等宽大十字线将细网面积一分为四，每1/4面积网点的形成完全相同，但方向各异，其主要功能如下。

①每1/4格的外角均由6线/毫米的等宽折线组成，作为检查印刷时网点有无滑动变形和重影。如果样张的四角的线条变形，则说明印刷的网点出现了滑动。横向滑动，竖线变粗；纵向滑动，横向变粗，反映很直观。

②靠近十字线横线第一排有13个网点，靠里边的一排网点是由大到小的小黑点，旁边与之对应的是12个由大到小的空心白点，其分别为0.5%、1%、2%、3%、4%、5%、6%、8%、10%、12%、20%，阳点与阴点对应排列，如图3-26所示。

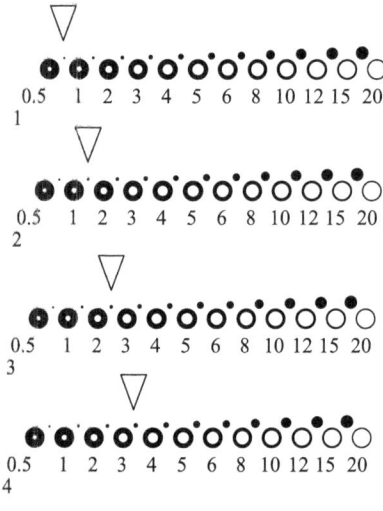

图 3-26　目测网点增大或缩小

判断晒版、打样、印刷的网点变化，可用25倍放大镜观察，如用PS版晒版，能晒出10个小黑点，则2%的小网点齐全。标准的晒版曝光和显影，应达到阴阳点对应出齐。打样、印刷时，在没有密度计的条件下，可用目测网点增大数据，观察小白孔留有几个透亮，说明网点增大多少。如果12个小白孔全糊死，说明网点增大20%。如果10个小白孔糊死，留有2个小白孔，说明网点增大15%；留有4个小白孔，说明网点增大10%。一般打样规范应保留4个小白孔。

③每1/4图块中有4个50%的标准方网点，用于控制晒版、打样、印刷时版面的深浅变化。50%的标准方网点如果搭角大，则网点增大；反之，如四角脱开，则网点缩小。

（5）细线与小网点控制段

如图3-27所示，细线与小网点控制段有两方面的内容：一是在6mm×7mm的面积内分为6格，格内以15线/英寸网点的0.5%、1%、2%、3%、4%、5%的细小平网点依次排列。晒版、打样和印刷时，可根据本公司的印刷适性，规范小网点再现数据。一般产品晒打样版规范为2%小网点出齐，晒印刷版3%小网点出齐。二是由精细的横线、竖线组成的分辨力线纹检测标，分别为6μm、8μm、11μm、13μm、16μm 5个区段，用于检测晒版的曝光、显影标准和PS版分辨力。一般晒打样版规范为6μm不出，8μm出齐，与之对应的2%小网点出齐。一般晒印刷版规范为8μm不出，11μm出齐，与之对应的3%小网点出齐。

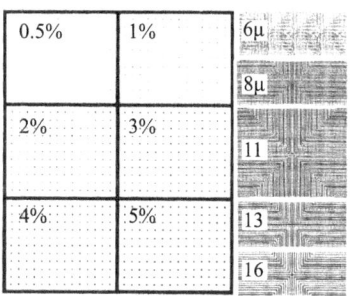

图3-27　细线与小网点控制段

（6）灰平衡观察段

在6mm×7mm的面积内，由50%C、41%M、41%Y三色叠加组成的灰平衡段，排列在50%的黑网点块旁边，可以用视觉观察三色叠印后的灰色调与旁边黑网点的灰色调是否一致或接近。

（7）25%网点段

用于检测1/4亮调区的网点色调变化，并可以与50%、75%网点块联合绘制出这个区域网点增大曲线。

综上所述，布鲁纳尔控制条设计精细、反应灵敏，既可用密度计测量、计算各项参数，又可用目测确定各项数据。我们只要充分利用测试工具，规范工艺参数，进行数据化管理，质量就能稳定和提高。

为了保证阳图底片和印品满足标准，分色和印刷必须和网目调测试条一起生成。印刷业者用密度计测量测控条的评估网点大小并用分光光度计测量颜色特性。用测量值来调整与网点增大有关及与可接受容差不一致的其他参数。

（四）自动检测系统

常规的测试通常是利用印制的测控条，测试的结果不能在线反馈到印刷流程中而及时控制印刷流程和提高印刷质量，而先进的在线测控印刷技术在测试的同时直接反馈控制。测试不仅可以针对测控条，还可以直接对具体印刷品进行测试，这种发展的基础是计算机技术的发展，计算速度已经允许在极短的时间内对全图进行分析测试。例如：IntelliTrax自动扫描测色系统进行印品自动检测，属于爱色丽Streamlined Color Management印刷全流程色彩管理解决方案的一部分。它可以保证从设计到交货期间色彩的精确和一致，用于单张纸印刷行业内，在印刷端对色彩进行控制的最快捷、智能化程度最高的自动扫描测色系统。

（五）胶版印刷品质量要求

胶版印刷是复制图像印刷品最理想的方法，按照胶版印刷工艺特点，印刷品应达到以下的质量要求。

1. 阶调再现

亮、中、暗调分明，层次清楚。

2. 颜色再现

符合原稿，复制真实、自然协调。符合付印样，同批产品、不同印张的颜色应一致。

3. 网点

网点清晰，角度准确，不出重影。50%网点的增大值应符合表3-9的要求。

表3-9 各色网版网点增大值

色别	精细印刷品	一般印刷品
Y（黄）	8%～20%	10%～25%
M（品红）	8%～20%	10%～25%
C（青）	8%～20%	10%～25%
BK（黑）	8%～20%	10%～25%

精细产品是使用高质量的原辅材料、经过精细制版和印刷的印刷品。

4. 套印

图像轮廓清晰，套印允许误差如表3-10所列数据。

表3-10 胶印套印误差

部位	精细印刷品			一般印刷品		
	四开	对开	全开	四开	对开	全开
主体部位	<0.10	<0.15	<0.20	<0.20	<0.30	<0.50
一般部位	<0.15	<0.20	<0.30	<0.30	<0.40	<0.60

5. 外观要求

文字完整、清楚，位置准确。细小脏迹、墨斑不影响主体。印刷接版色调基本一致，精细产品的尺寸误差小于0.5mm，一般产品的尺寸误差小于1mm，图像位置准确。

五、无水胶印

（一）无水胶印原理与特点

无水胶印不使用润版液，其印版采用的是硅胶斥油的性质来有选择性地吸附油墨。先在印版上涂一层感光胶，然后再在感光层上涂一层硅橡胶。印版在曝光前，感光层与硅橡胶层牢固地黏附在一起。印版感光后,感光处(非图文部分)发生光聚合反应,使上层的硅橡胶层黏附而固定下来。在印刷时,空白部分的硅胶层斥墨,油墨填充在凹陷的图文部分,在印刷压力的作用下,油墨转移到承印物上,而使原稿真实地再现出来。

无水胶印简化了胶印印刷工艺操作且大大减少了由水而引起的许多弊病,主要体现在以下方面:a.油墨乳化问题不再发生,油墨转移传递性能增加,网点再现性(完整性)得到大大提高,中间调至暗调的层次再现性也更为优异。b.油墨黏度较大,所以印刷品层次更丰富、网点清晰。c.由于不用水,油墨的浮脏问题不再存在,使印刷品的画面更为清晰,油墨色彩鲜艳度也因之提高。印刷金、银油墨时,不再会因水的影响而使金属颜料变色并失去金属光泽。d.纸张不再会因为水的影响而发生伸缩,从而提高了多色套印的准确度,降低了纸张的作废率。e.印刷效果可保持前后一致(不再会因为水的多少而影响印刷品质)。f.印刷机结构也可以简单。

无水胶印具有容易操作、图像再现性好、印刷密度高、色彩绚丽、印品质量好等优点。耐印力一般在50000～100000印。无水印刷由于油墨不润水,能够鲜明地复制每个网点,可以得到高精度的精美印刷品。无水印刷的网点和线条复制能力可保证高精度的图像质量。同时,它将"有水印刷"变为"无水印刷"即可大大削减VOCs,提高了胶印的环保性。但是,无水胶印技术也存在如下问题。

(1)无水胶印印版昂贵,且版面易受机械损伤、磨损、撕裂,必须小心操作。

(2)无水胶印油墨对纸张表面质量要求高。易脏版或灰尘纸屑在橡皮布堆积,易产生静电,影响印刷质量,甚至导致停机。

(3)无水胶印要求印刷单元处于严格温控条件下,允许的温度变化范围极窄,且还需要控制不同印刷色组的温度。

(二)无水胶印印版制作

无水胶印使用独特印版,其非印刷部分被拒墨的硅胶层覆盖,而印刷部分则轻微凹陷并形成一个可接受油墨的聚合物表层。无水胶印版材不同于传统湿胶印的PS版和CTP版,具有特殊的结构。无水胶印版材的基本结构一般包括铝板基底层、感光树脂层、硅胶层和表面薄膜层4个组成部分,如图3-28所示。

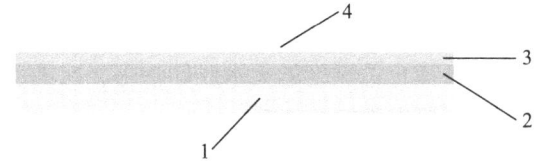

1-铝板基底层;2-感光树脂层;3-硅胶层;4-表面薄膜层

图3-28 无水胶印印版的基本结构

(1)铝板基底层

铝板基底层主要起到支撑的作用。

（2）感光树脂层

印版感光后发生化学反应，与硅胶层的黏结力变小，经过显影，硅胶层黏结力弱的部分会被刷掉，露出感光层，露出的感光层在印刷时吸附油墨，形成图文部分。

（3）硅胶层

硅胶层的厚度是 2μm 左右，所起的作用与润版液相同，即在印刷过程中排斥油墨，形成非图文部分。

（4）表面薄膜层

表面薄膜层主要起到保护印版的作用，避免印版在运输过程中和在制版机内的传送过程中被划伤。

无水胶印印版是一种平凹版，图文部分低于印版的表面，如图 3-29 所示。它也有阳图型和阴图型之分，目前使用较多的是阳图型无水胶印版。阳图型无水胶印印版曝光后，印版上见光部分（空白部分）的硅胶层发生架桥反应，进行光交联；而未见光部分（图文部分）的硅胶层则在显影液的作用下被除去，露出下面的感光树脂层。感光树脂层是亲墨的，而非图文部分的硅胶层斥墨，这样不再需要润版液的介入，就可以完成油墨的选择性吸附。

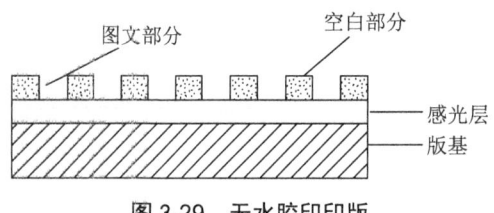

图 3-29 无水胶印印版

无水胶印版材的优势很多，但也有一些不足之处。首先，无水胶印版材的制版难度比传统胶印版材要大，在显影时需要除去感光树脂层上的部分硅橡胶层，才能形成亲油层，其操作较为复杂，并且修版工作较难。其次，无水胶印版材不能单独使用，需要和与之相配套的专用无水胶印油墨和印刷机以及温控系统等配合使用。

（三）无水胶印专用油墨和设备

无水胶印油墨的基本成分与传统胶印油墨相似，也是由颜料、树脂连接料、溶剂、助剂等组成，性能相差不大，但是无水胶印对油墨黏度的要求较高，应根据印版表面的温度进行调整。印版表面温度高时，需要使用高黏度油墨，即硬性油墨；印版表面温度低时，需要使用低黏度油墨，及软性油墨。选择合适黏度的无水胶印油墨，对油墨的转移性、稳定性、光泽度、耐脏性以及发挥无水胶印的优势至关重要。

无水胶印需要具有控温装置的印刷机。在传统胶印方式中，润版液蒸发会带走和吸收印刷时产生的部分热量，而无水胶印由于不使用润版液，印刷时产生的热量便需要冷却系统来处理。另外，在无水胶印过程中，硅胶是以其较低的表面张力排斥较高表面张力的油墨，起到润湿作用，硅胶层和印刷面积之间的表面张力差约为 15mN/m，而油墨的表面张力对温度的敏感性较硅胶的敏感性要高，因此温度升高会导致油墨转移到硅胶层，因此需要对印版及墨辊进行有效冷却。通常的冷却方式是在印刷机的串墨辊中通入冷却水，也可在印版滚筒、橡皮滚筒部位通入冷却水。

第三节　凹版印刷

一、凹版印刷原理与特点

轮转凹版印刷工艺要比其他任何印刷工艺复制的色彩都更为均一，使其成为包装印刷中最为重要的特色之一。凹版印刷产品通常为包装印刷、出版印刷和特种印刷产品。

凹版印刷印版的图文凹于印版表面，印刷时印版浸在低黏度的油墨槽里转动，使整个印版表面都涂有油墨，再经过特制的刮墨刀将印版表面的油墨刮净；填充于凹入部分的油墨被保留下来，经压力作用转印到承印物表面而完成印刷过程，如图 3-30 所示。

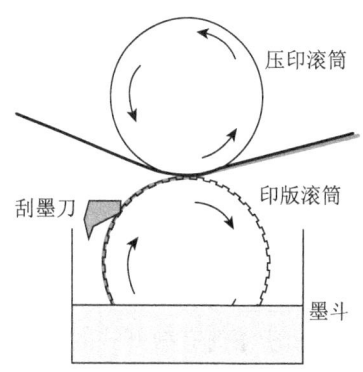

图 3-30　凹版印刷原理示意图

凹版印刷属于直接印刷，其图文部分的油墨直接从印版的凹入部分转印到承印物上，凹版印刷上的图文部分凹下得越深，填入的油墨就越多，转印到承印物上的墨层就越厚，反之就薄。由于凹版印刷的油墨转移量远比凸印、平印的多，因而凹版印刷的产品，其图文有微微凸起的感觉，具有质感强、质量好、层次丰富的优点，而且凹版的耐印力比平版和凸版高得多。但是凹印印版的制作较为复杂，成本也高，因而一些大型凹印设备只用来印刷大批量的印刷品，一直受限于长版活的印刷，而短版印刷更适合采用柔性版印刷和胶印工艺。

凹版印刷使用的油墨较稀，呈液体状，这是因为凹版印刷机的速度较快，必须在较高的速度下使油墨迅速地填满凹印版上所有着墨孔（图文部分）的缘故。为了使印刷品尽快干燥，必须使用容易干燥的油墨，凹版印刷用的油墨大多由容易挥发的溶剂，如甲苯、二甲苯、汽油、醇等固体树脂、颜料、填充料、附加剂组成。为了使印张上的油墨干燥得彻底一些，在印张通往收纸装置的过程中设有干燥装置，印张通过干燥装置，使刚印上的油墨层得以迅速干燥。在印刷过程中，必须随时注意套印准确情况、墨色变化和墨迹的干燥情况，以保证产品质量。

虽然凹版印刷具有对短版产品成本偏高，以及传统凹印使用溶剂性油墨不够环保的缺点，但它在高速、宽幅、低耗和停机时间少，能在各种基材上获得最佳效果的印刷品方面具有相当大的优势。

（1）高速。目前，卷筒纸凹印机最高速度可达 55000 转/时，纸带速度约 15 米/秒。轮转凹印在所有印刷工艺中是印刷速度最快的。

（2）幅宽。轮转凹印机最大卷筒纸宽度为：出版印刷 106 英寸，建材印刷 150 英寸，包装印刷 40～60 英寸。

（3）调整时间短。从前一批活完成到新的活件开印所需的调整时间为 30 分钟左右。

（4）承印物广泛。凹印由于采用液体挥发型色墨，较短的传墨系统，所以油墨干燥快，适用于非吸收性承印物的印刷。

（5）高质量。凹印的高质量是由凹印的特点所决定的，与凸版印刷、胶版印刷依靠网点着墨面积不同的层次表现手法不同，凹版印刷是采用了网穴结构，即依靠着墨量体积不同来实现层次表现的。彩色印刷的一致性极好，凹印机的设计可以避免机械鬼影故障。厚实墨膜使图像具有高色强度、不透明性、鲜艳色彩和高光泽。

（6）耐印力高。能够实现几百万印数的长版印刷，这也使得重复印刷成本较低，凹印生产成本稳定。

二、凹版制作

虽然凹版滚筒的结构复杂，制版周期和价格高于其他印刷方式的印版，但是一旦凹版滚筒制作完成，可以获得更高的速度生产出优质印刷品。

1. 凹版滚筒结构

凹版滚筒有敞开式的空心滚筒和封闭式的实心滚筒，滚筒的长度和周长是根据凹版印刷机的尺寸大小设计加工的，并由多层金属电镀而成。凹印滚筒结构如图 3-31 所示。

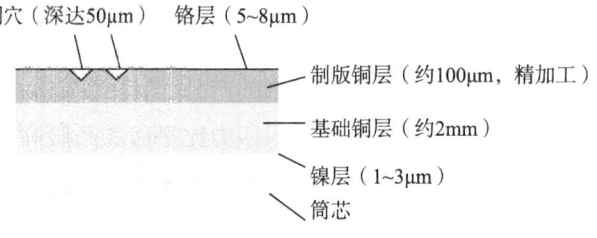

图 3-31 凹印滚筒结构

（1）筒芯。凹版的筒芯按照滚筒直径的大小，可以用无缝钢管直接进行加工，也可以用钢板卷压成筒状进行焊接，然后再进行加工。滚筒的加工精度直接关系到滚筒的使用寿命、滚筒的电镀以及电雕和印刷的质量。经过加工的滚筒，要求壁厚均匀，轴心和滚筒外圆中心的不同心度不能超过 2μm，滚筒表面光洁度应达 Δ5，外圆磨床加工后达到 Δ7 以上，直径精度误差为 ±0.01μm。有时小套筒滚筒也使用铝滚筒，运输和使用起来更轻便，但是难于电镀。

（2）镀镍层。首先用手工或电解的方法去除滚筒表面的油污，然后对滚筒进行酸洗，用化学药剂腐蚀掉滚筒表面的锈蚀产物氧化膜。最后在铁滚筒表面镀一层厚度约为 30μm 的镍层。镀镍的目的是使铜层能牢固地结合。

（3）镀基础铜层。在镍层上面镀一层厚度为 2～3mm 的基础铜层。作用是保护筒芯避免制版时"烂穿"印版，并能获得再生的印版。

（4）镀制版铜层。这是图像制版层，在电镀前需要对其表面进行"银化"处理，又叫浇注隔离溶液，目的是可以使印版滚筒"再生"。当印刷完成后，滚筒上的图像需要更换时，可以通过这一层，将制版铜层顺利地与基础铜层分隔开，其至用手就能将制版铜层从滚筒上剥离，然后重新电镀，得到新的制版铜层，因此浇注隔离液层也叫分隔层。在滚筒旋转很慢的情况下，把银化溶液均匀地浇注在滚筒表面，使滚筒表面获得较薄的分离层。分离层必须能牢固地粘住铜层，在印刷过程中不致发生脱壳的故障，而在印刷结束后能顺利地从滚筒上剥离下来。其后就可镀制版铜层，制版铜层的厚度为 0.13～0.15mm。

（5）镀铬层。由于铜的硬度一般在 90～180HV。印刷时刮墨刀很容易将印版刮伤。由于金属铬的硬度很高，在 800～1000HV，耐磨性很好，所以当凹版滚筒图文制作完成后，再在铜表面镀一层铬，使滚筒表面更加坚固耐磨，且金属铬具有较低的摩擦系数，有助于刮墨刀的滑动，提高凹版的耐印力。凹印版滚筒的使用寿命可达到百万印以上。

2. 凹版制作

从制作方法上区分，凹版印版可以分为两大类：一类是照相凹版，另一类是雕刻凹版。

照相凹版是通过胶片在晒版过程中起到蒙版的作用，再经显影后固化的感光胶保留在凹印版滚筒表面，在腐蚀液中保护凹印版滚筒表面的蚀刻，依据感光胶固化的程度，可得到不同保护程度的滚筒表面，即可以使凹印版滚筒表面得到不同深浅的蚀刻，未固化的感光胶在显影液作用下被去除，该部分的滚筒表面完全暴露在腐蚀液中，蚀刻深度最深。由于工艺的复杂性和蚀刻给制版工艺带来的诸多不确定性因素的影响，凹版照相中的碳素纸间接制版工艺早已被淘汰，将感光胶直接涂布在印版滚筒上的直接蚀刻制版工艺应用也越来越窄，只在特殊的工艺或产品中有所使用，如移印凹印版的制版或包装印刷中线条稿的印刷。

雕刻凹版有手工或机械雕刻凹版、电子雕刻凹版和激光雕刻凹版。在包装印刷凹印生产过程中，大量使用的是电子雕刻凹版和激光雕刻凹版。

（1）电子雕刻凹版

利用电子雕刻机，根据光电原理控制雕刻刀在滚筒表面雕刻出网穴，其面积和深度同时发生变化，如图 3-32～图 3-34 所示。

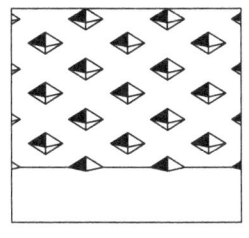

图 3-32　亮调

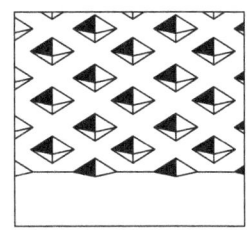

图 3-33　中间调

图 3-34　暗调

电子雕刻机由原稿滚筒（或叫扫描滚筒）、印版滚筒、扫描头、雕刻头、传动系统、电子控制系统等组成。电子雕刻机的工作原理是：扫描头对原稿进行扫描，从原稿上反射回来的强弱不同的光信号，经过光电转换器使光信号转换成电信号，再通过放大器和数据处理，使光的强弱转换为电流的大小，控制雕刻头在铜滚筒上进行雕刻。电子雕刻机的工作方式，如图 3-35 所示。原稿滚筒和雕刻滚筒同步运转，同时雕刻系统沿着滚筒轴向移动，金刚石刻针在凹印版滚筒上雕刻出每一个网穴，由于刻刀的雕刻频率是恒定的（3600～4200 网穴/秒），所以滚筒的旋转速度决定了每英寸的网点数。由分色工艺提供的数字信息能使刻刀连续有规则地振动，网穴的大小及深度由原稿的密度来决定，被扫描原稿的密度和被刻出的网穴深度之间的数量关系，可以在计算机上调整。电子雕刻比化学蚀刻能够获得更加坚固的网墙。电子雕刻能进行圆周方向无缝雕刻，自动选择层次，调整网线角度等。

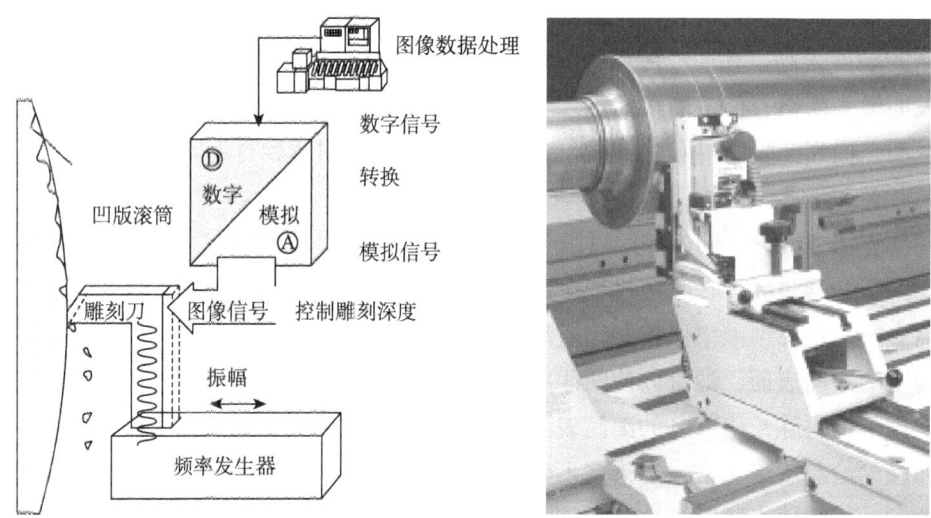

图 3-35　电子雕刻机工作原理图

电子雕刻机可以直接使用分色加网的底片进行制版，故扫描底片可以在印前的桌面出版系统中制作获取，然后使用吊车将印版安装在电子雕刻机上，雕刻前清除版面的油污、灰尘、氧化物。把扫描底片平服地粘贴在原稿滚筒上。根据原稿（扫描片）的要求和油墨的色相，结合印刷产品制定试刻值。例如，装饰印刷的纸张比较粗糙，吸墨性强，雕刻深度须在 45～50μm 才能达印刷要求，必须调整雕刻放大器上的电流、电压。最后扫描头对原稿进行扫描，雕刻头与扫描头同步运转，印版滚筒表面被雕刻成深浅不同的网穴。新型的电子雕刻机有三种形状的网点角度，可以在操作时任意选择，如图 3-36 所示。

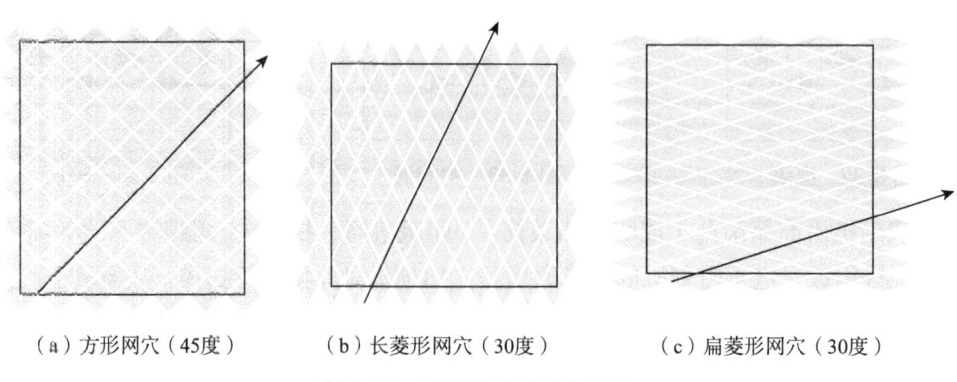

（a）方形网穴（45度）　　（b）长菱形网穴（30度）　　（c）扁菱形网穴（30度）

图 3-36　凹版雕刻形状和角度

无胶片电子雕刻即使用数字文件作为原稿印前信息进行雕刻，其电子雕刻凹版的画面细腻、层次丰富、质量容易控制，广泛应用于凹版印刷之中。

（2）激光雕刻凹版

激光雕刻凹版的基本原理是：激光发生器发生强度恒定的激光，激光受到激光调制器的调制，而激光调制器受印前系统传送来的图文信号的控制，根据图文信号调节激光的通过程度，激光再通过光导纤维传递到聚焦透镜，聚焦透镜将不同强度的激光聚焦在锌层上成为相同的激光光斑半径，从而得到大小相同、随图像明暗变化而深度不同的网穴。

激光雕刻是应用一路或多路高能激光束，在滚筒表面的待雕刻材料（金属层或基漆层）上，烧蚀出网穴或露铜的网穴形状，直接形成网穴印版，或为后续加工网穴做好准备。

目前已使用高能量激光直接雕刻镀锌滚筒表面，形成凹版网穴，但是还不能直接在镀铜滚筒表面雕刻实现凹版网穴。另外一种方法是在铜滚筒上先涂覆黑色基漆层，用激光烧蚀网穴区域，使网穴处的铜层裸露出来，非网穴处由基漆保护抗蚀，待腐蚀后即可获得凹下的网穴。

随着商品和印刷市场的发展需求，套筒印版在凹版印刷中也将逐步有更多的应用，可以用重量为5~15磅的套筒替换重达500磅的凹印版滚筒。方便印刷机的印活转换和滚筒使用，降低凹版印刷印前准备的成本，有助于凹版印刷在中、短版印刷市场向柔性版印刷发起挑战。轻量凹印套筒能够通过印刷机侧面安装和卸下，而且非常耐用。镀铜套筒用于传统雕刻，镀锌套筒用于激光雕刻。

三、凹版印刷工艺

凹版印刷工艺流程如图 3-37 所示。

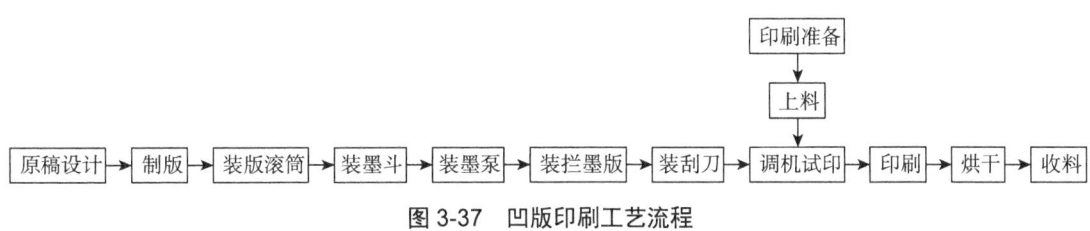

图 3-37 凹版印刷工艺流程

（一）印刷准备

1. 承印材料

（1）纸张

纸张的品种繁多，对所承印的纸张要全面了解其性能，一是物理指标和性能，如质量、厚度、紧度、平滑度、吸墨性、硬度等；二是机械指标和抗张强度、撕裂度、耐折度、挺度等；三是光学性能，如水分含量，灰分含量，施胶度，pH值、耐久性等。

（2）BOPP

对于最通用的软包装印刷基材，要注意表面张力、热收缩性及表面平滑度，不可有细微凹坑，否则影响浅网部分，印刷张力和压印力适中，干燥温度低于80℃。

（3）BOPET

因PET通常较薄，为12μm，易起皱褶，印刷时需要较大的张力，对油墨有一定的选择性，最好使用专用油墨，用一般印刷油墨易剥离，薄膜静电大，易发生堵版、起毛以及刮刀痕（刀丝）现象。另外，印刷时车间湿度大是有一定好处的，能够耐较高干燥温度。

（4）BOPA

BOPA薄膜的最大特点是易吸潮变形，在印刷时要抓住这一关键点。

①BOPA吸潮后尺寸变化，因此应拆包即用，用剩的薄膜立即密封防潮包装。

②生产中可空穿一至二色预热除湿，温度为60～90℃。

③在环境相对湿度大于85%时最好不要印刷尼龙薄膜。

④印好的BOPA膜应立即转下道工序复合，如不能立即复合要密封包装，存放时间一般不超过24小时，最好存放复合热化室。

⑤印刷张力、印刷压力适当。

（5）K涂层膜

K涂层膜（KOP、KPA、KPET等）印刷要点：因为K涂层膜无论是辊涂式还是喷涂式，其厚薄均匀度都不是很好，表面不平整，而且PVDC刚而脆，在印刷时印刷张力和压印力不能太大，套印难度大，油墨转移性较差，印刷浅网版时易起花点（部分网点丢失），需采用较高硬度的压辊进行印刷。另外，对溶剂有选择性，使用溶剂不当时可能会将涂层溶下来，印刷膜溶剂残留量较大，且易粘连，因此干燥和冷却需特别注意。

（6）消光膜

消光膜的印刷可采用OPP的工艺在其光面进行里印，但因其表面的消光层不能承受高温，需要控制干燥温度。

（7）珠光膜

珠光膜采用表印油墨进行表印，并且尽量选用透明性好的表印油墨。热收缩膜印刷时要采用很低的干燥温度，要选择专用的热收缩油墨（印好的墨层要能受热收缩而不掉落），如果是PVC热收缩膜还要考虑溶剂对薄膜的溶解性。

（8）CPP、CPE

未拉伸的PP、PE薄膜印刷时张力要很小，套印难度较大，图案设计时要充分考虑其印刷的变形量。

2. 油墨黏度

塑料凹印中，油墨黏度的准确性和一致控制是关键点之一，特别是在高速轮转印刷中，油墨的黏度控制与一系列印刷故障相关，是影响印品质量的重要因素，印刷时油墨黏度越大，颜料转移的效果就越差，当油墨黏度过大时，整个油墨体系就处于过饱和状态，颜料等物质流动性差，不能够分散，而是成团出现，容易聚集在一起，不容易顺利地进出版辊的网穴。如果油墨的黏度太小，油墨中有机溶剂含量多，而树脂、颜料等成分相对要少，在干燥后不能结成平滑的皮膜，墨层泛白、暗淡无光、缺乏光泽。

进行凹版印刷时，首先要调整好油墨的黏度，把混合溶剂加入到油墨中去，使它的黏度降低到适应印刷机性能与条件所要求的程度，黏度主要与印刷速度相匹配，在高速印刷时要使用低黏度，在低速印刷时使用高黏度。

在通常的印刷速度（<200mm/min）下，油墨黏度一般为（察恩三号杯测）：

白墨　12～15s

黑墨　13～16s

彩墨　14～17s

其他修正条件为：浅网时黏度取下限，高光泽要求取上限。

（二）装版滚筒

在安装印版滚筒前，将领取的版滚筒轻放在清洁的绒毯上，防止碰伤，并对领取的版滚筒认真检查如下内容。

①版滚筒有无损坏、砂眼、线条、有无脱落露铜。

②版滚筒与施工单内容（厂名、套色、尺寸），要求是否相符。

③将各色版滚筒按套色次序查看标记、光电分切线、自动制袋色标。

④选好与版滚筒规格相符的闷头（两头闷头规格要相同）。

塑料薄膜的印刷有表印和里印两种方式，表印是与纸张相似的印刷方式，以白墨为第一色，里印则是透明塑料薄膜特有的印刷方式，是运用反向图文的印版，将油墨转移到透明基材的内侧，从而在被印材料的正面表现正向图文的一种印刷方式。由于里印更加光亮美观、色彩鲜艳，里印基材经过复合加工牢固耐磨，不掉色，不粘连，不污染包装物，因此，复合软包装工艺中基本采用里印工艺。

在印刷过程中，套印要按一定色序印刷，获得色彩还原。表印的印刷色序一般为白→黄→品红→青→黑，里印的印刷色序一般为黑→青→品红→黄→白，两者色序相反。

检查无误后的版滚筒应按照正确的印刷色序将其安装到相应机组上，并做到如下要求。

①版滚筒装上版轴，使版轴与闷头紧密吻合，无间隙产生。

②版滚筒螺帽拧紧，不能有丝毫松动，否则会发生走版现象，影响套版精度。

③每次版滚筒套色次序正确、版滚筒装进机架中央。

④用手试转版滚筒，看其运转是否灵活。

⑤用水平尺置于各色版滚筒上面，检查版滚筒是否水平。

⑥各色版辊对压胶的压力要平衡均匀，打空车要求版滚筒与压印胶辊有3～5mm的间距。

（三）安装墨斗

（1）组合式凹印机

每一墨斗搁在版辊下居中，定位螺丝伸入固定槽内，固定墨斗，任何一边不能碰到版滚筒或版滚轴，也不能碰到底部，防止返墨。

（2）卫星式凹印机

第一色和第三色墨斗搁在版滚筒下，将墨斗的内边推入距压印胶 1cm 处，拧紧墨斗下的螺丝，固定墨斗。不能碰到压印胶辊和版滚筒，否则会轧坏胶筒和版滚筒，造成重大事故。

（四）安装刮刀

1. 刮墨刀的安装

将新刀片放在衬片后面，装入刀槽内旋紧刀背螺丝，应先从刀片的中间旋紧，再逐渐往外，并且两边要轮流旋紧，旋紧螺丝时，应经两遍或三遍完成，不能一步到位。应一边旋螺丝，一边拿着一块碎布夹紧刀片与衬片并用力向一侧拉，这样装成的刀就较平整。平整的刀片才能保证印版墨量均匀。

刮墨刀片口和支撑片的距离或刮墨刀片口和刀架的距离应该适中，使支撑片伸出刀架的长度或刮墨刀片伸出支撑片的长度不会造成大大的弯曲。

2. 刮刀的调整

（1）刮刀的角度

刮墨刀必须从印版滚筒上刮去所有多余的油墨，且对印版滚筒和刮墨刀都产生最小程度的磨损，这就要求刮墨刀必须以需要的角度固定安装。根据经验，刮刀的接触角以 55° 最为理想，如图 3-38 所示。刮刀安装适当，刀片在负载时应弯曲 5° 左右，即 $\mu=5°$，如果安装角 B 设定在 60°，则刮刀的接触角正好是 55°。如果版辊的圆整度不是很好，接触角可由 55° 减为 48°。

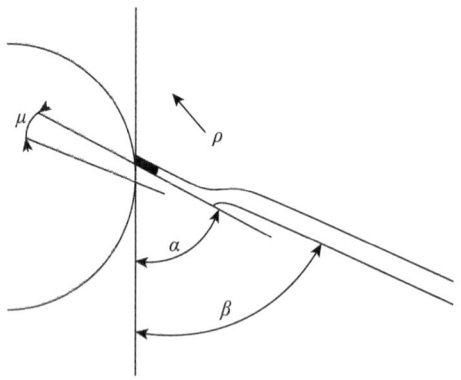

α- 刮油墨刀片薄片部分的接触角；β- 夹紧线角；μ- 薄片的折角；ρ- 薄片上的线压力

图 3-38 凹版印刷刮刀角度

（2）刮刀的压力

影响刮墨刀压力的因素是汽缸压力的大小、刀片的软硬、刮墨刀与印版交叉的角度等，斜度越大，压力就越大，过大的压力会降低油墨的转移率，对印版、刀片的磨损较大；过小的压力容易发生脏版或出现刮刀线。一般情况下，刮刀的压力设定为 $20 \sim 25 kgf/m^2$。

在保证有效地刮墨并控制输墨量的前提下，刮墨刀与版滚筒表面的接触压力应尽可能轻。更换新活件时也应该随之更换刮墨刀，而且要固定在预定位置处，并设置好刮墨刀的角度。

安装好刮墨刀刀片之后，还要打开油墨循环系统，让滚筒以一定的速度运转一定时间。这样做的目的主要是消除刮墨刀刀口任何小的缺陷（比如裂缝、缺口、毛边等）带来的不良影响。如果用显微镜观察版滚筒上的网穴的话，你会发现其边缘部分粗糙，这些毛边起初还只是磨损刮墨刀的边缘，久而久之，刮墨刀就会不起作用，甚至会影响生产。如果版辊的表面太粗糙，冲加刮刀压力也无济于事，较理想的粗糙度值为 0.3～0.5μm。

（3）刮刀的位置

刮刀的位置就是版辊上的刮刀接触点到压印点的距离。决定刮刀距离的因素很多，如印刷速度、版辊直径、油墨状态等。刮刀接触印版距离的减少有利于提高油墨转移率，但又容易产生脏版；反之可有效地解决脏版，并避免一些细小的线痕，但会降低油墨转移率。

（4）刮刀的左右移动

刮墨刀的作用是将版滚筒表面多余的油墨刮掉。为了提高刮墨效果，在版滚筒转动的同时，刮墨刀也在版滚筒表面上左右移动。这样一来，就能够减少对局部固定位置（图文部分边缘轮廓）的磨损，并能够避免油墨在刮墨刀底部的聚积。

（5）刮刀的磨损

刮刀的磨损与印版滚筒的表面状态、油墨、压力等相关，版辊表面太光滑，刮刀润滑性不足，也会增加磨损，版辊两端适当打磨可以减少刮刀两端受到强烈磨损。黑色油墨、无机颜料油墨、含无机涂层的纸张均使刮刀磨损增加。

在沿滚筒的长度方向上，图文部分对刮墨刀的磨损程度并不相同，这一点十分重要。刮墨刀的磨损主要发生在与图文区域相接触的部分，因此，在印刷不同的图像时如果仍然采用相同的刮墨刀的话，可能就无法彻底刮干净版滚筒上多余的油墨。这样一来，就会引起条痕和脏版。

刮刀磨损时，可适当打磨，可先用 1 号金相砂皮打磨，再用 0 号金相砂皮细磨，把砂纸折成 V 形来回磨，要注意安全。

(五) 试印刷

1. 印刷张力控制

印刷张力是印刷工艺的重要工艺参数，根据不同的承印基材的规格进行设定，如厚度；材料易延伸，难以套准；张力太小，材料松弛，会不规则走动，亦无法套色准确。通常设定的张力值以能够套准、收卷整齐时的最小张力为佳。常见的印刷基材张力设定值见表 3-11，以进料张力为基准。

表 3-11 进料张力设定值　　　　　　　　　　　　　　单位：kgf

材料	厚度（μm） \ 宽度（mm）	500	600	700	800	900	1000	1100
CPP	25	6	6.5	7	7.5	8	8.5	9
CPP	30	7	7.5	8	8.5	9	9.5	10
CPP	40	8	8.5	9	9.5	10	10.5	11
OPP	20	8	9	10	11	12	13	14
OPP	25	8.5	9.5	10.5	11.5	12.5	13.5	14.5
OPP	30	9	10	11	12	13	14	15
OPP	40	11	12	13	14	15	16	17
OPP	50	12	13	14	15	16	17	18
KOP	20	9	10	11	12	13	14	15
KOP	30	10	11	12	13	14	15	16
NY	15	8	9	10	11	12	13	14
NY	25	10	11	12	13	14	15	16
PET	12	7	8	9	10	11	12	13
OV	15	11	12	13	14	15	16	17
PT	#300	11	12	13	14	15	16	17
纸	50g/m²	10	11	12	13	14	15	16

说明：1. 放卷张力比进料张力低 3kg（最低 3kg）；

　　　2. 印一个颜色降 2kg；

　　　3. 出料张力比进料张力高 1kg。

2. 干燥温度

干燥温度的控制主要取决于材料性质、其他工艺条件、图文面积、油墨性质和油墨厚度。预热温度的设定如下：

①纸张：90～120℃；

②BOPP、PET、PE、CPP：40～45℃；

③BOPA：60～65℃。

干燥箱温度的设定如下：

①纸张类：第一色为 80℃，以后各色逐步升高，但不超过 120℃；

②塑料膜类：与纸张相比，塑料薄膜易受热软化，在张力作用下伸长，因此，BOPP、PA、CPP、ET、PE 等薄膜干燥温度不超过 70℃；

③在塑料薄膜印刷中，不同油墨需不同干燥温度；

④黑墨及其他色墨：50～55℃；

⑤白墨、金、银墨：60～65℃。

塑料薄膜的干燥温度还与印刷速度、图文面积相关，见表3-12。

表3-12 塑料薄膜层干燥温度

印刷速度 \ 图文面积	0%～20%	30%～70%	80%～100%
80m/min	40℃±10℃	50℃±10℃	60℃±10℃
120m/min	40℃±10℃	60℃±10℃	70℃±10℃
160m/min	45℃±10℃	60℃±10℃	75℃±10℃
200m/min	45℃±10℃	60℃±1℃	80℃±10℃

3. 印刷压力

印刷压力即印刷橡胶压印辊的压力，印刷压力不够，油墨转移不佳，易出现图文缺损，压力太大易压出痕迹，薄膜发皱。印版滚筒上好后即可调整压印滚筒。有第二压印滚筒的要首先调整第二压印滚筒与第一压印滚筒的水平，然后调整第一压印滚筒与印版滚筒的水平。所谓调水平就是使滚筒两端距离相等，印版滚筒和纸张受力均衡。不同承印物的印刷压力如表3-13所示。

表3-13 不同承印物的印刷压力

承印物	压印滚筒直径/mm	橡胶层厚度/mm	橡胶硬度/HS	印刷压力/(kgf/m²)	压痕宽度/mm
玻璃纸塑料薄膜	120～150	12～15	60～70	0.1～0.5	10
涂料纸、高级纸	150～200	12～15	70～80	0.8～1.5	13
粗面纸	150～200	12～15	85～90	2.5～4	15
牛皮纸、厚纸	150～200	12～15	85～90	2～3	15

（六）正式印刷

正式印刷过程中要随时监测印品质量，并掌握以下几个变化。

（1）油墨变化

油墨的干燥快慢与车速成正比，如果油墨的干燥度与车速相适应时，印刷质量就正常；掌握油墨厚、薄和干燥度及印刷规律；选用与印刷产品及油墨相适应的溶剂；控制油墨挥发的快慢程度，保持产品达到质量标准。

（2）冷热风变化

根据大气及车间内的气温，掌握冷热风的间隔和热量，这是印好产品的关键。最好车间内有恒温设备，否则冬天气温较低，热风开足；夏天气温较高，热风减少，冷风开大，势必影响车速及产品质量；早班开冷车，印辊、压印辊尚未热量传布，车速必须适当放慢，过一小时后，车速逐渐加快，达到适应油墨干燥的程度；校正电热风的距离，可根据薄膜的性能及印刷版面的大小来校正；注意风向，冷热风对准印刷面，如果发觉风口向下，必须想法校正，否则吹着版滚筒会影响产品质量。

（3）薄膜的张力变化

根据薄膜的种类及其收缩率来调整张力。如 PE、CPP 等伸缩率大的薄膜，其本身易变形，所以张力应力小，如 PET、OPP 等伸缩率小的薄膜，张力可相应大一点；薄膜的厚度及其内在质量，薄膜两边松紧不一致，平整度不好，张力可加大点；如薄膜质量好，厚度薄时可减少其张力；干燥箱温度，天气环境温度提高时，由于薄膜易拉伸，可相应地降低张力。

四、凹版印刷质量检测与控制

（一）套印系统优化设置

卷筒纸印刷的问题之一就是如何始终保持所有色组的印刷滚筒都能相互套印准确。随着电子技术和计算机技术的飞速发展，现代凹印机与计算机技术之间的结合越来越紧密。特别是现代先进的高速凹印机，其套印系统大都采用微计算机进行控制处理，采用电子眼识读料带上的控制标记，电子调整系统补偿调节每个印版滚筒的相对位置，使所有版滚筒上的图像都能够套印准确。

1. 根据印刷图案的形状进行套印色标的位置设置

套印识别色标一般采用的是一种梯形图案，为了套印系统能更有效地进行识别，在设置色标的位置时，应尽可能地避开印刷图案中类似形状的图案，即：不要让印刷图案中类似的形状与色标相邻地出现在同一条扫描区域内，否则，容易引起操作人员对显示屏上的波形误认，给套准调节带来一系列不必要的麻烦，造成不必要的浪费，情况严重时，还会导致套印系统无法稳定地进行工作。

2. 根据不同类型的原稿进行套印参照物的优化选择

下面对两类有代表性的原稿分别进行说明。

第一类原稿：印刷主体为线条和实地。此类原稿的特点在于其图文以实地和线条为主，图像与图像间的套印关系简单，要求并不高。该类原稿又可分为两类：

①各专色版图案只与某一种色版图案之间存在着套印关系，那么该印件色标的设置就可以是各色版只与关键色版进行套印，即各色版套印的参考色标为关键版色标。

②两种实地版（A 版、B 版）存在着较高要求的套印关系且与关键色版（C 版）也存在套印关系，而其他色版（D 版、E 版）只与关键色版（C 版）存在套印关系，而与前两种实地版不存在套印关系，那么此类原稿的套印关系就可以设置为：A→B→C；D→C；F→C（"A→B"代表"A"参照"B"进行套印，其余以此类推）。

第二类原稿：图像、线条和实地共存的原稿。此类原稿的特点在于，图像部分层次丰富，并且色彩再现是通过多个色组的彩色叠合而成，图像与图像之间存在着高精度的套印关系，如果套印精度不够，图像部分便会出现不清晰、重影等一系列套印问题。假设图像部分是由 A、B、C、D 四种专色版所印的图案叠合而成，E 为线条文字版，与图像部分不存在明显的套印关系，F版为实地基准版，与其他各版之间均存在套印关系，那么它们之间的套印关系就可以设置为 A→B→C→D→F；E→F。A、B、C、D四色版的印刷色序可根据具体情况进行位置互换。

(二) 凹印张力控制

纸张或薄膜在印前放卷过程中，多色印刷过程中或印后收纸过程中都需要保持一定张力，张力太大易产生纵向皱纹，张力太小易产生横向皱纹。总之，张力的波动会影响套印的准确性，从而影响印品质量的稳定，因此必须对张力进行控制。

1. 印机各部分张力控制

（1）从给料轴到给料牵引辊之间的张力控制

由于牵引辊的动作把印刷材料以一定的速度、张力从给料轴拉出并送入印刷部，这部分的张力要大于印刷部的张力，通常用连在给纸轴上的制动器来控制张力。众所周知，作业的同时卷径逐渐变小。近年来由于高速化，使用材料的多样化，卷径变化大，过去所使用的手动式机械式制动器不可能得到高品质印品。所以选用自动控制方式，特别是使用张力测量表，用数据管理成为必要的做法。其检测方法有弹簧摇动辊式和微变位式检测。机械式制动器从很早就被使用，价格便宜，但把握力矩值不准确，所以逐渐有其他形式出现。磁粉制动器是利用磁粉作为摩擦介质通过电流产生制动力，由于其转矩-电流特性的直线性好，因此被广泛使用。气压制动器，虽然有的印刷机械使用较多，但由于力矩特性的非线性及磨损大，也逐渐被大容量磁粉制动器所取代。给料的张力由以下因素决定：①由于厚度不均引起的拉伸变化；②材料的打滑和偶被挂住变慢；③料卷未装好，材料及轴偏心；④翻转装置在旋转中产生的周速变化；⑤接纸时压辊和裁刀的反作用力；⑥各个辊的圆度不够。

以上大部分变化都是在短时间内发生的，并作为张力变化全部被传到印刷部。从机械结构角度，必须注意到处于给料轴与牵引辊之间的导向辊的惯性和制造误差都是引起张力增加的原因，特别是几千克以下的低张力绝不能忽视。

（2）牵引辊到版辊间（牵引部）张力的变化和控制

凹印机中牵引辊与第一版辊相邻通常设有周速同步机构。这与给料情况不同，直径是不变化的，所以用其他原理控制张力大小。

印刷材料与一般的物体一样具有弹性和塑性，印刷加工要在弹性界限内进行。因此控制张力要根据弹性定律。这就是要对不同材料的特性有所了解。使用中为了得到同样的伸长度，可按材料的宽度与厚度的各种比例来选择张力。

有下面两种方法可以得到适合的张力：

①使压紧辊直径稍有变化，修正压紧辊的转数。使印刷材料工作中从无张力状态达到设定的张力所需时间是把压辊间距离、速度降低值作为时间常数的一次延迟响应，这种形式通常叫拉伸控制。凹印机的给纸牵引辊与版辊之间、各版辊之间、版辊与收料牵引辊之间都是根据这个原理产生张力。

②另外还有摆辊式控制张力的方法，原理是张力随重量的改变和配重位置的改变而变化，不论在什么情况下，摆辊有吸收张力变化的效果，摆辊一般采用制造误差小、惯性小、重量轻且直径大的辊子（如中空铝管），通常用这个方法把在给料与牵引辊之间产生的短时间周期的张力变动除去，使微小的张力变化稳定下来。这个方法还可减少接纸时的损伤。

（3）收料牵引部张力控制

从版辊到收料牵引之间，为了干燥彻底，通常把距离加大，由于干燥加热，延伸车发生变化，引起材料伸缩变化，这些都是引起套印不准的原因。所以同给料牵引部一样需要较好较准的张力控制。再有极薄纸低张力的材料也因被干燥器的风吹动容易受到静电的附着，而产生微小变化，这些也必须予以考虑。

（4）卷取部张力控制

卷取部（从收料牵引辊到收料轴之间）的张力控制也是一个重要课题。这部分是把被印刷的材料作为最终制品，送到复合、分切、制袋等下道工序。

同时要注意使均匀卷取的制品避免刮伤、起皱。值得注意的是在塑料薄膜和铝箔中，要注意防止厚度的变化。这不仅仅是用多大的张力卷取的问题，重要的是在卷径增大的同时调整张力，要确定是用定张力进行调整，还是用维度张力进行调整。

在卷取部驱动方式一般有两种：表面驱动和中心驱动。一般中心驱动式虽使用较多，但表面卷取式也具有良好的性质，在辊周速度一定时情况良好。所以在有些行业使用较多。收料部和给料部相比，收料部要更注意锥度张力，惯性补偿误差。中心驱动是在纸管上直接卷取材料，过去使用摩擦式控制方法，而现在采用的是高度自动，高性能的电气控制方法，收料卷可以使用磁粉离合器、使用力矩电机、使用直流电机方法。

磁粉离合器以便宜的价格便可获得优异的性能；力矩电机在卷径变化大时不好用；大容量和自动接纸多使用直流电机。

2. 锥度张力

一般情况下采用定张力卷取收料，随着料卷的增大相对于内侧材料的力矩变大，产生打滑即卷取收缩。再有由于材料的收缩及空气的放出，指向中心的压力加大材料被挤坏或被横向挤出的力度，产生所谓竹笋现象。靠近卷芯的地方产生皱纹，使表面凹凸不平。解决这些问题，就是卷径逐渐变大时张力应逐渐减小，即采用锥度张力。卷取时的初始张力决定了卷取终了时的张力。其减少的程度叫锥度。一般使用10%～50%的锥度。例如用30%锥度；即以10kgf张力开始，则从7kgf张力结束，这时的变化比率根据材料和机构的性能是不同的，厂家应经试验做出各种类型的试验曲线，以便生产中对照调整。

3. 惯性补偿

所谓惯性补偿就是为了吸收机器起动时，作业当中，速度改变时或者由静止达到所定速度时，由于料卷的惯性引起的张力变化而进行的补偿。实践中惯性矩与直径成非线性关系，与材料密度和材料宽度之间成比例，印刷厂家应用公式计算求出平均值，精确计算补偿曲线指导生产。

（三）印刷压力控制

凹印必须借助印刷压力才有可能将印版表面上的图文转移到承印物上。要提高凹印质量，必须对印刷压力进行控制，确定印刷压力要考虑以下因素。

1. 橡皮布的硬度

凹版印刷机上的压印滚筒是一个包裹橡胶的刚性滚筒，且随料带被动旋转。压印滚筒与凹印版滚筒共同挤压承印物，使其与油墨充分接触。压印滚筒的压力设定必须保证具有良好的油墨转移、料带张力控制，能够带动料带向前运行。而由于印版滚筒具有刚性不可压缩的特点，所以凹印的压力是靠压印滚筒包裹的橡皮布的变形产生的，随印刷压力的增加，橡皮布的变形量也跟着增加，但它们非线性关系。一般当压力小于 $10kgf/cm^2$ 时，橡皮布的相对变形与压力成比例地变化。此后随压力增加，相对变形增加的速度比较缓慢，当变形量增加到 25% 以后，压力再增加，变形增加也不明显。

2. 承印物性质

不同厚度和不同表面平滑度的承印物，印刷时所需的压力值是不同的。如平滑度差的纸张，必须克服表面粗糙的情况下才能得到结实的印迹，为此只有增加印刷压力才能使承印物与印版表面充分接触。

3. 印刷速度

实践证明，当印刷速度增加时，其印刷压力也需要相应地增加，这是因为速度高，印刷表面接触的时间有所减少的缘故，为了不使印刷面完全接触程度减少，便于油墨从印版表面转移到纸张表面，就必须加大印刷压力。

4. 印刷品的数量

在印刷过程中，随着印品数量的增多，印刷压力会有所降低。因为橡皮布及衬垫在印刷过程中发生了塑性变形，其厚度变薄，压力降低，相应地会使油墨的转移率减少，因此为了获得质量稳定的印刷品，每印一定数量的印品后，应检查一下印刷压力的变化情况。适当作一些调整，以保持压力稳定。

5. 印刷品质量要求

不同的印刷品有着不同的复制要求，如实地版，可以使用稍大的压力以达到印迹结实的要求，而对精细的网线图文，则应十分强调在印迹清晰的条件下使用尽可能小的压力。

第四节　丝网印刷

一、丝网印刷原理与特点

丝网印刷是使用织物丝网或者金属丝网，将其绷紧并固定在网框上，用亮油、胶或黑墨将部分网眼堵塞，从而形成网版上的图像部分与非图像部分。当刮墨刀刮过丝网时，在压力作用下油墨通过未堵塞的网孔印到承印物上，获得印刷品，如图3-39所示。

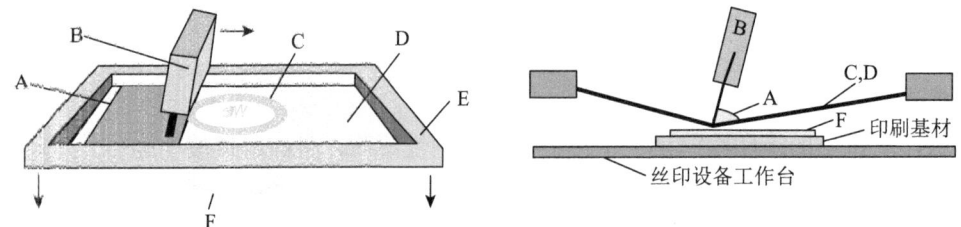

A-油墨；B-刮墨板；C-丝网图像部分；D-丝网空白部分；E-网框；F-印刷图像

图3-39 丝网印刷原理示意图

丝网印刷工艺的应用范围非常广泛，应用于各种各样产品的印刷，如标签、纸盒、瓶子、织物、陶瓷、玻璃，甚至工业生产中的仪器仪表表盘、电路板、液晶显示器等。平面产品和曲面产品均可印刷，可以使用多种类型的油墨，比如使用皱纹油墨、仿金属蚀刻油墨、冰花油墨等，可以使包装产品呈现出特殊的装潢效果。

丝网印刷技术的特点如下：

（1）版面柔软印压小

丝网印版柔软且印刷过程的压力很小，仅受到刮板的侧压力，所以其应用范围较大。不仅可以在常规纸张、纺织品等柔软的承印物上进行印刷，而且可以在加压容易损坏的玻璃及各种玻璃、陶瓷上进行印刷。

（2）承印物的大小和形状不限

常规印刷方式受到设备的限制只能在平面规定的尺寸内进行，最大尺寸为全张。而丝网承印物可以是平面也可以是曲面，可以在柔性、硬性承印材料和在特殊形状的圆柱、圆锥体等曲面成型物上及凹凸面上进行印刷，并且可以在各种广告画、垂帘和幕布进行印刷，其最大幅面可以超过3m×4m，也可以在超小型、超高精度的线路板上进行印刷。综上可以说明该种印刷方式具有很大的灵活性和广泛的适用性。

（3）墨层厚、遮盖力强

丝网印刷印品的突出特点是图文层次非常丰富、立体感很强，印迹有很强的耐久性。其墨层厚度在所有印刷方式中是最厚的，如凸版印刷品的墨层厚度一般为5μm，胶版印刷的墨层厚度为1.6μm，凹版印刷的墨层也只有12～15μm，而丝网印刷的墨层厚度可达10～100μm，所以其墨膜的遮盖力特别强。如鲜艳的颜色、持久的荧光色彩、白色底色的高不透明度和厚实的实地印刷，只需一次涂布印刷就可获得良好的墨膜亮度。

当然其墨层的厚度是可以控制的，可以厚也可以薄。使墨层变薄是通过改变刮墨板的形状、印刷压力和着墨角度、印刷速度、丝网直径的大小、油墨黏度等可变因素实现的，改变这些因素可使墨层达到需要的厚度。

（4）适用多类油墨

可用任何一种油墨进行印刷，如油性、水性、合成树脂型、粉体及各种涂料均可进行印刷，其他印刷要求油墨的颜料粒度要细，而丝网印刷只要能够透过网孔细度的油墨和涂料都可使用。丝网印刷不仅可印单色，还可以套色和进行彩色半色调印刷。

（5）印刷方式灵活多样

丝网印刷可以进行小规模作坊式和大规模的工业化生产，丝网印刷设备简单、操作方便、所需设备费用少；印刷、制版简易且成本低廉，适应性强；印刷工艺比较简便，技术易于掌握等。

（6）印刷生产速度慢

除了用于纺织印染行业的丝网印花机以外，其他行业使用的丝网印刷机大多数是平板状网版，网版需要往复运动完成印刷，且厚的墨膜需要较长的干燥时间，即使有干燥装置的设备，印刷速度也不及其他印刷方式的印刷速度，不适合长版印刷。

（7）印刷图像分辨率不高

使用丝网印刷工艺进行彩色印刷时，其厚墨膜和不透明色彩的特点，使其图像分辨率比其他印刷工艺都要低。一般较难印刷出150线/英寸以上更精细的图像。

在包装印刷领域，由于网印的高度灵活性能够在各种包装制品表面进行印刷，并实现多种特殊效果，其主要应用于以下几个方面。

①在塑料包装上的应用。网印塑料薄膜可用于食品、服装等产品的包装，以及塑料包装容器的印刷。

②在纸类包装上的应用。由于网印图案的墨层厚实、立体感强，可大大提高包装的档次，在烟、酒、化妆品、营养品以及高档鞋类等纸盒包装中的应用日益增多。

③在金属包装上的应用。金属包装主要包括各种饮料罐、食品罐、杂品罐等，所用的网印油墨要求附着力强、硬度高、拉伸性和耐摩擦性好。

④在玻璃包装上的应用。玻璃包装主要是各种玻璃瓶，多用于各种液体的包装，如饮料、矿泉水以及各种啤酒、白酒、葡萄酒等。

⑤在陶瓷包装上的应用。陶瓷网印直接法是用丝网版将图像直接印刷到陶瓷胚胎上，再经施釉，烧制成瓷。间接法是将丝网印刷的花纸转贴到陶瓷器皿上，由于贴花纸印制精细，在陶瓷包装方面应用较广，如一些酒类的高级包装。

二、丝网版制作

丝网版有手工网版和照相网版两种。手工网版分为描画法和剪切法，描画法是用蜡笔或专用液在丝网上描绘图文，然后用填缝液涂布丝网空白部分，再用石油溶解图文部分的蜡，制成网版。剪切法是将没有感光性的手工刻版膜放在原稿上，用各式刻膜工具刻画并剔除图文部分的膜层，用溶剂把刻好的图版粘固在丝网上并剥下片基制成网版。这两种手工制版法只能印刷简单的图文，不能印刷有阶调的网点图像。

照相网版是将感光材料涂布于丝网上，然后曝光成像，显影后得到有网孔能够透过油墨的图像区域和网孔被堵塞的空白区域。因此，这种制版方法也称感光制版法，具体分为直接感光制版法、间接感光制版法、直间感光制版法三种。

除上述的制版方法以外，还有红外线制版法、腐蚀制版法、电镀制版法等。近年，在丝网制版中，采用了投影放大的晒版技术，无胶片直接用计算机控制曝光的制版方法，扩大了丝网印刷的应用范围。

1. 直接制版法

直接制版法是把感光液直接涂布在绷好的丝网上，经曝光、显影制成丝网版，其工艺流程如图 3-40 所示。

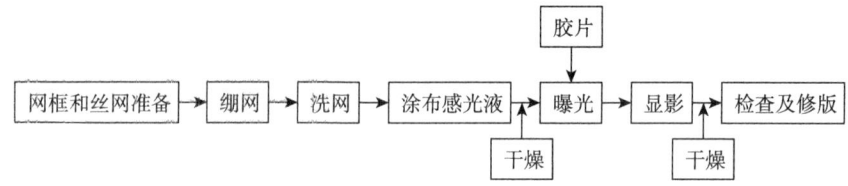

图 3-40　直接制版法工艺流程

（1）网框和丝网准备

网框一般有木质网框和中空的铝制金属网框两种，木质网框用于手工丝网印刷，在绷网工艺环节中不能使用绷网机，采用手工绷网将丝网超出网框的余边用钉木条的方式夹紧在木条与网框之间，从而将丝网绷紧在网框上。金属网框既可以用于手工丝网印刷也可以用于丝网印刷机印刷。根据印刷图文的大小和印刷要求选择合适尺寸的网框。

常用的丝网有蚕丝丝网、尼龙丝网、聚酯丝网、不锈钢丝网等。蚕丝丝网柔软耐印力低，遇水易伸缩，印刷精度低，现代印刷基本不会使用。不锈钢金属丝网耐印力和印刷精度最高，主要用于精密电子设备或有特殊要求的印刷，如线路板印刷，集成电路印刷，热塑性油墨印刷等（将金属丝网本身作为加热元件）。

丝网的编织方法有三种，当采用的丝网丝径相同时，这三种方法按照印刷的墨层厚度由高至低的顺序依次为：拧织、平纹织、斜纹织。

丝网特征参数如下所述：

①丝网目数

丝网目数是指在丝网每一个线性单位长度中所拥有的网丝数量（单位：目/厘米，目/英寸），表示丝网的疏密程度。丝网目数越大，丝网就越精细，产品的印刷精度就越高，反之则相反。

②网丝直径

网丝直径又称丝径，通常用微米来表示。网丝直径越小，相对开孔面积就越大。网丝越细，对腐蚀性溶剂的抗蚀性能就越差，对油墨及刮墨板的耐磨性能也就愈差。网丝直径大，则会提高网版的耐印力。

③丝网孔径和开孔面积

丝网孔径又称丝网（网孔）开度，是指两条相邻网丝的相对边缘之间的距离。开孔面积与丝网目数和网丝直径成反比。因此，丝网目数愈高，丝网开孔面积就愈小。丝网开孔面积对于确定丝网的漏墨量特别重要，开孔面积越大，通过网孔所附着的油墨就相应地多；网孔越粗，开孔面积就越大，油墨通透和沉积得越多。

丝网（网孔）开度也是网孔面积的平方根，是表征网孔大小的一种线性度量。如网孔为正方形，则其开度为网孔边长。

丝网厚度由丝网目数、网丝直径和丝网的编织结构所决定，但丝网厚度主要取决于网丝直径。

（2）绷网

剪裁比网框四周稍大一些尺寸的丝网，再把丝网的四边固定在绷网机上，将其拉紧，用张力计测定绷网的张力，网框放在张紧的丝网下面，把黏合剂刷涂在网框的四周，待其干燥后，再从绷网机上卸下网框。如图 3-41 所示为四种不同的绷网装置。

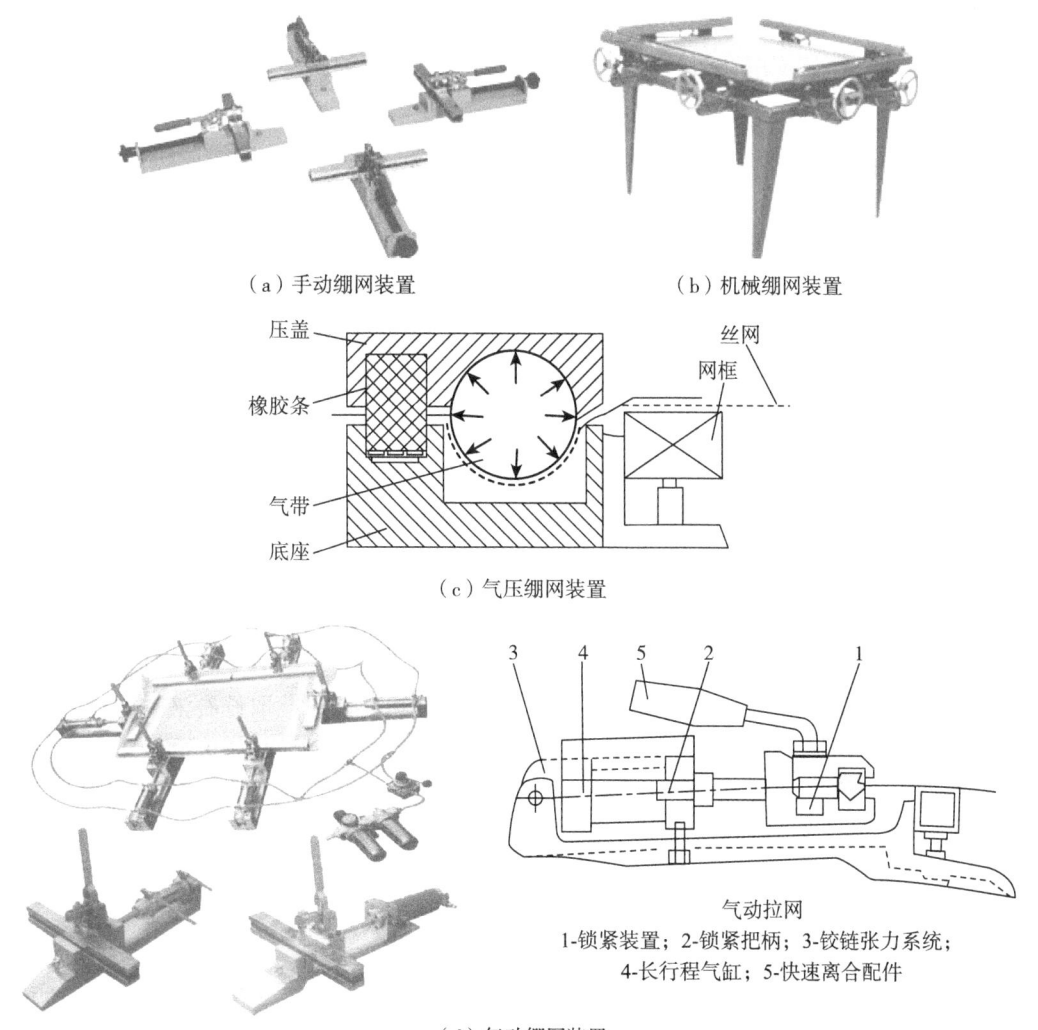

(a) 手动绷网装置　　　(b) 机械绷网装置

(c) 气压绷网装置

气动拉网
1-锁紧装置；2-锁紧把柄；3-铰链张力系统；
4-长行程气缸；5-快速离合配件

(d) 气动绷网装置

图 3-41　不同种类的绷网装置

气压绷网装置与气动绷网装置均通过压缩泵内的压缩气体拉动丝网沿网框四周向外运动绷紧丝网。绷网速度快，且丝网各位置张力均匀。压绷网装置是在压盖和底座的腔室内通入压缩气体，使丝网沿腔室拉长从而绷紧丝网。气动绷网装置压缩空气使长行汽缸内的活塞向后运动，从而向外拉动丝网而绷紧。

（3）洗网

用20%的氢氧化钠溶液对绷好的丝网进行脱脂处理，然后用水冲洗干净。可以提高网孔漏印油墨的通透性。

（4）涂布感光液

在暗室中，将感光液放入不锈钢上浆器中，把网框倾斜放置，上浆器前端与丝网端接触并倾流出胶液，同时慢慢地把上浆器往上提，沿着丝网进行涂布，正反两面都要进行，然后用上浆器空刮丝网版，回收多余感光胶并涂布均匀，放入烘版箱中烘干。如果需要较厚的感光胶膜时，上述涂布感光胶和干燥过程可以多重复几次，直到胶膜达到要求的厚度。

（5）曝光

在丝网晒版机的玻璃板上放上胶片底片，再放上丝网版，盖上丝网晒版机盖板后抽真空，使胶片底片与丝网版密覆在一起。曝光时间取决于感光液的性能、光源、灯距等因素；在曝光过程中，曝光光线透过胶片底片使丝网版的见光部分发生变化。如果版面上涂布的是见光分解型的感光胶，则该部分在显影过程中感光胶被冲洗掉，成为漏印油墨的图文部分；如果版面上涂布的是见光固化型的感光胶，则该部分在显影过程中不能被冲洗掉，成为阻碍油墨漏印的空白部分，而未见光部分的感光胶被冲洗掉，成为漏印油墨的图文部分。

（6）显影

把曝光后的丝网版置入水槽中，用水枪喷射冲洗丝网两面，直至将版面的图文部分的感光胶层冲洗掉，形成漏印油墨的图文部分，此时，需要边观察边冲洗版面，既要使版面图文部分完全冲洗出来，又不能冲洗过度，造成图文边缘粗糙或者精细线条丢失。冲版完成后再次放入烘版箱内加热干燥。

（7）检查及修版

网版干燥后再次检查版面，如果有图文或空白部分缺失可以蘸取修补液进行修补。如果印刷数量较多时，可以再放入晒版机中进行一次全面的曝光，增加胶膜的固化程度，提高网版的耐印力。

直接制版法制得的印版感光胶与网版间结合牢固，耐印力较高，但由于采用液体感光胶，胶膜边缘锯齿形现象较重。

2. 间接制版法

间接制版法是在涂有感光胶层的胶片上用胶片底片密覆曝光并显影后，将感光胶膜转贴于丝网版上，制得丝网印版，其工艺流程如图3-42所示。感光胶片与底片密覆曝光后，在1.5%～3%的过氧化氢溶液中浸泡1～2分钟，对胶片进行活化处理；然后用温水显影，使感光胶片的片基上形成版膜，再用冷水冲洗；将显影后的胶片，胶膜向上平铺在桌面上，再在胶膜上放置绷好丝网的网框,并在丝网上放吸水纸,用橡胶辊滚压,即可黏着;将专门配置的胶或直接制版法使用的感光胶,用笔涂填网框的四周,再用热风干燥;再剥离感光片的片基,即得丝网印版,经必要的修正,便可上机印刷。间接法制版操作复杂,感光胶膜的厚度固定不可调节,但图文边缘光洁,不需要专用的晒版机。

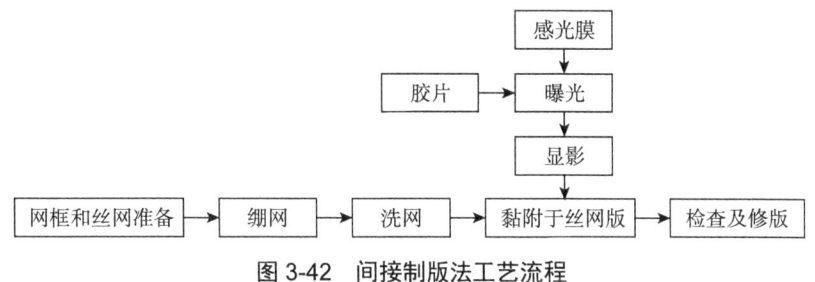

图 3-42　间接制版法工艺流程

3. 直间混合制版法

直间混合制版法是先将感光胶片用水、醇或感光胶粘贴在丝网网框上,经热风干燥后,揭去感光胶片的片基,然后晒版,显影处理后即制成丝网版。即采用固体感光胶片将感光膜转贴于网版上,代替涂布液体感光胶的过程,其他工艺环节同直接制版法。直间混合制版法工艺流程如图 3-43 所示。

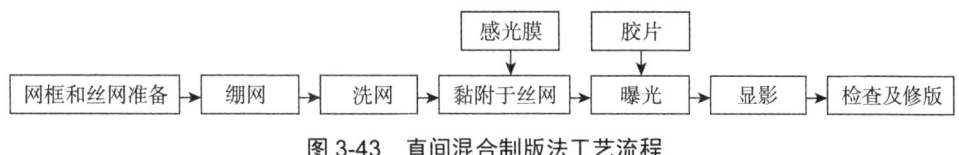

图 3-43　直间混合制版法工艺流程

4. 丝网版计算机直接制版

丝网版计算机直接制版技术(Computer To Screen,CTS)按网版输出设备的具体工作方式可分为三种类型:热喷墨系统、喷墨状态转变系统、激光曝光系统。

(1)热喷墨系统:其工作原理同喷墨打印机工作原理一样。网版输出设备用墨水把图像喷射在感光层上,然后网版全曝光,显影形成网版。

(2)喷墨状态转变系统:这种系统使用压电喷头连续喷墨,使用热塑性墨水,被加热到半固体状态时,喷射到丝网上,墨水接触网版后立即干燥,然后进行曝光显影等工艺。

上述两种喷墨系统的好处是不需要真空抽气装置,而传统丝印制版方法中真空装置是必需的,用来保证胶片和网版感光层的密接以减少图像损失。更重要的是,制版时可以对网版全面曝光而不必担心损失细节。两种系统的关键问题是油墨必须具有足够的密度,以阻挡后面曝光时的 UV 光;另外这两种喷墨系统都可以采用传统丝印制版的感光胶及曝光设备,并且能够实现喷嘴清洗,墨盒补充自动化。但是热喷墨液体墨水容易飞溅,而喷墨状态转变系统墨水很快固化不会产生飞溅现象。

(3)激光曝光系统:这种系统的输出设备其实是激光头产生光柱,直接把网版当作胶片进行局部曝光。该系统的关键问题是要有适合于感激光的感光胶，不能使用传统制版的感光胶。这种系统大多用在间接丝印制版工艺方面。

三、丝网印刷工艺

丝网印刷可以采用手工方式或机械方式进行。丝网印刷工艺操作过程主要包括：印前准备、安装网版、装刮墨板、装回墨板、油墨选用、印刷。丝网印刷工艺流程如图 3-44 所示。

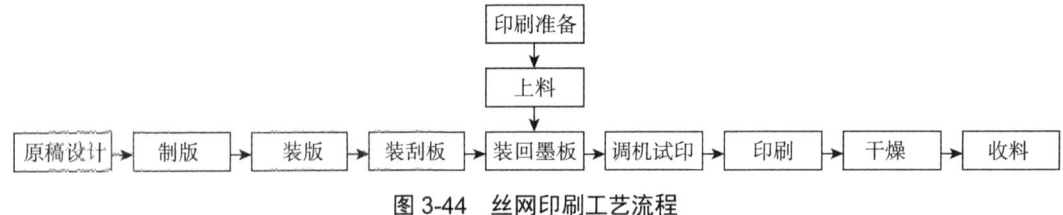

图 3-44 丝网印刷工艺流程

（一）印刷准备

丝网印刷作业的顺利进行涉及四个要素，即网版、油墨、承印物及刮板。将网版上的图文转移到承印材料上，并实现高质量的复制，必须要进行有效的准备工作，选用合适的油墨和承印材料，精确地调节印刷设备，在整个印刷工艺过程中对一切影响质量的因素加以有效的控制，直到成品的最终检验为止。相关具体内容请扫描封底二维码阅读。

（二）印刷色序安排

印刷品要真实地反映原稿色彩，重要的一点就是确定正确的印刷色序。由于网版印刷中承印物形状（平面、曲面之分）和材料性质的不同，网版印刷色序也有所不同。

1. 印刷色序确定原则

各色墨的套印顺序是以最终的网印品质量为考虑依据的，根据影响色彩再现的因素，网印复制品颜色的深浅，色调的明暗，图案的大小，套印的难易，来选择合理的印刷顺序。套印顺序的确定原则为：

①油墨的透明度。由于在网版印刷中是通过各种颜色的油墨混合或叠合而产生新的色彩，如果承印物上印墨透明度差，在印刷第 2 色时就会将第 1 色墨迹盖住，而不能与第 2 色合而为一生成新色。因此，先印不透明的色墨，后印透明色墨。

②人的眼睛对各种色彩感受的能力不同。一般来说，人的眼睛对品红色最敏感，对青色次之，对黄色敏感性差。由于人们对颜色的敏感性有差别，往往造成对黄色网点的增大或缩小、丢失和墨量大小的变化分辨不清，从而影响印刷质量。因此，黄色可以先印，也可先印青色后印黄色。

③普通印刷（染料或涂料同印）和特种印刷（发泡、夜光、珠光等同印）在同一承印物上时，应先进行普通印刷，再进行特种印刷。

④多色套印叠印，应先印深色后印浅色。套印和叠印在不同颜色同时存在时，可先套印

后叠印。

⑤图案尺寸相差很大时，可先印小色块油墨，后印大色块油墨。

2. 丝网印刷常用的色序

①常用的色序：黄、品红、青、黑；黄、青、品红、黑；青、品红、黄、黑。

②投影（重合）定位法的色序：先印深色，主要印出套合定位"十"字线，便于套印，多用黑、黄、青、品红。

③理想（正确的）色序排列：青、黄、品红、黑。这种安排方法比较好，因为先印青色，再印第2色后油墨叠合成绿色。绿色是大地的颜色，生命的颜色，人眼对绿色识别的能力很强，可以用色标、梯尺来检查色彩和阶调印刷质量，第3色套印品红，完成了三原色版套印，再检查三原色黄、品红、青色料颜色的混合效果，是否偏色，阶调层次是否丢失，最后印刷黑色版（轮廓版），它的作用是加强图像的反差，提高密度，使图像的细微层次得到加强，提高图像的清晰度，减少三原色的墨量和墨层厚度，增加叠印牢度。

（三）试印

试印刷也称校正印刷或校样印刷，以检查印刷图像的再现性和色调情况。试印是在与将来正式印刷时同样的条件下进行的，比如所用网版的网目和张力、网距、刮墨板的压力和刮印角以及刮印速度、干燥条件等，这样就可以避免试印和正式印刷之间不吻合的误差。并在试印过程中对影响图文质量的因素加以控制，使各种印刷条件均调整到最佳状态，最终将其应用于正式印刷时能够复制出高质量的印刷品。

1. 网距

根据丝网印刷的原理，丝网印刷作业中，网版的安装并不是与承印物密合的，要留有一定的间隙（网距），丝网与承印物呈线性接触，其他部分必须与承印物分开。

网距的大小关系到丝网与承印物能否呈线性接触，以及图文尺寸精度能否保持的问题。如果网距太大，容易造成丝网过于伸长，会使印刷的图文尺寸增大；而如果网距太小就会出现油墨继续渗透并扩散，造成图文线条尺寸扩大，使得印刷尺寸精度下降，承印物失真，甚至产生粘版、糊版故障。因此，网距一般需要通过实验确定。

由于网距的确定与多种因素有关，因此，要调整最佳网距需从不同的材料和印刷设备来考虑。要采用尽量小的网距，须考虑以下几个方面。

（1）改进网版张力

网版张力高，才能使网距减小，印刷速度加快。因此，要根据实际的设备、材料和绷网技术水平，尽量制得张力较高的网版。但要注意，大尺寸网版要绷至较高的张力是很困难的，所以，确定网距时，要考虑到网版的尺寸和张力。一般来说，网版张力可选择18～25N/cm。多色印刷还要做到每一块网版的张力一致，以保证各网版的网距一致。这样，不仅能保证颜色与颜色之间的印刷套准，相对的印刷压力也能保持相同。

(2) 降低油墨黏度

油墨黏度由触变性、油墨组分、颜料颗粒的尺寸和数量、表面张力、存放时间等因素决定。要降低油墨的黏度，可以改良油墨，或者寻找另一种印刷较好的油墨。油墨的黏度较低，也会降低对网距和绷网张力的要求。

(3) 选择合适的丝网

丝网的几何形状也是影响油墨转移能力的一个要素。使用表面积较小的丝网（如丝径27～31mm 的丝网），油墨与承印材料分离所需要的力就会小一些，需要的力小，网距就可小。

(4) 承印物的特点

承印物对油墨的转移和剥离也有很大影响，吸水性材料比无孔性材料更容易剥离。承印物表面的张力关系到油墨的表面能，因此，它也会对油墨的剥离产生影响。以纺织品类承印物为例，纺织品具有吸水性，不存在与丝网剥离的问题，这就是纺织品印刷网距比其他图形印刷的网距小的原因。印刷纺织品的网距较小，就能最大限度地减少油墨在网版下面的沉积。由于纺织品一般用多个台面和印刷头印刷，因此，保证每个印刷工位上的网距一致是实现良好套印和墨色均匀的关键。纺织品印刷有时要求几种服装印刷同一个图案，这些服装的厚度不同，印刷时必须对网距进行相应的调整。

总之，作为丝网印刷变量之一的网距，对丝网印刷品的质量影响很大，因此，在印刷中要根据设备、材料、承印物等诸多因素，调试出最佳网距，这样才能印刷出精美的产品。

2. 印刷压力

在网版印刷中，印刷压力即刮板移动产生的压力。在一定印刷条件之下，正确掌握印刷压力，对正确实施印刷，保证印品质量是非常重要的。因为丝网印版只有在刮板的一定压力下才能与承印物表面接触，而且呈线接触。如果压印力小，印版就接触不到承印物表面，也就无法实施印刷；而印刷压力过大，将出现网点增大、图像模糊、油墨用量过多、油墨固化时间长、刮板弯曲变形，影响印刷质量，同时也会加快刮板和丝网印版的磨损，降低刮板和丝网印版的使用寿命，并导致丝网印版松弛使承印物画面变形。因此，控制刮板的压力是保证产品质量的因素之一。

刮板不是刚性物体而是弹性物体。在网印中，图案部分被油墨充分充填，使用的刮印工具不能是刚性物体，必须是弹性物体。具有弹性的刮板适应网孔的弹性而移动。金属表面的网印，需要使用刃口较锐的刮板，能产生挤压油墨良好的刮板压力。

刮板印刷压力是在刮墨方向上作用于网版上的力，也就是由于刮板的形状、网版的张力、橡胶刮板的弯曲程度，作用在刮板刃口的力。由于橡胶刮板的弯曲，刮板施于网版上的力与刮板移动方向上的力构成印刷压力，它决定着印刷质量。

其实，刮板弯曲压力与实际印刷压力没有关系。刮板在没有移动的状态下，仅仅是一个相对于网版方向的力。实际印刷的压力是刮板弯曲空间压力值。但是要注意，刮板不能长期受到向下的压力，这样刮板会弯曲，使用弯曲的刮板，会使承印物上的墨层表面凹凸不平，网版在刮板刮过后不干净。如果是因为油墨不能成功地从网版上转移到承印物上而提高刮板压力，这是不正确的，此时应该改变刮板类型，改变刮板硬度。使用硬度大的刮板，会使刮板弯曲的现象减轻。

手工印刷时靠手臂调节印刷压力的大小，机械印刷时靠调节螺栓来调节印刷压力的大小。

3. 刮印角

刮板刮印角是指印刷面和刮板在刮印运动时所夹的角度α，如图3-45所示。

刮板刮印角的大小对油墨转移量和印刷图文的质量有一定的影响。一般情况下，刮印角越小，印刷压力越大，油墨的转移量就越大；而刮印角越大，印刷压力越小，则油墨的转移量就越小。

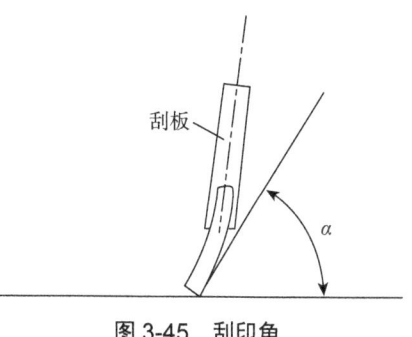

图3-45 刮印角

刮印角的确定是丝网印刷中复杂的实际问题。它与刮板压力及刮板硬度都有密切关系，而且由于承印物表面形状也是多种多样的，所以，在实际印刷时，要根据承印物的形状、特性来选择确定刮印角。一般来说平面印刷时刮印角取 20°～70° 为宜，曲面印刷时刮印角在 30°～65° 为宜。

4. 刮印速度

刮板的刮印速度与印刷效果有很大关系。刮板在刮印时使油墨均匀位移并保证整个图文部分均匀地通过油墨。所以，刮印速度对油墨的转移量以及对油墨的转移均匀程度都有一定的影响，因而对印刷质量也会产生很大影响。

由于承印物的不同，刮印速度是有区别的。但无论承印物的质地如何，刮板都要尽量保持匀速移动，如果刮板移动速度不均匀，承印物上就会产生墨杠。而如果在刮印时虽然速度均匀，但移动速度太慢，图文边缘就会出现油墨渗透，致使图文增大；反之，如果速度过快，会出现图文部分墨量不足，墨色太淡。所以在印刷时，特别是手工印刷时，要通过实验确定合适的刮印速度。

5. 刮板的刮印斜度

刮印斜度是指刮板纵长方向与其运动方向，在90°角范围内任意变换的角度。在印刷过程中，每刮一次或每回一次墨，由于刮板的转换，导致了刮板与其运动方向的角度发生一点变化，使得刮板两头偏斜，一头较另一头稍向前移。

在自动印刷机上，改变斜度可以克服刮板在丝网表面上下移动所产生的轨道震动，并且避免刮板运动方向与图像点、面的平行。如图3-46所示，当图像与刮板之间的 α = 0° 时，不仅剪切力小，且平行边间的油墨涡流干扰最大，填墨时网孔内容易夹进气泡，印刷效果变差。尤其在印刷平行线条时，刮印行程出现颠簸，网孔更易填进空气，严重影响印迹的完

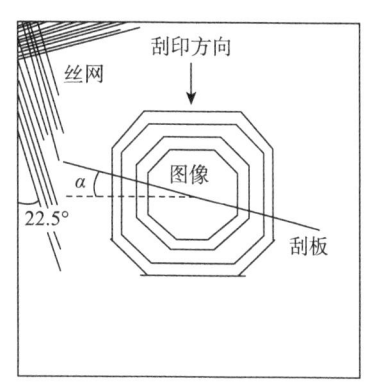

图3-46 刮印斜度

整和清晰性。

对剪切效果而言，刮印斜度 α 较大为好，然而在通常情况下，要达到这个目的是很困难的。因为改变斜度会造成油墨流到另一边的网框上，这是刮板无法抵消油墨粘性，亦不能弯曲，并保持直线运动所致，如图 3-47 中（a）所示。油墨黏度高时，刮板橡皮因粘性阻力呈弓形，油墨由中心向两侧移动，如图 3-47 中（b）所示；油墨量变少时，两侧的油墨在中心线附近滞留，如图 3-47 中（c）所示。这个问题可以通过斜交绷网改变网目之间距离（不是刮板）的方法来解决。

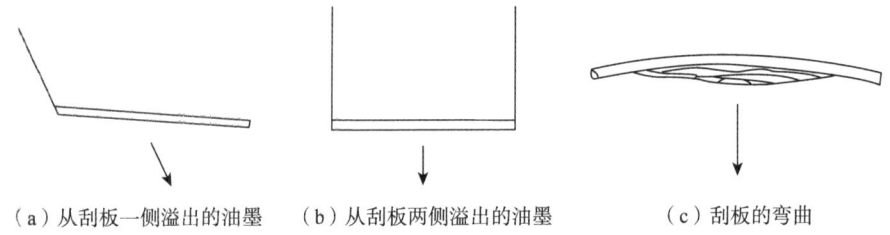

（a）从刮板一侧溢出的油墨　（b）从刮板两侧溢出的油墨　（c）刮板的弯曲

图 3-47　刮印斜度与油墨流向的关系

如果将网的一根横丝作为 X 轴，一根竖丝作为 Y 轴，以它们的相交点为原点 O 来考虑，则可将丝网视为直角坐标系，如图 3-48 所示。刮板与 X 的夹角为其刮印斜度，分为与丝网平行（①③）和不平行（②④⑤）两种。刮板的刮印运动方向有直角（①②）和不是直角（③④⑤）两种。

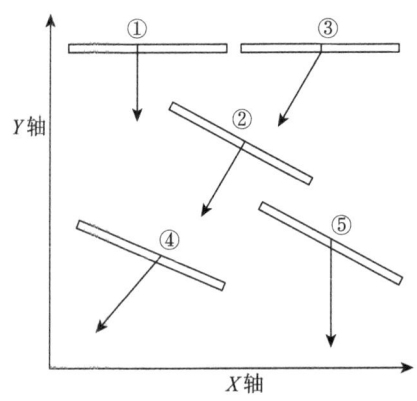

图 3-48　丝网和刮板的角度

①是手动印刷、机器印刷的一般刮印方法；②是使用斜交绷网时的刮印方法；③和④是手动印刷使用的特殊刮印方法；⑤是使用斜交绷网手动印刷时的刮印方法。

6. 印刷油墨

试印时除了要检查所用油墨的印刷适性、干燥速度和色相外，还要对转移到承印物上的油墨进行黏着性测试，以确定所用油墨是否满足要求。

初步测试时，用手指或指甲刮磨已干燥的油墨，检查它的刮伤程度，来确定油墨的抗磨、抗刮性；此外，还要按以下步骤再进行测试。

（1）纸板类承印物做油墨撕脱测试

将一条两寸宽的胶带粘贴在印刷区域上，用刮板刮平、贴牢并停留 5min 后。以 180°的角度将胶带快速撕开，然后检查印刷区域的油墨、印件和胶带，看是否有油墨脱落、被损坏的迹象。

（2）塑料片、玻璃、金属承印物做切断撕离测试

用一把锋利的小刀，将图案部分每隔 2mm 切成小块，然后用（1）的方法再做一遍。需要注意：一般情况下，大多数油墨都需要 5～6h 或更长时间才能完全干燥，需待油墨全干后再做切断测试，最好是根据油墨厂家的干燥指示来做这些测试。

对于（1）和（2）的测试，如果没有发现油墨被撕离或是撕离程度小于 10%，那么油墨的初步测试是合格的。

（3）如果承印物是薄片材料，如 PVC、涤纶片，还要多做一个测试，即用两手来回揉搓已干燥的物料，看油墨是否脱落。将此试验至少重复一次，再检查油墨的黏着情况。

（4）附加测试：如果承印物是有一些吸水性质的物料，那么就需要将物料放在水中煮 3～5min，再检测油墨情况。

如果油墨的附着力测试不能通过时，应考虑怎样处理承印物表面或是否需要改试其他性质的油墨。

这些测试都需要有详细的记录，包括测试的程序和手段，承印物的物料性质以及日期、油墨种类、印件表面的处理、供应商的名称、网纱的性质和网目、张力、干燥条件、室内温度、湿度、有无加溶剂及测试结果等等，测定之后即可选定所用油墨。

（四）印刷

正确地完成试印工艺后，即可按照其提供的条件进行正式印刷了，正式印刷时保证图像的质量是最重要的，包括图像阶调层次和色彩的再现、清晰度、套准精度等，这些影响图像质量的因素必须实时地进行检控。印刷过程中的控制对套印精度的影响尤为严重。

套准是指印版和印刷机械按严格的操作规程，保持精密度，使印版上的图形完全与印刷品上的图形相吻合，在尽可能准确的范围内再现原稿图形。具体套准要求如下：

①原稿（即透明阳图片）和印刷材料上的印刷图像准确重合；

②在多色印刷中，各种颜色的印刷图像准确重合（彩色套印）；

③一个印刷作业开始时和结束时印刷图像准确一致，或者任何半成品的印刷图像之间也准确一致；

④在连续的、单个印刷机组上的印刷图像的定位稳定不变，即印刷的图像与切口边缘或印刷材料上的定位孔之间的距离和角度稳定不变。

实际上，网版印刷中的"精度"不是绝对的。网版印刷的最大允许偏差取决于印品的用途，如纺织品、海报和印刷电路板，由于它们功用各不相同，要求的印刷精密度是有差别的。

而最小偏差是由印刷工作者及设备的使用和性能决定的。目前的网版印刷最小允许偏差被认为是 ±25pm，就精密印刷而论，±50pm 的偏差就令人满意了。±100pm 则是最大允许偏差。

在进行多色套印时，倘若其中有某一色套印不准，就会使画面模糊不清，影响品质。套印不准是印刷中比较复杂的技术问题，其原因是多方面的，如纸张伸缩、制版不良造成的网版不准、机械磨损、调节不当、操作不当等。为使印刷套印准确，必须做到以下几点。

1. 纸张

①纸张一定要有存放期。

②创造一个比较稳定的、易控制温湿度的机房。

③凡用温度（挥发性）干燥型油墨印刷，机房内的湿度必须比氧化干燥型油墨印刷机房高 5%～10%。

④印刷时尽量采用横丝缕纸。

⑤为防止纸张静电，造成套印不准，因此需加强相对湿度的控制。

2. 制版

①要注意各套色用网的品种、厚薄、编织、目数等是否互相接近，尽量采用统一规格的网材。

②网框的选用直接影响同印的精度和套印的准确。

③套印版要求张力一致，注意回收版的张力。

④温湿度对制版不准的影响。

3. 设备调节

以滚筒式全自动网印机为例，与套准有关的设备调节包括：

（1）输纸与交接（指自动输纸部分）

①首先要看吹嘴的真空与压力及调节是否适当。

②送纸动作是否与挡纸舌一致。

③输纸台上的线带快慢。

④侧规工作的时间早晚。

⑤暂停纸与底牙各要平衡。

（2）滚筒部分

①注意纸张到位和叼牙动作的快慢。

②注意底牙的开牙高低和叼牙的松紧是否一致、适度。

③滚筒、平台上的真空吸力及清洁度、叼牙开牙的早晚、纸张与印版剥离是否正常对套印准确也有一定的影响。

（3）各部件装配要做到紧密、活动

4. 为避免操作不当影响套印的准确度，要注意以下几点

①晒版时的规矩、机台校版、网框变形，都与套印的准确度有关系。

②刮板的压力、硬度及刮墨的角度，与整批印件的质量有相当密切的关系。

③印版上的墨量不可过多，加墨要按时、定量一致。

印刷过程中由于油墨的不断消耗，要定时对网版上的油墨进行补充，以保证印刷的顺利进行。油墨的补充也取决于图文的大小，一般 30～50min 补充一次，以稳定印刷条件。

（五）干燥

印刷完成后印品上的墨迹要进行干燥，即使流体状的丝网油墨变成固态。油墨的干燥固化，最好不要在印刷时的丝网版上进行，以免堵塞丝网网孔而不能印刷。

关于印刷后的墨膜干燥，并不是说越迅速越好。如果干燥过于迅速，会产生各种故障。例如：温度过高，加热速度过快时，会导致承印物劣化、变形，特别是会产生纸张的尺寸不稳定及薄膜中产生气泡、水泡等现象。相反，干燥缓慢时，在一定条件下虽能稳定地印刷，但需要大型干燥装置，在实现给纸、印刷、收纸、干燥自动化的印刷机上，因受油墨干燥状态影响，印刷速度会受到限制。

由于网版印刷的印刷墨层远比胶版印刷厚，以及承印物在印完后需要干燥，印刷速度明显受限制，所以，印刷速度一般较低。金属或热硬化树脂、陶瓷等，由电热或热风进行强力干燥，以便缩短干燥时间。但纸和热可塑性树脂等由于加热会引起承印物变形和尺寸变化，因此，只能送冷风加速干燥。

（六）清理

1. 刮墨板清洗

尽管聚氨酯刮板耐用，但如果不进行正确有效的保养，其使用寿命会缩短。刮板用后应迅速清洗、干燥，可以减少溶剂对刮板的侵蚀，不能把残墨留在胶条上使其结皮。溶剂长时间侵蚀刮板，会使刮板膨胀、变脆。

清洗刮板上的油墨时，要用棉丝沾适量溶剂轻轻把它擦拭干净，不要用刀等硬器具刮胶条上的余墨，以免损伤胶条刃口，并尽可能少用溶剂，溶剂用量以油墨清洗干净为好，这样清洗刮板上的溶剂时也较容易。刮板使用后洗净，应放置一段时间，这样可使胶条得到收缩恢复，将表面的溶剂挥发，以延长其使用寿命。刮板不用时应平放在刮板架上。刮板不能被物体压住或靠在其他物体上摆放。许多半自动和全自动机器都装有支撑刮板的平台，对于手动机器，可准备一刮板架来摆放。

2. 网版清洗

当印刷完毕之后，应立即用相应的溶剂将版面清洗干净，不得留有墨迹，以免残墨干固堵网，再版印刷损失阶调。印刷停机在 15h 以上时，应当先洗版后停机。洗版时要用纸或塑料布把印台盖好，放平印版。洗版时把版平放在洗版槽中轻轻擦洗，不要立洗，以免影响网版张力和松网。

彩色阶调印刷应连续生产，在多色印刷中，上一色与下一色套印间隔不要超过 1 天，以免承印物伸缩或印墨玻璃化，影响网印质量。

四、丝网印刷质量检测与控制

丝网印刷属于变量复杂的印刷体系，丝网印刷过程最基本的变量包括：网点大小和阶调范围、墨层厚度、颜色的光学密度、网点增大和网点损失、油墨叠印等。前两个变量主要受丝网类型和晒版胶片加网线数的影响，其中，选择正确的丝径、丝网材料和目数具有重要的意义，后面3个变量受网版制作和印刷过程中可测参数的影响。

1. 网点大小与阶调范围

图像网点大小和阶调范围通常是以线数和网点来定义和描述的，线数指每英寸或厘米的网线数（线/英寸，或线/厘米）。线数越高，每一个测量单元容纳的网点就越多，图像的精细度就越好；阶调是用不同梯级的网点密度来表现图像明暗程度的方法。图像中最小密度和最大密度之间的范围叫作阶调范围，阶调的另一个含义是原稿的层次。

对于特定加网线数下生成的网点，在一定范围内可产生类似原稿深浅的图像区域，这个范围包括高光、中间调和暗调网点。在网印行业习惯将5%～50%的阶调使用阳图网点评价；51%～95%的阶调采用阴图网点评价。另外，网点直径还随加网线数的增加而减小。在网印中，小于5%和大于95%的网点通常容易丢掉，图像的阶调范围一般复制5%～95%的范围，如图3-49所示。

随着网目调网线数的增加，网点尺寸会减小，如表3-14所示。网点低于一定尺寸就会丢失，在丝网印刷中就不可再现。

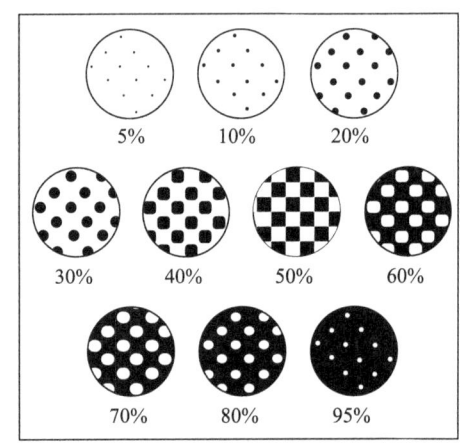

图 3-49 图像的阶调范围

表3-14 网目调网线数与网点尺寸的关系

网目调网线数		网点尺寸/微米		
线/英寸	线/厘米	5%	10%	20%
40	16	158	223	315
60	24	105	149	210
71	28	90	127	180
86	34	74	105	148
122	48	53	74	105
137	54	47	66	93
152	60	42	60	84

与其他印刷不同的是，丝网本身的丝径和孔径会影响其印品的阶调再现。

丝网印刷所能再现的最小高光网点尺寸受丝网丝径的限制。因为印刷过程中不能保证油墨刚好落在丝网的开放区域，如果高光网点直径等于或小于丝网丝径时，这样的网点是不能被复制的。

丝网印刷所能再现的暗调网点尺寸受丝网孔径的限制。当暗调网点的直径小于丝网孔径时，由于暗调网点是用阴图来表示的，这样包含暗调网点的感光胶就不会转移到丝网表面，也就是说，这样的网点已经丢失，不可能得到复制。

（1）网点尺寸

根据上述原理，可以在指定的加网线数下计算出复制给定阶调值的网点大小。假定阶调值为F，网点尺寸的计算方法是：

当加网线数以线数/厘米表示时，

$$网点尺寸 = (1.1284 \times F)^{1/2} \div 线数/厘米 \times 1000$$

例：计算加网线数为48线数/厘米的5%的网点尺寸

$$网点尺寸 = (1.1284 \times 5)^{1/2} \div 48 \times 1000 = 49.5\mu m$$

当加网线数以线数/英寸表示时，

$$网点尺寸 = (1.1284 \times F)^{1/2} \div 线数/英寸 \times 2540$$

例：计算加网线数为120线数/英寸的5%的网点尺寸

$$网点尺寸 = (1.1284 \times 5)^{1/2} \div 120 \times 2540 = 53.4\mu m$$

（2）丝网丝径与孔径的比例关系

丝网丝径与孔径的比例关系也影响图像的复制效果。值得一提的是，大多数丝网生产厂商的技术数据给出的丝网丝径只是静态值，代表材料编织前的测量值。在编织和施加绷网张力的过程中，丝网的圆形横截面会变为扁平的椭圆形状，丝网丝径沿丝网的平面方向会增大，而实际的丝径应是这个增大的丝径，称为编织丝径，如图3-50所示。很显然编织丝径才是最终影响印刷效果的参数。

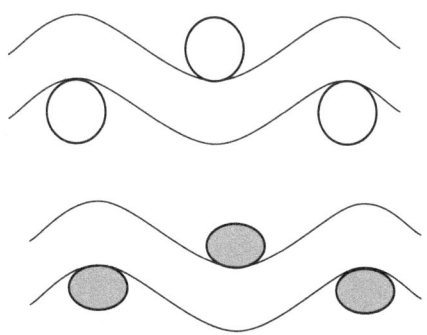

图3-50　织物纤维直径

丝网供应商一般不会提供编织丝径参数，但可以根据丝网孔径（Mo）近似计算丝网的编织丝径，方法如下：

①丝网目数以目数/厘米表示：编织丝径 = (10000 ÷ 目数/厘米) – Mo

②丝网目数以目数/英寸表示：编织丝径 = (10000 × 2.54 ÷ 目数/英寸) – Mo

例：计算丝网目数为305目/英寸、静态丝径为31μm，丝网孔径（Mo）为48μm的低拉伸率丝网的编织丝径，则：

编织丝径＝（10000×2.54÷305）−48=35μm

显然，编织丝径比供应商提供的静态丝径大出4μm。因此，选择丝网时，丝网孔径与编织丝径的比率应尽可能高。比率大的丝网具有更好的复制能力，油墨的通透性也更好，这一点对于复制小网点是有重要意义的。

有些工作场合又需要限制过高的比率，比如只能选用丝网孔径小于或等于丝网丝径的丝网，这种情况要求计算丝网所能复制的高光网点（最小网点），方法如下：

①丝网孔径比编织丝径大：高光网点尺寸＝丝网孔径＋编织丝径

②丝网孔径等于编织丝径：高光网点尺寸＝2×丝网孔径＋编织丝径

③丝网孔径小于编织丝径：高光网点尺寸＝2×（丝网孔径＋编织丝径）

同时应该注意暗调网点尺寸的计算。不管在什么情况下，可印刷暗调网点必须等于或大于丝网孔径与丝网丝径之和。

用于制造丝网的最细纤维的直径大约为30μm，由此推算，可印刷的最小高光网点是85μm。网点尺寸太小不仅难以再现，对印刷质量的稳定性也不利。如表3-15所示，给出了不同丝径和孔径的丝网，当丝网目数不同时所能复制的最小高光和暗调网点。

表3-15 丝网的丝径和孔径和丝网目数与阶调值的关系

网孔数		纤维直径/μm		网孔张径	比率（Mo/Thd）	最小可印刷网点	
纤维/cm	纤维/in	正常	编织后			高光	暗调
100	255	40	45	55	1:1.20	100	100
120	305	31	35	48	1:1.40	85	85
120	305	34	40	43	1:1.08	120	85
140	355	31	36	35	1:0.97	110	70
140	355	34	43	28	1:0.65	115	70
150	380	27	32	35	1:1.09	95	70
150	380	34	42	25	1:1.06	110	70
165	420	27	33	28	1:0.85	95	60
165	420	31	38	23	1:0.60	120	60
180	460	27	33	23	1:0.70	110	50

（3）网点范围

一旦决定了丝网支持的最小高光和暗调网点尺寸，就可以计算在一个特定的网目调网线数下，可印刷的最大和最小阶调值，可以使用下面的公式进行计算。

印刷高光网点的最小阶调值＝π×100%×（可印刷的网点尺寸×Lc÷2）2

印刷暗调网点的最大阶调值＝100−[π×100%×（Mo+Thd）×Lc÷2]2

其中：Lc= 加网线数，Mo= 丝网孔径，Thd= 编织直径。

例：在 305 目，孔径为 48μm，静态丝径为 31μm 的丝网上，以 85 线 / 英寸加网线数的胶片晒版，计算能够再现的最大和高光网点阶调值。

解：①计算编织丝径（Thd），近似等于 35μm。

②确定高光网点尺寸。由于丝网孔径比丝网丝径大，网点尺寸等于丝网孔径与编织丝径之和，即 35μm+48μm=83μm。注意，这个值也代表最大暗调网点尺寸。

③将这些值带入最小阶调值公式，即：最小阶调值 =π×100%×（0.083×3.35÷2）2 ≈6%。

④近似值代入最大阶调值公式，即：最大阶调值 =100-（π×100%×0.083×3.35÷2）2 ≈94%。

尽管特定的加网线数和特定的丝网所能复制的阶调范围是固定的，但由于图像面积的大小和观察距离的不同，人眼所能感受的实际效果可能完全不一样。如表 3-16 所示，列出了不同图像大小和观察距离下的加网线数产生的层次效果。当图像面积较小，观察距离较近时，网点较小，不容易分辨；当图像面积很大，观察距离很远时，即选择较低的加网线数。较低的加网线数产生的网点较大，即使距离较远也不容易分辨。

表 3-16 影像和观察特性的关系

影像区域		观察距离		网目调网线数		阶调范围
平方米	平方英寸	米	英尺	线 / 厘米	线 / 英寸	%
0.0300	0.335	0.3	0.98	48	120	15～85
0.0625	0.673	0.5	1.64	34	86	7～90
0.125	1.35	0.5～1	1.64～3.28	24	60	5～95
0.25	2.7	1.5～3	4.92～9.84	18	46	2～95
0.5	5.4	2～5	6.56～16.4	15	38	2～95
1	10.76	4～10	13.12～32.8	12	30	2～99
更大的影像区域		更远的观察距离		10～5	25.4～12	1～99

2. 墨层厚度

除了印刷网点尺寸，墨膜厚度也会影响印刷图像的颜色。控制承印物上油墨层的厚度是保证印刷质量的关键技术。

（1）墨层厚度值

根据丝网印刷油墨的转移理论，丝网的理论透墨量和实际透墨量决定了最终在承印材料上的墨层厚度的大小。因此，网孔尺寸、纤维直径、模板厚度、刮墨板角度和硬度、刮墨速度、油墨类型和黏度、承印材料性质等都对墨膜厚度有影响。

油墨沉积的厚度等于丝网的理论沉积量，理论沉积量决定了最终的墨层厚度，而模板的膜厚又对油墨的沉积量有明显影响。因此，为了更好地印刷网目调图像，选择较小丝径的丝网和较薄模板的网版同样重要。

为了达到一定的墨层厚度，首要的应根据实际印刷条件选择合适的丝网。具体做法是：分析墨层厚度与理论透墨量的内在联系，将墨层厚度（已知）转化为丝网的理论透墨量。采用印刷试印与计算相结合的方法加以解决。由于所印刷的网点直径相差较大，其墨层厚度会有较大差异，所以分两种情况加以讨论。

①大网点印刷透墨量的计算（网点直径 $D>2.5mm$）

因网点面积较大，网版上感光乳胶的厚度可忽略不计，所以，所需的墨层厚度应由丝网目数加以保证，这时可按照以下步骤来确定所需要的丝网目数，以满足墨层厚度的基本要求。

a. 试印。任选一种丝网目数，从丝网制造厂家所提供的技术手册中查出其所对应的理论透墨量，用 X（单位 cm^3/m^2）表示，进行试印。

试印中，为了减少印刷条件对透墨量的影响，应采用与实际印刷相一致的印刷条件，即将印刷条件限定在合理的范围内。

b. 检测。试印后测量试印品的墨层厚度，用 y（单位 μm）表示。

c. 假设要求的墨层厚度为 x（单位 cm^3/m^2），求取所需的理论透墨量 Thv。各参数之间存在如下关系：

$$Thv/X=x/y$$

即：
$$Thv=X(x/y)$$

d. 确定所需的丝网目数。由所需的理论透墨量 Thv，从丝网技术资料中查取所需丝网目数。

②小网点印刷透墨量的计算（网点直径 $D \leq 2.5mm$）

因为印刷网点较小，印品的墨层厚度较薄，感光乳剂的厚度对墨层厚度的影响则不能忽略不计，所以印品的墨层厚度应由丝网目数和感光乳剂的厚度共同控制。因此，在计算所需理论透墨量时，需对公式进行必要的修正，即：

$$Thv=X[(x-g)/(y-g)]$$

也就是说，在计算理论透墨量时，应从试印件墨层厚度 y 与所要求的印刷墨层厚度 x 中减去感光乳剂的厚度 g。一般而言，感光乳剂的厚度通常为 $5\sim7\mu m$。

求得印刷一定墨膜厚度条件下所需要的丝网目数后，针对印刷条件变化对透墨量的影响，应将印刷条件限定在一定范围内，对印刷过程中可能出现的墨层厚度的变化进行控制。

对于实际的印刷品墨层厚度的检测可以采用两种方法：称湿墨的重量和测墨层的厚度。称湿墨的重量，首先尽量控制印刷中的每一个环节保持不变，印刷后称承印物的重量，再减去承印物原有的重量，得出的数据便是湿墨的重量；测墨层的厚度，用测厚仪测出覆墨后承印物的厚度，再减去承印物原有的厚度，得出的数据便是墨层的厚度。

对墨层厚度的控制已经成为网印工作者所急需解决的问题，实际生产工作中要注意以下几点。

①利用现有的测量设备，确保测出数据的准确性及客观性。使用厚度仪精确测量模板参

数,如厚度、表面粗糙度,是控制制版质量的有效方法,是制版工艺规范化不可或缺的步骤。

②在常用的网印制版工艺中,间接膜片和直接膜片的膜层厚度是一定的,相对来说容易建立稳定的参数体系;在涂布机上涂布感光胶的厚度也比较容易控制,这也是目前阶调网印常用的方法。

③确保制版及印刷中的每一个环节尽量保持不变,每次的印刷参数都应该做好记录,为寻找合适的墨层厚度提供理想的数据。

④印刷条件的变化对透墨量有较大影响,保持印刷条件的稳定性对透墨量的控制十分重要。

3. 墨层均匀性

网印墨层的均匀性是指网版印刷的着墨厚度和表现颜色的均匀一致性。在网印生产过程中,经常出现刀痕线、深浅色、花斑纹等不良现象,这就是印刷均匀性不良的具体表现。影响均匀性的因素较多,从承印物、印刷机械、网版、刮刀、环境等几个方面分析网版印刷的墨层均匀性。

(1) 印刷速度

印刷过程中,印刷速度必须稳定。印刷速度包括回墨速度和刮墨速度。速度稳定可保证回墨时覆墨的均匀和刮墨时墨层的厚度一致。根据印刷的实践和机械制造的经验,如何保证印刷速度的稳定一致呢?从丝网的印刷速度来考虑印刷的传动稳定性,采用变频同步带驱动精度最高,机械传动稍差,气压传动次之。生产技术的进步为提高印刷速度的稳定性提供了可靠的保证。印刷机的印刷速度可在一定范围内进行调节,以满足不同印刷品、不同印料(如油墨)的要求。

(2) 印刷压力

网版上的油墨通过施加了压力的刮墨刀的运动,透过网孔渗漏到承印物上。压力稳定,则印刷墨层均匀一致;压力不稳定,则墨层出现水波纹状似的颜色深浅不一,或出现印刷前后各次的颜色深浅不一致。目前,使用比较普遍的半自动网版印刷机对印刷压力的维持所采用的方式有:机械施压、气动施压和机械与气动组合施压等。一般推荐采用后两种施压方式,它们可以从结构和原理上有效保证其印刷动作过程的力度稳定。

(3) 印刷平台

承印物置于平台上,印刷压力通过运动着的刮墨刀使油墨渗漏到承印物上,平台的反作用力通过网版作用于刮墨刀。刮刀与承印物(平台)是线接触。若平台的表面出现局部不平整,其表面状况则通过刮刀的作用复制到承印物上,印刷效果表现为花斑,局部墨层厚薄不均匀。平台凸起处,则墨层薄;平台凹落处,则墨层厚。在承印半透明、透明的油墨,四色网点印刷表现不良比较明显。一般地讲,承印物越薄,对平台的不平度要求越高,精度控制在 15pm 以内均可达到理想的效果。

(4) 承印物

平面网版印刷时,承印物大多是各种不同厚度的膜、卡、板、纸张、塑料等基材。承印前,应保持平整表面无皱褶、无凹凸、厚度均匀、尺寸稳定等，有的承印物需进行印前预处理如金属板清理，毛刺表面校平，PET、PVC等软质塑料预热缩水处理。

（5）油墨

印刷前，油墨应充分搅拌均匀，防止出现起泡、拉丝、塞网、糊版、水花散开等。配色时，计算一批印刷产品所需的油墨量，同时调整油墨的稀新程度，同一批印刷产品使用同一批油墨。在印刷前，要在网版上加足油墨，在印刷过程中添加油墨须重新搅拌。因为印刷过程中，溶剂型油墨里的部分溶剂挥发，油墨变稠，墨层变厚，颜色加深；必要时，用稀释剂及时调整油墨黏度。

（6）网版

网版的网丝要求丝径粗细一致，无断纱，张力稳定均匀。涂布感光胶时涂布速度和力度均衡，一次涂布到位，这样可做到各处的涂布层厚薄相同。绷网时，应保证网版的各处张力一致。清洗网版要干净彻底，不残留油质和旧（暗）影等。

（7）刮墨刀

刮墨刀与承印物是线接触，其受力处的形状好坏直接复制到承印物上。建议经常检查刮刀面磨损情况，防止刮墨刀的工作面（刀口）出现破损现象和长时间使用出现圆角而使墨层变厚。及时研磨刮墨刀，保证刮墨刀工作面的直线度。同时，要求回墨刀处于均匀的回墨状态，保证回墨时，覆墨均匀。

总之，影响网版印刷均匀性因素比较复杂，从以上几个方面分析产生不良的根源，从而有效防止印刷不良的出现。

4. 光学密度

光学密度指的是物体吸收光线的特性量度，即入射光量与反射光量或透射光量之比，用透射率或反射率倒数的十进对数表示。在实际印刷工作中，可以通过使用密度计测量每张印刷品的密度，与在特定承印物上正常印刷时的墨层密度相比较，可获知印刷图像是否产生颜色偏差。并在允许的范围内校正这个偏差将实现颜色再现的规范化。通过这一方法，可以检测颜色变化并将其控制在印刷品允许的宽容度范围内。

在进行多色的阶调印刷时，各色模板的控制非常重要。因为对于原色油墨来讲，一般透明度都较高，特别是UV油墨几乎是透明的，模板的微小变化可导致印刷墨膜厚度的改变，导致印刷颜色的显著色偏。

5. 网点增大和损失

在印刷工作中，网点增大会降低图像的反差，暗调网点糊死，使复制色相急剧变化。当印刷中各色图像网点同时增大时，图像整体变深。当只有其中某色网点增大时，复制图像将产生偏色。例如：品红色版网点覆盖率在中调发生增大，50%的网点变成55%时，印刷图像色彩偏红，肉色变成偏红色，中性色变成淡红色，绿色变脏。而网点损失会使图像本来应该表现的层次有所丢失。

无论在印前或生产过程中的网点的任何变化，都会对最终图像的颜色质量产生破坏性的影响。所以，监控整个生产过程的网点尺寸，并及时纠正偏差是阶调网印质量控制的中心环节。

在曝光过程中，晒版胶片上的网点转移到模板后，网点尺寸会增大或减小，导致印刷到承印物上的网点尺寸改变，这种胶片与最终印刷品网点尺寸之间的非预期增大或减小称为网点增大和网点损失，如图3-51所示。高光网点的损失通常称作锐化，暗调网点的损失通常称作糊版。

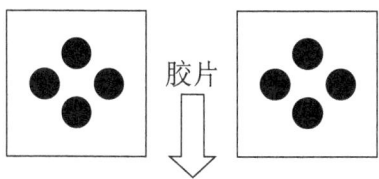

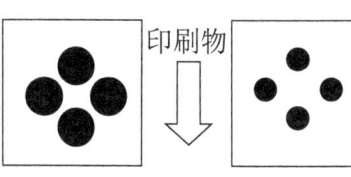

图 3-51 网点增大和缩小

在大多数情况下，增大和损失由下列原因造成：

①由于丝网选择不当（丝网孔径和丝网丝径的比例不当）造成墨膜过厚或过薄；

②制版工艺存在问题（曝光过程的真空压力低、过度曝光以及模板显影不彻底）；

③刮板压力和刮印速度过大；

④油墨黏度不合适；

⑤材料表面特性（吸收性和非吸收性）与工艺不匹配。

为确保印刷层次的准确再现，需要对网点增大和损失进行测量并制定合理的偏差。首先，含有网目调图案的胶片的加网线数及与丝网目数的匹配关系，是决定能否获得精确阶调范围的基础，在此基础上，需要借助密度计，将预期的网点增大或缩小的数据精确化。大多数密度计可以测量原稿阳图正片和印刷图像的网点覆盖面积，然后自动比较这些读数并直接显示网点增大或损失值。如表3-17所示是使用密度计测量的胶片和印刷品采样区域的网点百分比。印刷品网点尺寸或制版胶片（或者灰梯尺）上的网点增大或减小时，都会发生阶调损失。

表 3-17 网点面积评价

胶片（Af）	印刷品（Ap）	变化（%）
10	5	-5（锐化）
20	10	-10（锐化）
30	23	-7（锐化）
40	48	+8（增大）
50	65	+15（增大）
60	78	+18（糊版）
70	87	+17（糊版）
80	94	+14（糊版）
90	98	+8（糊版）

由表3-17可以看出，印刷图像10%～30%的阶调通常表现为网点缩小，40%～90%的阶调表现为网点增大，以60%～80%处增大最为严重。

为确定特定的应用中网点增大或损失情况，需要在胶片上设置一个网点梯尺，这个梯尺应该至少包含五个梯级,添加一块代表100%覆盖。制版后,选择合适的油墨、材料等进行印刷,在油墨彻底固化后进行测试才能得到准确的结果,测量不同印刷区域的网点百分比,做好记录,并在胶片上同样的区域(梯尺)测量对应的网点百分比,做好记录,以便于比较。然后以X-Y坐标图的形式绘出测试印刷覆盖值的百分比,以及由原始测试胶片表示的理想值。例如:假定通过特定的印刷工艺后,获取表3-17所给出的值,横坐标表示阳图正片的网点面积值(Af),纵坐标表示以此为基础的印刷网点面积值(Ap),绘出两者之间关系的曲线,如图3-52所示。有助于查明任何表现为网点增大或损失的偏差。

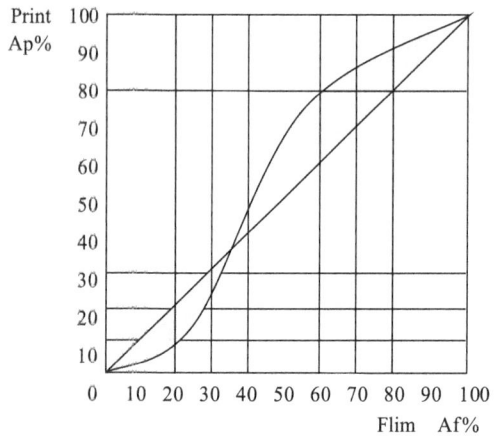

图3-52 网点增大/缩小情况

需要注意的是,上述关于网点变化情况的描述是在网版、胶片、油墨、承印材料及印刷机的类型一致的条件下得到的,当其中任何一个因素发生变化时,得出的结果都会不同。例如:使用同样的油墨,承印材料变化时,网点尺寸的变化规律将是不同的。因此,如果这些变量中的任何一个改变,例如:同样的油墨在不同的材料上用不同的印刷机印刷,就必须重新进行网点增大或损失的描述。

6. 油墨叠印

油墨叠印是加网印刷的表现结果,指的是不同颜色的网点重复印刷时的位置,它决定了颜色复制的成败。印刷品上存在着网点并列和网点叠加两种情况,油墨的叠印效果主要与墨层的干燥程度、墨层厚度和印刷色序等有关。

如果印刷网点以一定距离并列,呈色应该按照色光的加色混合原理得到最终颜色。不存在油墨之间的遮盖时,产生的混合色比较理想。

印刷品上网点还普遍存在着叠印现象,油墨不完全透明决定了色彩的损失是必然的,因此有必要对叠印进行控制。大部分印刷测试条都有叠印区域,可以帮助发现油墨叠印问题。如果在测试条的三色叠印区域,黄、品红、青的叠印效果近似中性灰,说明色彩混合基本符合印刷呈色原理,油墨叠印正常;否则,就必须通过调整晒版胶片的加网角度或在印前及生产过程中采取其他措施调整油墨叠色结果,控制项目如表3-18所示。

表 3-18　质量控制标准

特征值	影响因素	评价方法
可印刷的阶调范围	网目调网线数、网孔孔径与纤维直径的比率以及模板厚度	计算、印刷梯尺的再现结果
印刷网点尺寸（网点增大/缩小）	模板和印刷参数（例如网孔孔径与纤维直径的比率、模板膜的网目桥、模板厚度）、油墨黏度、材料表面特性	通过使用印刷测控条手动控制、网目调密度的测量
墨层厚度	网目数/纤维厚度组合、模板厚度、油墨黏度	用密度计测量固体密度
油墨叠印	已经印刷的油墨的厚度和干燥程度	印刷测控条上适当位置的三色叠印的油墨覆盖程度

彩色图像印刷中，油墨是一色一色叠印的，叠印不良会产生色彩偏差、混色和层次紊乱。印刷色序排列对叠印色效果影响很大。对于多色印刷机，各色油墨印刷间隔时间短，后印色油墨是叠印在先印湿油墨表面，属于"湿叠湿"的印刷状态。在叠印色中印在纸面的油墨比印在湿墨层表面的油墨占有优势。两种颜色的油墨只要颠倒一下色序，叠印色的色相、明度和饱和度就可能不同。如青色和品红色油墨叠印，先印青后印品红，叠印色偏青色；先印品红后印青，叠印色偏红色。为了获得好的叠印效果，色序排定后还要合理地安排各色油墨的黏度。

总之，网印生产要进行数据化和标准化质量控制，要控制好制版胶片、制版工艺、印刷材料（油墨、承印物）及印刷工艺中的各个参数，从这些参数着手建立网印企业的质量控制体系。

复习思考题

1. 什么是柔性版印刷？说明其技术原理和特点。
2. 说明各种柔性版制版方法和工艺流程。
3. 说明柔性版印刷工作流程。
4. 说明柔性版印刷品质量合格的标准及其保持稳定质量的方法。
5. 什么是平版胶印技术？说明其技术原理和特点。
6. 说明各种胶版制版方法和工艺流程。
7. 说明胶版印刷品质量检测方法及其质量要求。
8. 什么是凹版印刷技术？说明其技术原理和特点。
9. 说明凹版制版方法和工艺流程。
10. 什么是丝网印刷技术？说明其技术原理和特点。
11. 说明各种丝网版制版方法和工艺流程。
12. 影响丝网印刷品图像质量的因素有哪些？
13. 对比说明胶版、凹版、柔版和丝网版印刷技术方法在包装领域的主要应用及其发展趋势。

第四章 数字印刷和特种印刷技术方法

第一节 静电印刷

静电印刷属无压印刷的一种典型代表,它主要通过异性电荷相吸的原理来获取图像,因而静电成像技术是静电印刷的主要理论依据。

静电成像技术最初用于静电复印,将这种静电复印机连接上计算机后,就可演变成静电数字印刷机,它利用计算机输出的数字信号控制激光光束的"开"与"关",激光经过旋转棱镜照射到已经充电的影像滚筒上,使其表面产生带有静电的图文,接着再利用正负电荷相吸原理将带相反电荷的色粉或色墨吸附到影像滚筒上,然后再转印到纸张上,从而完成整个印刷过程。

在静电照相系统中有两种基本模式:一种是采用湿式色粉显影的高分辨率系统,即800dpi的成像系统,主要是Indigo公司的产品;另一种是采用干式色粉显影的低分辨率系统,即600dpi的成像系统,主要有Xeikon、Xerox、Agfa、Canon和IBM等公司产品。

静电印刷对原稿的适应性强,短版,高效,便于实现信息传递的自动化。

一、静电成像技术

静电成像中最重要的物质是光导材料,这种材料在黑暗中为绝缘体,光照时电阻值下降,发生了物理变化从而形成图像。成像过程中有曝光的参与,类似于胶片摄影的曝光,因此,静电成像技术也可以称之为静电照相。

静电照相和光学照相的主要区别在于感光剂。光学照相的感光剂多为银盐,利用见光部分发生光化反应原理实现成像。而静电照相的感光剂是光导材料,见光后发生物理变化而成像。

(一)光导体

光导体是特殊类型的半导体,也可以称之为光敏半导体,受特定波长的光照射时具备导电的能力,保持在黑暗环境下时又返回到绝缘状态。光导体材料中主要含有感光物质与电子传感物质,利用感光物质接受光能量以后会失去电子的原理,再以电子传感物质为导电介质达到降低电阻的效果。

虽然任何能通过光线作用改变表面电荷分布,或改变物质导电性能的材料都属于光导体。但是,用作成像系统的光导部件应满足工业设备快速、准确和系统完整性的要求。

目前制作光导体的材料可以分为两大类:有机光导体与无机光导体。有机光导体是利用树脂、感光物质与电子传感物质组成的元件;而无机光导体则是利用半导体材料制作而成,一般常用的材料如:无定形硒(Se)、氧化锌(ZnO)、硫化镉(CdS)、硒碲合金等。由于大部分无机材料使用时对环境造成污染,且是不可再生资源,因此正逐渐被功能强大且对人体无害的新材料如有机光导体和α晶体硅材料所取代。在正常情况下,有机光导体涂层表面带负电,α晶体硅涂层表面带正电,两种涂层相比较,α晶体硅涂层具有更好的耐磨性能,但是制造成本更高。

有机光导体又可分成单层光导体和多层光导体,其中多层光导体在生产中应用更广,它的结构如图4-1所示。其载体层一般采用铝或铝合金,其上有三层材料以形成光导体的结构,首先是导电层;第二层为感光层,或称电荷产生层,此层的成分为染料,其作用是曝光以后产生正电荷;第三层为电荷转移层,其作用是将负电荷传导至第二层,将曝光后所产生的正电荷中和。

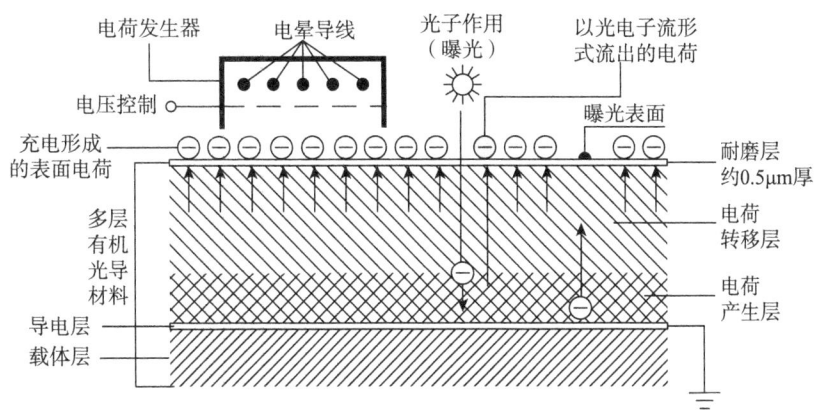

图4-1 多层有机光导体结构示意图

它的具体工作过程可分三步:①在电荷转移层表面带负电:首先必须对光导体表面充负电,使其表面产生很强的静电压,由于电荷之间"异电相吸、同电相斥"而在光导体的表面形成一层均匀极性电荷。②在电荷转移层上曝光形成正电:此时,如果对有机光导体表面进行曝光,由于电荷转移层可被光线穿透,故光线会打到电荷产生层的染料上,生成电子和空穴电荷对,染料的负电荷(电子)经由导电层传导到载体材料上。空穴(正电荷)保留在电荷产生层。③正负电中和:此时光导体表面的负电荷受电荷产生层的正电荷吸引,会由电荷转移层传至电荷产生层,并与之中和,使表面电位下降。没有曝光的区域,表面电荷被保留下来,从而形成静电潜影。

电荷产生层中产生的空穴被表面电荷中和的时间越短,表面电位衰减的越快,这就意味着该光导材料具有高速的光响应。此外,在一定的曝光能量下,电荷产生层中产生的电荷量越多,表面电位衰减的也越快,这就是所谓的高感度。

光导体可以加工成光导鼓、光导板或可弯曲的光导带等形式,用作复印机、静电照相数字印刷机或打印机的成像部件。也可以直接制成印版材料进行数码制版,如用于小胶印机印刷的氧化锌纸基版。

(二)静电成像基本原理

将上文所述的光导体材料涂覆在一个圆筒形的零件上,就形成了感光鼓,它通常放在暗盒中。首先将这个感光鼓在黑暗中充电,使其均匀地带上电荷,再通过激光扫描的方式将要求产生的图像投影到旋转的感光鼓表面的光导体上,光导体被光照部分电阻下降,电荷通过光导体流失,而未被光照部分仍然保留着充电电荷。这样,就在感光鼓表面上留下了与原图像相同的带电影像,即所谓"静电潜影",将带有静电潜影的感光鼓接触带电的油墨或墨粉(符号与静电潜影正好相反),通过带电色粉与静电潜影之间的库仑力作用实现潜影的可视化(显影),即感光鼓上被曝光的部分吸附墨粉,形成图像,然后在转印电晕电场的作用下将色粉影像转移到承印物上。最后对转移到承印物上的墨粉加热、定影,使墨粉中的树脂熔化,牢牢地黏结在承印物上,就可得到一张印有原图像的印刷品。

二、静电成像基本过程

按照静电潜像的形成方式,一般可分为放电成像法(卡尔逊法)、逆充电成像法(NP法)、充电成像法和电荷转移成像法等类型。而静电数字印刷技术的印刷过程与卡尔逊法过程相近,可以分为充电、曝光、显影、转移、定影、清洗等几个步骤,如图4-2所示。

1. 充电

充电过程就是使感光鼓表面均匀地覆盖上一层具有一定极性和数量的静电荷,这一过程实际上是感光鼓的敏化过程,使原来不具备感光性的感光鼓具有较好的感光性。充电过程是在感光鼓表面形成静电潜像的前提和基础,是为感光鼓接受图像信息而准备的。与金属充电不同,经典照相是以绝缘体为充电对象,所以,充电过程需要适合于对绝缘体充电的设施,以使用电晕装置最为常见,将离子喷射到感光鼓表面,离子分布能够更加均匀。由于光导材料的光敏特性,充电过程必须在无光照的黑暗环境下进行,才能在其表面沉积电晕放电形成的静电荷。

第四章 数字印刷和特种印刷技术方法

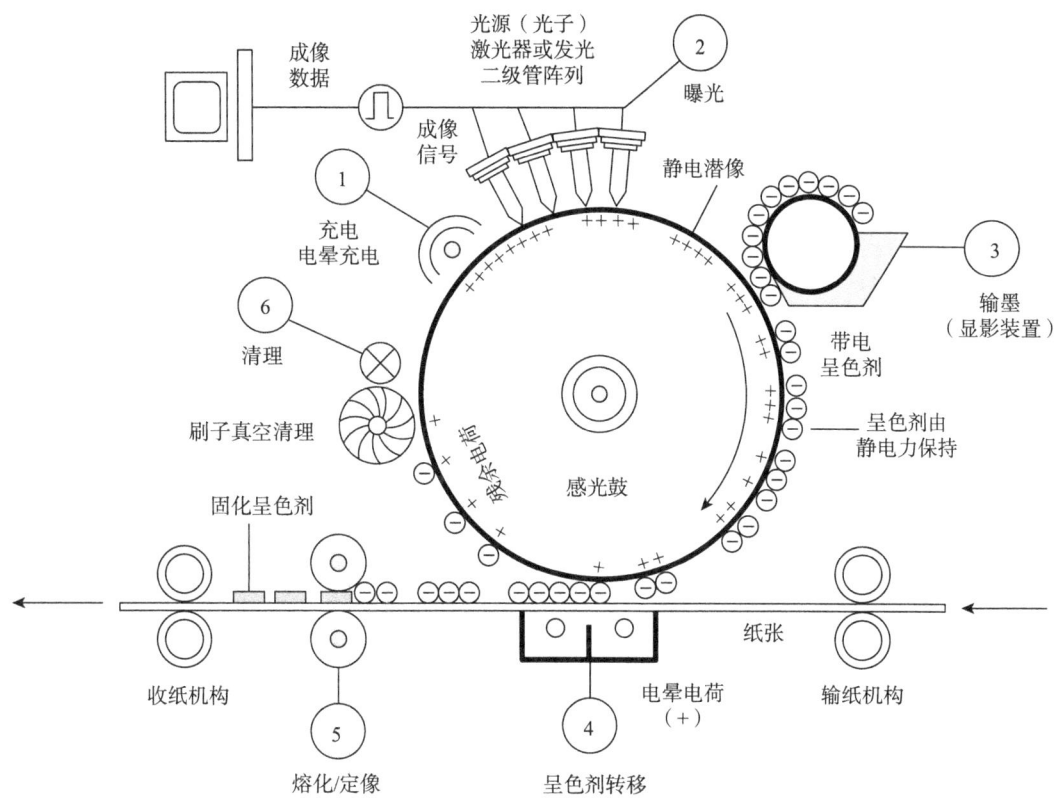

图 4-2 静电成像基本过程示意图

2. 曝光

激光扫描就是静电成像的曝光过程，曝光的结果在光导体的光敏层形成静电潜像。当激光照射到感光鼓表面的光导体涂层时，感光鼓表面见光区域的电阻小，表现出导体的特性；而非见光区域的电阻大，表现出绝缘体的特性。在曝光区域的光导体涂层内的电荷产生层吸收光线而产生与涂层表面电荷极性相反的电荷，经电荷转移层转移到涂层表面中和表面电荷。非曝光区域的表面电荷依然保持，从而在感光鼓的表面形成表面电位随图像明暗变化起伏的静电潜像。曝光光源通常是扫描激光光束或 LED 矩阵发出的光束，为了匹配涂层的感色性，一般选择波长为 700nm 左右的光源。

3. 显影

显影就是用带相反电荷的色粉使感光鼓上的静电潜像可视化的过程，也就是输墨。显影时，感光鼓表面的静电潜像在电场力的作用下，色粉被吸附在感光鼓上，如图 4-3 所示。静电潜像电位越高的部分，吸附色粉的能力就越强；静电潜像电位越低的部分，吸附色粉的能力也相对较弱。对应静电潜像电位（即电荷的多少）的不同，其吸附的色粉量也就不同。这样感光鼓表面不可见的静电潜像，就变成了可见的与原稿浓淡一致的不同灰度层次的色粉图像。

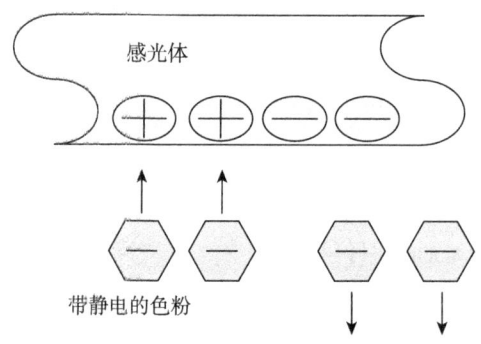

图 4-3　静电成像的显影原理示意图

显影方式有干式、湿式两种方法，即显影墨粉分为固体和液体两种，如表 4-1 所示。

表 4-1　静电印刷墨粉类型

墨粉		组成		墨层厚度	转印与干燥工艺
固体墨粉	单组分	墨粉颗粒本身即为着色剂	聚合物、着色剂、添加剂。颗粒尺寸 6～20μm	5～10μm	熔化和压力
	双组分	着色剂和载体颗粒			
液体墨粉		墨粉悬浮于绝缘液体中	着色剂、添加剂或聚合物。颗粒尺寸＜2μm	1～3μm	粘连/熔化/压力/液体蒸发

干式显影采用干粉作为呈色剂，带电的色粉转移到已经形成的静电潜影区，在电场力的作用下，带电色粉会自动聚集到潜影上，然后清除剩余的色粉。干粉显影剂可用一种或两种组分，单组分时，是指同一种色粉分别带正负两种电荷，而无须载体；而双组分的显影剂是由一种色粉和一种载体组成，色粉所带电荷与潜影的电荷相反。采用干式显影法制作出来的产品一般分辨率较低，只能达到 600dpi 左右。

湿式显影中，色粉悬浮于绝缘液体中，既能获得电荷又能作为显影的调色剂，由于粒子是在液体中的，所以这是利用了电泳原理实现显影的。采用湿式显影技术的主要是 Indigo 数字印刷机，其成像系统的分辨率更高，但是湿法显影控制难度相对较大。

由于综合性能方面的原因，双组分墨粉比单组分墨粉应用更为普遍，而液体墨粉仅为少数制造商生产的静电设备所采用，需要在设备上附加特殊的装置。

4. 转移

显影后影像必须转移到承印物上。早期的静电照相设备均采用墨粉直接转移方式，通过电晕放电，在承印物的背面施加与色粉图像相反极性的电荷，由于这种电场力比感光鼓吸附色粉的电场力强得多，因而在静电引力的作用下，感光鼓上的色粉图像就被吸附到承印物上，从而完成了图像的转移。

现在的彩色静电照相数字印刷机几乎无一例外的使用间接转移技术，即墨粉先转移到中间介质表面，再转移到纸张上，中间介质的作用类似于胶版印刷的橡皮布。这样，对于纸张耐得住墨粉熔化温度的要求就转换成了对中间介质材料的要求。纸张的使用量极大，而中间介质只需一次考虑即可，因此，间接转印比直接转印更合理。

5. 定影

定影就是让不稳定、可抹掉的色粉图像固着在承印材料上，以形成最终的印刷品。针对不同的显影方式，定影方法也是不同的。对于干式显影通常采用加热与加压相结合的方法，对热熔性色粉进行定影。加热的温度和时间以及加压的压力大小，对色粉图像的黏附牢固度有一定的影响，其中，加热温度的控制，是图像定影质量好坏的关键，如果热量过多，彩色图像在纸张表面上就会发生变形，最终会引起纸张传递问题。而湿式显影则多用蒸发的方法来定影。通常选择定影方式时，可以针对色粉与载体的性质采用综合有效的方法进行，以达到定影效果才是最终目的，比如 Indigo 数字印刷机就是采用蒸发与加热相结合的方法。

6. 清洗

清洗就是清除经转印后还残留在感光鼓表面色粉的过程。由于色粉图像受表面的电位、转印电压的高低、承印物的干湿度以及与感光鼓的接触时间、转印方式等的影响，其转印效率不可能达到100%，如果不及时清除残余的色粉，将影响到后续复印品的质量。清洗感光鼓表面残余色粉的主要方法是机械法，也就是采用刷子或抽气泵清洗掉滚筒上残余的色粉，针对滚筒表面存在的残余电荷，采用对滚筒表面进行全面曝光的方法使之恢复到中性状态，以便下一个成像过程的循环进行。

三、静电照相数字印刷机

静电照相数字印刷机的工作原理不同于任何传统印刷方法，其设备结构和系统设计必须与静电照相复制技术的六大工艺环节所带来的物理效应相匹配，同时还要考虑到输纸、收纸和印后加工等辅助功能。

（一）印刷单元及其构成

静电印刷与传统印刷一样，采用墨粉叠印的方法复制产生彩色图像，每一主色（或专色）的印刷由一个印刷单元来完成。但由于静电印刷通过充电、曝光、显影、转移、定影、清洗六步工艺过程，其工作原理不同于任何传统印刷的原理和工艺步骤，因此其印刷单元中包含的部件结构与传统印刷设备是不同的。

彩色静电照相设备的核心部分由多个印刷单元构成，一个印刷单元应包含光导鼓或光导皮带机各个子系统部件，如充放电装置及其控制子系统、成像光源控制与包装成像装置、显影装置与控制子系统、转印装置与控制子系统、定影熔化装置及其控制子系统、清理装置与控制子系统。大多数子系统部件的控制功能集成在主电路板内，与计算机的协调配合完成相应操作。

彩色静电照相设备类型包括数字印刷机、打印机和数字多功能一体机，印刷单元结构设计随设备用途和制造成本不同有所差异。如彩色静电数字印刷机四色墨粉图像熔化和定影从印刷单元中独立出来，放在后端一次完成，四色印刷单元涵盖从充电到转印的全部过程，以及清理子系统。彩色静电照相数字印刷机的一个印刷单元如图4-4所示。对于彩色静电数码印刷机而言，预充电和预曝光装置并不是所有的设备都必须具备的。

为使用操作方便，印刷单元结构设计中某些部件和某些易损件，从设备本体中独立出来，可更换的部件与固定部件组合起来后仍然是功能完整的结构单元，如惠普采用的可更换墨盒设计。

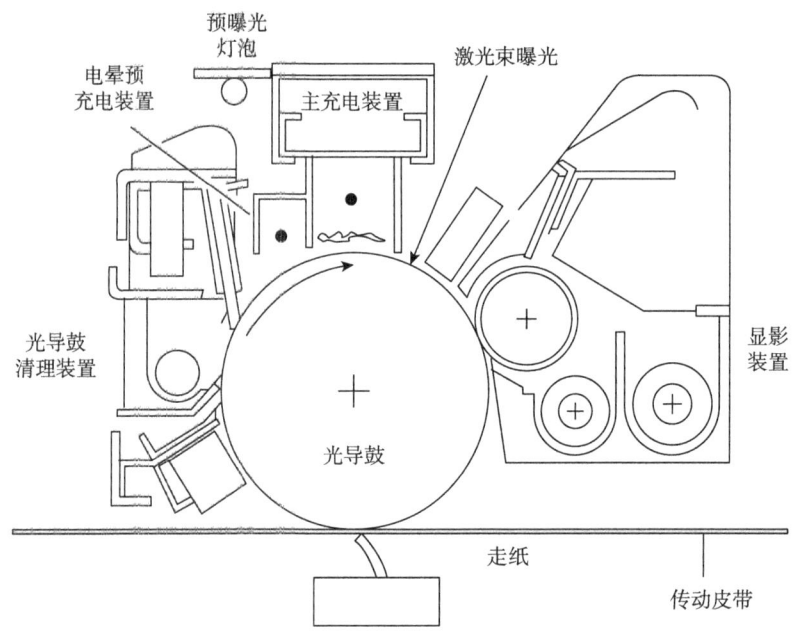

图4-4 彩色静电照相数字印刷机的一个印刷单元

（二）印刷单元排列方式

从系统功能发挥、设备制造成本、子部件运动的传递和转换、设备占用空间和结构紧凑性的角度考虑，彩色静电照相数字印刷机的多个印刷单元分为顺序排列和卫星式排列两种。

1. 顺序排列

顺序排列也称直线排列，是指印刷单元沿直线方向依次排列，纸张沿直线方向顺序通过各个印刷单元，类似于传统印刷机的机组式排列。这种排列的系统结构设计、套准控制、走纸机构和走纸精度控制等相对容易，但占用空间相对较大。

印刷单元顺序排列通常有非集中转印和集中转印两种转印设计方案。

顺序排列非集中转印系统，纸张依次经过多个转印成像单元的转印间隙，多色墨粉图像从成像滚筒直接转印到纸张表面，如图4-5所示，即佳能CLC 1000彩色静电数字印刷机的顺序排列非集中转印印刷单元。由激光器发出的激光束通过八面旋转镜组成的光学系统反射后分解为四束，分别对青色、品红色、黄色、黑色四个印刷单元的光导鼓建立静电潜像，再经各色墨粉显影后，当纸张依次从各色感光鼓下面经过时，将墨粉直接转印纸张表面。该系统还配备了纸张翻转机构，表面整饰装置和自动分页功能等，是一台带有一定印后加工功能的双面数字印刷机。

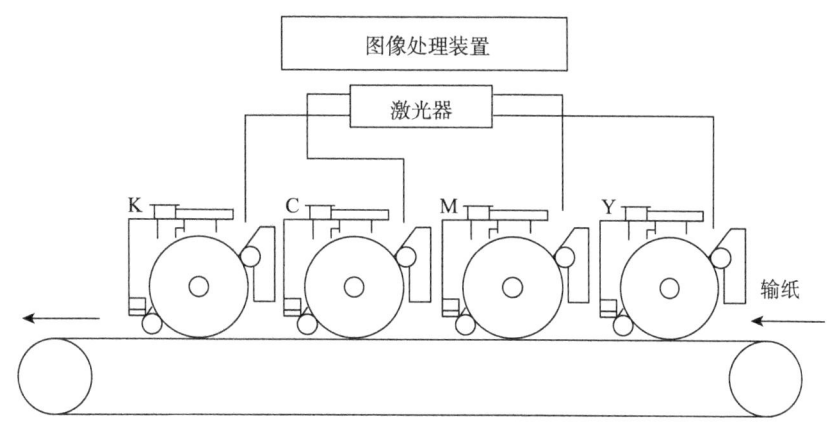

图 4-5　印刷单元顺序排列非集中转印

顺序排列集中转印系统通常将墨粉图像先转移到中间载体（滚筒或皮带）上，在中间载体上形成彩色叠印的图像，当纸张经过由两个转印滚筒组成的转印间隙时，将中间转印滚筒或转印皮带上的彩色图像一次转移到纸张上。在这个转印过程中，由于纸张与感光鼓不直接接触，减少了由于纸张磨损感光鼓表面而导致的使用寿命降低。印刷单元顺序排列集中转印如图 4-6 所示。

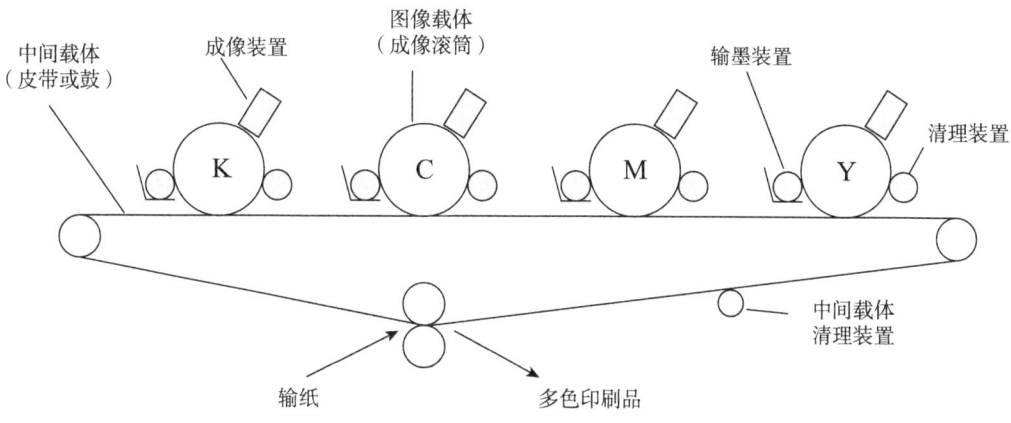

图 4-6　印刷单元顺序排列集中转印

2. 卫星式排列

卫星式排列是指印刷单元依次沿转印滚筒的周向排列，因此需要采用直径较大的转印滚筒，结构紧凑，设备占用空间小。如图 4-7 所示，四个印刷单元卫星式排列的彩色数字印刷机，每个成像鼓先将墨粉转移至中间滚筒后，再由中间滚筒转印至纸张表面，即采用间接转印工艺，由中间滚筒与转印滚筒组成转印间隙。

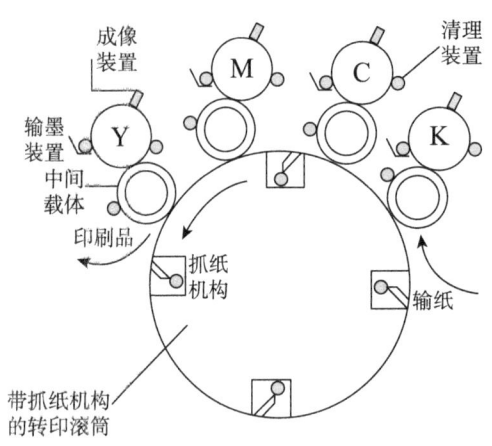

图 4-7　印刷单元卫星式排列

（三）一次通过与多次通过系统

1. 一次通过系统

一个成像装置与一个输墨装置配对使用，同一个转印间隙纸张只走过一次，就可以完成多色的印刷，如图 4-5、图 4-6、图 4-7 所示，均为一次通过系统。该系统中纸张可能只需要通过一个转印间隙，也可能需要通过多个转印间隙，一次通过系统可使印刷机的工作效率大大提高。一次通过系统的印刷单元通常设计成顺序排列方式，但也有个别系统采用卫星式排列方式。

2. 多次通过系统

由于成像装置的成本较高，为了降低设备的总体价格，满足不同层次的用户需求，有些静电数字印刷机采用一个成像装置与多个输墨装置配对使用，同时这也可以使系统的整体结构更加紧凑。因此，纸张需多次通过同一个转印间隙才能够完成多色墨粉转移至纸张上，从而完成彩色图像的印刷。多次通过系统的每一个印刷单元不是独立存在的，每一色共用同一个成像滚筒和成像装置，印刷一色走纸一次，多色印刷时纸张多次经过同一个转印间隙。

如图 4-8 所示，佳能 CLC 300 静电数字印刷机的输墨装置设计成圆盘形结构，四色墨粉暗盒沿圆周均匀分布，即四个输墨装置集中在一个圆盘上。转印间隙由光导鼓与转印滚筒组成，转印滚筒上的抓纸机构使纸张保持在相同位置上。每一色印刷时，圆盘转动至对应色的墨粉暗盒的墨粉转移至光导鼓表面，转印滚筒旋转一周完成这一颜色的印刷。四色印刷时，圆盘间歇转动至四色墨粉依次转移至光导鼓表面，纸张通过转印间隙四次，完成彩色印刷。

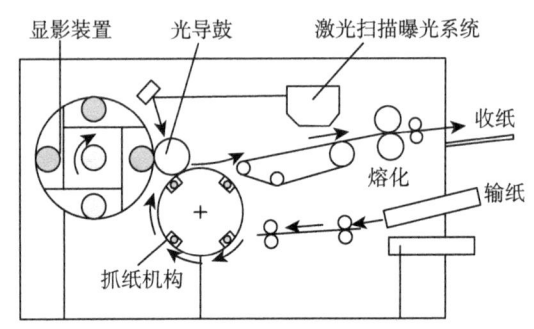

图 4-8　佳能 CLC 300 的圆盘输墨机构多次通过系统

如图 4-9 所示，日立 BeamStar 的输墨装置垂直排列多次通过系统，输墨装置沿垂直方向排列，图像在光导皮带上成像，大直径中间滚筒与转印滚筒之间组成转印间隙。

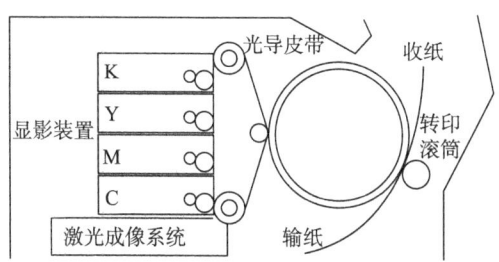

图 4-9 日立 BeamStar 的输墨装置垂直排列多次通过系统

如图 4-10 所示，柯尼卡公司与惠普公司联合推出的 Matsuchita 多次通过系统。四色输墨装置沿光导鼓周向垂直方向排列，显影时，与感光鼓形成的潜像对应色墨盒输墨，墨粉再由感光鼓表面转移至纸张上，直接转印方式，结构简单，设备成本因此而降低。

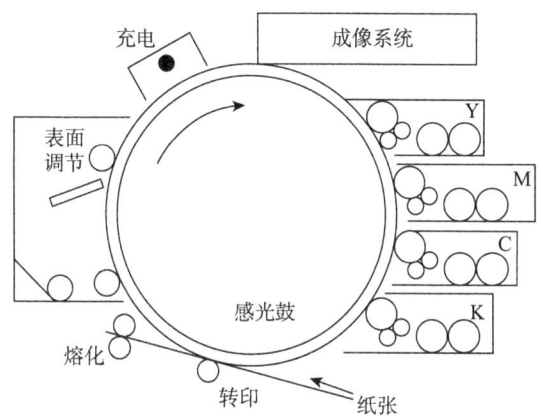

图 4-10 Matsuchita 的输墨装置垂直排列多次通过系统

（四）输纸机构

一般来说，静电数字印刷机的纸处理能力是指对设备允许使用的纸质、重量、幅面和表面特征的输纸和收纸等机构具备的能力。纸处理功能必须考虑到与设备印刷速度相当的输纸、收纸和双面印刷处理能力，保证彩色静电数字印刷机页面准确定位和良好的重复精度，以及正反两个印刷面的套准，避免产生过大的位置偏差。

1. 输纸装置

数字印刷系统在除充电过程外的其他成像步骤，如曝光、输墨和转印时都需要把计算机描述的逻辑页面转换为物理页面，这些操作均在理想的二值化平面上展开，印刷复制过程中，数字印刷系统把纸张等承印物的坐标原点按照系统认定的二值化平面的坐标原点来处理。当纸张的实际坐标原点与系统认定的坐标原点不一致时，即使成像结果对系统来说是正确的，但转移到纸张上后也会产生差异。保证理想二值化平面的坐标原点与纸张坐标原点一致的重要措施是设计合理的输纸机构,要求纸张以均匀的速度前进,左右不能摇摆。

在实际生产中,为了降低设备的生产成本,绝大多数黑白或彩色静电数字印刷机均采用类似喷墨打印机的滚筒输纸机构,由于纸张厚度的关系,滚筒直径通常相当小,为保证在小直径滚筒条件下叼入纸张并保持直线走纸,设备大多依靠左、右两个导向轮保持纸张的直线走纸路径,使得输纸精度较难得到保证。

HP Indigo 静电照相数字印刷机采用与胶印机类似的输纸机构,具有较精确的输纸机构和定位精度。输纸装置包括前规和侧规定位机构,真空吸气带式和传送带式递纸机构及双张检测机构,保证定位准确的纸张平稳输送,使理想二值化平面的坐标原点与纸张的实际坐标原点达到一致,从而保证印刷的准确性。

此外,由于彩色静电数字印刷机的输出速度很高,这就要求精度更高的输纸机构与其配合,而使产生夹纸故障的概率很小。

2. 收纸装置

印刷质量的好坏与收纸装置没有关系,收纸装置的主要任务是配合印刷机的生产效率,并便于后道生产工序的加工。如单张纸收纸装置配备理纸机构使印张堆积整齐,或者配备印后表面整饰机构联机生产。

3. 双面印刷

一般来说,静电数码印刷机都具有双面印刷功能。静电数字印刷机是否配备双面印刷功能以及具体实现方法取决于其应用领域和制造成本,现举例三种实现方法如下。

双面印刷实现方法一:需要配备纸张翻转机构,和一个临时收纸装置,用于临时储存已经印好一面的纸张。在纸张的第一面印刷完成后,通过纸张翻转装置使纸张翻面,再次进入同一印刷单元,实现未印刷面的印刷。如图 4-11 所示,配备有纸张翻转机构的多次通过系统静电数字印刷机,纸张需要四次通过相同的转印间隙,才能将四色墨粉图像转印到纸张上,完成彩色印刷。

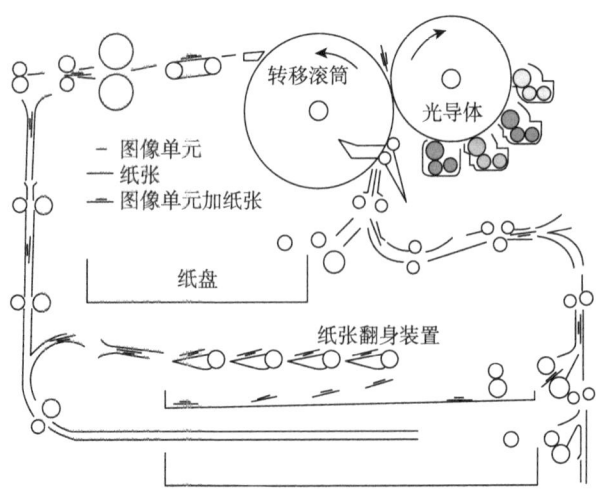

图 4-11 配有纸张翻转机构的静电数字印刷机

双面印刷实现方法二：双面印刷的两个印刷单元反向输墨，当纸张通过两个印刷单元的转印间隙时，正好两个印刷单元的成像滚筒对应于纸张的正反两面，从而实现双面印刷，适合高生产率的印刷系统。如图 4-12 所示。

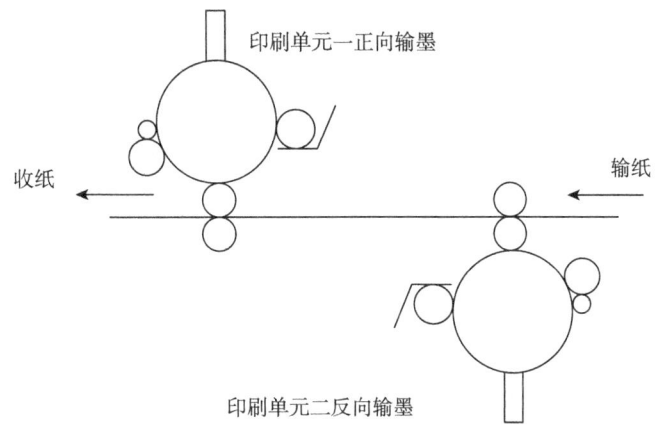

图 4-12　反向输墨实现双面印刷示意图

双面印刷实现方法三如图 4-13 所示。该方法类似于方法二，但是又有所不同，即纸张只需一次通过同一个转印间隙，即可实现正反两面的墨粉图像转移，完成双面印刷。

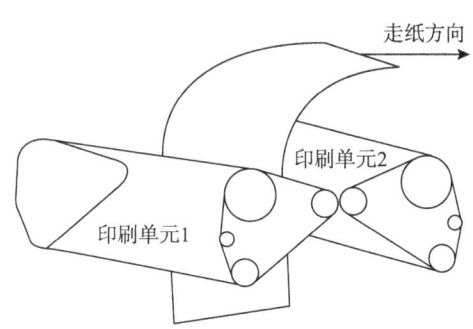

图 4-13　同时转移双面印刷原理

第二节　喷墨印刷

喷墨印刷是当前主流的数字印刷技术之一，是一种用途最广泛的印刷方式。喷墨印刷与传统的印刷方法不同，它采用的是一种计算机直接控制输出的技术，无接触、无压力、无印版，具有无版数字印刷的特征。喷墨技术省去了传统印刷方法所需要的制版设备、胶片以及版材等耗材，而且能在不同材质以及不同厚度的平面、曲面和球面等异形承印物上印刷，不受承印表面的限制。

喷墨印刷完全可以实现按需印刷和可变数据印刷，能够按照用户的时间要求、地点要求、数量要求、成本要求与某些特定要求等来向用户提供相关服务，所以其应用领域日益广泛。随着新型耗材的研发以及技术的改进，喷墨印刷的印品质量将越来越好。

一、喷墨印刷工艺概述

喷墨印刷技术（ink-jet printing）是数字印刷系统中最为常见的无版无压印刷方式，可实现可变数据印刷。已逐步渗透到传统印刷所涉及的各个印刷领域，有着广泛的市场和发展前景。喷墨印刷的工艺流程如图 4-14 所示。通过照排、分色或图像处理等工序，将原稿的光信号转换成电信号，并输入电子计算机进行编排和储存。使用时根据需要，由计算机计算出相应通道墨量后，把相关的信号输入喷墨印刷机的印刷控制系统，控制墨滴，通过特殊装置，以一定速度由喷嘴喷射到承印物表面，最后通过油墨与承印物的相互作用，使油墨在承印物上再现出稳定的图文信息。

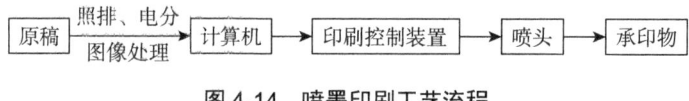

图 4-14　喷墨印刷工艺流程

随着数字印刷技术的不断进步，喷墨印刷发展中的一些技术问题也得到了比较完美的解决，目前一些高端的喷墨印刷产品在色调层次、清晰度、色饱和度等方面都接近了传统印刷的水平，其印刷速度、原稿还原能力也不断提高。

喷墨印刷成本较低，使用维护方便，通过较小的投资就能够赢得未来的生产能力，是生产高附加值产品的有力武器。同时，大量喷墨印刷设备在包装印刷中的应用也为包装印品的标准化生产提供了有利的条件。

二、喷墨印刷技术原理

从原理上讲，喷墨印刷属于高速成像体系，墨滴的产生速度可以从每秒数千滴到数十万滴的范围内变化。喷墨印刷形式各异，按墨水喷射是否连续，可分为连续式喷墨和间歇式喷墨（又称为随机喷墨或按需喷墨）两大类。

1. 连续式喷墨

连续式喷墨印刷是指喷墨印刷过程中，其喷嘴连续不断地喷射出墨滴，再采用一定的技术方法将连续喷射的墨滴进行分流，使对应图文部分的墨滴直接喷射到承印物上，形成图像；而对应非图文部分的墨滴则被偏转喷射方向，而被喷射到回收槽中转移回收。

连续式喷墨基本原理如图 4-15 所示。原稿信息首先由信号输入装置输入喷嘴印刷主机部分的系统控制器，然后由它来分别控制喷墨控制器和承印物的驱动装置。喷嘴控制器首先使连续喷射的墨水射流粒子化，形成单个墨滴，接着墨滴经过设在喷嘴前部位置的并可根据图文信号变化的充电电极板感应静电并使之带电，这时带电的墨滴通过一个与墨滴运动方向垂直的偏转电场，依靠其在偏转电场中偏转幅度的不同，或被墨滴收集器捕获进入循环回路，最终被送回墨滴发生器供重复使用；或发生偏转避开墨滴发生器最终到达承印物表面，形成图文信息。

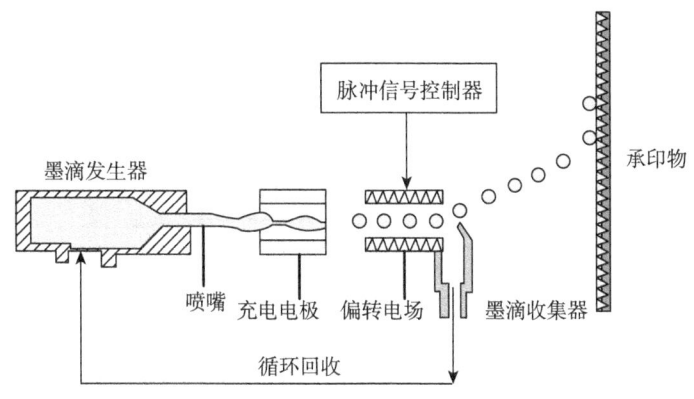

图 4-15　连续式喷墨原理示意图

连续式喷墨印刷机喷墨速度快，生产效率高，非常适合于高速的流水线生产，比如产品的外包装，纸箱等的生产批号、日期、保质期、货物编码等的标记和打码。柯达万印在直邮、票据印刷和特种印刷中应用较多。

2. 间歇式喷墨

间歇式喷墨是一种根据图文信号使墨滴从喷嘴中喷出并立即附着在承印材料上的方法，即喷嘴供给的墨滴仅在需要喷墨的图文部分才会喷出，而在空白部分则没有墨滴喷出。这种喷射方式无须对墨滴进行带电处理，也就无须充电电极和偏转电场，喷头结构简单，容易实现喷头的多嘴化，输出质量更为精细，但一般墨滴喷射速度较低。常见的有热气泡喷墨、压电喷墨、静电喷墨和相变喷墨等。

（1）热气泡喷墨

热气泡喷墨系统中，墨水腔的一侧为加热元件，另一侧为喷嘴，如图 4-16 所示。在加热脉冲（记录信号）的作用下，喷头上的加热元件温度逐渐上升，使其附近的油墨溶剂汽化生成数量众多的小气泡，在加热时间内气泡体积不断增加，到一定的程度时，所产生的压力将使油墨从喷嘴喷射出去，最终到达承印物表面，再现图文信息。一旦墨滴喷射出去，加热元件冷却，而墨水腔依靠毛细作用由贮墨器重新注满。

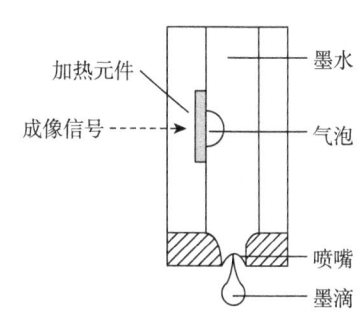

图 4-16　热气泡喷墨原理示意图

（2）压电喷墨

压电喷墨是采用压电晶体的振动来产生墨滴的，如图 4-17 所示。在墨水腔的一侧装有压电晶体，印刷时，压电晶体在图文信号控制的电流作用下产生变形，表面凸起成月牙形，到一定程度后，借助于变形所产生的能量将墨滴从喷嘴中喷出，然后压电晶体恢复原状，墨水腔中重新注满墨水。在此过程中，压电晶体的变形量，决定了喷墨量的多少。

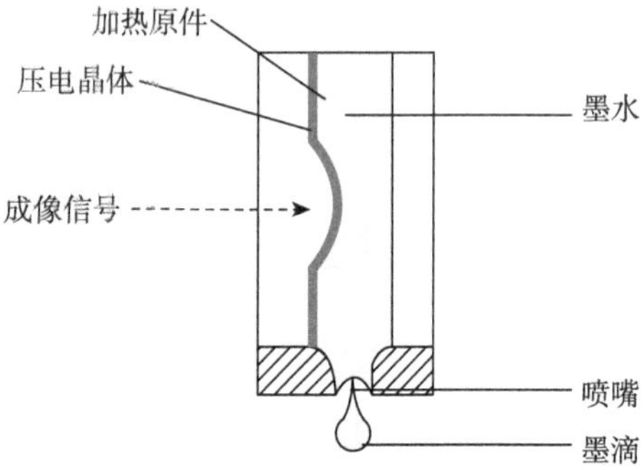

图 4-17 压电喷墨原理示意图

（3）静电喷墨

静电喷墨的原理如图 4-18 所示。它是通过在喷墨成像系统和承印物之间加一个电场，喷嘴系统的控制部分如图 4-18 所示改变电场，电场力可能使墨水和喷嘴间的表面张力取得平衡，也可能改变这种表面张力；当表面张力的平衡关系被破坏时，墨滴在电场力作用下从喷嘴口喷出，到达承印物表面形成印迹。墨滴从喷口喷射的原因是电场力的作用，为此需要控制脉冲时间，以合理的速度释放墨滴。由静电喷墨技术产生的墨滴尺寸远远比喷嘴的尺寸要小，因此具有高分辨力的特点，而且容易实现喷头的多嘴化，但需要较高的工作电压。

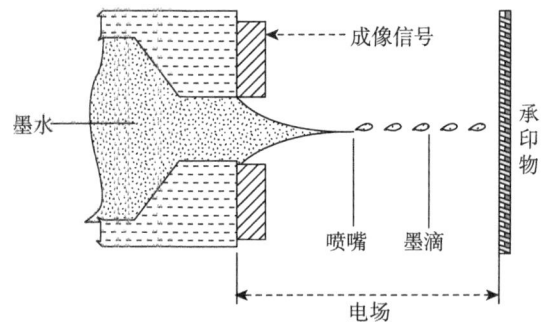

图 4-18 静电喷墨原理示意图

（4）相变喷墨

相变喷墨是基于固体油墨的喷墨印刷工艺。固体油墨加热后熔化成液体状态后墨滴喷射，与接受介质接触冷却后又返回到固体状态。相变喷墨工艺是一种间接转移油墨的方法，印刷图像质量高，色彩一致性好，操作方便。

世界第一台采用相变技术的喷墨设备是 Howtek 的 Pixelmaster。打印头放置在圆柱形的纸张供给装置的内部，以压电喷墨打印头喷射熔化成液体状态的墨滴。1991 年 Tektronix 推出 Phaser Ⅲ Pxi 彩色喷墨打印机，加热器使固体油墨熔化成液体后以压电喷墨打印头喷射墨滴，通过中间转印滚筒使未完全凝固的墨滴转移到纸张上，由于真正的油墨固化发生在中间转印滚筒与纸张接触阶段，几乎不发生在其他喷墨印刷那样的墨水扩散和吸收，因而着色剂可以停留在承印材料的表面，从而得到色彩鲜艳和阶调过渡平滑的彩色图像。

相变喷墨工作原理如图 4-19 所示。打印头内置的加热器对固体油墨加热，使之达到熔化温度，黏度低到足以通过压电喷墨打印头喷射墨滴；需要打印的彩色图像喷射到中间转印滚筒表面，当整个待打印图像全部"沉积"到转印滚筒后，纸张等记录介质开始进入其工作位置，与转印滚筒接触，并在高压力作用下导致墨粉图像从转印滚筒复制到记录介质表面。

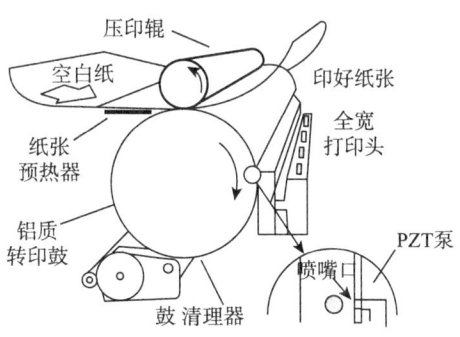

图 4-19 相变喷墨原理示意图

三、喷墨印刷材料

在高速喷墨印刷过程中，为使油墨具有足够的干燥速度，并使印刷品具有足够高的印刷密度和分辨率，一般要求油墨中溶剂能够快速渗透进入承印物，而油墨中呈色剂应尽可能快的固着在承印物的表面。因此，所使用的油墨必须与承印物匹配，以保证良好的印刷质量，所以一般的喷墨印刷系统都必须使用专用配套的油墨和承印材料。

1. 承印材料

喷墨印刷的特性决定了它的承印物可以多种多样，如纸张、塑料和金属等，要求的基本特性是吸墨速度快，墨滴不扩散。除此以外，还应具有以下性能：要有良好的记录性能，吸收能力强，有较高的分辨率，印出的图像清晰美观，色彩均匀，印刷效果理想；记录速度快，喷上的墨水能够快速蒸发干燥，避免墨点在承印物表面上扩散。单就喷墨印刷用纸而言，为防止墨点在纸上扩散，一般采用涂布纸或高光相纸，即表面有一层极薄的透明涂层，涂层要有一定的牢度和强度，不易划伤，耐水、耐光，不易褪色。这种类型的纸既能快速吸收油墨，又能避免光的散射，这样喷上去的油墨，墨点易成圆形，印出的图像清晰、美观，色彩均匀。

市场上常用的有三种喷墨印刷用纸：普通喷墨打印纸、喷墨打印涂布纸和微孔型喷墨打印涂布纸。

普通喷墨打印纸属于低档打印介质，由于没有经过专门的涂布处理，只适用于单色打印，在要求高质量的彩色打印特别是照片质量的打印时，极易出现渗透、粘脏等现象，严重影响喷墨打印质量。

喷墨打印涂布纸的接收层能与着色剂有效作用，增加其黏着性能，获得高印刷色度；不同颜色交界处不会发生相互渗透模糊边界的现象；图文的耐水、耐光性能也有很大的提高。

微孔型喷墨打印涂布纸具有特殊的微孔结构，其涂层吸墨力很强，即使是打印很深色调的部分也能表现很好的层次感；干燥速度很快；其涂层材料很细腻，不但亮度高，而且能够匹配高精度的照片打印；具备很好的耐水、耐光性能。

针对特殊用途，还有一些其他品种。比如特种专用喷墨涂布纸，内含荧光剂和磁性材料，有防伪、防复制等保密功能，抗紫外线，有耐光性，适合于有照片效果的画面输出及特种制作。再如PVC喷墨打印纸，其支持体为塑料薄膜和纸的复合制品，机械强度高、输出的画面质量好，吸墨性好。

2. 油墨

喷墨印刷油墨是一种要求很高的专用墨水，必须稳定、无毒、不堵塞喷嘴，喷射性良好、对喷头的金属构件不腐蚀。

在油墨的印刷适性方面，由于喷墨印刷装置的特殊性，需要将直径仅为1μm左右的微小墨滴以每秒30000～50000滴的喷射速度从喷嘴中喷出，这就要求喷墨印刷所用的油墨必须具有适合喷墨印刷的某些特殊性能，如油墨要求是低表面张力、低黏度、比重轻，具有适当的电阻性，干燥性能好等。对于某些油墨而言，还要求足够的耐高温性。

喷墨印刷的油墨种类多种多样，包括水性油墨、溶剂型油墨、热熔型油墨和UV固化油墨等。

（1）水性油墨

水性油墨主要由溶剂、着色剂、表面活性剂、pH值调节剂、催干剂及其他添加剂组成。按着色剂的不同分为颜料型和染料型，水性油墨的溶剂一般以去离子水为主溶剂，再添加适量的有机溶剂。其中，颜料型水性油墨耐候性、耐光度、耐水洗牢度和耐磨牢度更好。而染料型水性油墨色彩种类多，鲜艳度好，但牢度较差。水性油墨的干燥速度比较慢，同时由于其自身性质，油墨易渗入基材的深层，会降低油墨在纸张上的分辨率，所以通常用于家庭或者小型办公室的喷墨打印机上。

（2）溶剂型油墨

溶剂型油墨中的着色剂可以使用颜料或染料，溶剂一般采用有机溶剂为主溶剂，并添加适量的水。相对于水性油墨来说，溶剂型油墨干燥速度快，光泽度一般，油墨干燥后对承印物的附着度高，一般对环境的温湿度不敏感。但是溶剂型油墨中的有机溶剂会对环境造成污染，环保溶剂型油墨应运而生，用以代替普通溶剂。

（3）热熔型油墨

热熔型油墨以蜡为基质材料，通过温度变化来实现液固变换，印刷适性好，适用材质广，环保和安全性能高。

（4）UV固化油墨

UV固化油墨可以使印刷图像具有防水、防褪色等特性，其优于其他油墨的特性还包括：低挥发性、低能源需求、瞬时干燥，不堵塞喷头，不需清洗喷头，油墨成分稳定，印刷质量高（耐光、耐摩擦），无污染，等等。其中最主要的是其瞬间固化的特性，它使得UV油墨从喷嘴喷出后没有成分渗入承印物表面，所以不用担心油墨渗入承印物而对承印物表面性能造成影响。

UV固化油墨印刷适性强，能够直接在木材、金属、陶瓷、玻璃等制品上印刷，印刷图像耐久性好，价格相对较低，正在成为高速喷墨印刷的首选。

四、喷墨印刷设备

喷墨印刷机的分类方法有多种，根据成像幅面大小进行划分是最简单的分类方法，例如：

（1）邮件、标志、打码等领域的专用喷墨印刷机，成像幅面宽度小于6英寸。

（2）家用和商用的桌面喷墨印刷机，成像幅面宽度小于18英寸。

（3）办公用喷墨印刷机和多功能一体机，成像幅面宽度小于18英寸。

（4）标签印刷的窄幅喷墨印刷机，成像幅面宽度小于24英寸。

（5）大幅面图形印刷机（卷筒型和单张型），成像幅面宽度大于24英寸。

（6）超宽或超大幅面喷墨印刷机，成像幅面宽度大于48英寸。

喷墨印刷机主要由喷墨打印头、化学墨水、打印机构、前端数字控制器4个部分组成。

喷墨打印头是喷墨印刷机中实现油墨向承印材料转移的组件，喷墨打印头有：固定式喷头、移动式喷头、全页面喷头阵列、一次性喷头（喷头与墨盒集成一体）、非一次性喷头（喷头与墨盒各自独立）、可拆卸式喷头（可更换或一次性的喷头）。

无论哪种类型的喷墨设备，其结构取决于要求的工作效率或输出速度，大体上可以分为往复式和页面宽度两种类型。

1. 往复式喷墨打印机

往复式喷墨打印机的喷墨头可以独立出来，以灵活的方式与其他部件组合，避免打印机内集成复杂的墨水供应系统。各色墨水沿纸张宽度方向扫描，墨水覆盖的高度取决于打印头结构。打印头的每一次扫描动作完成与数字图像对应的特定像素高度，一行扫描结束后，纸张在打印机传动机构的驱动下步进一段距离，走纸距离与当前扫描行的像素高度相同。以上动作不断执行，直到整页打印完成。

往复式喷墨打印机设备制造成本低，实现方法简单，但主要缺点是生产效率不高，即使不采用局部步进和分块打印模式，打印头也必须执行多次扫描过程，打印完成一页。喷墨头覆盖范围小，完成整个印张输出需要拖板往复运动与纸张传动机构配合，水平分辨率取决于打印头套件单位距离内的喷嘴分布密度和排列方向，垂直分辨率取决于走纸机构的精度。

往复式喷墨设备是由打印头套件、传动机构、机座、输纸套件、收纸套件、控制电路和拖板等部件组成。其中，打印头套件是喷墨打印机的核心，而打印头又是打印头套件的核心，使用时需安装到拖板上。

绝大多数家庭和办公用台式喷墨打印机的墨水容器集成在打印头套件中，因而有时也称打印头套件为墨盒。高端用途（例如彩色数字打样）的喷墨打印机往往将墨水容器从打印头套件中独立出来，形成与打印头运动不相关的供墨系统，这种场合的墨水容器固定在机座上，以软管与打印头连接，不影响打印头的往复运动。

传动机构由拖板和输纸两大部分组成，其中拖板传动机构又包括步进电机和拖板架，两者集成在一起，步进电机必须安装在拖板架上，才能通过拖板架带动打印头套件。

输纸套件由纸盘、输纸装置和滚筒组成。由于打印机用纸盘已经实现了标准化，因而某些高端用途的喷墨打印机利用标准纸盘为输纸器分配纸张，这种纸盘可容纳更多的纸张。输纸装置的传动机构主要由滚筒、步进电机和传动件等组成，零件的尺寸不大，对精度有一定要求。输纸装置的滚筒用于从纸盘将纸张"拉"出来，需要多个滚筒的组合才能完成规定的输纸动作。输纸机构的步进电机为滚筒旋转提供动力，以准确的增量移动纸张，确保图像复制过程的连续性。

标签印刷是一个与实际市场密切相关的领域，爱普生概念标签印刷机最高印刷速度可达5米/分，在卷筒纸静止状态下喷墨打印头多次往返运动，一次印刷完成13英寸×36英寸的区域，在一个区域印刷完成后，卷筒纸步进下一个36英寸长的待印刷区域。

2. 全宽喷墨印刷设备

喷嘴阵列覆盖印张宽度，打印头静止不动，承印材料快速通过打印头，输出速度明显高于往复式喷墨设备。例如：御牧（Mimaki Engineering）作为一家大幅面喷墨印刷机制造商，生产的 IPH-300L 数字标签印刷机，采用全宽压电喷墨打印头，一次通过完成印刷，可以在 A4 幅面上印刷 600dpi×600dpi 的分辨率，印刷速度可达 12.5 米/分或 3000 英寸/时，印刷宽度最大可达 30cm（11.8 英寸）。

全宽喷墨设备需要全宽打印头，用于完成时间要求紧的彩色印刷，工作效率可以与彩色静电数字印刷机相竞争。设备的水平分辨率取决于单位距离内包含的喷嘴数量和排列方向，垂直分辨率则与往复式喷墨打印机一样，与控制走纸的步进电机的运动精度有关。"全宽"是指相对于打印头喷嘴阵列可覆盖宽度的纸张规格而言，如喷嘴阵列覆盖宽度接近于 21cm 的全宽打印头可构造成 A4 规格打印机，也称为 A4 页面宽度打印机。全宽打印头也可能与需要构造的打印机宽度规格不一致，比如喷嘴阵列覆盖宽度仅为将近 A3 纸张一半的全宽打印头不能构造成 A3 规格页面宽度的喷墨打印机，必须使用两个这样的全宽打印头。同时，墨滴发生器阵列（以喷墨阵列为关键因素）应该沿着纸张的短边方向排列，同时打印页面的整行像素，以降低设备的制造成本，并使生产效率最大化。

（1）页面宽度连续喷墨印刷机

Sweet 连续喷墨印刷机的全宽打印，喷墨打印头可以设计成多个喷嘴排列的结构，如图 4-20 所示。一次喷射就可以记录多行与纸张印刷宽度相等的像素。墨滴喷射动力强、喷射频率高、全宽喷墨打印头实现了与一般胶印机印刷速度相当的输出速度，适合于大批量、个性化的印刷，并可与单张纸胶印机相配合，构成传统印刷与数字印刷混合系统。

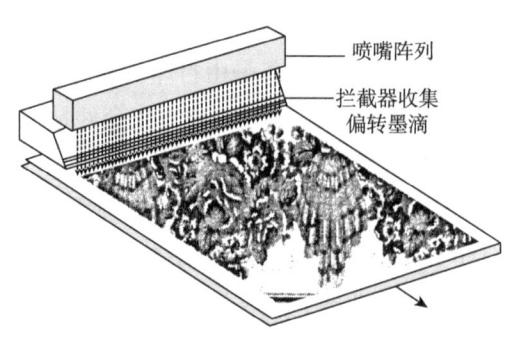

图 4-20　全宽连续喷墨打印头

（2）行排列整体性压电全宽喷墨打印头

全面提升压电喷墨印刷设备的整体能力，其中提高墨滴喷射的定位精度是关键技术。行排列喷嘴数量必须考虑到少量喷嘴失效的可能性，喷墨打印头包含的喷嘴总数应大于实际有效喷射的喷嘴数量，需按可靠性理论计算喷嘴系统的有效度，估算能有效喷射墨滴的喷嘴数量。如某全宽打印头的有效喷嘴数量与喷嘴总数之比为 2558∶2656，则该喷嘴系统的可靠性为 96.3%。如果打印头的空间分辨率预先定义为 600dpi 时，只要打印头每英寸内有 600 个喷嘴参与打印，则可认为实现了打印头的设计目标，同时也可一次通过多色打印。

（3）热喷墨全宽打印头

对于大规格纸张的喷墨印刷机，虽然可以设计出与纸张可打印宽度相等的喷墨打印头，但是加工难度却很大。因此，组装大规格喷墨印刷机时，常采用将多个小规格全宽打印头集成为与页面宽度相等的组合打印头。如图 4-21 所示，由四个小规格打印头组合而成的大规格宽度热喷墨打印头。打印头由 7200 个墨滴发生器连接组成，宽度 12 英寸，可配置成 A3 规格页面宽度打印机，物理分辨率为 7200/12=600dpi，采用调频加网时，足以印刷出高质量的彩色图像。

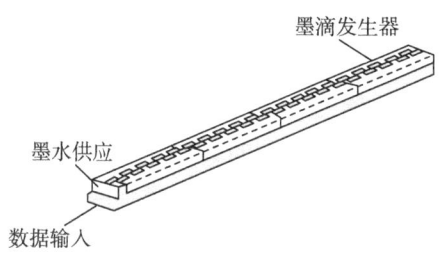

图 4-21　页面宽度打印头结构布局

当将多个小规格全宽打印头可靠地连接成一体，控制装配误差在规定范围内，所有喷嘴协调一致同步喷射墨滴，同时配备相应的数据解释和传输、输纸和手指、干燥处理等系统和装置，则可以组成宽幅甚至超宽幅喷墨印刷机。如图 4-22 所示为大规格页面宽度热喷墨印刷机，每一种颜色有各自独立运转且顺序排列的打印头，以一次通过方式分纸、输纸、印刷、干燥和收纸。

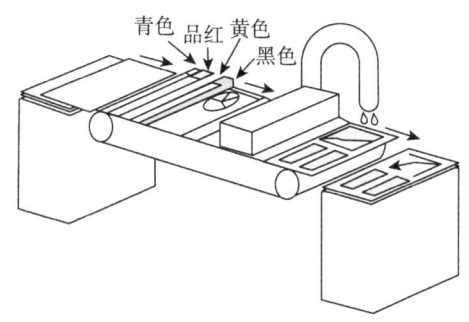

图 4-22　页面宽度四色喷墨印刷机

（4）集流腔形式相变喷墨全宽打印头

相变喷墨印刷设备采用了集流腔解决方案，即喷射墨滴所需要的的墨水来自与集流腔连接的墨水槽，先通过管道输送到集流腔，再均匀分配给所有的喷嘴。如图4-23所示，集流腔和相关结构示意图，墨水槽、墨水输送管道和集流腔形成一体化结构，其中集流腔的作用十分关键。

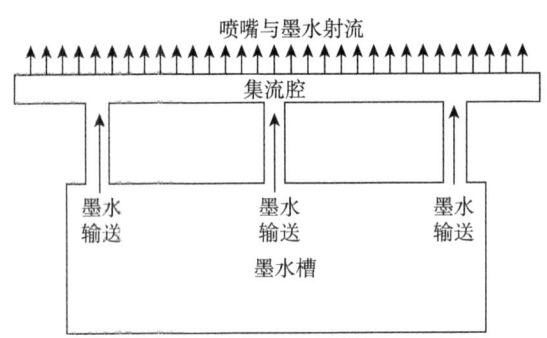

图4-23 集流腔式喷墨头与墨水喷射示意图

为了使输出到弯曲表面的对象是保持最优的印刷质量，各喷嘴应该沿垂直方向尽可能彼此靠近的装配，因次喷嘴进口设置在喷嘴侧面，集流腔以垂直于喷嘴（垂直于墨水射流喷射方向）的方式供应墨水，一种墨水颜色对应一个集流腔，至少排列两行不同颜色的墨水喷嘴。这是喷嘴尺寸减小与集流腔尺寸和性能优化的最佳方案。

喷墨印刷作为数码印刷的主流技术之一，有着很强的市场竞争力和广泛的应用，在包装印刷领域喷墨印刷一方面为传统印刷方式服务，如用于数码打样、直接打印胶片、NGP纳米材料绿色材料直接制版，另一方面作为印刷方式如胶印、丝印、柔印、凹印的补充，甚至与部分传统印刷方式等竞争，如由于喷墨印刷的非接触无压力印刷方式，即使在瓦楞纸板或纸模包装的凹凸不平表面也可以很好进行印刷，商品外包装打码，标签短版印刷等。

新型喷墨印刷机可以直接在瓦楞纸板上印刷，尤其在短版印刷方面，传统的柔印和彩色胶印价格昂贵，当短板生产量高达3000m²时，数字式的印刷生产方式比柔印更具成本效益，而且生产周期短。如爱克发Dotrix、太阳化学公司以及Inca数字FastJet喷墨印刷机都是为瓦楞纸板高速印刷而设计的，全宽喷墨头，一次印刷完成系统。

第一台工业瓦楞纸喷墨印刷机是赛天使视觉公司的CORjet，采用与数字柔印或胶印生产相同的标准幅面图像文件，采用四色或六色机组，使用赛天使视觉公司生产并通过美国食品与药品管理局认证的环保水性油墨，可用于食物包装印刷。采用压电按需喷墨技术，每色喷墨打印头有512个喷嘴，每个喷嘴的喷墨速度为3万滴/秒，在生产模式下印刷150m²/h，在高质量模式下印刷90cm²/h。拥有能在瓦楞纸、泡沫板、波纹塑料、聚氯乙烯等众多材料上高质量印刷。

海德堡公司推出了用于装潢、折叠纸盒、标签和泡沫包装的新型Linoprint按需喷墨技术，系统作业分辨力720dpi，模块化的Linoprint系统能够十分方便的将其印刷系统集成到生产线的任何工位，实现将现有的生产线集成为新的生产线，如果需要，甚至可以在物品已经填充到包装之后进行印刷。

FFEI Emblaze 是 FFEI 制造并交由富士胶片销售的数字上光机。采用喷墨位置高度可变的方式，作业速度可达 9000 张 / 时。采用宽阵列赛尔 1001 喷墨打印头所创造的灰度级技术，能够生产出不同类型的印刷产品，点状或流水状 UV 上光，喷墨打印头控制下落上光油的数量，并由此决定高光泽、丝质、亚光的上光效果。90～400μm 厚的材料可以在 12.5 米 / 分、25 米 / 分和 50 米 / 分的速度下，按照 180dpi、360dpi 和 720dpi 的分辨力处理。工作中，喷墨打印头的升高和降低取决于承印材料的厚度。

第三节　立体印刷

立体印刷又称作三度空间印刷，简称三维印刷，它把三维立体成像技术与印刷工艺融为一体，使平面印刷图像呈现立体动画和异变图的奇特视觉效果，为传统印刷工艺增添了新的内涵和活力。

立体印刷包含了物理、化学、光学、美学及视觉仿生学等领域的技术，形成了一套完整而特殊的印刷工艺。它并非单一图像的简单复制，而是多幅图像的压缩组合。一幅立体印刷品是由不同视角的单一视差像素有序排列而成，并达到万像归一的效果。由于立体图像原稿信息大于平面图像十几倍，因此无论在印刷技术标准的控制上，还是工艺流程的管理中，都必须更加精确、严谨。

立体印刷的产品立体感强、图像清晰、层次丰富、形象逼真，给人以很好的视觉享受，因此被广泛应用于商品包装、防伪标签、大型户外广告、高级宣传品、儿童读物、各类卡片的表面装潢印刷中。

一、立体印刷基本原理

立体印刷的原理是模拟人的两眼间距，从不同角度拍摄，将左、右像素记录在感光材料上，观看时，左眼看到左像素，右眼看到右像素。这一原理的理论依据来自人眼的立体视觉和图像的立体显示技术。

（一）立体视觉

眼睛是人们感知外界物体的生理基础，通过眼睛，人们可以获得物体多种空间信息如形状、大小、远近等。形状知觉属于二维空间的知觉，而深度知觉则涉及三维空间的知觉，即不仅能够知觉物体的高和宽，而且能够知觉物体的距离、深度、凹凸等。立体视觉就是视觉系统对三维空间的知觉，它是在视觉过程中把人的生理、经验和心理因素综合在一起形成的立体信息。

1. 生理因素

（1）调节与辐辏

光线进入眼睛，通过眼内媒质折射后在视网膜上成像的过程称为眼屈光。眼睛的聚焦能力主要来自角膜，但为了对不同距离的物体聚焦，眼睛经常需要改变其屈光度，这是依靠晶状体的两个表面来完成的，主要是改变前表面的曲率来实现的，这个过程称为调节。正是通过调节使所看的物体在视网膜上清晰地成像。

通常，人们是两眼同时看物体的，看远景时两眼的视线是近乎平行的，看近景时两眼必须向内成一定角度，使两眼视线集中在所注视的物体上，这种作用称为辐辏。辐辏对深度感的形成有直接作用。由辐辏引起的深度感对近距离 20m 以内有效，远距离时其效果显著减小。

由于眼睛的调节和辐辏作用，使人对于在视网膜上投影的不同物体，能够分辨出它们的远近乃至实际的大小。

（2）视差

视差是针对两眼视网膜上所呈现的图像而言的，有单眼运动视差和两眼视差之分。

单眼运动视差主要是由观察者移动身体，使空间物体的相对位置发生变化，从而产生对物体间前后位置的判断。如运动着的物体，由于距离我们的远近不同引起的视角变化亦有所不同，从而表现为运动速度的差异。距离近的物体视角变化大，给人的感觉速度较快；距离远的物体视角变化小，给人的感觉速度较慢。视野中，对象运动速度的差异提供了对象的距离信号：运动速度快距离较近，运动速度慢则距离较远。因此可以根据对象的相对运动速度来知觉他们之间的距离。对此眼睛视网膜获得的图像仅仅是二维的，这时物体之间的距离仅仅是一个估计距离。在只有单眼信息的情况下，就视觉系统本身而言，造成立体视觉的因素主要是"调节"及单眼运动视差。

仅靠单眼视网膜只能得到外部世界的二维图像，所以双眼视觉才是立体视觉的主要基础。

当人们观察外部物体时，两只眼大约相距 60mm，所以会从不同角度观察，这种在双眼视网膜结像出现微小的水平像位差，称为双眼视差或立体视差，如图 4-24 所示。当注视立体对象时，右眼对物体的右侧面看得多一些，左眼对物体的左侧面看得多一些，两个视像不能完全重合，而且是向着相反的方向即向内侧偏斜。双眼视觉上的这种差异，转化为神经冲动，传入大脑经过大脑皮层的分析、综合活动从而产生了立体知觉。视差大，左、右两眼所看到的两幅影像不一样的地方就多，景深较明显，立体感强烈；视差小，则两幅影像不一样的地方就少，景深较不明显，立体感就相应较弱。可见大视差有助于立体感的产生。但要注意视差也不能太大，如果过度就会造成观看者眼睛疲劳或头晕目眩。

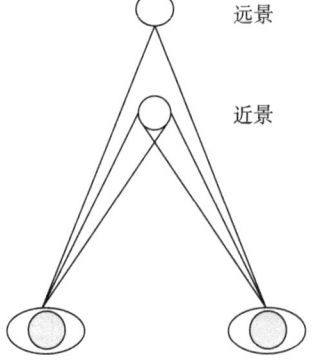

图 4-24　视差及双眼视差

2. 经验和心理因素

眼睛的视网膜不是人视觉产生的终点，人们只有对物体在眼中的成像给出判断，才是最终获得的视知觉,这就依靠人的大脑。大脑是心理活动的主要器官,它不仅收集外界刺激做出反应,还是重要的记忆器官,人类生活所得的经验就存储在里面,而且这些经验与记忆会在大脑对外界刺激发生反应时给予影响,这也包含了对立体视觉的影响,主要包括以下几个方面。

(1)重叠

如果观察的对象之间有重叠,或者在观察者与观察物之间有中间物存在,就会产生重叠,如图 4-25 所示。那么就容易辨别出远近,未被掩盖的物体显得近些,部分被掩盖的物体就相对远些。眺望远处时,就是通过重叠来判断远近的,被遮挡的物体比未被遮挡的物体在人的心理上距离我们较远。

(2)线条透视

物体形成的视角大,在视网膜上的投影也就越大,知觉为较大的物体。远处的物体所呈的视角小,知觉为较小的物体。在延伸的平行线上看得最清楚,近处的两条平行线,到远处将汇合到一点。马路的路面随着距离向远处伸展,变得越来越窄,两旁的路灯柱依次减低,如图 4-26 所示。

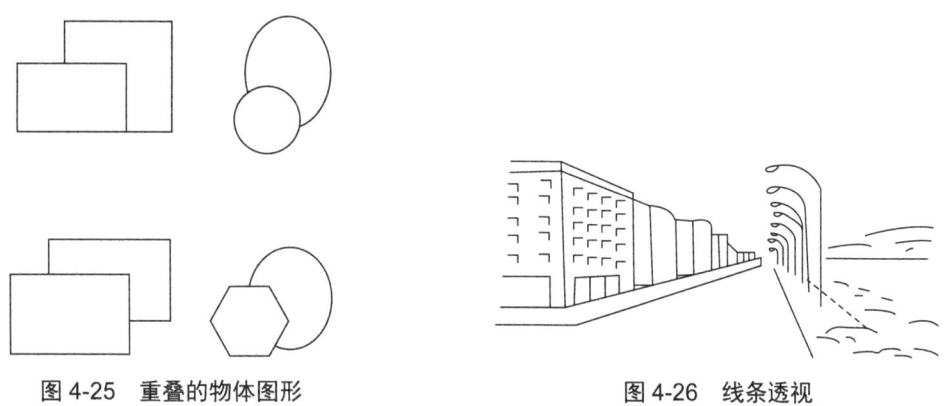

图 4-25 重叠的物体图形　　　　　　图 4-26 线条透视

(3)密度梯度

当人眼观察分布均匀的图形,只产生平面效果,但当观察具有密度梯度的图形时,就会使人产生一定的纵深感。如图 4-27 所示。

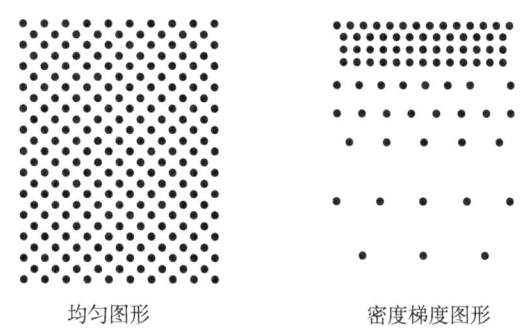

均匀图形　　　　　　密度梯度图形

图 4-27 密度梯度

（4）空气透视

由于空气中的尘埃、烟气等的影响，远处的物体看起来略呈蓝色或紫色，细节不易分辨，模糊不清；而近处物体则很清晰，细节分明，因此空气透视可作为判断距离的方法。由于视觉上的这一效果，有朝霞或彩霞时拍摄的风景照片就会产生较强的立体感。

（5）明暗和阴影

由于光线的照射会产生明暗的差别或造成阴影。光亮的物体看起来近些，阴暗的物体显得远些。在绘画上，经常运用色调的明暗和阴影来表现距离的远近以及凸起和凹陷。

（6）视野

画面上的框线会影响立体视觉。而像电影宽银幕那样就没有感到有框线的存在。所以，框线感减弱，现场感就会增强，也就是说，视野越大，立体感越强，特别是在动态摄影时，其效果更为显著。

（7）前进色与后退色

当把红、黄系的色与蓝、绿系的色等距离放置时，会感到红色、黄色等暖色调这一方离我们较近，而蓝色、绿色等冷色调这一方离我们较远。利用颜色的这一效应也会增强立体感。

（二）立体显示技术

印刷图像的立体效果必须由显示技术来体现。立体显示是指对图像三维空间的立体信息进行再现，这也是立体印刷的重要理论依据之一。立体显示技术主要包含两类方法：两向显示法和多向显示法。

1. 两向显示法

两向显示法，可分为立体镜法、双色滤色片法、偏光滤色片法及交替分割法。无论哪种方法，都是利用左右眼视差分别观察图像而获得立体视觉的。

（1）立体镜法

也就是使用立体镜来观察左、右图形而形成立体感，如图 4-28 所示。这种方法自 19 世纪被英国科学家发明以来，一直被广泛采用，但必须使用特殊的立体镜，否则就没有立体视觉。

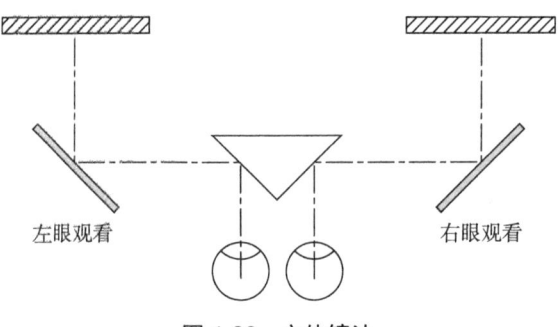

图 4-28　立体镜法

（2）双色滤色片法

将左、右图像分别用红、蓝油墨印刷在同一平面内，通过吸收红、蓝色光的滤色片观察印刷图像，获得立体效果。由于滤色片与油墨互为补色，通过减色法原理，用滤色片观察到的图像是黑色的。因此，这种方法仅限于黑白照片，且由于不同波长的光分别进入两眼，容易使眼睛疲劳。这在一定程度上限制了其使用范围。

（3）偏光滤色镜法

将左、右图像分别通过相互直交的偏光滤色镜投影在同一平面上，左、右眼也用同样的偏光滤色镜进行观察即得立体图像。立体电影和立体电视的成像就是运用了这种方法，它们都需要用装有偏光滤色镜的专用眼镜来观察。因为成像效果好，观察方便，应用较为广泛。

（4）交替分割法

将左、右图像交替呈现在同一平面上，同时将不必要的部分进行遮蔽，从而产生立体感。这种方法由于残像效果会引起闪光，遮蔽用的眼镜价格较高，所以至今未能普及。

综合来看，双向显示法都需要使用眼镜器具才能观察，不太方便，不适合用在立体印刷中。

2. 多向显示法

多向显示法主要包含以下几类：视差屏蔽法、柱面透镜法和球面成像法。

（1）视差屏蔽法

视差屏蔽法又称视差狭缝法，其工作原理是：将左眼图像和右眼图像由狭缝进行分割并在软片上曝光，然后进行显影、晒版和印刷。若将其放置在摄影时相同的位置，两眼也分别置于放置图像的位置，就可看到立体图像，如图4-29所示。应用视差狭缝法，若将上述两个图像进行合成，就能得到视差立体图像。如果降低狭缝的开口比，可完成多个图像的合成，就可获得视差全景图像，如图4-30所示。视差狭缝法从本质上讲，光量的递减是不可避免的。因此，现在除了在柱面透镜法的摄影中使用外，一般很少使用。

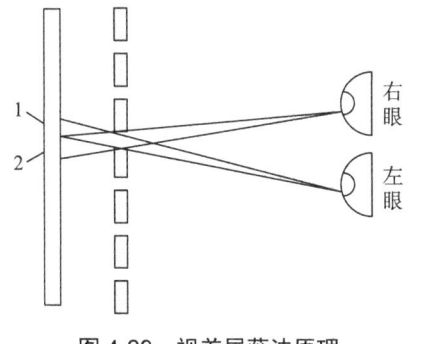

图4-29 视差屏蔽法原理

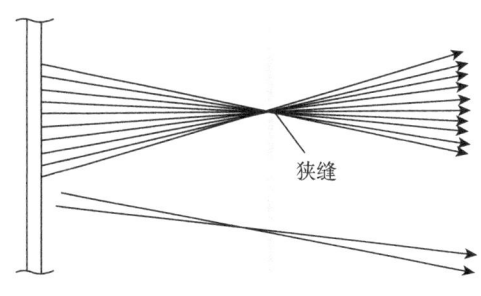

图4-30 视差全景图像

（2）柱面透镜法

柱面透镜可看成由许多凸透镜片并排构成的透镜板，如图4-31所示，它具有分像作用，成像特性如图4-32所示。此镜片的背面与焦点平面相重合。由于镜片的分像作用，可将各方向的图像A、B、C、D分离成a、b、c、d，并在焦点平面上记录下来，只要将左、右两眼置于B、C的位置，就可看到立体图像。

上述是按A、B、C、D四个方向进行说明的。一般而言，柱面透镜是在图示有效角β

的范围内连续成像的,所以,只要在 β 角之内,即使改变观察位置也不会影响立体视觉效果。另外,有效角 β 与柱面透镜的节距 p、曲率半径 R 及厚度 t 等参数通过最佳设计、计算确定。

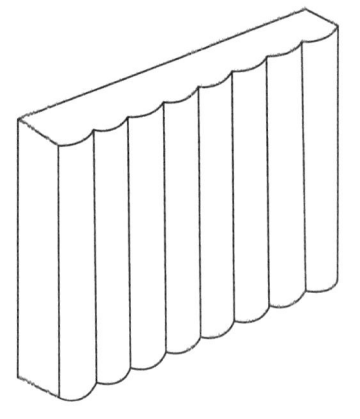 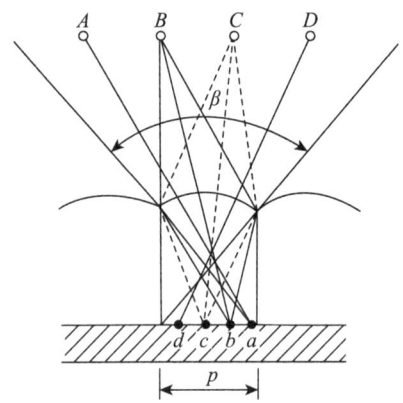

图 4-31　柱面透镜板　　　　　　　　　图 4-32　柱面透镜成像特性

这种方法可在有效角度内连续地摄影,一次可得立体图像,只是摄影后想放大非常困难。另外,由于柱面透镜成像曝光时间长,不能拍摄移动的物体,所以,摄影时边移动边摄影,然后把各方向图像通过柱面透镜合成。

(3) 球面成像法

球面成像法也叫点阵式全像立体法,它是一种新型的立体表现方式,如图 4-33 所示,通过这种方法制作出来的图像可以从上下、左右看,都能获得立体感,科技含量相当高,目前主要应用于防伪领域,还应用到显示屏上。

图 4-33　球面成像法示意图

二、光栅

立体印刷的承印材料就是光栅。光栅为透明或半透明塑料片材,一面为光滑平面,另一面为透镜阵列。光栅的作用就是将画面中物体的左视图与右视图区分开,使人眼看到立体成像。

1. 光栅的种类

光栅片按照透镜形式分为平面透镜光栅、柱面透镜光栅和球面透镜光栅 3 种。目前，立体印刷市场主流为柱面透镜光栅，其成像原理为柱面透镜法。

柱面透镜光栅只有垂直方向能成立体影像，因此在进行立体印刷时，其光栅像素与光栅线条要一致，倾斜和垂直均影响立体效果，甚至正常影像。柱面透镜光栅是一张由条状柱面透镜组成的透明塑料薄片，立体印刷要求光栅的每个柱面透镜半径及柱面透镜间距相等，因此要求光栅材料的变形必须一致，并稳定在一定的范围内。因光栅材料的立体印刷精度要求相当高，光栅的柱面透镜间距会因环境温湿度的变化而变化，季节不同时相应光栅间距会不同，因此在光栅材料印刷前要注意该问题。

透镜的形状也会对立体效果产生影响。普通的半圆形柱面透镜并不能产生良好的、固定角度的光线折射，从而很难得到清晰稳定的图像变化，在光栅画面易产生所谓"鬼影"的图案残像。而优质的光栅，其每一个柱面透镜必须是一个接近半球形的多面体，以保证对光线有固定角度的折射，使立体效果因聚焦准确而更清晰。

2. 光栅参数

光栅参数主要包括光栅栅距、分辨率、光栅透光率、视角、曲率半径和光栅厚度等，如图 4-34 所示。

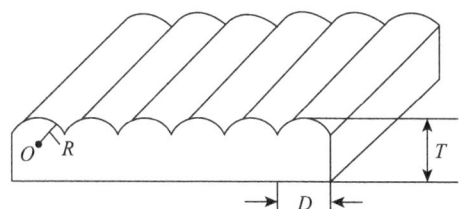

O-柱面率中心；R-柱面曲率半径；D-柱面透镜的宽度（栅距）；T-光栅板厚度

图 4-34 光栅参数示意图

（1）栅距和分辨率

光栅栅距即光栅栅线的宽度，通常用光栅分辨率来表示，即一英寸内凹凸相间的柱面透镜线条的条数。例如，100 线/英寸的光栅片，就是 1 英寸内（25.4mm）平行排列着 100 条凹凸相间的柱面透镜光栅条，那么光栅栅距就是 0.254mm。光栅栅距越小，每英寸内的光栅线数就越多，适合制作小画面的立体或变换图，供近距离观看；反之，适合制作大画面的立体或变换图，供远距离观看。

（2）光栅透光率

光栅透光率是指透过试样的光通量和照射到试样上的光通量之比，用百分数表示。透光率越高越好，因为透光率低会引起光线折射，改变光栅图像视距位，影响立体效果。

（3）视角

形成图像或观察图像时所能允许的观察角度。视角的范围和可视距离主要取决于光栅的厚度，通过改变光栅的厚度来调节视角范围与可视距离。一般来讲，视角小（25°以下），光栅厚，这样的光栅适合制作立体图像；视角大（45°以上），光栅薄，这样的光栅适合制作变换图像。表4-2列出了几种光栅材料的分辨率、厚度与视角之间的关系。

（4）曲率半径和光栅厚度

光栅厚度取决于光栅柱面透镜的焦距，在光栅分辨率一定的情况下，光栅视角越小，透镜的焦距要越长，光栅的厚度也必须加大。这就是大幅面立体光栅图像需要厚光栅的原因。

曲率半径和厚度的关系式为：$R=\dfrac{T(n-1)}{n}$，式中，n为透镜材料的折射率。

表4-2 光栅材料的分辨率、厚度与视角关系举例

分辨率 /lpi	15	20	30	40	75	90	160
厚度 /mm	2.48	2.16	1.32	2.08	0.475	0.6	0.305
视角	47°	47°	49°	25°	43°	23°	27°
最佳观看距离 /cm	200~300	200~300	100~150	100~150	50	50	50
最大视距 /m	6.1	6.1	4.6	4.6	2.5	2.7	1.7

3. 光栅的材质

光栅的材质主要有PET、PP、PVC 3种。

（1）PET

PET即聚对苯二甲酸乙二醇酯，折射率为1.59~1.60，拉伸强度为3.52~6.33MPa，透明度达88%~92%，热变形温度为70℃。PET材质光栅片比较稳定，可用普通油墨直接印刷，原料无毒、抗化学性高，但较难黏合加工。多用于玩具、精细广告宣传品等，图像质量很高，可以做立体和变图。

PET片材经热成型加工成各种包装产品，具有良好的气体阻隔性、不含有其他添加助剂、纯净卫生、具有良好的韧性和延伸性、优良的可回收性等特点，在当今立体印刷市场占主角。

（2）PP

PP即聚丙烯，PP材质光栅片表面张力需要4.2×10^{-4}N，稳定性差，但经电火花处理后，可以用普通油墨直接印刷，干燥速度比PET快，质地比PET软、比PVC硬。印品图像质量一般，多用于装饰画、包装盒、文具等低价产品。

（3）PVC

PVC即聚氯乙烯，其材质柔软，PVC光栅主要应用于服装、箱包、玩具等产品上。其画面为简单图案，多以变图为主。我国儿童玩具有关条例规定，PVC材料的产品中邻苯二甲酸二乙酯（简称DEHP）含量不得超过3%，而欧美国家一般不将其用于玩具及食品包装产品上。

三、立体印刷图像效果和分类

随着科学技术的发展，立体印刷的图像效果已经从普通的黑白变形效果变得丰富多彩，

而且衍生出不同的立体印刷类型。

（一）立体印刷的图像效果

1. 3D 立体效果

3D 立体效果分为平面 3D（Layer 3D）和真 3D（True 3D）两种。

平面 3D 主要利用常规绘图软件的前后分层置放功能将图像分层，产生前后位移图像，印制图像与光栅板贴合后，产生的图像有前后层次和深浅不同的效果，因其效果为一层一层不连续深浅，故称之为平面 3D。

真 3D 需要利用专业立体相机同时拍摄不同角度影像，或利用 3D 动画软件模拟多张不同角度图像后，专业立体制作软件合成产生前后位移图像，印制图像与光栅板贴合后，产生的图像有前后层次，因其效果为一层一层连续深浅，故称之为真 3D。

2. 变图效果

采用 2～3 张图像置入专业合成制作软件，经印制在光栅板后产生的图像，使观看者能在不同角度看到不同的影像效果。

3. 动感效果

拍摄多张连续图像或 3D 动画软件制作多张图像，采用专业合成制作软件产生新图像，经印制在光栅板后产生的图像，使观看者看到影像的连续动感效果。

4. 缩放效果

利用常规绘图软件将图像依相等比例缩放，一般采用 5～6 个图像经专业合成制作软件合成新图像，经印制在光栅板后产生的图像，使观察者看到的影像有缩放效果。

5. Morph（类似变脸的渐变方式）

其制作方式为选取两张相类似图像经设计者变形处理或用专业软件产生多张图像，经专业合成制作软件产生新图像，印制在光栅板后再产生的图像，使观看者看到影像从一张图渐变成另一张图，有连续效果。

6. 叠纹效果

经特殊影像处理后使图像背景产生一些几何图像，图像有深浅不同的景深效果或产生不规则动感变化，可作防伪设计。

综合以上各种效果，可根据实际需求搭配组合设计在同一印件上，表现独特的效果。

（二）立体印刷的分类

目前立体印刷的种类主要有三种：普通立体印刷、动感立体印刷和全息立体印刷。

1. 普通立体印刷

普通立体印刷是用圆弧移动立体拍摄的底片，经过一定的处理之后得到立体照片。它的制版过程也包括分色、加网、晒版等工序。成品的表面覆盖柱面光栅片，依靠光线的折射就可以看到立体图像。由于普通立体印刷所用图片是由微细的条纹组成，为了保证图像的清晰和立体，对纸张、印刷环境和湿度的要求都较为严格。

2. 动感立体印刷

动感立体印刷的制作原理和普通立体印刷大致相同，是普通立体印刷的延伸，观察时只要变换视线的角度就可以产生视觉上的动感。在对原稿进行立体摄影的过程中，动感中的每个动作有一个画面，动作次数的多少决定所用拍摄底片的多少。多幅影片画面依次重叠而晒成一张底片，最后经过显影、定影得到所对应的阳图片。再用此版制作印刷，然后在画面加上柱面光栅片，就可以制作出可以直接观看的动感图片了。

3. 全息立体印刷

全息立体印刷不同于普通立体印刷，它是由激光全息摄影为基础的一种新的立体印刷技术。它并不是采用油墨印刷，而是采用特殊的激光成像原理，把激光重叠形成干涉条纹的全息图片，再用激光照射图片，线条中的影像就可以显现出来，而在没有适当照明的时候，不能表现出所记录景物的特征。全息立体印刷过程中会用到光致抗蚀材料，必须要制作压印的模板，不能直接进行压印。为了可以在白光下直接观看全息立体印刷图案，需要将模板上的图案转移到透明薄膜或镀铝薄膜上后，再进行压印。目前全息立体印刷主要被应用在防伪商标领域。

四、普通立体印刷工艺

普通立体印刷有两大类型：一类是传统工艺，即先印刷立体图像，再与光栅黏合；另一类是直接在光栅材料背面进行四色印刷。后一类比较先进，由于不需要将印刷品与光栅黏合，所以极大地减少了废品率，而且产品质量稳定，立体图像透明清晰，立体感更强。普通立体印刷的工艺流程如图 4-35 所示。

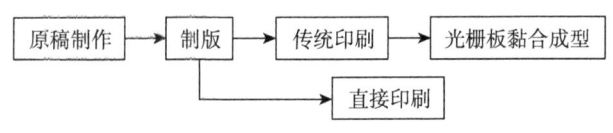

图 4-35 普通立体印刷工艺流程

（一）原稿制作

在实现立体印刷前必须先拍摄专门的照片，完成原稿的制作。拍摄之前对所要拍摄的景物必须进行各方面的设计构思，对拍摄的距离角度以及所使用的光栅也要进行精准的计算。立体印刷获取原稿的方法主要有两大类：一是通过摄影技术获取，二是通过计算机模拟合成或三维建模渲染生成图像，如图 4-36 所示。

1. 摄影法

通过摄影获取的方法可以分为普通摄影法和

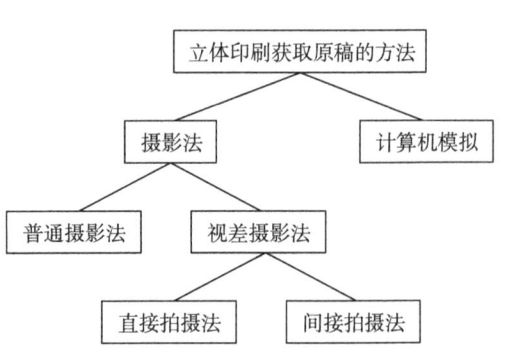

图 4-36 立体印刷获取原稿的方法示意图

视差摄影法。普通摄影法即使用单镜头相机拍摄不同视角的不同图像。视差摄影法又主要分为两种：直接拍摄法和间接拍摄法。

直接拍摄法是指直接通过立体光栅进行拍摄的方法，即在一定的视角范围内有规律地移动相机，进行连续的拍摄，直接获取多视角的合成图像，这种方法的效果比较好，人们常常采用这种方法。

间接拍摄法是指使用立体相机在多个角度拍摄同一景象，得到多幅视差的照片，再将它们进行合成。这种方法的立体效果比较好，但只适合拍摄静态景物，而且较为麻烦，一般不采用。

在直接拍摄法中，目前主要采用的有圆弧移动法、平行移动法、快门移动法、被拍摄物移动法等。

（1）圆弧移动法

圆弧移动法，是以被拍摄物上某一点为圆心，以此点到照相机的距离为半径作圆弧，照相机沿此圆弧移动，连续或间断地进行拍摄，如图4-37所示。即把柱面透镜板直接加装在感光片的前面，用一台照相机进行拍摄，照相机的光轴始终对着被拍摄物的中心。照相机感光片前的光栅板与感光片随机同步移动，照相机运动的总距离以满足再现图像的要求为准，一般控制在3°～10°夹角范围内。拍摄过程中的每次曝光都会在光栅板的每个半圆柱下聚焦成一条像素。当完成预定距离拍摄时，像素会布满整个栅距，经冲洗可得立体照片。

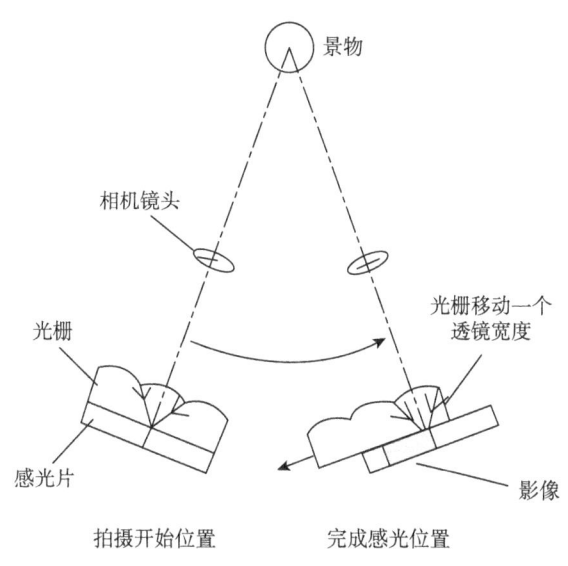

图 4-37　圆弧移动法拍摄原理示意图

（2）平行移动法

使用平行移动式照相机进行拍摄。照相机镜片操纵盘和彩色软片可同时移动，并总指向被拍摄物的中心，进行等距离拍摄。拍摄用的照相机结构比较复杂，且应用范围受到限制，主要在室内拍摄使用。

（3）快门移动法

这种方法的特点是照相机、被拍摄物都不移动。拍摄时，快门从镜头一头移到另一头的距离为60mm，相当于人两眼间的间距，同时紧贴于感光片前的栅板也相应移动，移动的距离为一个栅距，即0.6mm。

（4）被拍摄物移动法

这种方法的特点是照相机不动，被拍摄物移动。在被拍摄物回转或直线移动时，彩色软片也同步移动完成拍摄过程。由于褶皱保护罩可以伸缩，所以可以实现连续拍摄，它属于室内专用照相器材，不能对运动物体进行拍摄。

2. 计算机模拟

现在计算机技术和图像处理功能日益强大，常采用专门的图像处理软件来制作立体印刷图像。目前市场上有立体图像专业软件和普通图像处理软件。用专业软件处理原稿的优势是无须构建模型来完成图像制作，而且出片方便、快捷，例如：以色列的human eye，美国的3d4u或其他3D软件等。普通图像处理软件也即Photoshop等软件，通过专业的技术处理，也能合成立体图像。

在制作时，将多幅平面图像分解、压缩成条纹状，以左、右景顺序将来自不同图像的条纹交替排列组合，每个组合都对应于每个透镜的宽度，立体图像制作软件可以将其排列过程自动进行处理，其原理如4-38所示。

为了获得更好的立体效果，不单以两幅图像制作，还可以用一组序列的立体图像去构成，在这样的情况下，根据观察的位置不同，只要同时看到这个序列中的两幅图像，即可感受到三维立体效果。

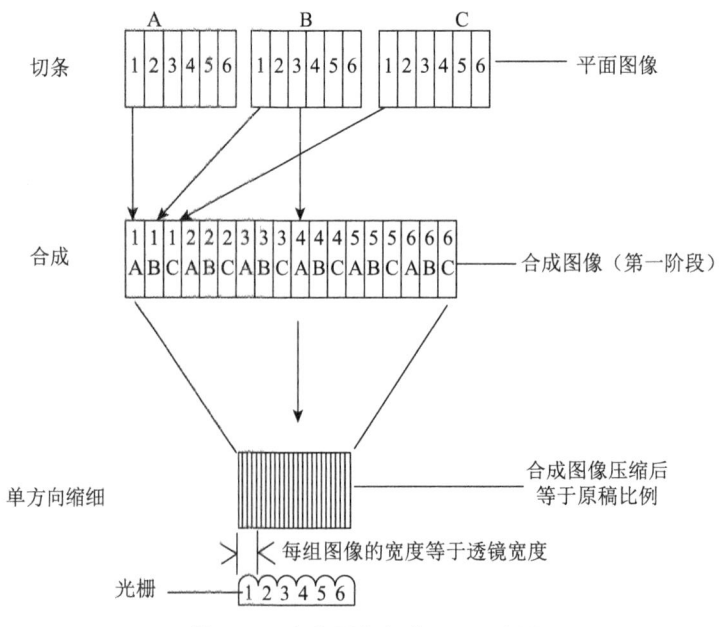

图4-38 立体图像合成原理示意图

（二）制版

与其他印刷方式一样，立体印刷制版过程也包括分色、加网和晒版等主要工序。

1. 分色

不管是摄影法还是计算机模拟合成制作的原稿，都是含有物体立体信息的彩色图像，故用分色机进行分色就可得到四张分色片。分色时扫描线数一般在 400 线/cm 以上。

2. 加网与晒版

（1）版式选择

立体印刷可以考虑的版式如表 4-3 所示，由表 4-3 可以看出珂罗版的立体感最强，但不宜大量生产，所以选用胶印平版为主。为了获得更好的立体效果，不单以两幅图像制作，还可以用一组序列的立体图像去构成，在这样的情况下，根据观察的位置不同，只要同时看到这个序列中的两幅图像，即可感受到三维立体效果。

表 4-3　立体印刷所用版式比较

版式	制版质量	立体感	印刷精度	耐印力	性能比较
胶印平版	良好	良好	良好	高	立体感较好，制版稳定，可大量生产
凸版	细网目制版困难	良好	良好	低	细网目制版困难，容易起脏
照相凹版	套印精度差	良好	不好	高	立体感良好，多色印刷效果不好
珂罗版	阶调不稳定	优	较好	低	立体感非常好，但不宜大量生产

（2）加网线数的选择

由于立体图像像素细小，以及柱面透镜光栅的放大作用，故要采用高网点线数制版，制版网线数必须在 120 线/cm 以上。提高分色挂网、拷贝的精度，要保证 300 线的网点结实不虚，景物图像保持丰富的层次。

（3）加网角度的选择

柱面光栅板是平行的直线条，容易和网点产生闪动的光晕，因此要避开使用 45°和 90°的网点角度，根据光栅板栅距的不同改变网目角度。

立体原稿是由一条条紧密排列的像素组成的，经制版、印刷后还要复合柱镜板，因此选择网线角度时，除了要考虑网版之间形成的龟纹外，还要注意各网屏角度与像素线、柱镜板线间形成的龟纹。立体印刷不宜选择 0°，因为横向的网线最明显，且 0°与像素线、柱镜线正交，会干扰图像的清晰度和深度感。

另外，立体印刷中青版和黑版加网角度一致，是由其本身特点决定的。由于光栅板大都带有一定的灰度，网线比较精细，暗调区域的墨量小，需要加深，所以立体印刷比普通四色印刷的彩色印墨实地密度要高，一般 Y 版为 1.33～1.35，M 版为 1.31～1.33，C 版为 2.00。如果三色印墨叠印后接近中性灰，为减少第四次套印带来的误差，就不必再印黑版，所以可将黑版与青版取同样的角度以便灵活掌握。

（4）加网线数与加网角度的组合

不同栅距的立体印刷，黄、品红、青、黑四块版需要选择网线和角度不同的组合，以避免产生干涉条纹。国内一般采用三种类型的网线和加网角度组合，如表4-4所示。

表4-4 常见的加网线数和加网角度组合

栅距/毫米	加网线数/(线/厘米)	加网角度			
		黄版	品红版	青版	黑版
0.6	100	81°	36°	66°	66°
0.44	58	50°	20°	65°	65°
0.31	81	66°	22°	51°	51°

（5）晒版

由于立体印刷品最终要与塑料板复合，而柱镜板大都带有一定的灰度；同时立体印刷使用的是高网点线数的网屏，在晒版时只需晒到8.5成或9成网点，否则印刷时易造成糊版。

小幅面连晒时，由于曝光光源的温度会引起底片收缩，造成前后幅的栅距变化，影响印刷套准精度，因此可将分色片连制成整张底片进行晒版，效果比较理想。

（三）印刷

立体印刷所选用的印刷方式要保证不损失立体感、套印精度好，且宜大量印刷，从表4-3的比较中可以看出，平版胶印的制版质量、印刷套印精度、耐印力都比较好，并可大量生产。所以，一般选择传统胶版印刷方式进行印刷。此外，还可以采用直接印刷和数字印刷方式直接得到最终的产品。

1. 先印刷，再复合

这种方法是先在纸张上印刷立体图像后，再与柱面光栅片复合。为避免由于纸张的伸缩变形而导致的套印误差，应选择表面平滑度高、伸缩性小的纸张。

立体印刷产品由于光栅的聚焦和阻碍作用，其套印精度比一般印刷的精度要高10倍左右，要求印刷网线清晰、套印准确，套色误差不允许超过0.02mm。为保证印品的套准精度和质量，要注意以下几点。

（1）纸张：印刷用纸张要求具有紧密、光洁、平整、伸缩性小的特点，通常使用铜版纸或卡纸。

（2）油墨：要求印墨光洁不褪色，不能选用发泡油墨，因为任何可见程度的发泡都会影响图像的清晰度和三维效果。

（3）印刷机：最好采用小幅面印刷机，如遥控的CPC海德堡四开四色胶印机，立体印刷产品更加干净，精度更高，印刷速度一般要求应保持在4000～5000印/时为好。

（4）套色印刷必须按计划短时间内完成生产，避免纸张伸缩，造成套印不准。

（5）印刷车间要保持恒温、恒湿条件。

2. 直接印刷

可以利用高档胶印机直接在光栅背面印刷。其立体印刷工艺如下：

（1）先利用一般图像处理软件，如 Photoshop 等处理好需要的图案，然后加到专业立体图像软件中，如 Superflip 里设置好各种属性，软件会自动合成好所需的图案，经制版后即可进行印刷。

（2）在海德堡等高档胶印机上用 UV 墨直接在光栅背面印刷，不需要对印刷机进行任何调整。光栅的输送方式与普通纸一样，印刷用光栅的厚度有 0.6mm、0.475mm 和 0.3mm 规格。

在光栅上印刷的套印精度比普通印刷要求更严格，对印刷设备的精度要求也非常高。

3. 数字印刷

数字印刷机除了可满足印刷精度（达到 180～230 线/英寸）的要求外，还可实现"按需印刷"。其印刷方法是将用相关软件处理后的立体图像数据输入数字印刷机，如 HP Indigo 系列印刷机等，并直接印刷于光栅背面，最后涂上一层白墨做底，干燥之后即可呈现所要求效果的三维立体图像。

（四）光栅板黏合成型

在纸张上印刷的立体图像必须覆上柱镜光栅片后，才能看到三维空间的立体感。否则纸张上的印刷图像由于是多幅图像叠印而成，因此是模糊不清的。

柱面透镜光栅片有硬塑料和软塑料两种，幅面大时，宜使用硬塑料。复合成型要求定位准确，复合方法有平压贴合法、滚筒贴合法和后贴法三种。平压贴合法和滚筒贴合法都是根据参数制作好的柱面透镜阴模板，将塑料片加热软化后，层压成型柱面光栅片的同时与印刷纸张复合的工艺方法，分别如图 4-39 和图 4-40 所示。

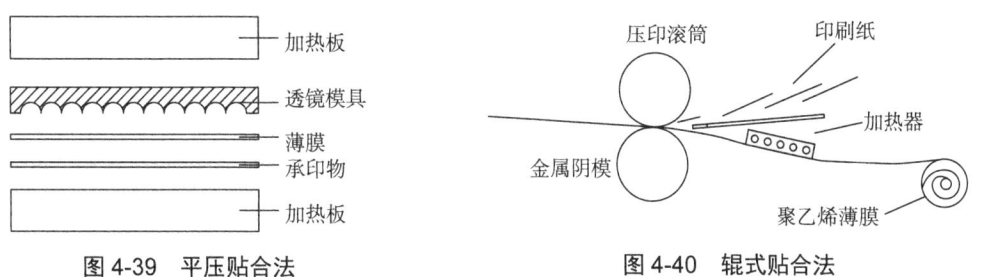

图 4-39 平压贴合法　　　　　图 4-40 辊式贴合法

1. 平压贴合法

采用平压机，在柱面透镜成型的同时，将聚氯乙烯薄膜黏附在印刷品表面后冷却而成一体，这种方法制成的柱面透镜阴模再现性好，复制质量高，主要适用于中小批量产品的生产。

2. 滚筒贴合法

将卷筒式聚氯乙烯薄膜充分加热，然后让其与印刷纸张重叠，并从冷却阴模与压辊之间通过，与柱面透镜成型的同时进行加压贴合。这种柱面透镜成型方法生产效率高，适用于大批量生产，但阴模再现性不如平压贴合法。

3. 后贴法

柱面透镜预先成型，再后贴合在印刷纸张上。即先制作好成型的光栅板，然后在印刷好的成品上涂布一层黏合胶，把光栅板与印刷品进行精确的对准复合，显示立体效果。这种方法一般用于柱面透镜大而厚的场合，成本较高，而且需要较大的压力才能制作出立体印刷品。

五、立体变画印刷工艺

上一小节介绍的变图效果、动感效果、缩放效果、Morph、叠纹效果都属于立体变画印刷，它是普通立体印刷品的延伸，当变换观察角度时可以看到画面变化的立体图像。其制作印刷方法与普通立体印刷相同，与普通立体印刷的区别在于原稿制作的差别。立体变画印刷不仅要制作立体图像，还需将多组变化的画面合成为一张印刷底片，并确保多组变化的图像拼组在柱面透镜的同一个单元之中（一个栅距内），然后再经与普通立体印刷工艺相同的分色、制版、印刷以及印后加工而制得。

下面以两幅画面的变化效果为例，阐述将两个立体图像合成一张底片的制作方法。

传统合成方法首先需要将两幅画面 A 和 B 分别分色，即可得到画面 A 和 B 的分色底片各四张，再将同色的 A 和 B 画面分色底片合成在一张上，得到四张合成两幅画面的分色底片，即 $A_青+B_青=合_青$，$A_{品红}+B_{品红}=合_{品红}$，$A_黄+B_黄=合_黄$，$A_黑+B_黑=合_黑$；为了将两个动作的画面合成在一张底片上，必须分两步曝光，如图 4-41 所示。如青色合成底片的拷贝制得方法为：先将 A 青底片（阴片）与 A 线片（一种黑白相间的线条板如图 4-42 所示。A 线片与 B 线片的一个线条宽度之和正好为一个栅距）密合，放上感光片后，吸气、曝光，取下 A 线片和 A 青底片；再将 B 青底片（阴片）和 B 线片密合，把刚曝过光的感光片再次放上，吸气、曝光。然后经显影、定影，得到一张既有 A 线又有 B 线的合成阳图片（青片）。

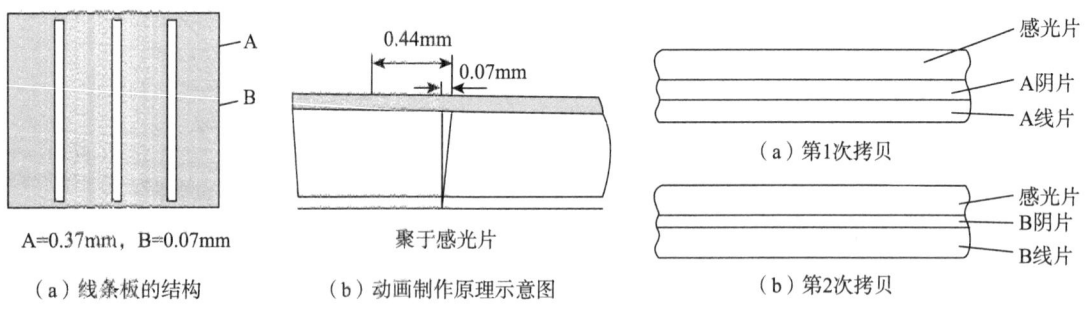

图 4-41　线条板结构　　　　　图 4-42　两次拷贝合成一张底片示意图

上述传统操作方法需要经多次拷贝将多组图像合成一张底片上，所以操作起来耗费工时较长，而且翻拷过程操作不当造成合成底片的质量降低。在计算机应用技术十分广泛的今天，可以使用计算机合成的方法直接制得 A 和 B 画面合成后的图像。如在 Photoshop 软件中设置好要求的画布，置入 A 和 B 两个画面于不同图层，另设置一光栅图层，此光栅图层即为传统拷贝工艺中线条板的作用，然后将光栅图层载入 A 画面中，删除掉 A 画面中对应光栅黑色宽条部分（0.37mm）；再将光栅图层载入 B 画面中，删除掉 B 画面中对应光栅 B 条宽部分（0.07mm），当 A 和 B 画面图层同时可见时，可看到在同一画面中同时有未删除的 A 画面条和未删除的 B 画面条间隔排列，一个 A 条加一个 B 条的宽度正好为一个栅距。然后，再进行四色分色、制版、印刷以及印后加工工艺。

第四节　全息印刷

全息印刷的理论基础是全息照相技术，它是一种能记录并再现物体三维立体信息的照相方法，起初因为没有理想的光源，并没有得到人们的重视。直到 20 世纪 60 年代后，随着强相干光源——激光的诞生，才使得全息印刷技术迅速发展起来。

全息印刷也称为激光印刷，以激光全息摄影为基础，通过制作出来的全息图片，使之能够在二维载体上形成干涉条纹，并且清晰而大量地将三维图像复制在特定的印刷材料上，它是一种无油墨的彩色印刷。其产品呈现在承印物上的图像不是某一客观物体的单一投影，而是通过其本身出现变化的各种色彩的立体景物。

我国自从 20 世纪 80 年代引进全息照相技术后，迅速得到应用和推广，并在防伪商标等领域达到了世界先进水平。全息技术在印刷人物肖像、机械、建筑结构展示、文物、工艺品、艺术图片、商业广告等方面都将有更多更广的应用。同样，模压全息制品市场也很广大，将以证券、防伪为重点，并趋向多样化发展，尤其是在商品包装及礼品包装方面。

一、全息照相技术

在光学理论中，眼睛能看到各种物体是由于物体在光的照射下，各自发射的光波特性，包括光波的振幅、相位和波长，给予人们不同的视觉效果。如果物体本身并不存在，但只要能得到物体的特定波长，那么也就能看到物体的逼真存在，这就是全息照相的理论精髓，显然它所得到的底片与普通照相的底片不同。普通照相感光底片上记录的只是光的强弱（光线的振幅）；而全息照相是用激光干涉的方法把物体散射光波的振幅和位相全部以干涉条纹的形式记录下来，即将物体的全部信息（如文字、图案或三维物体的外形）记录在一种载体上。

（一）全息照相的基本原理

全息照相是利用光的干涉原理把物体的信息记录下来的。光的干涉现象如图 4-43 所示。用一个单色点光源 S 同时照亮彼此相距很近的小孔 S_1、S_2，在距小孔一定距离处放置接收屏，在屏上即可观察到明暗相间的条纹。若把 S_1、S_2 看作两个单独的光源，即同时发出两列振动方向相同、频率相同的单色光波，两束光波在接收屏上相遇叠加，由于两光波在叠加区的光强度不是均匀分布的，所以叠加后会出现极大值和极小值，这种在叠加区呈现强度稳定的强弱分布现象称为光的干涉现象。

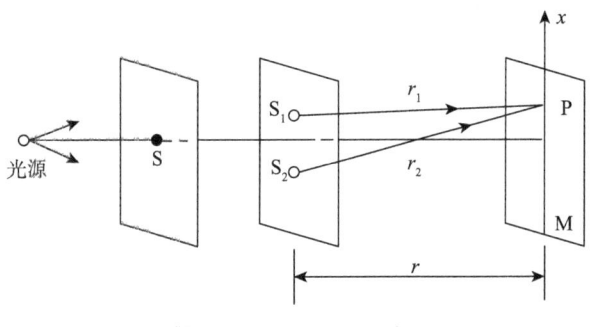

图 4-43 光的干涉现象

能产生干涉现象的两列光波称为相干光波。两列光波相干的条件是：频率相同、振动方向一致，并有恒定的相位差。能够发出这种相干光波的光源称为相干光源。

一般情况下，当两束相干光波的位相相同时，合成光源的振动（相应的光强）就增强，反之，光波的振动就减弱。而光波的位相是随位置变化的，因此，光波的振动增强和减弱也随位置而变化。这样，在两束光的交叠处就产生了干涉条纹，条纹的分布情况反映了合成光波的位相在不同位置的变化情况。因此，利用两束光的干涉所产生的干涉条纹可以有效地把位相的变化情况记录下来，全息照相就是利用光的干涉把景物散射光波以干涉条纹的形式把光波的振幅和位相记录在感光材料上，因而获得具有立体感的图像。全息照相的实质是"干涉记录、衍射再现"，它的原理如图 4-44 所示。

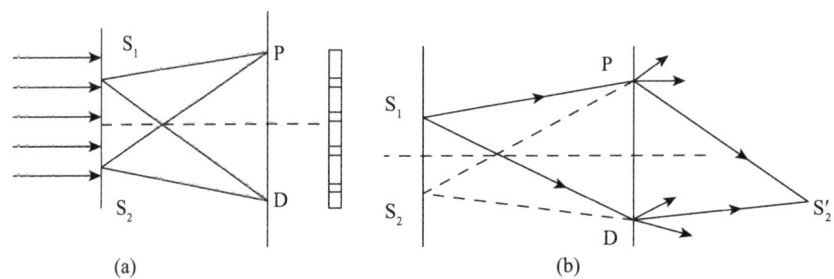

图 4-44 全息照相的原理示意图

在图 4-44（a）中，将一束相干光波垂直地照射在两条平行狭缝 S_1 和 S_2 上，通过 S_1 和 S_2 发出的两束光，在屏幕 PD 上叠加成干涉条纹。如果把狭缝 S_2 看作物体，S_1 作为参考光源，则屏幕 PD 上的干涉条纹就是物体 S_2 的全息图，用照相底版将它记录下来，就得到一张狭缝 S_2 的全息照片（它是一个明暗条纹的强度按正弦规律变化的光栅）。为了得到 S_2 再现的像，只须仍用参考光束 S_1 去照明上述的全息照片（即光栅版）。由于光栅的衍射，在光栅后面会出现一系列的衍射光波，其中有一列衍射波与物体原来位置所发出的光波完全一样。这列光波就在狭缝 S_2 处形成一个虚像。于是我们可从全息照片的后面看到原物体狭缝 S_2 再现的像（一条明亮的条纹）。另外，在全息照片的后面还有一个和它共轭的实像 S_2'[图 4-44（b）中]。如果要把这个实像摄录下来，不需要使用任何照相机，只要把感光片放在这个实像位置，就能记录下物体的像。

如果狭缝 S_2 用其他物体代替，仍用一束相干光波照射，则由物体表面反射的光波与参考光波 S_1 发出的光波在屏幕 PD 上发生干涉，形成更复杂的全息图样。采用上述再现方法，同样可以得到物体再现的像。如果原物体是立体的，那么再现的像也是立体的。因为全息底片上既记录了光波的振幅，也记录了光波的位相。再现时，把这些点的位相差别全部重现出来，就能反映空间中物体不同的位置，形成立体感。这就是全息照相的基本原理。

（二）激光光源

在全息记录过程中，从三维物体不同部位表面散射和反射的光由于物体的深度不同，到达全息干版时的光程也不同，当其与参考光波干涉时，两者的光程差将在很大的范围内变化。所以要求记录光源有较长的相干光程，即较好的时间相干性；而且为了能把具有较大空间分布范围的物体记录下来，要求照明光束在较大横截面内各光线间是相干的，即要求光束具有较好的空间相干性。传统的光源均无法满足这一要求，直到激光的出现。

激光是一种利用激发态粒子在受激辐射作用下发光的电光源，是一种相干光源。自从 1960 年红宝石激光器出现以来，各类激光光源的品种已达数百种，输出波长范围从短波紫外直到远红外，按照其工作物质（也称激活物质）分为固体激光源（晶体和钕玻璃）、气体激光源（包括原子、离子、分子、准分子）、液体激光源（包括有机染料、无机液体、螯合物）和半导体激光源等四大类型。各类激光的输出功率，从几微瓦至几太瓦不等。

激光光源具有下列特点：①单色性好。激光的颜色很纯，其单色性比普通光源的光高 10 倍以上。因此，激光光源是一种优良的相干光源。②方向性强。激光束的发散立体角很小，为毫弧度量级，比普通光或微波的发散角小 2～3 个数量级。③光亮度高。激光焦点处的辐射亮度比普通光高 10～1000 倍。

全息制版常用的激光器如表 4-5 所示。

表 4-5　全息制版常用的激光器

名称	输出波长 /nm	输出功率最大值	输出方式	激光管长 /m
He-Ne 激光器	632.8 1152.3 3391.3	150mW 25mW 10mW	连续	0.3～0.5 1.0～2.0 ～1.0
He-Cd 激光器	325.0 441.6	40mW 200mW	连续	1.0～2.0
Ar^+ 激光器	457.9 476.5 488.0 496.5 501.7 514.5	20W	连续	0.3～20
CO_2 激光器	9600 10600	200kW	连续、脉冲	

续表

名称	输出波长/nm	输出功率最大值	输出方式	激光管长/m
红宝石激光器	692.9 694.3	1500J	连续	0.3～20
钇铝石榴石激光器	1064.5 1079.5	100W	连续、脉冲	

一般用全息干版记录三维物体的全息图可用 He-Ne 激光器。拍摄景深大的物体可用长相干长度的 He-Ne 激光器。用重铬酸盐明胶作记录介质时,最好用 Ar^+ 激光器;而选用光致抗蚀剂,则应选用 He-Cd 激光器输出的 441.6nm 波长或 Ar^+ 激光器的 457.9nm 波长。如拍摄活动物体的全息图,则需要用脉冲激光器。

(三) 全息记录材料

全息记录材料可分为无机和有机两大类。大致有卤化银乳胶、重铬酸盐明胶、感光性高分子、光导热塑性塑料、光致各向异性材料、光致折变材料等,其中应用最广泛的是卤化银乳胶和重铬酸盐明胶感光材料。根据记录材料吸收光后材料性能变化的类型大致又可分为透射型、折射型、浮雕型和混合型四种。在全息印刷中主要使用的则为透射型的卤化银、折射型的重铬酸盐明胶和浮雕型的光致抗蚀剂、属折射和浮雕混合型的以漂白处理方式使用的卤化银材料等。

记录材料的选择应从两个方面考虑。一是记录波长,有单波长记录和多波长记录两种情况。另一是全息图的类型,有透射全息图和反射全息图的区别。前者要考虑记录材料的灵敏波长,后者考虑记录材料的厚薄。为了方便详细地介绍常用全息记录材料的特点,下面先简要介绍反映记录材料性能的几个主要特性参数。

1. 全息记录材料的特性参数

(1) 衍射效率。全息图衍射效率的定义为:在全息光栅成像时,有效成像光通量与照射全息光栅的入射光通量之比。衍射效率不仅与记录材料的性质有关,还与全息图的类型和条纹的调制度有关。一般说来位相型记录材料的衍射效率较振幅型的高。条纹调制度则与光束比有关。对于同一种记录材料,衍射效率还与全息图的空间频率有关。

材料所能达到的最大衍射效率,是衡量一种材料有无全息记录潜力的重要因素。材料的衍射效率越大,在同一体积上记录的多个全息图可分享的记录响应能力越强,从而每个全息图的衍射效率就越大,信息页面重构时的亮度越明显。表 4-6 列出了不同类型理想全息图的理论衍射效率。

表 4-6 理想记录材料的衍射效率的理论值

全息图类型	薄透射全息图				厚反射全息图		薄反射全息图	
调制方式	余弦振幅	矩形振幅	余弦位相	矩形位相	余弦振幅	矩形振幅	余弦位相	矩形位相
衍射效率	0.063	0.101	0.339	0.404	0.037	1.000	0.072	1.000

（2）感光灵敏度

感光灵敏度是指记录材料受到光照后，其响应的灵敏程度，一般定义为具有最大衍射效率时所需的曝光能量。但由于各种材料的最大衍射效率相差很大，所需的光照时间不同，这一定义不能准确反映材料对光照的响应灵敏度，所以全息记录材料的灵敏度定义为：在1mm厚的材料中记录衍射效率为1%的光栅所需要的能量密度（W），单位为 mJ/cm^2。光聚物的灵敏度与其化学成分有密切的关系，通常情况下材料的灵敏度值越低越好。

（3）感光动态范围

全息材料的感光动态范围即材料的最大折射率改变，是指当曝光时间与响应时间相比足够长时，材料所达到的折射率变化。材料的感光动态范围直接决定了高密度全息记录的衍射效率及材料可达到的最大记录容量。该范围与材料的写入和擦除特性有关，一般来说，对某种材料要想充分利用其动态范围，必要的曝光时间必不可少。

（4）分辨率

分辨率代表材料的分辨本领，是指它区分输入图像细节的能力，或它所能记录的光强空间调制的最小周期或最大空间频率。分辨率是每毫米分辨多少线数作为定量指标，单位为：线数/mm。全息材料记录的是物光与参考光的干涉条纹，在记录时，对记录材料分辨率的要求与物光与参考光光束的夹角有关。表4-7、表4-8分别列出了对称记录透射和反射全息图时，物光、参考光光束最大夹角对记录材料分辨率的要求。

表4-7　透射全息图对记录材料分辨率的要求（λ=633nm）

物光、参照光光束最大夹角	30°	60°	90°	120°	150°	180°
分辨率/（l/nm）	>818	>1580	>2230	>2740	>3050	>3160

表4-8　反射全息图对记录材料分辨率的要求（λ=633nm）

物光、参照光光束最大夹角	90°	120°	150°	180°
分辨率/（l/nm）	>3616	>3946	>4535	>4802

（5）信噪比

信噪比是衡量感光材料信息失真度和清晰度的指标。材料噪声过大将严重损害再现数据的质量。噪声来源于材料的缺陷和非均匀性造成的对输入信号的随机散射。信噪比一直是人们用来描述信号质量的经典方法，通常定义为：S/N，其中S表示信号强度，N表示噪声强度。

（6）重复性及保存期

全息记录材料的重复性是指信息可重复擦写的能力。保存期是指全息材料对已记录信息的保存时间。

2. 常用的全息记录材料

理想的全息记录材料应当对曝光所用的波长有高灵敏度、高分辨率、低信噪比等特点，还应具备重复性好、保存期长等性质。实际上，任何一种记录材料都不可能同时满足上述要求的。目前常用的全息记录材料分析如下。

(1) 卤化银乳胶

卤化银乳胶是全息领域应用最早的记录材料，主要由照相明胶、卤化银（AgCl、AgBr、AgI）及适当的添加剂（坚膜剂、增感剂、稳定剂等）构成，超微粒卤化银晶粒悬浮在明胶中，再加上一定的敏化剂制作而成，其厚度一般为 $0.01 \sim 5\mu m$，乳胶附着在片基上，习惯上把片基为玻璃板的称为全息干版，而片基为醋酸盐和涤纶片等胶片的称为全息软片。卤化银乳胶一般用于作平面全息存储，但膜层较厚的卤化银乳胶在经过漂白处理后，介质内部产生折射率变化，因此也可以看作立体全息存储材料。

卤化银感光胶其显著优点是感光灵敏度高、分辨率高和信噪比高。但银盐材料用于全息记录时获得的衍射效率偏低，而且银盐材料需要经过湿法显影处理。卤化银乳胶已不能满足使用者越来越高的要求，尤其是它在全息领域的应用受到很大的限制。

(2) 重铬酸盐明胶（DCG）

重铬酸盐明胶是一种很好的相位型记录材料，其特点是高衍射效率、高分辨率、低噪声、图像消失后可以通过再处理基本恢复、制备工艺简单等。利用重铬酸盐明胶记录信息时，它很少吸收和散射光，在介质内可以形成很大的折射率变化，制成尽可能厚的全息图，衍射效率接近100%。

DCG光化学全息记录过程为：作为感光敏化剂的重铬酸盐溶解在明胶中，它以六价铬离子 Cr^{6+} 与明胶胶合，形成DCG膜。曝光时，在DCG膜吸收光后使六价铬离子 Cr^{6+} 变为低价离子态 Cr^{3+}。随后与其附近的明胶分子的残基进行共价结合而形成交联，使明胶坚膜硬化。由于各区曝光程度不同，这种交联的数量也随之不同。交联程度与DCG的溶胀、密度、折射率等性质密切相关。由于整个光化学反应在明胶内，交联作用也使得水洗显影时，未曝光部分不像软明胶那样被冲洗掉，而仅仅是洗去残余的重铬酸盐。同时明胶也因吸水而溶胀，溶胀程度与曝光量成反比。最后，在异丙醇中浸泡脱水，并快速干燥，使曝光部分的折射率提高，就制成了衍射效率很高的位相型全息图。

重铬酸盐明胶尽管拥有理想的全息存储特性，但它的缺点也很明显，即在自然环境中不稳定，而且从曝光到显影阶段，光敏层的变形问题也没有解决，这种材料的感光度不高，光谱敏感区也有限。

(3) 铌酸锂晶体（$LNbO_3$）

铌酸锂晶体是一种无机光折变材料，属于铁电晶体类位相型记录材料。它具有光折变效应，在光辐照下，具有一定杂质或缺陷的电光晶体内部形成与辐照光强空间分布对应的空间电荷分布，并且由此产生相应的空间电荷场。空间电荷场通过线性电光效应（泡克尔斯效应），在晶体内形成折射率的空间调制变化，产生折射率调制的位相光栅。

光折变晶体材料通常可做成几毫米厚，记录的全息图的选择角也很小，因而可以在同一体积中记录大量的全息图而观察不到显著的串扰噪声。由于光折变材料中记录的信息可以用光学方法擦除，在多重记录过程中，每一次全息记录对于前面已经记录下来的全息图也有擦除效应，记录的全息图数目越多，每个全息图的衍射效率就越低。所以，材料的记录容量不仅取决于晶体的厚度，还取决于所能提供的最大折射率改变（即动态范围）。

铌酸锂晶体作为最常用的折变材料，它的动态范围大，使得在给定晶体记录大容量全息图成为可能。记录持久性长，并且可以固定（定影）。它容易长成大尺寸的光学质量优良的晶体，其写入和灵敏度可以受掺杂浓度和外加电压的控制。铌酸锂晶体用于全息记录材料的缺点是灵敏度相当低，制作工艺复杂，不利于市场化。

（4）光致变色材料

光致变色记录是利用记录材料在光子作用下发生化学变化而实现信息记录，常用的光致变色材料有螺吡喃、吡咯俘精酸酐、二芳乙烯、偶氮苯等有机物。根据光致变色材料的性能，它可用于多种光学记录材料，如光学双稳态记录、多重记录、超分辨记录和全息记录等四个方面。

利用光致变色材料作全息记录时，由于光致变色膜层内的分子极化特性在入射光光子的作用下发生改变，导致膜层折射率变化。尤其是记录波长与介质吸收谱线发生共振时，膜层内部可产生显著的折射率变化。此时全息图的衍射效率主要来源于介质折射率的变化，而不是介质吸收率的变化。利用这一特点，可用物光和参考光的干涉场在光致变色材料中形成折射率调制的全息图。

光致变色材料具有无颗粒特征，分辨率仅受记录波长的限制。并且，若记录光功率足够强，则不必采用干法或湿法显影，只需光照就可以在原位记录或擦除全息图。光致变色材料还具有宽的动态范围。其主要缺点是灵敏度较低，响应速度慢。

（5）光致抗蚀剂

光致抗蚀剂是一种很适合于记录薄浮雕位相型全息图的光敏有机记录材料。这种材料经过曝光和显影可以形成浮雕像。它有正型和负型两种类型。

正型光致抗蚀剂，曝光的地方吸收光产生有机酸破坏交联成为可溶性有机材料，通过显影被溶掉；负型的光致抗蚀剂，曝光的地方因吸收光在分子间形成交联，使有机材料硬化而变得不溶解，显影后只有未被曝光的部分被溶解掉，留下的是凹凸不平表面的全息图。作为全息记录材料，光致抗蚀剂可以用离心甩胶的方法制成微米量级的薄膜，收缩及变形都很小，衍射效率高，是制作浮雕全息的很好的材料，分辨率可达到 3000 线 /mm 左右。但是用它作为浮雕全息材料存在着两个缺点：一是感光灵敏度低；二是光谱响应范围窄。光致抗蚀剂对蓝光敏感，通常用 He-Cd 激光器的 441.6nm 波长曝光。光致抗蚀剂用于记录全息图，要求它必须与片基很好地黏结，为此只能选用正型光致抗蚀剂。

光致抗蚀剂能在光的作用下产生一种强酸，通过加热能使主体树脂发生光分解和光交联反应。由于产生的强酸可循环使用，所以可获得高灵敏度。目前广泛使用的光酸产生剂是金翁盐，如碘金翁盐、硫金翁盐、铁金翁盐、碳金翁盐等。如甲酚树脂 -β- 萘甲酸叔丁酯 - 三苯基硫六氟磷金翁盐组成的感光体系，是正型抗蚀剂，感光灵敏度达几个 mJ/cm^2。

（6）光导热塑性塑料

光导热塑性塑料是一种浮雕型位相记录材料。光导热塑性塑料干版的制造方法，是在玻璃片基上用真空镀膜方法镀上透明的导电膜，例如氧化锡，然后用化学的方法，涂布厚度为 2～3μm 的光电导体和厚度约为 1μm 的热塑性塑料。

光导热塑性塑料作为全息记录材料的优点是对可见光敏感和干显影，适合于实时观察，衍射率高，能重复使用，布喇格效应很小，是较为理想的平面全息图记录材料。缺点是分辨率低，小于 2000 线/mm。

（7）光致聚合物

光致聚合物作为全息记录材料是基于其具有光致聚合效应，一般的光致聚合物上都包含单体或小分子、引发剂、光敏剂等主要成分。光致聚合效应即在光照情况下，光敏剂吸收相应敏感波长光波的光子，受激发跃迁到较高的能级，弛豫过程中将能量传递给引发剂，使之产生活性种子或自由基，这些活性种子或自由基引发小分子或单体发生聚合，生成聚合物。这种感光高分子材料具有高灵敏度、高分辨率、高衍射效率、光谱响应宽、加工简便、存储稳定等优点，是一种比较理想的全息记录材料。

光致聚合物形成全息记录的原理大致如下：全息记录时相干的物光和参考光的干涉使光场中的光强产生了非均匀分布，强度非均匀分布的光场使光聚物材料产生非均匀曝光，则干涉相长的地方光强较强，聚合较多；而干涉相消的地方光强较弱，聚合较少甚至无聚合，因此引起亮、暗区域内单体密度的不均匀，曝光量大的区域聚合分子的浓度相对较大，而且残存的自由单体会向聚合体浓度大的区域不断扩散直至全部消失。这样，由于聚合区域（亮条纹区）和无聚合区域（暗条纹区）的折射率受到了调制，因此记录了折射率调制的位相型光栅。全息光致聚合物常用单体有丙烯酸甲酯、丙烯酸三溴苯酯、缩乙二醇双丙烯酸酯等。一般的光聚物单体光照时不敏感，不能直接产生聚合，所以通常要在其中掺入对适当波段比较敏感的光敏剂及光聚合引发剂。常用的光敏聚合引发剂有羰基化合物、偶氮化合物、有机硫化物、氧化还原体系、感光色素类等，如安息香、偶氮二异丁、硫醇类、核黄素、花菁类色素等。为提高光致聚合物材料的机械物理性能、衍射效率和灵敏度，常在聚合物中加入成膜树脂，如明胶、聚乙烯醇、聚苯乙烯、纤维素乙酸丁酯等。

二、全息印刷工艺

全息印刷是把由激光摄影记录下来的全息图像，复制在特定的承印材料上的技术。它是通过全息照相的底片，制成模压版，然后经模压印刷而大量复制，其工艺过程如图 4-45 所示。

全息照相 → 制作全息母版 → 制作金属模压版 → 模压印刷 → 印后加工

图 4-45 全息印刷工艺流程

（一）全息照相

全息照片的拍摄和再现是全息印刷的第一步，它决定了全息印刷的印品质量。

1. 全息照片的拍摄

全息照片的拍摄过程如图 4-46 所示。用一束足够强的相干光照射物体,从物体上反射的光波(即物体光波)射向感光胶片,同时再使这束相干光的一部分直接(或通过反射镜反射)照射到感光胶片上,这部分相干光波就是参考光束,物光与参考光束在胶片上形成许多明暗不同的花纹、小环和斑点等干涉图样,这样的感光胶片就成了全息"照片"。干涉图样的形态记录了物光与参考光之间的位相关系,而其明暗对比程度(反差)反映了光束的强度(振幅)关系。这样就把物体光波的全部信息记录下来了。

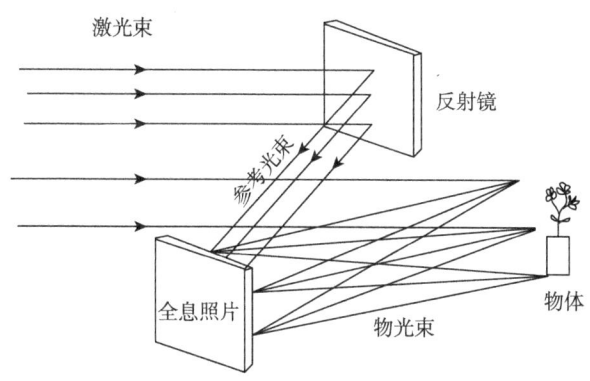

图 4-46 全息照片的拍摄光路图

2. 全息照片的再现

全息照片的再现过程如图 4-47 所示。当同一束相干光在与拍摄时的参考光束以相同的角度照射到全息照片上时,被照片上的干涉图样所衍射,这里,全息照片成了一个反差不同、间距不等、弯弯曲曲发生了畸变的"光栅",在它后面出现一系列零级、一级、二级等衍射波。零级波可以看成衰减后的入射发束,两个一级衍射波构成了物体两个再现的像,其中一列一级衍射波和物体在原位置上发出的光波完全一样,构成物体的虚像;另一列一级衍射波虽然也是物体波精确的复制,但它的曲率与原物体波的曲率相反,原来的发射光变成了会聚光,这就构成了物体的实像,可用感光胶片拍下来。

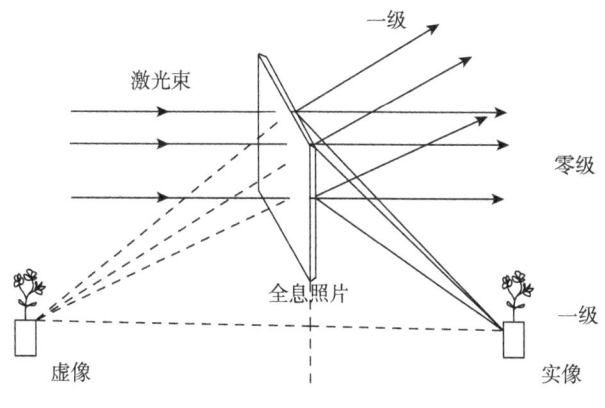

图 4-47 全息照片的再现光路图

3. 全息照片的分类

全息照相所得到的全息照片种类很多，按干涉条纹的记录方式和次元不同，可将全息照片分为如下四种类型。

①振幅全息照片。振幅全息照片是靠感光材料对光的振幅透射率或振幅反射率的分布来记录干涉条纹。采用卤化银显影法记录下来的照片就是振幅全息照片。

②相位全息照片。相位全息照片通过感光材料上的透射光或反射光的相位分布来记录干涉条纹。相位的分布可以由折射率或凹凸形状来形成，而凹凸形状可由光刻胶或热塑性塑料等感光材料来制作。在卤化银和重铬酸凝胶上也能形成凹凸形状。

③平面全息照片。干涉条纹的次元为二次元的全息照片。可将平面全息照片看作感光材料很薄的全息照片。当记录介质的厚度小于记录条纹的间距时（典型的感光记录条纹间距为 2～3μm，感光层厚度在 2μm 以下），曝光后的全息底片上将形成平面型的感光效果，称为平面全息照片。

④立体全息照片。干涉条纹的次元为三次元的全息照片，当记录介质的厚度与所记录条纹的间距同数量级或更大时（一般情况下条纹间距为 2～3μm，感光层厚度在 5～20μm），曝光后在记录介质上可形成三维效果的影像，称为立体全息照片。

显示用全息照片主要有李普曼全息照片、彩虹全息照片和全息立体照片三种。李普曼全息照片是体积全息图，它的特点是记录下来的干涉条纹在感光材料内部形成层状结构，因此，不能作为印刷复制原稿使用。而彩虹全息照片和全息立体照片属于二维干涉条纹的记录方式，可将干涉条纹的浓淡层次置换成表面凹凸形状的浮凸全息图像，供印刷使用。

（二）制作全息母版

一般说来，能做成立体全息图的材料和工艺有很多，目前比较常见的是光致抗蚀剂工艺。下文中将以光致抗蚀剂作为全息记录材料，介绍制版过程。

用分光镜将激光束一分为二，一束先通过分光镜再通过扩束镜照射在全息图版上，通过衍射后形成一个实像，用实像作为物光波，通过狭缝照射到另一块涂有光致抗蚀剂的干版上。另一束光波则先通过反光镜，再通过扩束镜同样照射到涂有光致抗蚀剂的干版上。涂有光致抗蚀剂的干版上曝光后经过显影和坚膜处理，就形成了一张浮雕型相位全息图，就是制作模压全息图片的母版。

它的具体制作步骤是这样的：

①准备片基。将制版玻璃片基在酸性溶液中浸泡 30 分钟左右，流水冲洗 10 分钟，反复 3 次，再在中性溶液中浸泡 30 分钟左右，自来水冲洗 10 分钟，反复 3 次，随后用去离子水冲洗干净，经过 100e 烘箱进行 20 分钟的烘烤，在自然环境下冷却待用。

②涂布光致抗蚀剂。一般采用离心涂布方法，将光致抗蚀剂涂布到玻璃片基上。涂布厚度、烘烤温度、烘烤时间根据光致抗蚀剂型号不同而不等。

③曝光。在曝光过程中，须绝对保证暗室不能有一丝亮光；全息摄影工作台保持水平及

稳定性，不能受到任何轻微的振动，以免使干涉条纹产生变形。全息图是参考光波和物光波干涉条纹的记录，如果在曝光过程中两光波的光程差有变化，就要影响干涉条纹的调制度。通常要求该光程差的变化小于十分之一。所以，在全息原版制作过程中，特别要注意全息工作台的稳定性问题。

影响稳定性的因素有震动、空气流和热变化等。震动的主要影响来自地基的震动，如果记录系统部件的机构有松动就会把震动放大，所以必须对全息工作台采取减震措施。专用全息气浮工作台是最好的减震台。简单的减震方法可用砂箱、微孔塑料、气垫（用汽车、飞机轮子的内胎）和重 100～200kg 的铸铁或花岗岩，做成一个隔离罩。如果不用隔离罩，记录全息图时，室内不要通风，工作人员不要大声讲话和距工作台远一些。

④显影。将显影原液稀释后，控制好液体温度和显影时间，显影完成后迅速用去离子水冲洗干净，自然干燥。

⑤坚膜。在烘烤箱中烘烤 30 分钟，温度控制在 120℃。

为了获得一张高质量的全息图，使用和处理全息干版时还要注意一些技术性问题。全息干版在涂布乳胶后的干燥过程往往产生应力，为消除这种应力，可以将干版在使用前放置在一定湿度的容器中一段时间。全息干版的片基玻璃表面平度一般不好，在记录时由于背面反射光的影响，产生一种木纹状的干涉条纹。消除这种条纹的办法是曝光时在干版片基玻璃的背面覆盖一块中性玻璃，中间加入折射率与玻璃相匹配的折射液，当显影时把它去掉。如果记录反射全息图，可以把干版放在折射率匹配的液槽中。另外，曝光时，如果光束以较大的角度斜入射在干版上，光从侧面进入玻璃，将在两表面之间发生多次反射，形成一条条的小全息图，这会影响全息图的质量；消除的办法是用光栏限制光束，使其截面小于全息干版，或挡住干版的边缘。

（三）制作金属模压版

在模压印刷之前，需要将全息母版上的浮雕的干涉条纹沟槽转移到金属模上制成金属压印模板。这种金属模板上的浮雕条纹具有十分精细的结构，其空间频率通常在 1000 线/毫米以上，而浮雕的平均深度仅有光波长的几分之一。

金属模板的制作工艺分为三步。第一步是在光致抗蚀剂的全息母版表面形成一个金属导电层，这些沉积光致抗蚀剂表面的微细金属颗粒，可将浮雕全息图上的干涉沟槽真实地转移到金属表面，形成金属模压版的雏形。第二步是通过电铸在第一层导电层上形成一层稍厚的金属支撑层。第三步是利用母版翻铸金属工作模板。

1. 金属导电层的形成

金属导电层的形成方法一般通过以下几种方法实现。

①真空镀银。这种方法仅仅适用于制作较小尺寸的模板。方法是把仔细处理过的光致抗蚀剂全息图面朝下，固定在真空室的顶部，从底部蒸发出来的银蒸汽，使其覆盖在全息图表面。

②化学镀银。这是最常用的一种方法，它的基本化学过程是所谓银镜反应。这种方法是

分两步的浸渍过程，第一步要对被镀表面敏化，常用的敏化剂是氯化亚锡溶液。通过敏化处理的被镀表面吸附一层容易氧化的金属离子，引发金属银的快速、均匀沉积，并增加镀层与基材的结合强度。第二步则通过在镀液中浸渍，实现银的沉积。

③喷银法。这种方法与化学镀银的化学反应机理相同，只是在操作上不是通过浸渍，而是两种溶液通过喷嘴同时喷到光致抗蚀剂表面上，使还原的银迅速沉积。在喷镀的同时，通常要高速旋转镀层，使其获得均匀的导电层。这种方法效率很高，适用于大规模的生产。

④化学镀镍。化学镀镍是一种催化还原反应，过程分为两步，第一步是在镀前处理中除了需要敏化之外，还需要做活化处理。就是在敏化后的被镀表面再置换一层高活性的金属微粒作为催化中心。通常使用氧化钯，活化时间控制在1~2分钟。第二步是在加热的容器内通过浸渍来化学镀镍。这种方法由于是在室温下操作，所以很适合在光致抗蚀剂上进行化学镀镍。

2. 电铸金属模板

虽然前道工序形成了一层金属导电层，但是由于该层的厚度太薄，仅有0.05~0.2μm厚，无法进行大规模的生产，所以必须使用电铸金属模板的方法对该层进行加厚。电铸的原理如图4-48所示，当外加电源在两极板之间施以一定电位时，阳极中的镍不断电离形成镍离子进入溶液中，装有母版的不锈钢挂具为阴极。溶液中的镍离子在阴极不断得到电子，转化为金属镍沉积在版面上，以形成足够强度凹凸形状的镍层，其厚度一般为50~100μm。

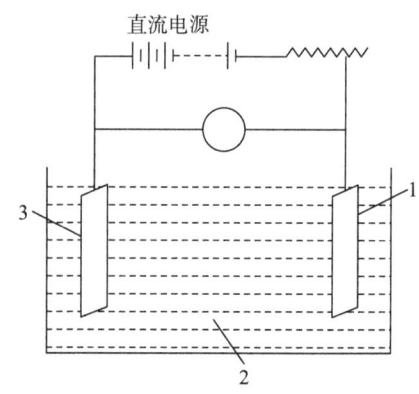

1-阴极；2-电解液；3-镍阳极

图4-48 电铸工作原理

在电铸时，先使用强度较小的电流，防止烧坏表面，以后逐步加大电流强度，30分钟后保持恒定值。电解液应当具有稳定性，电铸镍要有较高的强度和硬度，且抗延展性能良好。

3. 翻铸工作模板

翻铸第二代、第三代工作模板的电镀工艺与制造母版相类似，仅仅存在以下两个差异：一是翻铸工作模板时，由于阴极本身导电，所以可以不进行敏化、活化的镀前处理；二是翻铸工作模板时，必须解决好与母版的剥离问题，通常情况下，是在镀前对母版使用纯化溶液，使其与工作模板之间产生氧化层而容易剥离。

一块母版通常情况下在翻铸100块左右的第三代工作模板之后，其本身会出现干涉条纹脱落、图像清晰度、亮度变差等质量问题。所以，必须事先确定好生产规模和产品质量要求，寻求较为合适的制作方法。

（四）模压印刷

模压印刷的工艺过程是：将全息金属模板加热到一定的温度，以一定的压力在热塑性材料上压印，这样就将全息金属模板上的精细浮雕条纹转印到了热塑性的表面，待冷却定型和分离之后，热塑性材料的表面上就形成了与全息金属模板完全相同的条纹，这就是复制出的模压全息图。

1. 热塑性材料

适合用作全息模压复制的热塑性材料主要是各种激光全息膜，最常见的有聚酯膜、聚氯乙烯薄膜、聚丙烯膜和水洗膜等。

① PET（聚酯）激光全息膜。PET 具有优良的机械性能，透明度高，透光率达到 91%～93%，化学导电性和光学稳定性好，质量轻，强度高，对产品的附着力强。缺点是耐热性较差。

② PVC（聚氯乙烯）激光全息膜。PVC 具有良好的印刷性能，气密性好，强度较高，耐磨、耐酸碱腐蚀，化学稳定性和形状稳定性较好。但 PVC 在日光、紫外线和热的长期作用下，会起分子结构变化，分解出聚乙烯单体，其所使用的增塑剂、稳定剂等许多都是有毒物质，这使得 PVC 激光全息膜在一定程度上受到了限制。

③ BOPP（聚丙烯）激光全息膜。BOPP 的印刷适性不如 PET 和 PVC 材料，其经过双向拉伸处理的聚丙烯膜，机械强度得到了提高，同时其透明度、光泽度可与玻璃纸相媲美，若再加上闪亮的激光全息光泽，所带来的视觉感受可想而知。

④激光全息水洗膜。激光全息水洗膜是利用上述薄膜经水洗后得到的。其中水洗环节是指用氢氧化钠去除膜面部分的电化铝，这样膜面不仅具有激光全息光泽，还可呈现特有的透空花纹或是商标、文字等。

⑤原子核机密激光全息膜。原子核机密激光全息膜通过核径迹与激光全息技术的结合，在激光全息膜上形成原子核径迹防伪加密图像制成。其利用核反应堆和其他核材料对薄膜进行裂片辐射，形成径迹损伤，然后用成像技术形成商标标识所需的核径迹微孔制作防伪图案。这样的图案仿造难、易识别，极大提高了激光全息膜的防伪效果。

2. 模压

模压前需要将宽幅材料分切成所需宽度的窄幅材料，宽度至少要比成品宽 20mm 左右。分切好的窄幅材料要求端面整齐，卷曲张力合适。

压印按加热、冷却、剥离工艺过程进行，通过压印将模板上的干涉条纹转移到承印材料上。一般来说，模压印刷可分成平压和滚压两类，分别需要使用相应的平压平型模压机和圆压圆型模压机完成压印。

①平压。平压是一种间歇式印刷过程，加压时整个全息模压版表面同时受压。平压平型模压机的结构如图 4-49 所示，由供片滚筒、张紧轮、输片轮、收片轮、收片滚筒、金属压印版、热压模和冷压模组成。每一次压印过程可以分为供片、加压、保持、剥压、收片几个阶段，整个过程约需几秒钟。

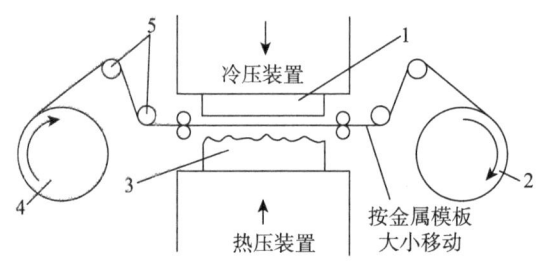

1- 冷压模；2- 收片滚筒；3- 热压模；4- 供片滚筒；5- 张紧轮

图 4-49 平压平型模压机结构示意图

平压加工对金属模板的要求很高，如果模板厚度不均匀，则无论怎样加大压力，都无法得到高质量的全息图像。

② 滚压。滚压一般采用圆压圆式压印，属于连续性生产方式。圆压圆型模压机的结构如图 4-50 所示，其模压板卷绕在模压板滚筒上，加压时两个压辊之间保持一条母线接触，因而施加的压力小，全息版的使用寿命长；由于压力小，压辊可以更长，直径更大，可以制造大幅面模压全息图像；滚压速度很快，生产效率高。

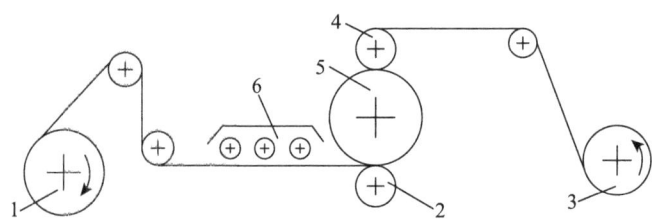

1- 供片滚筒；2、4- 压辊；3- 收片滚筒；5- 模压版滚筒；6- 加热装置

图 4-50 圆压圆型模压机结构示意图

（五）印后加工

由模压机压制后得到的模压全息图，需进行印后加工处理，常见的印后加工有真空镀膜、涂胶覆膜、分切模切等环节。

1. 真空镀膜

为了使压印出的全息产品便于在白光下观察，需要在压印好的薄膜上镀金属层，利用金属对光的反射作用，会很容易看到五颜色的全息图案。把铝、铜、锡等金属在真空中采用蒸镀、喷镀、离子电镀等方法，形成 40～50nm 的厚度。通过酸或碱处理，溶出来形成图形层部分的金属蒸镀层。

2. 涂胶覆膜

经过真空镀膜形成的全息图像并不能直接转移到承印体上，还需要在镀膜层上涂布一层压敏胶并复合防粘纸（剥离纸），或者涂布热熔黏结层、分离层和保护层等后加工，才可备用。

3. 分切模切

为了成品及包装要求，把成卷长幅全息图分切成规定尺寸，对于特殊规格尺寸的全息标志，通过模切可以得到需要的外形。

三、全息图产品的复制

经过上述全息印刷工艺完成的全息图，可以在某些场合下直接应用，但是如果要将它大规模应用到别的物体表面，则需要采用进一步的处理，一般通过贴合法和转印法完成。

1. 贴合法

贴合法使用粘贴型全息图片，将之贴合在制品上，其基本构成如图 4-51 所示。

2. 转印法

转印是将烫印型全息图片材料与复制物相重合，施以热压使转印材料粘贴层热熔黏合到复制物表面。它主要包含两个工序：制作转印膜和热冲压转印。

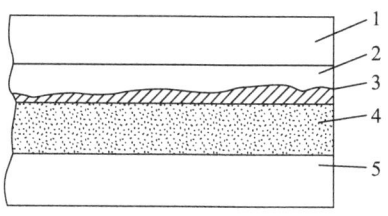

1-基材；2-衍射层；3-反射层；4-黏合层；5-剥离层

图 4-51 粘贴型全息图片

①制作转印膜

制造转印膜是以精密模压机生产的卷筒模全息图为基础，由复合机来完成的，其构造如图 4-52 所示。首先需要在模压全息图的片基表面上复合一层离型层和一层基底材料。一般来说，离型层材料应是一种具有离型性、成膜性和黏合性的树脂，基底材料通常采用 PET。然后，在模压全息图的金属反射层上复合一层黏合层，这层材料通常选用一种具有特殊性能热固型树脂。

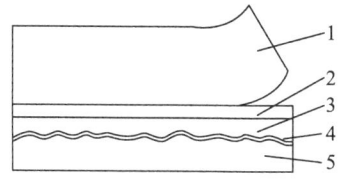

1-基底；2-离型层；3-全息图层；4-金属反射层；5-黏合层

图 4-52 转印膜构造

②热冲压转印

热冲压转印的基本过程如图 4-53 所示，利用转印机上的光电定位装置，转印膜上的全息图与被转印材料重合并精确定位。然后用加热的金属模向下冲压，使热固性树脂与被转印的材料黏合在一起，同时使离型层以下部分与基底分离。

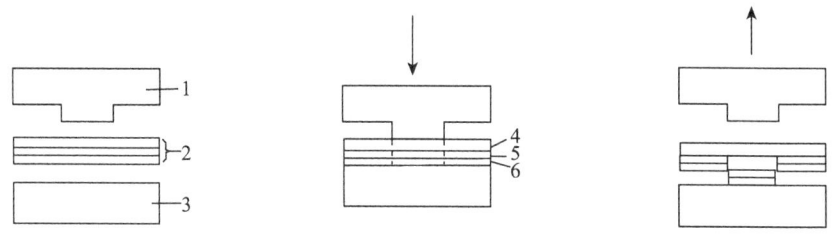

1-加热冲膜；2-转印膜；3-被转印材料；4-PET 基底；5-离型层、全息图；6-黏合层

图 4-53 热冲压转印过程示意图

转印机主要有平压型和辊压型两类，无论采用哪种机型，都应在 100～200℃ 的温度下在 1 秒内完成转印过程。

第五节 防伪印刷

防伪印刷是主要的防伪技术之一，早期主要应用在钞票、债券的印刷上，后来广泛推广到商品的商标和包装印刷等领域。

防伪印刷是一种综合性的防伪技术，包括防伪设计制版、精密的印刷设备和精细的印刷、印后加工工艺，以及与之配套的油墨、承印材料等，其中每一种防伪方式中又包含了多种不同的方法。除此以外，激光全息技术、条形码防伪技术、数字水印防伪技术也逐渐成为防伪印刷的主要方式。

一、油墨防伪技术

油墨防伪技术是指采用防伪油墨进行防伪的印刷技术。防伪油墨同普通油墨一样，也是由色料、连接料和油墨助剂组成，但是在它的连接料中加入特殊性能的防伪材料并经特殊工艺加工而成。防伪印刷油墨具有防伪技术实施方便、成本低廉、隐蔽性较好、色彩鲜艳等特点。

防伪油墨的种类很多，常见的防伪油墨如表4-9所示。

表4-9 防伪油墨一览表

名称	防伪方法	防伪特征
热敏变色油墨	色料采用颜色随温度变化的物质	将暗记用这一油墨印在印品的任何位置，有一定热源即可使暗记发生呈色反应，甚至在不同的温度下显现出不同的颜色。它有可逆和不可逆两种
磁性油墨	色料采用磁性物质，如四氧化三铁、三氧化二铁等	该油墨可用来记录信息，在专用工具检测下，可显示其内含的信息或发出信号，以辨别真伪
光致变色油墨	在油墨中加入光致变色或光激活化合物	油墨中的某种化合物，在受到一定波长的光照射时，可进行特定的化学反应，得到另一物质。而在另一波长的光照射的作用下，又能恢复到原来的状态
视觉变色油墨	色料采用多层光学干涉碎膜	通过控制薄膜的厚薄，使得印品改变观察角度时，发生颜色的改变
紫外荧光油墨	荧光颜料是一些能被紫外线激发的可见荧光络合物，被紫外光照射时，吸收一定形态的能，不转化成热能，而是激发光子，以低能可见光形式释放出来，从而产生不同色相的荧光现象	在紫外光灯照射下，发出红、黄、绿、蓝等可见光，这种油墨有有色和无色之分
红外荧光油墨	荧光颜料是一些能被红外线激发的可见荧光络合物	用红外线鉴别时会显示隐形图文或发光，分有色和无色两种
防涂改油墨	在油墨中加入对涂改用的化学物质或具有显色化学反应的物质	当票据、证件被消字灵等涂改液更改时，防涂改底纹会出现消色或变色、印刷物有褪色、显色和变色等留下很明显的可觉察标记
压敏变色油墨	在油墨中加入特殊化学试剂或压敏变色的化合物或微胶囊	用这种油墨印刷成的有色或隐形图文，在硬质对象或工具的摩擦、按压时即发生化学的压力色变或微胶囊破裂染料的色变

续表

名称	防伪方法	防伪特征
化学加密油墨	在油墨中加入设定的特殊化合物	在预定范围内涂抹一种解密化学试剂后,立即显示出隐蔽图文或产生荧光
摩擦变色型油墨	像金属油墨、可擦除油墨、硬币反应油墨、碱性油墨等都属于摩擦变色型油墨	金属油墨用含铅、铜等的金属制品一划,就可显出划痕。如果对可擦除票据进行摩擦处理,油墨中的化学溶剂就会挥发。用硬币边缘摩擦硬币反应的油墨时,就会出现黑色。碱性油墨用相应的试剂检测,也会发生颜色的变化
水敏油墨	色料中含有颜色随湿度而变化的物质	油墨在承印物上呈现黑色,一遇水将改变颜色,干后则恢复原色

二、承印材料防伪技术

承印材料防伪技术是指通过选择与设计具有防伪性能的承印材料进行防伪的技术。承印材料防伪技术属于高新技术,材料的成分、配比及制作工艺是很复杂的,因此具有在一定时期内技术保密较强的防伪功能。常见的防伪承印材料如表4-10所示。

表4-10 防伪承印材料一览表

名称	防伪方法	防伪特征
水印纸	在纸幅的成型过程中,用雕刻纹路的浮水印滚压印纸面,使湿页纸部分组织变位形成各种标记或图案。由于纸张上各部分透光率不同而显像	纸张透光观察时,可看到水印图文。水印图文有满版水印、连续水印、固定水印、满版固定混合水印等
基因纸	利用生物具有抗元、抗体等特异反应的原理,将微量的抗元加入纸浆或纸张的某一局部位置	检验时用相应的特异性抗体与之结合,通过观察显色、荧光等标记物反应的有无辨别真假
化学加密纸	在纸浆中加入或在纸张表面施胶时加入特殊的化合物	当这种化学加密纸涂在特定的化学试剂后,可显色或显荧光
纤维丝、彩点加密纸	在纸浆中加入纤维细丝或彩点制成	可在日光或紫外线下,观察到彩点纤维与无色荧光纤维
安全线纸	抄纸时,在纸张的特定位置埋入特制材料的细线条	对光观察可看到一条完整或断位的窄条埋于纸基中,呈直线形、波浪形或锯齿形等
防复印纸	纸上印有阅读或辨认时几乎没有任何障碍的底色花纹,这是一种极细的网点花纹或隐藏的文字、图案印刷	一旦复印后,"不可复印""无效""作废"等花纹或隐藏的文字、图案就鲜明地显现出来
分层染色防伪白板纸	抄纸时对其内部纸浆分层染色	撕开纸张后,会发现不同层的颜色不一样
热敏记录纸	通过其可以在数字式记录设备的配合下记录可变信息,利用可变编码信息来进行防伪	在温度变化后,查看纸张内部记录的可变信息
无荧光纸	严格选择纸浆原料,并去掉其中的荧光物质	在紫外线照射下无荧光反应,而一般纸均显荧光
揭显镂空膜	松紧受隐蔽图文调制的复合图层结构	揭启显现阴阳相对、内容相同的两图文
核微孔膜	在聚酯膜上用重离子辐射形成的微孔结构	其微孔结构图文能渗墨、染色和滴水消失

三、制版防伪技术

制版防伪技术主要是指在包装装潢版面设计制作时加入一些防伪图文,从而达到防伪目的。防伪图文不仅包含常规印刷图文,还包含非常规印刷获得的图文,这些图文都具有易识别、难仿冒的防伪性能和较好的装潢效果。常见的防伪图文如表 4-11 所示。

表 4-11 防伪图文一览表

名称	防伪方法	防伪特征
花纹连接	货币或票据按规定尺寸裁切后,底纹上原有的花纹在货币或票据的边缘已不完整	把它的两个裁切边对接,可以组成一个完整的花纹图案
对印	正背两面的图案透光观察之可以完全重合或是正背两面的部分图案透光视察之重新组成一个完整的新图案	正背两面的图案可以是完全对印或互补对印
折光潜影	利用横竖凹印或丝印线条对光的反射效应不同而在纸张同一部位制成两种图文	对着光源平放于眼前时,凹印或丝印的横线隆起,背光侧投影成为可见的图文,否则只能见到竖线的图文
彩色接线	在票面花纹上的同一线条上出现两种以上颜色时,其变色的接线处既不分离,也不重合	这种工艺需要有高超、精密的设备与工艺
团花	采用多种造型有机结合生成的,利用线条的疏密、松紧、穿插,增强团花的层次和起伏。团花是由两个或多个叠印的带状花边,以及网状的、极细的连续线纹构成	基本的团花图案包括:直线、正圆、椭圆、多边形以及其他对称或不对称图形。常以花的各种造型进行加工,奇大处理,配合线条的弧度、疏密、加之色彩的烘托,使其轮廓流畅、层次清晰、结构合理
浮雕	运用线条底纹做底,结合背景图片进行浮雕线性处理,把给定的一组曲线合理的弯曲或偏折,从而凸现特定轮廓,使画面产生犹如雕刻般的凹凸效果	浮雕通常由底纹与图片结合生成,所以可根据使用的需要任意取材,再经过浮雕程序,便可以产生优美的画面。即使是同一底纹与图片的浮雕,根据其设定的不同,也可以变化出许多不同的深浅效果
开锁式条纹	采用实地式任意线条构成图案	制假者在采用了"版纹图案"扫描功能后仍只能得到与原稿相差很大的点阵式的网点型图案,而不是矢量图形
隐形图像	利用机械雕刻制版中线条深浅的多变性或增加细微的特征	使印刷出的图案粗看是一种图像,细看是另外一种图像
缩微印刷	把极度微小的文字印在肉眼看似一条普通印刷的虚线、实线单个印刷点、底纹图案的某一部分或包埋的安全线里	采用放大镜或体视显微镜观察时才能读出缩微印迹的文字、代码或图像含义
图像混扰	利用电子程控摄像机使被摄的图像混扰、畸变或与其他图像重叠	必须用特殊的解码器才能识别出原图
劈线	根据图形和图像的轮廓,将一条粗线分为两条或多条细线	线条美观,一般的图形软件难以制作,而且劈线这种有粗细变化的线段对防止复制起到很好的作用

表 4-11 所列防伪方法中的多数都可以通过版纹设计印刷实现。版纹是指利用很细微的线和点构成规矩或不规矩线性图画或底纹,富有丰富的变化,一般包括:底纹、团花、花边、

浮雕、潜影、缩微等效果，达到防拷贝、防仿制、防伪造的目的。印刷版纹防伪是成本低、防伪效果较好的一种防伪技术。专业的版纹设计不仅防伪性能高，不易被仿制，而且十分美观。缩微、浮雕、团花效果示例，如图4-54所示。

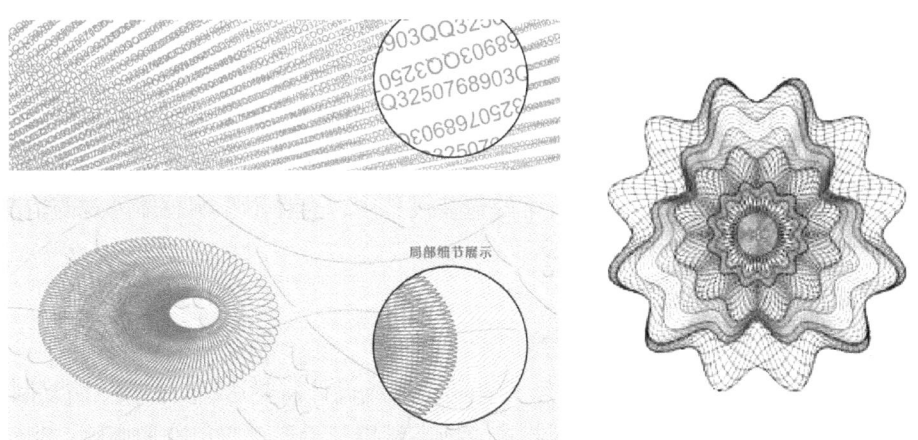

图4-54　缩微、浮雕、团花效果示例

由于版纹设计变化十分复杂，如比较常见的底纹效果，是通过正弦或者余弦线对两条封闭路径组成的中间填充，多个不同相位的线条组合在一起，形成变化多端的线条花纹，同时通过对线条的分割或者截取再进行组合而成。再如浮雕版纹就是运用线条底纹做底，结合背景图片进行浮雕程序后，使画面产生犹如雕刻般的凹凸效果。浮雕版纹通常由底纹与图片结合生成，所以可根据使用的需要任意取材，再经过浮雕程序，便可以产生优美的画面。即使是同一底纹与图片的浮雕，根据其设定的不同，也可以变化出许多不同的深浅效果，从而充分达到防伪的目的。即使微小的参数设定也可导致版纹展示效果的不同，而这些设定值是造假者无法获悉的。造假者使用版纹设计系统也无法做出同样作用的线条和纹路以及隐藏的密文，因此达到防仿制的目的。

普通的四色印刷品在放大镜下可以看到青、红、黄、黑4组不同网角组成的网点，仿冒者通过扫描加网，就可以较为轻松地印刷出效果比较一致的复制品。而专业防伪版纹一般都是由线条或块面组成，没有网点的概念，即使在放大镜下观察线条也是光滑平整的，在印刷中通常称之为实地。如果通过扫描分色后，会成为网点图像，这样与原来的实地效果就会有很大的差别，扫描加网的印刷稿会显得很粗糙。而通过版纹软件制作的安全底纹专色印刷，极其精细，两者间的区别通过肉眼也能识别出来。

版纹采用特别的加网技术，印刷品的网点字符化或线条化，一切网点都是字符，形成了一篇密文，造假者是无法获知的，即使扩大扫描也不能把整篇密文仿制，用高倍放大镜即可分辨真伪。

但是，并不是所有具有外观特征的版纹都具有防伪性，以下版纹就不具备防伪性。

（1）以公共网络（素材网、论坛）上下载的公开文件作为素材制作的版纹；

（2）从防伪软件自带的素材库里提取元素制作的版纹；
（3）寥寥几笔线条，无任何难度，仅能作装饰用的版纹；
（4）将常规印前软件绘制的规律条纹旋转、放大、缩小，形成的极具规律性的版纹；
（5）使用盗版软件、采用一成不变的参数输出的版纹；
（6）前期自行制作部分版纹图库，一款纹路在几款商品上通用的版纹。

这样的版纹设计图案普通的印前制作人员扫描后，就可以仿造出极为相似的版纹，所以需要采用专业版纹设计软件，将各种版纹防伪元素综合运用，会形成较为复杂的防伪效果。如再与图像进行有机的结合，应用到日常的包装设计中，会在不影响总体外观的情况下，提供有效的防伪手段。

版纹防伪设计时应注意以下几点：

（1）防扫描、防复制

版纹设计是有专业和非专业之分的，专业防伪版纹设计需要达到防扫描、防复制的效果。防扫描，就是要做到即便是高档线条级扫描仪或高端摄影手段都难以获取版纹；防复制则既要防止用一般软件就能复制成类似效果，还要防止使用同一类软件再次生成类似效果。专业版纹设计生成的文件需具有强大的防止扫描处理、防止电分扫描输出和防止印刷复制的功能。

（2）使用浅专色印制底纹

设定颜色的深浅可以依据人眼与扫描仪在颜色分辨能力上的差异，如特殊设计的粗细突变、虚影设计等，让扫描仪无法扫出，但人眼却能够分辨。同时要尽量使用多色底纹无规律穿插，杜绝与 CMYK 合版出图。

（3）采用随机性设计

尽可能多地将具有明显防伪特征的部位采用随机性设计，如随机挂网、随机 3D 变形、规律变化里的随机突变等，保证即便是相同的制作参数、相同的工作人员都难以达到复制效果一致。如现版 100 元人民币中的局部浮雕随机原则就非常明显。

（4）信息不对称原则

使用非公开的摄影图片（原创）、签名或随机元素生成防伪图形，伪造者在不能获知原始元素的前提下，即便使用相同的软件或类似的做法也难以获得视觉特征相符的防伪图形。

（5）手工作图及处理

设计人员可以根据特征原则，在矢量软件中手工制作具有独创性的、绝对个性特征的元素。例如手工制作浮雕效果的底纹，每组点线面都是自己根据特征调整的，参数随机输入等。也可以三成特征靠软件生成、七成特征由手工处理完成的方式来随机组合。

此外，在版纹设计中融入艺术性元素，实现防伪功能与艺术感共存。同时作为防伪版纹设计人员，应坚持作品原创，同时尊重版权。杜绝无价值版纹设计，把握防伪版纹设计的原创原则，为品牌商提供增值，为维护消费者权益和健康保驾护航。

四、印刷、印后工艺防伪技术

印刷、印后工艺防伪技术主要是利用多种印刷、印后设备，多种工艺相互结合渗透，从而为造假者设置重重障碍和阻力来达到防伪目的。目前常用的印刷工艺防伪包括多工序合印、一次多色串印、雕刻凹版印刷等。而印后工艺防伪多用于中高档商品的防伪包装上，主要有折光模压、扫金等多种技术。

（一）多工序合印技术

一般高档包装印刷品多设计有多种印刷方式印制而成的大面积色块、多色序的连续调画面及复杂的线条、花纹图案等，给仅具备单一印刷方式的伪造者制造一定难度。例如采用胶凸结合印刷技术进行防伪，胶凸结合印刷工艺主要是利用凸版印刷机压力大印刷出的印刷品色泽鲜艳、光泽度高、实地墨层饱满厚实的长处，印刷大面积的实地专色色块，用胶版印刷机压力平柔，印刷出的产品图面层次丰富再现能力强、色调柔和、有立体感的长处印刷四色连续调和复杂线条部分。由于在这个过程中比常用的四色平版印刷多了一个胶印与专色图案的精密套印，这就提高了印刷难度，从而具有一定防伪功能，所以扬长避短的组合印刷方式是防伪的一种有力手段。对于一些防伪要求更高的产品可根据印刷品的特点采用平、凸、凹和平、凹、丝等多工序组合印刷。印刷工序越复杂、印刷难度越大防伪功能越强。

（二）一次多色串印技术

一次多色串印也称夹色印刷、拼色印刷或一次多色印刷，是指同一块印版经一次印刷，在横向版面不同位置同时完成两色、三色印刷或更多色的渐变色印刷，提高产品的视觉和艺术效果。串色印刷技术最早源于凸版印刷，后胶版印刷也采用了该印刷工艺。根据印品要求，在墨槽中按一定距离放置隔板，再在不同隔段里放入不同色相的油墨。在串墨辊的串动作用下，使相邻部分的油墨交界段相互渗透混合后再到印版上。采用这种印刷工艺，可以一次印上中间过渡柔和的多种色彩。由于印刷品上很难看出墨槽隔板的放置距离，假冒者很难精确确定隔板间距，从而增加了假冒的难度，故也能起到一定的防伪作用。如果在大面积的底纹上采用这种工艺其防伪作用更加明显。

一次多色印刷一般有两种方法：一种是混合色，一种是间断色。混合色印刷时，在墨斗内按油墨颜色分成许多窄小挡块，不同颜色的油墨在交接处被匀墨机构研和成间色。间断色印刷时，在墨斗内加入夹挡块较宽，不同的油墨不能产生混合，从而产生间断色。

串色图案的设计注意事项如下：

①图案面积较小时，特别是在两色的间距过于狭窄的活件上，不适宜进行串色印刷，因为混拼量过小不容易控制；

②在金色的铝箔纸上设计串色图案，要少用或不用白色混串图案，因为白色在此纸上容易变为土黄色；

③由白色构成的混拼图案，会影响图案的完整性。

(三) 雕刻凹版印刷技术

雕刻凹版，原来是一种版画艺术，由画家在铜版上雕刻出均匀、细致的线条，组成清晰美观的图案。用雕刻凹版印制出来的印刷品，粗线条墨层厚实、在纸面上略凸出，并有光泽；细线条即便细如毫发，也仍清晰可辨。用雕刻凹版印出的产品，线条分明，色泽经久不变，有利于杜绝伪造假冒。

雕刻凹版印刷有单色凹印和多色凹印之分。多色凹印的色彩效果与层次丰富的图像均难伪造，其印版可采用手工雕刻、机械或电子束雕刻以及腐蚀法制版。单色凹印与多色的制版方法相同，不同的是连续的图案要分段印刷不同颜色的油墨，并且要衔接准确，印刷时一次印在承印物上，这更需要高超的技术，一般伪造者较难达到。

(四) 折光技术

折光技术也称折光模压技术，产生于20世纪80年代，它是在某些具有金属质感的承印物表面进行加工，使之在各个视角上既有变幻的金属光泽又有清晰明辨的立体图像的表面整饰加工技术。在书刊封面、烟酒包装、挂历、台历及贺卡上应用广泛，表现出变化无穷、闪闪发光的神奇效果，可以大幅度提高产品档次，增强产品的防伪效果。

1. 折光效果产生的原理

产生折光效果，第一个条件是承印物表面具有金属光泽，最好是光泽达到一定的镜面反射效果。第二个条件是承印物表面印刷有折光纹理。折光纹理是由一系列规则平行的、等距间隔的，具有几个不同角度的极细实线组成的纹理图案。这些纹理图案可以是三角形的或是圆形的，也可以是其他几何图形。压制的凸痕线条一般使用直线和曲线两种。

由直线组成有规律排列的常用的图形是三角形。用这种三角形图形压痕版压制的折光线条凸痕，形成许多斜面窄条镜面，根据光线被界面反射的反射原理，对某一系列窄条镜面而言，当观察方向与入射光方向满足反射定理时，观察到的反射光线最强。如图4-55所示，当在某一观察方向上，观察到从某一方向排列的直线三角形图形上反射来的光线为最大时，则从其他方向上的三角形图形反射来的光线则较小。这样随着观察方向的变化，就能使几组不同角度的直线三角形图形有现律地交替出现或隐去，产生层次变化或三维立体感。

曲线几何图形一般由多个相同的图形组成，而每个图形又由多个不同直径的同心圆组成。由这种曲线凸痕版压制出的同心圆，在受光照射时每个圆形出现以圆心为轴心的对称扇形反射光，并随着光线的入射角度的改变而转动，从而产生闪耀感。

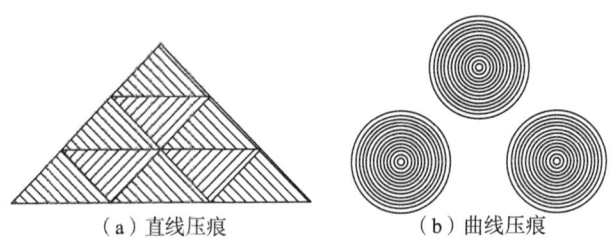

(a) 直线压痕　　　(b) 曲线压痕

图4-55　凸痕线条图形

2. 折光技术的分类

折光技术按常见的类型分类，可分为传统的机械折光、激光折光和网印折光三种，其实这三种方式的本质是一样的，都是通过压印将折光纹理图案复制到承印物表面。

3. 机械折光技术

机械折光是通过激光电子雕刻或化学腐蚀的方式，将折光纹理图案刻在金属版上，然后利用很大的压力，将折光纹理图案转移压印到承印物表面。

机械折光一般分两步进行，即先印刷彩色图案，再进行折光纹理图案的压制，其工艺流程如图4-56所示。彩色图案的印刷与常规印刷相同，只是在选择油墨时，应注意选用透明度好、光亮度高、干燥快的油墨，否则会影响折光效果。

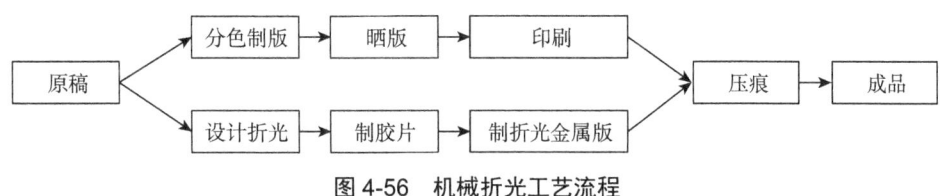

图 4-56 机械折光工艺流程

（1）设计折光

折光原稿设计要点如下：将图像中需要进行折光点辍的部位绘成毫米等分图，把每毫米长度分成5～8根等分线，每根等分线又分成黑白相间的10～16等份，以16为例，可以设计成黑4白12，或黑8白8。其线条分直线、圆弧、椭圆3种，线与弧随图像变化相互吻接。

折光图案外观精细、复杂，用肉眼无法看透其内部结构。在40倍以上的显微镜下，可以一目了然地看到折光图是由几段或几十段等距离排列但角度、弧度不同的线条组成的。

（2）制胶片

先对计算机制作的图像分色，并进行色块线条和角度变换处理，由照排机输出胶片。

（3）制折光金属版

由胶片晒制折光版时，金属版的材料有0.8～1.4的铜板或钢板。由于钢的结晶较粗，用于细网线图案的折光版不太理想，而铜板做细网线的折光版效果较好。折光版的网线粗细应视印刷图文而定，一般包装印刷品的折光版为60～200线/英寸，金属画的折光版为170～300线/英寸。粗网线的版可以做得较深，也易压痕，折光效果也好。腐蚀制版时，要掌握好深浅，线条不能丢失，不能出现疤痕，最好选用电雕版。

（4）压痕

折光压痕与普通压痕加工不同之处在于折光压痕的面积大、密度高、线条复杂。要达到满意的折光效果，印刷压力和包装材料的选择至关重要。圆压平的模切、压痕机能很好胜任。由于圆压平的模切、压痕机有压力大（单位面积可高出一般压痕机1倍以上）、线条转移性好的特点，因此压痕出的印品的质量较好。此外，圆压圆压纹折光的速度较快，应用也很普遍。而平压平压纹折光一般用于制作小面积产品，做出来的线条较粗，可做局部烫印压纹。平压平折光压纹机如图4-57所示，可以搭配200款高精度的激光七彩光纹折光纹路图案。

这款机器采用了全数字控制技术,液压驱动,工作压力更大,更稳定可靠。

全自动圆压圆折光光纹压纹机,压纹速度更快,而且可以搭配近 5000 款逻辑光纹/折光光纹图案。这些图案具有强烈激光折光效果,它能产生各种放射、明暗、旋转、波浪等极强流动视觉效果变化。不同形式的线条烫金压纹效果,2D/3D 幻变防伪折光压纹、直线压纹、弧线压纹、三角线压纹、波浪线压纹、同心圆压纹、同心矩形压纹及各种图像压纹效果,将印刷光纹压纹的设计领域推向了一个更高的层次。它将所需折光光纹图案转压到金银卡、激光彩虹素面卡纸或喷铝纸上,形成强烈折光效果。

图 4-57 平压平折光压纹机

4. 激光折光技术

激光折光技术的压印方式有些类似于机械折光,只是其折光印版纹理要复杂得多,利用激光可以产生形状复杂的相间条纹结构,在二维载体上可以清楚地、大量地复制出层次分明、栩栩如生的可视三维彩虹光图像。具体工艺过程是:首先用激光器将图片信息记录在全息记录材料上,然后采用电铸的方法将折光纹理复制到刚性的金属模板上,形成非常致密的、人眼无法识别的光栅。

5. 网印折光技术

机械折光和激光折光不需要油墨,只需通过刚性的模板,利用压力将折光纹理压印至承印物表面,而网印折光要用到油墨,即 UV 折光油墨。网印折光是通过丝网印刷的方式,将折光纹理印刷复制到承印物表面。网印折光方法简单,技术要求不高,利用该技术能够轻松地在镜面金、银卡纸上印刷出超细的凹凸线条,经光的照射后会产生多彩的折光效果,使丝网印刷产品更加高贵华丽、富有光泽。

网印折光的加工流程如图 4-58 所示。

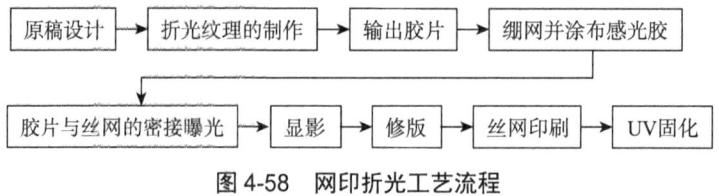

图 4-58 网印折光工艺流程

(1) 折光纹理的制作

制作折光纹理,一般会用到一些图片作为折光纹理线条所要模拟的底图,比如公司标志或中英文名称。这些标志及名称的折光纹理线条可以用平行线条来表现,最好将线条角度安排在 45°～60°或是 120°～135°。这样,作品平放时,标志或名称的折光效果会显得很突出。标志及名称折光纹理的周边可设计一些中心放射状的线条,或是有规律性分布排列的、单调重复的几何图形,这些几何图形的折光纹理线条的角度不要太多,一般是 4～7 个即可。

角度太多，光线的反射就分散，折光效果自然就不会很强。纹理线条的粗细及线条间距的设计也有一个严格的要求，一般粗细要求在 0.10～0.15mm，线条间距一般与线条粗细尺寸相当。过细的线条，不仅对印刷丝网版及油墨的要求很高，印刷也很难还原；过粗的线条虽然技术要求不高，容易印刷，但是折光效果就差一些。对于需要近距离观察及欣赏的产品，如书刊封面、贺卡、烟酒包装等，可以设计细一些的线条，而对于远距离观看的作品，如挂历，可以设计粗一些的线条。

折光纹理图案的设计制作有专门的软件，国内比较知名的有方正超线 3.0 防伪设计系统和蒙泰版纹 5.0。通过它们，只要稍有些美术功底，并掌握了一定的操作技巧，即可轻松设计出一些折光纹理图案。设计好电子纹理图案后，可输出 PDF 文档，也可直接通过激光照排机输出胶片，以备晒制网版。

（2）折光网版的制作

①丝网的选择和绷网。首先要选用合适的丝网，要求丝网具有良好的弹性，并且耐摩擦，伸缩率要非常小，网孔要大，感光材料层要厚。

②涂布感光胶。感光胶液要稍稀一些。涂布感光胶要均匀平整，并且要有相当大的厚度，一般需要多次涂布，以保证印刷墨层具有足够的厚度。

③为了保证精细、稠密的折光线条能够完整地晒出来，必须用带有真空吸附装置的晒版机晒版。晒版时胶片要与网版感光膜面紧密贴合，晒版时要准确控制好曝光时间。

④显影。将晒制好的丝网版放入暗室的水池中，浸泡 1 分钟。然后利用高压水枪向网版冲水，利用水压把折光纹理图像线条部分的感光胶冲洗掉。当然，冲洗时要注意调节好水压及水雾的均匀。充分显影后将网版烘干。

⑤修版检查。检查版面有无针孔、气泡等弊病，并进行修补。

⑥二次曝光。网版烘干后还要进行二次曝光，使版面的感光膜彻底固化，提高网版的耐印力。

（3）网印折光工艺的油墨选择

由于镜面承印材料（如金、银卡纸）表面张力比一般的纸张小，印刷油墨必须选择金、银卡纸专用的 UV 折光油墨，否则用其他一般的 UV 油墨很难顺利地将油墨转移到承印物表面。印刷时可根据油墨的黏度及转移情况，适当加入一定比例的 UV 折光油墨厂家指定的稀释剂进行稀释。

（4）网印折光工艺的印刷要点

如果折光印刷图文面积较大，为保证质量，必须用高精度的丝网印刷机来完成，小面积的可采取手工印刷方式。折光网印要求操作人员对高质量网版的制作，刮板的硬度、角度和压力以及 UV 折光油墨的性能等都要有所了解，以便能够针对生产过程中出现的各种问题采取相应的对策。

折光网印时要特别注意 UV 折光油墨的使用。不同厂家生产的同类型的 UV 折光油墨，其质量和性能有一定的差异，一般要先经过印刷测试，确定质量稳定可靠之后再进行批量生产。印刷后，在标准条件下通过UV装置进行固化。然后对印刷面的折光墨迹、附着性、刮伤性、耐折性等进行试验。如果测试结果不合要求，需调整包括油墨光照强度及温湿度等各种条件，直到获得满意结果为止。

生产时，注意将暗房的温度保持在23℃左右，空气湿度保持在60%左右，以防油墨的流动性及转移性能受到环境条件波动而影响生产。

网印折光的防伪效果比机械折光或激光折光稍有不足，相对较容易模仿制作，但其外观效果丝毫不逊色于后两者，并且在设计制作方面简单易行，成本低廉，应用非常广泛。

（五）扫金技术

扫金是一种特殊的印后加工工艺，它是在商品包装或标签印刷品的指定部位附着特殊的金属粉末，借此实现金光闪烁的仿金效果。这种技术能得到逼真的金属质感和较好的光泽，同时图纹精细，套印准确。扫金后的产品的金属砂粒感和光漫反射效果更好，金属质感更真实，给人视觉上明显的立体感，不同于印金和烫金。而这种独特的质感是任何一种仿金加工工艺难以模仿的，再加上国内拥有扫金机的厂家比较少，因而具备较好的防伪效果。

1. 扫金的工艺流程

经多色印刷后的印刷品，将需要扫金印成精品的印张传输给单色或双色胶印机，再在需要扫金的部位印涂胶黏性底墨，然后直接传送到扫金机，将特制金粉擦涂压入底胶，就完成了扫金过程。如果印刷厂家拥有一台多色印刷机和UV干燥装置，则可以进行联机扫金，就是将印张在多色印刷机前几个色组印刷好并经UV装置的充分干燥，然后在最后一个色组上印涂胶黏性底墨，再通过连接装置连接扫金机进行扫金。如果在不需要扫金时，就可以在几分钟之内将扫金机与印刷机分离，从而印刷机又可以进行普通印刷了。

2. 扫金机的结构和工作过程

生产扫金机的最大厂商是德国的EDMUND DREISSIG公司，其生产的2500型扫金机结构如图4-59所示，主要由纸张传送装置、涂布装置、抛光装置、清洁装置和收纸装置组成。其中，涂布装置是其中最重要的结构，主要包括金粉填充器、涂布器、匀粉器、涂布辊等。

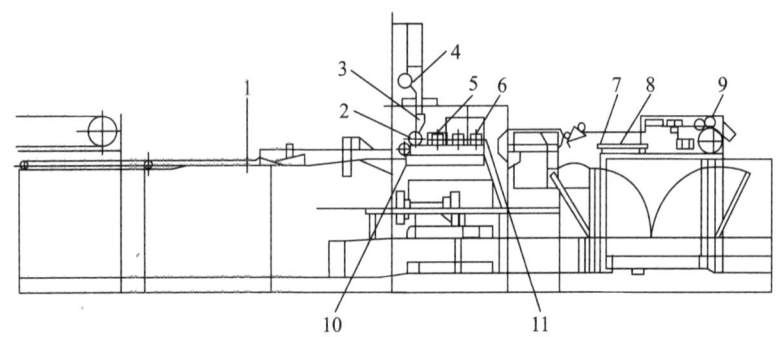

1-纸张传送装置；2-涂布辊；3-涂布器；4-金粉填充器；5-抛光器；
6-揩金辊；7-吸气辊；8-收纸台；9-吸气通道；10-清洁器；11-清洁辊

图4-59 扫金机结构示意图

扫金工艺需要一台胶印机和扫金机连接，首先按照胶印分色胶片制作出扫金机专用的 PS 版后，将其安装在胶印机上，通过调整胶印机的规矩，完成套准工作。利用专用 PS 版通过胶印机在印刷品需要仿金的部位印刷一层薄而均匀的底胶（俗称"扫金涂底"），将印有底胶的印刷品通过扫金机纸张传送装置 1，送到扫金部分的吸气式橡皮传送带上。由金粉填充器 4、带墨斗辊的 DREISSIG 涂布器 3、涂布辊 2 组成的涂布装置启动。涂布辊缓慢地转动，当涂布辊上吸附金粉的一面转到纸张上方时，该部分由吸气转为吹气，将金粉均匀地喷洒在整个纸张表面。然后，由 4 根特别的抛光器 5 与纸张上的金粉相擦、抛光，将纸张上印有底胶部分的金粉牢牢地粘在纸张上。4 根带有或未带有吸气通道的揩金带 6 向相反方向做往复运动，将多余的金粉除去。由带吸气通道的前橡皮清洁器 10、带吸气通道的后橡皮清洁辊 11、吸气通道 9、吸气辊 7 等组成的高真空吸附多路清扫循环系统将纸张上多余的金粉全部吸附，转至金粉填充装置循环使用。

3. 扫金机常见故障及其解决方法

扫金机工作时最常见的故障是粘脏，即纸张空白部分粘有金粉，其原因和解决方法如表 4-12 所示。

表 4-12　扫金时出现粘脏故障的原因和解决方法

原因	解决方法
车间湿度太大，导致揩金带受潮而自身粘了金粉，从而使揩金揩不干净	调整车间湿度，使之保持在合理的范围内
印张湿度超标，导致揩金不干净	控制印张的湿度，扫金前使印张充分干燥
扫金前印张上的油墨未干透，未干透的油墨本身具有黏性，导致非扫金部位也粘有金粉	使用干燥性能适合的油墨印刷，或等印张上油墨充分干燥后再进行扫金
印张上扫金部位金粉黏附不牢，导致掉粉	可能是润湿液碱性太强或抛光器压力太大所造成的，采取相应的措施即可

五、条形码防伪技术

条形码是商品的一种信息标识，是商业领域实现自动化管理的重要手段。它具有快速准确、可靠性、成本低等优点，已成为现代社会重要的信息技术之一，并广泛地应用于商品包装和书刊出版物上。

条形码实际上是一种供机械认识的条状记号，以基本数字与英文字母分别规划成各种粗细不同组合的平行黑白条纹，再依拼字法将编码数字资料的条纹印在商品上，作为商品的识别符号使用。

条形码的种类很多，一般而言，作为商品代码的一维条形码本身并不具有防伪功能，若要发挥它的防伪功能，可以通过条形码印刷方式的选择、印刷位置的确定、条形码与其他防伪技术相结合等方式来实现。另外，像二维条形码、隐形条形码、金属条形码等特殊条形码也可以应用于商品包装的防伪。

（一）条形码的结构和种类

条形码符号从表面看起来只是一些粗细线条组合而成的图案，但在适当的仪器上，它确是充满着有意义的信息。条形码的码制很多，以 EAN 码为例，说明条形码的基本结构，如图 4-60 所示。

图 4-60　条形码的基本结构示意图

（1）静区是指左右两侧空白区，它是与空的反射率相同的限定区域，它能使条形码阅读器进入准备阅读的状态，宽度一般不小于 6mm。

（2）起始符和终止符是指位于条形码开始和结束的若干条和空，标志条形码的开始和结束。

（3）数据符是指位于条形码中间的条、空结构，它包含条形码所表达的特定信息，一般可分为左侧数据符、中间分隔符、右侧数据符和校验符。其中，校验符作用是检查解码后的资料结果是否正确，若正确，即可输入系统中储存及计算；反之，则输出警告讯号给操作员，以便重新输入。

从结构上来分类，条形码可以分为一维条形码和二维条形码。一维条形码易于制作，容易识读，输入速度快，可靠性高，但是信息容量小。二维条形码是在一维条形码基础上发展起来的多行条形码。第一个二维条形码"49"码，是一种多行的连续型长度可变的字母数字式编码条形码，其采用了多种元素宽度。目前已研制出的二维条形码主要有堆积式或层排式二维条形码和棋盘式或点矩阵式二维条形码。属于层排式二维条形码的有"49 码""16K 码"和"PDF417"等，而属于点矩阵式二维条形码的有最大码"壹码""数据矩阵码""变码"和"A 点阵码"等。

（二）条形码在防伪中的应用

条形码从技术路线上看，主要从三个方面起到防伪作用。一是通过读取条形码所携带的数据或信息判定商品的真假；二是通过对条形码的特殊制作，使条形码本身也具有防伪性，进而达到对商品的防伪；三是上述两种方式混合使用，进一步提升防伪效果。

首先，条形码本身所携带的数据或信息具有防伪性。以目前国际通用的 PDF417 二维码为例，每平方英寸可容纳 1100 个字符。如果以国际标准证卡的有效面积（约 76mm×25mm）计算。它可以存储 1848 个字母字符或 2729 个数字字符，或 500 个汉字的信息，并可进行压缩和加密处理，因此可以存储被标识物的图形、内容和数据，而且只能读取、无法涂改。如标识物为证、卡、票等，该条形码可以存储持证（卡、票）人的照片、指纹、掌纹、虹膜、声音、签名等各种身份识别信息，使用时可以通过读取这些信息（照片、指纹、签名等）很容易识别出是否为本人使用，从而达到防伪目的。正是如此，PDF417二维码被广泛应用于各国的身份证、护照、驾驶证、医疗证、保险卡等证件。此外，PDF417二维码还以其加密性能强、识别率高等优点被广泛应用于海关报单、税务票据、档案材料，甚至包括政府的机要文件。

其次，通过对条形码的特殊制作达到对标识物的防伪。对条形码的特殊制作包括对材料的选择和对条形码位置的设计。其中，对材料的选择，以隐形条形码最为典型。其优点是造假者很难发现，并且不影响包装装潢的整体效果，因此是一种特殊的防伪方式。隐形条形码主要有以下6种：

（1）覆盖式隐形条形码：其原理是在条形码印制后，用特殊的膜或涂层将其覆盖，人眼难以识读，从而达到防伪目的。

（2）光化学处理的隐形条形码：其原理是用光学方法对普通的可视条形码进行处理，因此人眼很难发现。此外，使用（扫描）时，只有通过已知波段的光才能读取，所以有很好的防伪效果。此类条形码还可以设计成双重条形码防伪包装，即在常规的条形码位置设置成非识读的条形码，也就是说看似有条形码存在，但计算机扫描系统不能正确识别，而在其他位置设置有真正的条形码供识读。

（3）隐形油墨印制的条形码：又可以分为无色油墨和有色油墨两种。前者可用无色荧光油墨、热敏变色油墨、压敏变色油墨、湿敏变色油墨等特种油墨印制，使用（识别）时，必须用相应的光源、温度、压力、湿度才可以读取，因此有很好的防伪效果。有色油墨条形码可用各种化学变色油墨（红外、紫外变色油墨）、碱性油墨等印制，使用时必须通过特定的光波或方式才能发现和读取条码，所以也有很好的防伪效果。

（4）纸质隐形条形码：其原理是将条形码制作介质与包装材料通过特殊的处理融为一体，人眼不能识别，也不能剥离，使用时只能用一定波长的光才能读取，所以有很强的防伪性能。

（5）金属隐形条形码：这种条形码是将金属箔经电镀后制成，表面采用不透光保护膜，因此人眼看不见条形码，使用时通过特定的电磁波才能发现和读取，所以也有很好的防伪效果。

（6）隐含磁性物质条形码：其原理是将粉状磁性材料或其他微量元素掺入油墨，用其印制的条形码人眼不能识别，只有用特定的设备才能发现和读取，所以有很强的防伪效果。

最后，通过对条形码印制位置的设计也能达到很好的防伪效果。如对听装、盒装、袋装产品，可以用一次性条形码封口，保证被包装的产品是正品。此外，对于一些瓶装产品，如各种高档名酒，可以将条形码制作在瓶盖上，一次性使用，从而提高其防伪效果。

（三）条形码设计的技术要求

条形码的设计要考虑到三个方面，即条形码的尺寸、条形码的位置和颜色搭配。

1. 条形码的尺寸设计

商品条形码的标准尺寸是 37.29mm × 26.26mm，实际尺寸可视印品表面或包装上可容纳条形码的面积大小及具体印刷条件而定。条形码具有唯一性，所以，在制作和印刷条形码时不能随意改变或者缩小条形码的比例，只要条件允许，应尽量选用条形码的标准尺寸。

按标准尺寸印刷条形码是最常见的一种方式，必须放大或缩小时，也不能随意进行，其缩放倍率应控制在 80%～200% 范围内。而且在缩放条形码的同时还应该相应地对条形码的条宽进行适当的修正。在实际生产过程中常会遇到一些小包装产品设计，如果没有足够的地方来放置条形码，可以适当地截短条形码的高度，但要求剩余高度不低于原高度的 2/3。

为了获得最佳的扫描识读效果，条形码左右两端还应该留有一定宽度的空白区域（称作静区），左侧空白区不能小于 3.63mm，右侧空白区不能小于 2.31mm。如果该区域过小，就无法起到提示的作用，便会误读条形码旁的其他信息，造成错误。因此，要特别留意必须保证空白区的适当尺寸，既不要过大也不要过小，还要保证左右空白区内的颜色与"空"的颜色一致，这样才能使条形码被顺利识读。

不同的放大系数，允许出现的误差不同。放大系数越小，允许的误差就越小，印刷过程中要求的尺寸精度越难以保证，合格率也就越低。

2. 条形码的位置设计

条形码的位置设计应满足以下条件：不影响产品整体包装效果、容易被发现、保证条形码不变形、便于识读、便于操作。条形码标识的首选位置是商品包装的主显示面的右侧，其次是与商品包装主显示面相连的平面上，也可以放在商品包装主显示面的背面，但要避免放在边角、接缝、弯曲处或封口附近，以免符号变形。还要考虑到包装或后加工工序的影响，如三封袋、背封袋，不能将条形码放在包装袋的热封部位和打孔部位；又如包装盒或标签印刷后要进行模切压痕，不能把条形码放在模切压痕的附近，防止因加工不当而引起条形码残缺、曲折，无法识读。

条形码的放置方向要尽量与印刷方向保持一致，使条形码的变形发生在条形码的高度上，而不会影响条形码的宽度尺寸，以保证能够达到最佳的识读精度。但如果产品包装或标签较小的话，可以将条形码的放置方向旋转 90°，使条形码的方向与印刷方向垂直。

如果很难在包装的某一面上保留一个完整的条形码，可能有一部分条形码出现在相邻的另一平面上。这时，可以在同一包装上印刷多个相同的条形码符号，以保证至少有一个完整的条形码出现在外包装的一个平面上；或者增加条形码符号高度，将条形码以大于所要求条高的尺寸印刷在包装上，这样条形码符号可能同时出现在该产品包装的两个相邻的平面上，保证其中一个平面上的条形码符号有足够的高度可供扫描识读。

3. 条形码的颜色搭配设计

条形码的识读系统，规定扫描器光源一般为波长 630～700nm 的红色光源，所以应考虑墨色的红光效应。黑墨对于红光可完全吸收，印品对入射光的反射率一般在 3% 以下，所以黑墨是安全的条用色，白墨对于红光则是完全反射，其印品对入射光的反射率可接近

100%，所以白墨是最安全的空用色。

条形码能否正确识读，主要取决于条和空的颜色搭配。有时候，设计者为求包装上的颜色和谐美观，错误地搭配了条和空的颜色，使条形码不能正确识读。商品条形码是用专用识读设备依靠分辨条、空的界线和宽窄来识别的，因此，要求条与空的颜色反差，即条空印刷对比度越大越好。

条空印刷对比度可用下式计算。

$$PCS = \frac{R_L - R_D}{R_L} \times 100\%$$

其中，R_L 为空的反射率，R_D 为条的反射率，很显然，R_D 越小，R_L 越大，则 PCS 值越高，这时条形码的光学特性就好，识读率就比较高。

相对于红色光源，反射率高的有黄、橙、红等色，反射率低的有绿、紫等色。只要满足条形码对反射率、反射密度及其 PCS 值要求的任何色彩搭配，都是合理的颜色设计，如表4-13所示，列出了32种条形码条和空的颜色搭配及其可行性，供设计时参考。

表4-13 条形码条和空的颜色搭配

序号	空色	条色	是否可行	序号	空色	条色	是否可行
1	白色	黑色	√	17	白色	黄色	×
2	白色	蓝色	√	18	白色	橙色	×
3	白色	绿色	√	19	白色	金色	×
4	白色	深棕色	√	20	白色	浅棕色	×
5	橙色	黑色	√	21	白色	红色	×
6	橙色	蓝色	√	22	亮绿	红色	×
7	橙色	绿色	√	23	亮绿	黑色	×
8	橙色	深棕色	√	24	暗绿	黑色	×
9	红色	黑色	√	25	暗绿	蓝色	×
10	红色	黑色	√	26	蓝色	红色	×
11	红色	绿色	√	27	蓝色	黑色	×
12	红色	深棕色	√	28	金色	黑色	×
13	黄色	黑色	√	29	金色	橙色	×
14	黄色	蓝色	√	30	金色	红色	×
15	黄色	绿色	√	31	深棕色	黑色	×
16	黄色	深棕色	√	32	深棕色	红色	×

当条形码的颜色与图案底色发生冲突时，可以先将底色挖空，然后再印刷条形码，否则条和空的颜色对比度太小，就会造成扫描器无法识读条形码。例如，不能直接在深蓝、深绿、深棕色的底色上印刷条形码，应当将条形码下面的底色挖空，专门辟出一块白底（或者先印

刷白色）来印刷条形码，这样就可以保证条形码被正确地识读。若承印材料是镀铝膜、金银卡纸或者透明的塑料薄膜，则通常是在承印物材料表面上先用白墨打底，然后再印刷条形码（即反白印刷）。

（四）条形码的印刷工艺流程

由于条形码是通过计算机识读的，这就对条形码的印刷质量提出了更高的要求，所以，印刷设备、识别设备精度、印刷材料质量高，印刷精度高是条形码印刷的显著特点。按照印刷地点的不同，条形码的印刷可分为现场印刷和非现场印刷两大类，其印刷工艺流程如图4-61所示。

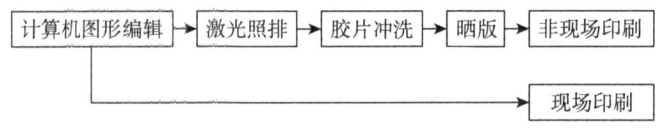

图4-61　条形码的印刷工艺流程

现场印刷是指在需要使用条形码标识的地点由专用的设备即时生成所需要的条形码标识的印刷方法。它适合印刷数量小、标识种类多或应急处理的条码印刷。多用于服装、珠宝、眼镜、手表等商品上。

非现场印刷是指预先印刷好条形码标以供以后使用。这种方式适合大批量使用、代码稳定、标识相同或标识变化有规律的条形码标识的印刷。如香烟、酒、食品、药品等都是采用非现场印刷的方式印刷条形码标识。

1. 计算机图形编辑

在图形编辑系统中，计算机支持条形码排版软件作图形编辑。常用的条形码排版软件很多，比如labelmx条码排版软件、BarTender条码打印软件、Teklynx CodeSoft 7.0条码设计软件等。以CodeSoft软件为例，它可支持TrueType字体，41种标准条码格式，9种二维码，并能打印到1000种以上的热敏/热转印打印机和任何Windows打印机上。

2. 激光照排、胶片冲洗

激光照排系统、胶片冲洗系统与通用的制版系统相同，它们与图形编辑系统相结合便构成了精密照排系统，其分辨率高、精度高，生成条形码胶片的速度也极快，如在国内使用较多的英产Linotronic 300/330图像制作系统，可在99cm/min的冲印速度下生成精度高达$\pm 5\mu m$的条形码胶片。

按照条形码胶片的明暗部分与印刷出的条形码符号的明暗部分一致与否，条形码胶片可分为正片或负片。条形码胶片的影像方向为胶片上OCR-B字符正读时药膜的方向，其另一面称为胶膜。药膜面有上下之分。当正读条形码胶片时，如果药膜面在片基的前面，称之为药膜面在上；反之，若药膜面在片基的后面，则称之为药膜面在下。

胶片的选择应该根据制版和印刷工艺过程的要求而定。用于制作凸版和平凸版时，选用正片制版；用于制作凹版、平凹版和孔版（如丝网版）、柔性版时，选用负片制版。对于直接印刷方式（不包括孔版印制），选择药膜面在上；对于使用孔版进行直接印制，选择药膜面在下；对于间接印刷，选择药膜面在下。

3. 晒版

打样检验合格后的胶片即可用于晒版。由于晒版是一个感光过程，所以在晒片时尽量以最恰当的时间做好版材的感光。

晒版要经过腐蚀后，才能把版材上的印痕部分显现出来。纸张类印刷常用平版、凹版、凸版三种，使用的版材又分为锌版、铝版和 PS 版等。不同的印刷方式和不同的版材，其蚀版的方式和程度也都不同，于是腐蚀和洗版也成为条形码印刷是否正确的重要因素之一。

4. 非现场印刷

条形码的非现场印刷是一种常规的印刷，与一般的印刷没有很大区别，按印刷原理可以分为凸版、凹版、丝网版、平版和无版方式印刷。这里无版印刷方式是指喷墨、光刻等方式的印刷。

（1）凸版印刷方式。印版上图文部分凸出于非图文部分。这种印刷方式的制版较容易，可用金属、塑料、橡胶等材料按照条形码编码规则制成条形码印版，因而印制的条形码的成本较低。这种印刷方式主要用于纸包装和不干胶标签的印刷。由于这种印刷方式受所用设备的精度、印刷压力和印迹扩展等影响，故只能印刷中、低密度的条形码符号。

（2）平版印刷方式。平版印刷可以印刷质量较高的网点图像，当其应用于条形码的印刷时，适合于印刷大批量固定号码条形码，可以印刷高、中、低三种密度的条形码符号，其最窄条纹宽度可以达到 0.25mm。广泛用于包装和书刊印刷中。适用于在较粗糙的载体上印刷和彩印。

平版印刷时，符号载体将经过橡皮布转印。橡皮布与压力滚筒之间的空隙大小就是印压，空隙太小便是印压过大。当符号载体通过空隙时橡皮布受到过大的印压，印痕便会扩大，条形码也随之变粗，反之印痕缩小，条形码就会变细。纸张类的印刷机针对各厚薄不同的纸张，都定出固定的标准，只要依照这个标准调整便不会出现太大的问题。

（3）凹版印刷方式。这种方法的条形码印刷质量较高，凹坑的深浅由制版时控制，易于进行参数控制，因而具有较好的防伪效果。这种印刷方式的制版价格较高和印刷速度快，所以一般用于大批量印刷。主要用于小袋食品包装袋和半密封食品袋的条形码印刷。

（4）丝网印刷方式。由于这种印刷方式的印刷精度较低，所以对印刷技术的要求较高，印刷质量受到制版条件、感光膜厚度、油墨黏度等质量不稳定的影响。受印刷承印物与使用的油墨颜色的限制，在 PCS（对比度）方面存在问题较多。

（5）数字印刷方式。这种印刷方式主要是指喷墨、光刻和数字印刷机印刷等方法。它对条形码的载体没有多大的要求，因而适应性较好，防伪效果也较好。

激光光刻就是利用激光束在金属、塑料、玻璃等载体材料表面，以光刻方式生成条形码标识，适用于特殊符号载体上生成长期耐用的条形码标识，生成速度较慢。目前常用的光刻方法为 CO_2 和钇铝石榴石激光印刷技术。

不管是哪种印刷方式，印压都必须随着各种材料的吸墨程度和表面硬度作改变，这种情况下最安全的方法就是先印一些样品加以测试，以免大量印刷后才发现条形码不能扫描而蒙受重大损失。

5. 现场印刷

条形码的现场印刷方法很多，按印刷原理可以分为接触式印刷（又有热转印式、针式、滚筒式等）和非接触式印刷（又有热传导式、激光打印式、激光光刻式、喷墨式、静电式等）；按机械形式可以分为手持式、便携式、台式等；按耗材情况可以分为有墨印刷和无墨印刷。

能够完成条形码现场印刷的设备很多，而且大多用计算机控制，操作方便、印刷质量可靠。考虑到现场印刷的承印材料表面往往是已经完成产品包装的包装外表面，表面的状态差异性较大，并且多为不规则表面，因此所选用的现场印刷设备最好是非接触式的印刷设备，如激光打印机、激光光刻机、喷墨打印机、静电式印刷机等。在选择印刷设备时，应重点考虑以下几个方面的问题。

（1）条形码印刷质量和印制成本。条形码的印刷质量是一个综合指标，不同的印刷设备，其印刷的条形码质量不一样，在选用时应结合实际情况进行选择。

（2）设备价格和防伪效果。在进行条形码现场印刷设备选择时，应根据产品的实际要求和当前市场上印刷设备的基本情况进行比较和选择。

（3）接触式和非接触式印刷。条形码设备打印头与条形码基材在印刷时直接接触的印刷称为条形码接触印刷。接触印刷对基材的要求条件较高，对于一些基材表面不平及其粗糙的情况，例如对于不规则包装容器表面的印刷，由于其表面凹凸不平，就不能采用接触印刷的方法，而要采用非接触印刷方式。非接触印刷在印刷时打印头不与承印物直接接触，对于承印物表面不平的物品印刷时，也不影响印刷的质量，因而适宜在线使用。

（4）适应能力。有些印刷设备对环境条件要求较高，其适应能力就差。例如激光打印机，它要求清净的环境条件，因而就不适于在生产现场使用。还有一些印刷设备对基材的要求较高，只对某一部分的基材适应，而对另一部分的基材就不适用，也限制了其使用范围。

（五）条形码印刷的质量控制

条形码的印刷工艺中，除了在条形码设计和制版时精确控制以外，还需要考虑以下方面的影响。

1. 条形码印刷对承印材料的要求

由于条形码识读时，其扫描光源是以45°角入射，而反射光采集角为15°，当反射光超过15°范围时，就无法收集到反射光信号，即相当于黑色效应。为满足条形码扫描这一特点，要求承印物具有良好的光散射特性，而不能出现镜面反射。所以，承印材料的白度、不透明度和光泽度如何，对条形码的识读有一定的影响。此外，还考虑选用耐厚性好、受力后尺寸稳定、着色性好、油墨渗透性小、平滑度及光洁度适中的材质，比如铜版纸、白板纸和胶版纸。

对于透明材料，在条形码的位置一般应该先印一层白墨。避免在扫描时照射到条码上的光线有一部分发生透射，使扫描器接收到的反射光变弱，造成空的反射率降低，影响了条空的对比度。

在马口铁、铝箔等高反射面上印条形码时，应该先印一道底色，从而避免因镜面反射与漫反射而影响反射率。

在平整度和纸张表面质量不高的瓦楞纸板和编织袋上印条形码，往往精度很差，不易识别。通常采用在其他载体上印刷条形码，然后再贴在其上的方法。

2. 条形码印刷对油墨的要求

条形码印刷时首先要充分考虑到条、空的颜色搭配，除此以外，还要考虑油墨的浓度和墨层的厚度。油墨过稀或过浓都会影响印刷质量，甚至会影响正常的识读。由于条形码是实地印刷，其印刷所能达到的反射密度与油墨的光学特性和墨层厚度有关。印刷过程中，印刷的反射密度是随着油墨厚度的增加而增加，当油墨厚度达到一定值后，密度随即达到饱和状态。表 4-14 和表 4-15 中分别给出了不同油墨的饱和密度、不同印刷工艺所要求的墨层厚度。

表 4-14 不同油墨饱和密度的要求

黑墨	青墨	品红墨	黄墨	其他专色油墨
1.8～2.0	1.45～1.70	1.25～1.50	0.90～1.05	＜0.80

表 4-15 不同印刷工艺的墨层厚度要求（单位：μm）

胶印	凸印	柔印	凹印	丝印
2～4	8	10	12	30

3. 条形码印刷对外观质量的要求

条形码的外观质量体现在以下几个方面：条形码符号表面要整洁，无明显的破损、穿孔、皱褶和污垢；条形码中的数字、条形要印刷完整、清晰、无二义性；条形码符号无明显脱墨、污点、断线、弯曲及毛边；条形码字符的墨色均匀，不同印张间无明显差异。

4. 条形码印刷的印刷精度要求

为了使条形码的印刷质量达到规定的要求，使之能够被正确识读，应该制定相应的印制指标，并在印刷过程中严格控制。这些指标包括污点、孔隙、印刷公差等。

在条形码的印刷过程中，条形码符号的空或静区会粘上油墨，形成污点；条中也可能由于着墨不均而产生孔隙，如图 4-62 所示。通常规定污点或孔隙的最大直径应小于或等于最窄条形码标称宽度的 0.4 倍，或者污点孔隙所占面积不超过直径为窄条标称宽度的 0.8 倍的圆面积的 1/4。如果污点或孔隙的尺寸超过这个标准，则

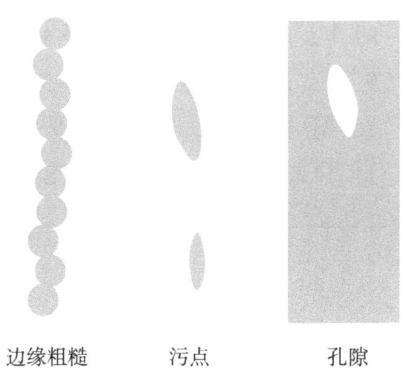

图 4-62 污点和孔隙

会影响条形码的正确识读。

条形码在印刷时，必然会产生一定的偏差，这种偏差必须控制在一定的范围以内，这就是所谓的印刷公差。印刷公差主要包括条和空的尺寸公差、相似边距离公差和字符宽度公差等，如图4-63所示。图中，b、s、e、p 分别代表条、空、相似边距离和字符宽度的标定尺寸，并定义 Δb、Δs、Δe、Δp 分别代表条、空、相似边距离和字符宽度的尺寸公差，很显然，条、空、相似边距离、字符宽度的印刷允许尺寸：$b_{允许}=b\pm\Delta b$，$s_{允许}=s\pm\Delta s$，$e_{允许}=e\pm\Delta e$，$p_{允许}=p\pm\Delta p$。

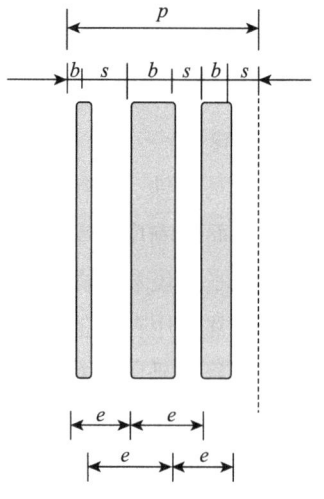

图 4-63　条形码印刷公差

不同码制的印刷公差是不同的，在使用时可以查阅相应的数据参数来执行。如果一个条形码符号在印刷中超出了印刷公差，条码识读系统的首读率会大大降低，误识率将会增加。

如果在印刷过程中，由于印刷工艺以及油墨在承印物上的渗透，导致"油墨扩散"现象，致使条形码标识尺寸变大，超出了印刷公差，那么可以在制作条形码胶片时事先将原版胶片条宽取值做适当减少，减少量称为BWR，BWR的值要针对具体印刷方法，在做了印刷适性试验后才能确定。

复习思考题

1. 什么是静电印刷？请说明其原理和特点。
2. 请说明连续式喷墨和间歇式喷墨的工作原理。
3. 请列举出典型的静电数字印刷机，并说明其特点。
4. 喷墨印刷机由哪几部分组成？各自的作用是什么？
5. 喷墨印刷机有哪些？各自使用什么原理？
6. 简述立体印刷的基本原理。
7. 简述全息印刷工艺的具体流程。
8. 什么是油墨防伪技术？举例说明一些防伪油墨。
9. 什么是承印材料防伪？举例说明一些防伪承印材料。
10. 制版设计时，有哪些防伪图文可以运用在其中？
11. 什么是条形码印刷的PCS值？条形码的印刷要点有哪些？

第五章　印后加工技术方法

第一节　覆膜

覆膜工艺又称印后过塑或印后贴膜,是将塑料薄膜和纸张印刷品两类不同类型的印刷材料,通过黏合剂,在覆膜机的热压外力作用下,复合在一起的过程,如图 5-1 所示。

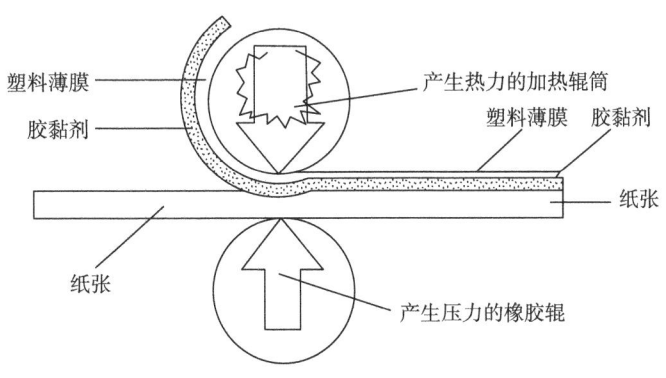

图 5-1　覆膜工艺示意图

经过覆膜的印刷品,表面会更加平滑光亮,不但提高了印刷品的光泽度和牢度,延长了印刷品的使用寿命,同时塑料薄膜又起到防水、防污、耐磨、耐折、耐化学腐蚀等保护作用。此外,覆膜可以提高印刷品的装潢效果。如果复合的是亮光膜,可使印刷品表面光彩夺目、富有立体感;如果复合的是亚光膜,则会给人一种古朴、典雅、舒适、高档的感觉。此外,覆膜还可以在很大程度上弥补印刷品表面的某些质量缺陷。

一、覆膜工艺的分类

根据所采用原材料和设备的不同,可以将覆膜工艺分为即涂膜覆膜工艺和预涂膜覆膜工艺两种。即涂膜覆膜工艺所用的薄膜是现涂布的,所使用的黏合剂一般有油性溶剂型和水性乳液型两种,并且是随用随配。而预涂膜覆膜工艺所用的薄膜是预先涂布好的,所使用的黏合剂一般有热熔型和溶剂挥发型两种。

按照印刷品的覆膜过程又可将覆膜工艺分为三类:干式覆膜法、湿式覆膜法和预涂覆膜法。干式覆膜法是在塑料薄膜上涂布一层黏合剂,然后经过覆膜机的干燥烘道蒸发除去黏合剂中的溶剂而干燥,再在热压状态下与印刷品黏合成覆膜产品。湿式覆膜法是在塑料薄膜表面涂布一层黏合剂,在黏合剂未干的状况下,通过压辊与印刷品黏合成覆膜产品。自水性覆膜机问世以来,湿式覆膜法得到了很快的推广。预涂覆膜法是覆膜厂家直接购买预先涂布有黏合剂的塑料薄膜,在需要覆膜时,将该薄膜与印刷品一起在覆膜设备上进行热压,完成覆膜过程。此外,还可以根据覆膜幅面的大小不同,将覆膜工艺分为全幅覆膜和开窗覆膜两种类型。

二、即涂膜覆膜工艺与设备

(一)传统即涂膜覆膜工艺与设备

即涂膜覆膜工艺是在薄膜上现涂黏合剂使印刷品与之复合的工艺,其工艺流程如图5-2所示。

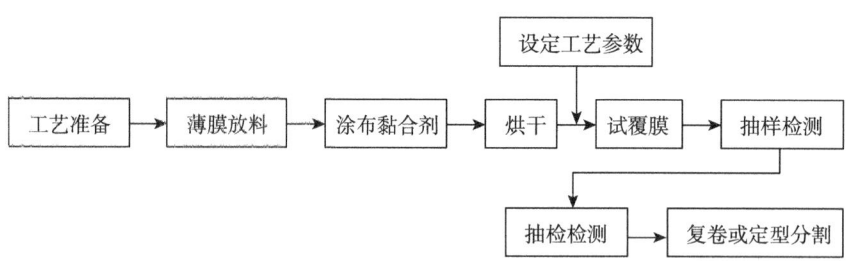

图 5-2　即涂膜覆膜工艺流程

1. 工艺准备

覆膜生产的准备工作一般应包括:待覆印刷品的检查、塑料薄膜的选用以及黏合剂配制等。

2. 薄膜放料

将选定的薄膜按印刷品的幅面切割成适当宽度后,安装在覆膜机的出卷装置上,并将塑料薄膜穿至涂布机构上。要求薄膜平整无皱,张力均匀适中。如覆膜印刷品要做成纸盒,则须考虑留出接口空隙,否则粘接不牢。

3. 涂布黏合剂

首先,黏合剂的黏稠度应视纸质好坏、墨层厚薄、烘道温度及烘道长短、机器转速等因素而定。当墨层厚、烘道温度低、烘道短、机速快时，黏合剂的黏度应适当增大，反之则相反。其次，应掌握涂布胶层的厚度，使之达到均匀一致。涂层厚度应视纸质好坏及油墨层厚薄而定：表面平滑的铜版纸，涂布量一般为 3～5g/m² （厚约 5μm）；表面粗糙、吸墨量大的胶版纸、白版纸，涂布量为 7～8g/m² （厚约 8μm）。当然，墨层厚，涂布量应稍大，反之则相反。

4. 烘干

烘干的目的是去除黏合剂中的溶剂，保留黏合剂的固体含量。烘道温度应掌握在 40～60℃，主要由过塑黏合剂中溶剂挥发性的快慢来确定。胶层的干燥度一般控制在 90%～95%，此时黏结力大，纸塑复合最牢。涂层不平或过干，会使黏结力下降，造成覆膜起泡、脱层。

5. 设定工艺参数

设定工艺参数主要是指热压温度、压力、速度等方面。

热压温度根据印刷品墨层厚度、纸质好坏、气候变化等情况来调整，一般应控制在 60～80℃。温度过高会超过薄膜承受范围，极易使产品曲卷、起泡、皱格等，且橡胶辊表面易烫损变形；温度过低，覆膜不牢，易脱层。

辊间压力应视不同纸质及纸张厚度正确调整。压力过大，纸面稍有不平整或薄膜张力不完全一致时，会产生压皱或出现条纹的现象；压力长期过大，会导致橡胶辊变形，辊的轴承也会因受力过大而磨损。压力过高或不均匀，则会造成覆膜不牢、脱层现象。

机速越快，热压时间也就越短，因此温度可调高些，压力可加大些，黏合剂的黏度应大些；反之则相反。机速一般控制在 6～10m/min 为宜，机速过快或过慢都会影响覆膜质量。

6. 抽样检测

试覆膜后抽出样张，按照产品标准，对抽样产品进行关键性能检测，要求达到表面光亮、平滑，以及无皱褶、气泡、脱层等。

7. 复卷或定型分割

覆膜的产品如果是白板纸印刷品，应立即分割并且膜面朝上放置；铜版纸、胶版纸的印刷品，应先复卷并放置 24 小时后，才能分割，这样既可提高黏结牢度，又能防止单张纸卷曲。

即涂型覆膜机如图 5-3 所示，是将卷筒塑料薄膜涂敷黏合剂后经干燥，由加压复合部分与印刷品复合在一起的专用设备。

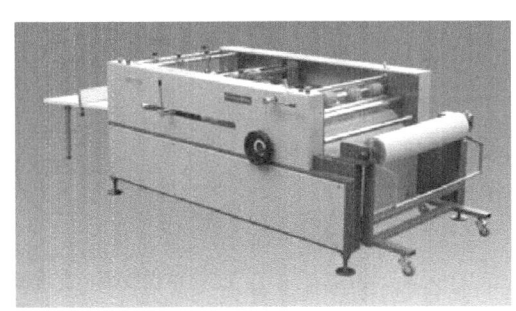

图 5-3　即涂型覆膜机

即涂型覆膜机有全自动和半自动两种。各类机型的基本结构相近，如图5-4所示，主要由放卷、上胶涂布、干燥、复合、收卷五个部分以及机械传动、张力自动控制、放卷自动纠偏等附属装置组成。

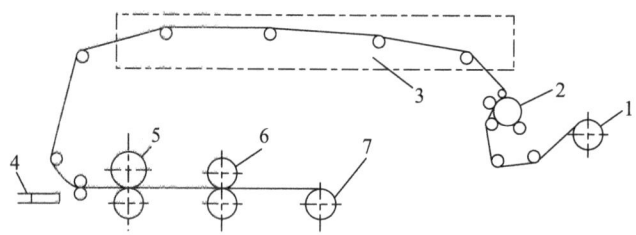

1-放卷装置；2-上胶涂布装置；3-干燥通道；4-印品输入装置；5-复合装置；6-辅助层压装置；7-复卷装置

图5-4　即涂型覆膜机基本结构示意图

卷筒状的塑料薄膜安装在放卷装置上，张力恒定的薄膜平展地输出，若分切后成卷的薄膜宽于被覆膜的印刷品，可以用切边刀把多余的薄膜裁掉，使薄膜宽度符合印刷品的要求；然后由匀胶辊将胶盘中的黏合剂均匀地涂布在薄膜的一个面上，经涂胶后的薄膜通过干燥通道进行烘干，然后与待覆膜的印刷品一起压合，在一定的温度和压力下，印刷品与涂胶的薄膜压合成纸塑复合制品后被收卷装置收卷，完成整个覆膜过程。

1. 放卷部分

塑料薄膜的放卷作业要求薄膜始终保持恒定的张力。张力太大，容易产生纵向皱褶，反之容易产生横向皱褶，无论哪种皱褶均不利于黏合剂的涂布以及之后的复合。为了保持合适的张力，放卷部分一般设有张力控制装置，常见的有机械摩擦盘式离合器、交流力矩电机、磁粉离合器等。

2. 上胶涂布装置

薄膜放卷后经导向辊，进入上胶涂布装置进行涂胶，常见的涂布形式有：滚筒逆转式涂胶、凹纹涂胶、无刮刀直接涂胶及有刮刀直接涂胶等。其中，滚筒逆转式涂胶是各机型采用最多的一种，它的结构原理如图5-5所示。

滚筒逆转式涂胶属于间接涂胶，供胶辊从储胶槽中带出胶液，刮胶辊、刮胶板可以将多余的胶液重新刮回储胶槽。薄膜反压辊将待涂薄膜压向经匀胶后的涂胶辊表面，并保持一定的接触面积，在压力和黏合力作用下胶液不断地涂敷在薄膜表面。涂胶量可以通过调节刮胶辊与涂胶辊、刮胶辊与刮胶板之间的间距来改变。

3. 干燥通道

涂敷在塑料薄膜表面的黏合剂涂层中含有大量的溶剂，有一定的流动性，复合前必须通过干

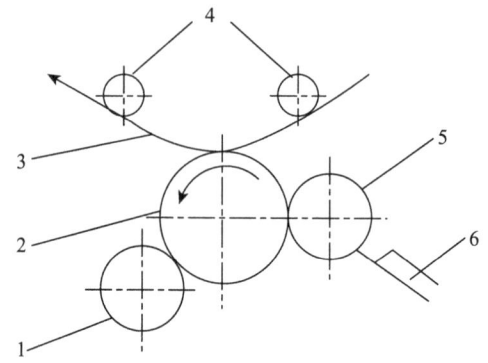

1-供胶辊；2-涂胶辊；3-塑料薄膜；4-反压辊；
5-刮胶辊；6-刮胶板

图5-5　滚筒逆转式涂胶示意图

燥处理。干燥部分多采用隧道式，依机型不同干燥通道长度在 1.5～5.5m。根据溶剂挥发机理，干燥通道设计成三个区：

（1）蒸发区。该区应尽可能在薄膜表面形成紊流风，以利溶剂挥发。

（2）熟化区。根据薄膜、黏合剂的性质设定自动温度控制区，一般控制在 50～80℃，加热方式有红外线加热、电热管直接辐射加热等，自动平衡温度控制由安装在熟化区的热敏感元件实现。

（3）溶剂排除区。为了及时排除黏合剂干燥中挥发出的溶剂，减少干燥通道中的蒸汽压，该区设计有排风抽气装置，一般为风扇或引风机等。

4. 印品输入装置

全自动覆膜机一般都采用气动式输入方式，它是在印刷品前端或尾部装上一排吸嘴，依靠吸嘴的"吸""放"和移动来分离、递送印刷品。

5. 复合装置

复合装置主要由镀铬热压辊、橡胶压力辊及压力调整机构等组成。其中，镀铬热压辊为空心辊，内装电热装置，滚筒温度通过传感器和操纵台的仪器仪表来控制。一般覆膜工艺要求热压温度为 60～80℃，面积热流量为 2.5～4W/cm²。橡胶压力辊的作用是将被覆印品以一定压力压向热压辊，使其固化粘牢。复合时的接触压力对黏合强度及外观质量有密切的关系，一般为 15.0～20.0MPa。橡胶压力辊长期在高温下工作，又要保持辊面平整、光滑、横向变形小，抗撕性及剥离性良好，因而多采用抗撕性较好的硅橡胶。压力调整机构用以调节热压辊和橡胶压力辊间的压力。压力调整机构可以采用简单偏心机构、偏心凸轮机构、丝杆、螺母机构等；但是为了简化机械传动的零部件，并提高压力控制精度，大都采用液（气）压式压力调整机构。

6. 辅助层压装置

为了确保热压复合质量，提高表面光亮度和黏合强度，有些覆膜机上安装有一组或两组辅助层压滚筒，调整压力时要保证各组压力辊轴向压力一致，各组压力辊要保持平行。

7. 收卷部分

覆膜机多采用自动收卷机构，收卷轴可自动将复合后的产品收成卷状。为了保证收卷松紧一致，收卷轴与复合线速度必须同步，收卷时张力要保持恒定。随着收卷直径的增大，其线速度又必须与复合线速度继续同步，一般机器采用摩擦阻尼改变收卷轴的角速度值达到上述要求。为了提高工作效率，有些覆膜机还在收卷部分配有快速卸卷及成品分切装置。

（二）水性即涂膜覆膜工艺与设备

随着环保意识的增强，早期采用的油性（溶剂型）即涂膜覆膜工艺受到了很大的限制，而更多的选择了高强度、易回收、无污染的水性即涂膜覆膜工艺。

水性即涂膜覆膜工艺采用的是以水为分散剂、以高分子聚合物为分散相组成的白色乳液型胶黏剂，不含任何有机溶剂，所以对环境的污染少；同时水性覆膜的产品光泽度、白度比有机溶剂型覆膜好，黏结力也与之相当，且水性覆膜属于冷裱工艺，不需加热烘干，不需升高压合辊温度，所需要控制的就是覆膜速度和覆膜压力，以及施胶量的多少。水性即涂膜覆膜工艺流程如图5-6所示。

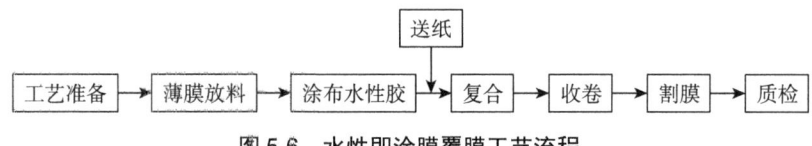

图5-6 水性即涂膜覆膜工艺流程

水性即涂型覆膜机的机型非常多，图5-7即为SRFM系列水性即涂型覆膜机。该机由机座、传动机构、上胶机构、电气系统、压辊组件等组成，它采用变频器调速、电磁式空压机自动供应胶水，并配有自锁式调压装置、微调胶水厚薄及调整薄膜不起皱等装置，能自动控温，所以机器性能稳定、噪声小，生产过程中无毒、无味、不污染、黏合性能好，不出现雪花和气泡。另外，该机还装有缺纸自停、纸张计数、分切薄膜、快速成品收卷推出处理等装置，具有高速、节能、环保的优点。

图5-7 SRFM水性即涂型覆膜机

该机器使用前可空转试运行，然后按线路图布好薄膜并适当拉紧，转动手轮，使上、下压辊靠拢，压住辊间薄膜，启动机器调慢速，看薄膜是否运转，能正常运转为正确，然后停机待薄膜上胶后再开机生产。

调好胶水浓度放入输胶水桶内，盖好盖，插上空压机皮管，启动空压机，桶内胶水即会沿管路送到机上，调好上胶水滚筒和可调上胶水滚筒的辊距（即胶水厚度）。打开胶水阀门（注意慢开，微量增至需用量），开机让薄膜涂胶，当涂胶膜运行到压辊前时必须垫以纸张，否则薄膜会粘住压辊。

刚开始覆膜时，应缓速进行，并继续调整胶水厚度、压辊温度和压力以及薄膜的平整度等，使产品达到最优状态，方可批量生产。

（三）PUR胶即涂膜覆膜工艺流程

PUR（聚氨酯）胶即涂膜覆膜工艺与水性即涂膜覆膜工艺相比，PUR胶即涂膜覆膜的用胶量更少，生产速度更快，生产成本低，而且PUR胶通过了FDA（美国食品和药品管理局）认证，环保优势更加明显。PUR胶即涂膜覆膜工艺流程如图5-8所示。

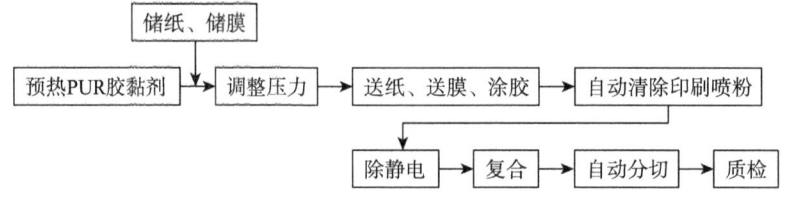

图5-8 PUR胶即涂膜覆膜工艺流程

如图 5-9 所示的 LOTUS 102 SF 型覆膜机就是 PUR 胶即涂型覆膜机。

图 5-9　LOTUS 102 SF 型覆膜机

LOTUS 覆膜设备速度快，生产量大，速度可达每小时 1 万张，而且操作简单，全自动的给纸机和收纸机以及薄膜自动分切装置大大减少了操作工人的数量，并且可以高效地分割 BOPP、PE、PET、镀铝膜等多种薄膜。此外该设备用胶量为 2～5g/m²，能节约大量的耗材，是传统即涂型覆膜设备用胶量的 1/8～1/5，大大降低了生产成本。

这种设备采用了先进的伺服装置，只需依照所用数据标准进行设定，便可得到理想效果（包括各种规矩、厚度及胶量的调整），自动除静电保证纸张顺利输送，自动热力分切准确无误差，自动张力调整保证覆膜质量稳定可靠。

由于 PUR 胶强度高，覆膜产品一般无皱褶、起泡、卷曲等现象，同时 PUR 胶有良好的流动性和吸附能力，不存在冷热胶在加工时的对抗问题，可承受 –40～250℃的温度，对于定量在 100g/m² 以上的纸张，有良好的附着效果，由于胶层薄而均匀，因此覆膜后图文清晰、透明度好、色彩更加逼真鲜艳。

三、预涂膜覆膜工艺与设备

预涂膜覆膜是通过专用设备将热熔胶或低温树脂按照设计定量均匀地涂布在薄膜基材上，得到了预涂膜，经烘干收卷后，待需要覆膜时，将该薄膜与印刷品一起在覆膜设备上进行热压，完成覆膜过程，其工艺流程如图 5-10 所示。

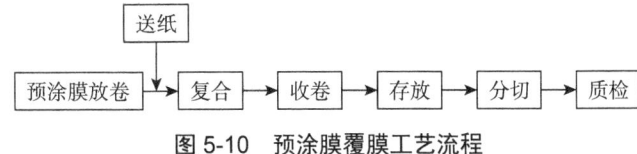

图 5-10　预涂膜覆膜工艺流程

和即涂膜覆膜工艺相比，预涂膜覆膜工艺除了基本的环保性以外，还拥有其他优点：

（1）预涂膜覆膜工艺简单，生产前不需要像即涂膜覆膜工艺那样调兑胶液，生产过程中也无须控制涂胶量，无须对黏合剂进行烘干。只需控制好温度、压力和速度即可，停机处理也比较简单，无须清理涂胶机构。

（2）在生产中不会产生气泡、皱褶、脱膜等现象，因此覆膜产品质量更高。

(3)对覆膜设备的适应范围广,不仅可以采用预涂膜覆膜设备或者即涂膜覆膜设备,还可以采用塑封设备。

(4)预涂膜覆膜过程中由于不存在有机溶剂之类的可燃物质,因此可以有效地防止生产中火灾事故的发生,安全系数更高。

(5)生产效率高。

由此可以看出,预涂膜覆膜工艺取代传统即涂膜覆膜工艺是必然趋势。

预涂型覆膜机如图5-11所示。同即涂型覆膜机相比,其最大特点是没有上胶涂布装置和干燥装置,因此该类覆膜机结构紧凑、体积小、造价低、操作简单、产品质量稳定性好。

预涂型覆膜机的结构如图5-12所示,主要包括预涂膜放卷装置、印品输入装置、热压复合装置、自动收卷装置,以及机械传动、预涂塑料薄膜展平、纵横向分切、计算机控制系统等辅助装置,其中印品输入装置和自动收卷装置与即涂型覆膜机基本相同。

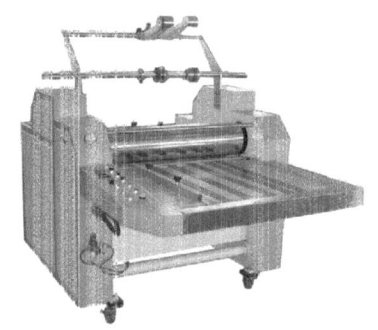

图 5-11 预涂型覆膜机

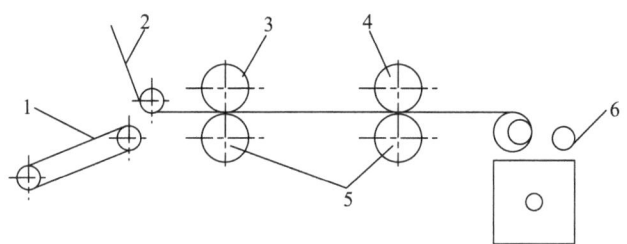

1- 印品输入装置;2- 预涂薄膜;3- 加热压力辊;4- 压力辊;
5- 硅胶压力辊;6- 收卷装置

图 5-12 预涂型覆膜机结构示意图

预涂型覆膜机开机前将已预涂黏合剂的塑料薄膜材料呈卷筒状安装在放卷机构的送膜轴上,经调节辊和导向辊等机构进入复合机构,这时待覆印刷品也从印品输入装置一起进入复合机构,经过复合机构的热压辊和橡胶压力辊进行热压合后,传送到收卷装置的收料轴上。卷成卷筒的覆膜印刷品,可进一步分切成单独的覆膜产品。

1. 预涂膜放卷装置

预涂膜放卷装置主要由塑料薄膜支撑架和薄膜张力控制系统组成。预涂膜卷筒放置在放卷装置的支撑架上用送膜轴支撑放卷。预涂膜在工作过程中必须保持恒定的张力,张力过大过小都会影响覆膜的质量。

2. 热压复合装置

热压复合装置包括复合辊组和压光辊组。复合辊组由加热压力辊、硅胶压力辊组成。加热压力辊是空心辊,内部装有加热装置,表面镀有硬铬,并经抛光、精磨处理;加热压力辊温度由传感器跟踪采样、计算机随时校正。复合压力的调整采用偏心凸轮机构,压力可以实现无级调节。压光辊组与复合辊组基本相同,即由镀铬压力辊与硅胶压力辊组成,但无加热装置。压光辊组的主要作用是:预涂塑料薄膜同印刷品经复合辊组复合后,表面光亮度还不高,再经压光辊组二次挤压,从而使表面光亮度及黏合强度大为提高。

3.计算机控制系统

计算机控制系统主要控制放卷、收卷、复合装置的驱动、变速和加热压力辊的加热系统,多数预涂型覆膜机采用计算机控制。

四、开窗覆膜工艺与设备

开窗覆膜工艺是覆膜工艺中较为特殊的一种,除了具有覆膜产品的优点外,还使被包装的商品具有可视性。主要运用在纸盒包装中,在食品、药品、轻工制品和出口商品的包装中应用广泛。

(一)开窗覆膜工艺原理

开窗后的包装产品沿走纸路线经涂布胶辊涂胶后,通过上下施压辊与塑料薄膜压合,完成覆膜过程。其工作原理和普通覆膜工艺的不同之处在于:

(1)先将黏合剂涂布在已经印刷好的包装产品表面,再将塑料薄膜覆盖在其表面,最后压合为成品。

(2)开窗覆膜是在带有窗口的印刷品上进行覆膜。

(二)开窗覆膜工艺对覆膜材料的要求

开窗覆膜包装产品除具有一般覆膜产品所具备的表面干净、平整、光洁度好、无皱褶、无起泡等质量要求外,窗口部分的薄膜必须透明,以保证被包装商品的可视性,这是开窗覆膜包装产品区别于一般覆膜产品的独特要求。即涂膜覆膜工艺所采用的BOPP塑料薄膜无色、无味、无毒、透明度好,而预涂膜工艺所采用的是预涂胶薄膜,由于预先已涂布了一层热熔胶黏剂,一般来讲,使得薄膜透明度较差。因此,从开窗覆膜包装产品的可视性要求来看,多使用BOPP塑料薄膜。

(三)开窗覆膜工艺流程与设备

开窗覆膜工艺的流程如图5-13所示。

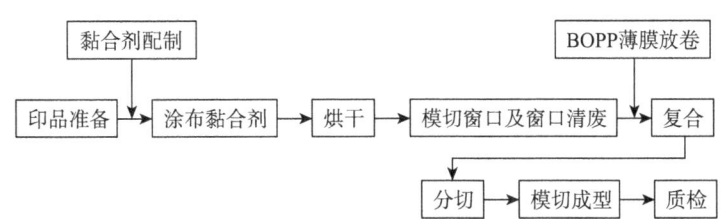

图5-13 开窗覆膜工艺流程

1.印品准备

印品的墨层必须充分干燥,而且墨层不宜太厚。印刷时尽可能采用快干亮光胶印油墨,控制油墨冲淡剂的使用,专色油墨应深墨薄印。另外,印刷过程中应尽量控制喷粉用量,以免给覆膜带来麻烦。

2. 涂布黏合剂

首先，要控制胶黏剂的黏度。胶黏剂的黏度过高，将降低胶黏剂的流平性和润湿性，容易发生涂布不均、涂层发花等问题。反之，胶黏剂的黏度过低，虽然可使涂布均匀，但在烘干工序中胶黏剂中的溶剂不能充分挥发，使胶黏剂的固含量降低，容易发生覆膜不牢固、脱膜、起泡等问题，同时也容易使涂布胶黏剂后的印刷品相互粘连，造成印刷品损坏和模切窗口等工序中的操作困难。因此，在保证胶黏剂涂布均匀的前提下，尽量使胶黏剂稠一些。

其次，要控制好胶黏剂的涂布厚度。胶黏剂的涂布量过小，涂布厚度过薄，则黏合力不足，产品容易发生剥离、脱膜等问题；胶黏剂的涂布量过大，涂布层过厚，将使胶黏剂中溶剂的挥发速度减慢，影响胶黏剂的干燥，产品放置一段时间后容易起泡。因此，在保证涂布不欠胶和复合牢度的前提下，胶黏剂涂布厚度可以适量薄一些。由于开窗覆膜工艺是将胶黏剂涂布于印刷品上，纸张亦将吸收少量的胶黏剂，其胶黏剂的涂布厚度应略大于传统即涂膜覆膜工艺。另外，对于不同质量的纸张，胶黏剂的涂布厚度也不一样，表面粗糙的纸张，胶黏剂可以适当涂布得厚一些。

3. 烘干

胶黏剂的干燥过程除受胶黏剂中溶剂的挥发速度、纸张的吸收速度影响外，主要由胶黏剂的黏度、胶黏剂的涂布厚度、烘道的温度决定。胶黏剂的黏度低，涂层厚，那么烘道的温度就要高一些。若烘道的温度过低，胶黏剂中溶剂不能充分挥发，将使BOPP塑料薄膜与印刷品的黏合力下降，就会影响覆膜的牢度。在胶黏剂的黏度、涂布厚度确定的前提下，经烘道干燥后的印刷品表面胶黏剂的干燥程度以手指按压胶黏剂层略感粘手为宜。

4. 模切窗口及窗口清废

开窗覆膜工艺需要两次模切，第一次模切窗口，第二次模切成型。在模切窗口工序中，首先要求按窗口实际大小排制窗口模切刀版，然后在压痕机上模切窗口。由于此时印刷品表面已涂布胶黏剂，极易粘纸屑、纸毛，因此模切刀要锋利，模切刀的接缝要小，模切压力要均匀、适中、切透。窗口清废工序要注意不要将纸屑、纸毛落在印刷品的表面，以免影响覆膜质量。

5. 复合

复合操作既可以在即涂膜覆膜机上进行，也可以在预涂膜覆膜机上进行。复合温度、复合压力、复合速度是影响复合质量的三大因素。

6. 模切成型

开窗覆膜产品一般都是包装盒，经复合、分切后的半成品需经第二次模切方能成型，即排制一块去除窗口的钢刀模切版，在压痕机上模切成型。

开窗覆膜机一般都是即涂型覆膜机改进而来的，可以同时完成开窗和覆膜两道工序。以TNC 1000贴窗机为例，如图5-14所示，该机可完成经模切后各种纸盒上的窗口上胶、开口、切膜、贴膜、收纸等工序。

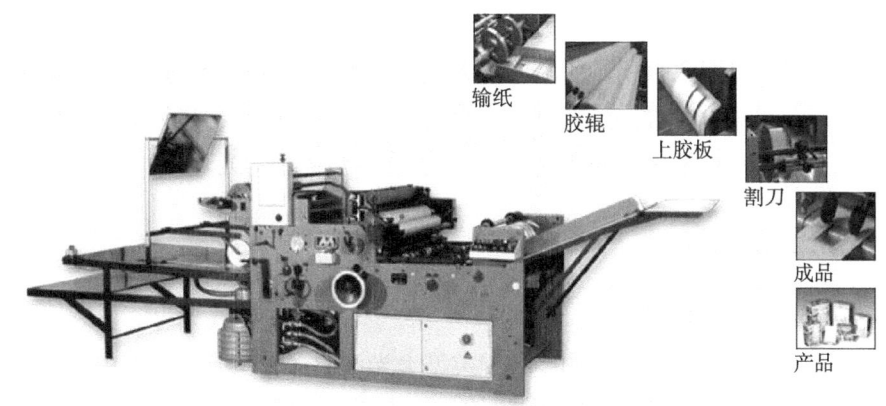

图 5-14　TNC 1000 贴窗机

将印品安放在工作台上，该机能自动分离出单张输送印品。当印品输至上胶工位时，由胶辊自动上胶，然后传至覆膜工位，由旋转的滚筒将吸附着的、被裁切下的薄膜对准所贴窗口上，逐渐将薄膜释放，经滚压完成粘贴工序。该机主传动采用交流变频调速控制。对小幅面的不同规格印品可采用 1∶1 或 1∶2 的工作方式，并进行成品记数。这种机型结构紧凑，操作方便，适应性强。

第二节　上光

上光是在印刷品表面涂上一层无色透明涂料，经流平、干燥、压光后在印刷品表面形成薄而匀的透明光亮层的加工工艺。

上光时由于涂料在印刷品表面的流平，增强了印刷品表面的平滑度，不仅提高了印刷品的表面光泽，而且改善了印刷品的表面性能，增强了油墨层的耐光性能以及防热和防潮能力，起到了保护印刷图文、美化产品的作用，已广泛用于书籍封面加工和包装装潢、画册、大幅装饰、招贴画等印刷品的表面加工中。除此以外，金、银和珠光上光工艺所产生的特殊光泽效果，发泡涂料所带来的表面立体效果，以及香味涂料所带来的配合视觉冲击的嗅觉感受，增加了产品的附加值，提高了产品的档次，使上光工艺的应用范围更加广泛。

一、上光工艺的分类

上光工艺的分类方法很多。按上光时所使用的设备，可分为脱机上光、利用印刷机组上光和印刷联机上光；按上光效果，可分为满版上光、局部上光、消光和艺术上光等。

满版上光相对来说操作简便，而局部上光可以通过刻橡皮、挖衬垫的方法进行联机上光来实现，也可在部分涂布机上通过做版的方式实现。消光与一般的上光相反，是通过该工艺来达到降低印刷品表面光泽的作用。艺术上光主要是指在上光涂料中加入某些金属色料（金、银粉）或非金属色料（珍珠粉等），使印刷品上光后产生特种艺术效果。

另外，上光工艺还可以根据印刷品输入方式、上光涂布方法、干燥方式等进行划分。但是实际应用中最常见的分类方法是通过上光涂料（上光油）的品种来划分，可以将上光工艺划分成溶剂型上光、油性上光、水性上光、UV 上光和热固型上光。

二、通用上光工艺

（一）专用上光涂布机上光

采用专用上光涂布机涂布是适用于各种类型上光油的涂布工艺，涂布中可实现涂布量的控制、涂布速度的控制、干燥能量的调节，因此，涂布质量稳定可靠，适合各种档次印刷品的上光涂布加工。上光涂布机的上光工艺流程如图 5-15 所示。

送纸 → 涂布上光涂料 → 干燥（固化）

图 5-15　上光涂布机的上光工艺流程

还有的上光工艺采用组合上光方法，比如油性上光和 UV 上光相结合，它的工艺流程如图 5-16 所示。

图 5-16　组合上光工艺流程

印刷品经过上光涂料槽均匀涂布上光涂料，再经过热风烘道干燥或红外线、紫外线干燥，在印刷品表面形成亮光油膜层，上光后的印刷品必须经冷风喷管使结膜表面冷却后才能堆积，以避免堆积时发生粘连现象。

（二）印刷上光

印刷上光是指利用印刷机进行上光油的涂布。实际上是用上光油代替油墨，储放在墨斗中，经输墨系统传递至印版，通过印版将上光油印至印刷品上，采用印刷机涂布上光可以不需购置专用上光涂布机，印刷机既可以用作印刷，又可以用作上光涂布，一机两用。印刷涂布上光时，一般采用溶剂型上光油，因为溶剂型上光油通过挥发干燥，干燥速度快。上光涂布时，印版采用实地版，根据被上光印刷品的不同要求，印刷一次或两次上光油，使印刷品表面获得一层比较均匀的上光油。在印刷涂布上光的过程中，由于采用的是溶剂型上光油，溶剂在上光的过程中极易挥发，溶剂挥发后，上光油的黏度值就会增大，甚至发生结膜现象，严重影响上光工艺的质量。因此在添加上光油时，应少加勤加，同时在印刷涂布时要勤搅拌墨斗，勤擦洗橡皮布，避免发生结膜现象。

印刷上光基本上属于印刷范畴，工艺处理与普通印刷工艺大致相同，但印刷上光的原料是无色透明的亮光油，其印刷适性与普通油墨存在着差异，故印刷上光时，有以下方面需要特别注意。

（1）墨辊的处理

印刷上光所使用的亮光油，不应带有任何颜色，才能突出印刷品原有的色彩，如果亮光油稍有偏色，印刷品就会发平，这样不仅没有给印刷品增加美感，反而影响了印刷品的质量。故印刷上光之前，必须将墨斗、传墨系统，以及印版系统全面反复清洗，直至无任何墨渍，才可上光。

（2）色序的安排

印刷上光的质量好坏与印刷色序有很大关系。一般来说，如果纸张印刷适性良好，应先印大面积底色、浅色，后印深色和小色块，这样可以使油墨从里向外充分干燥，最后再把亮光油印上去。如果纸张的印刷适性不好，出现拉毛、掉粉现象时，就需先印刷上光（俗称打底色），将纸毛拉掉，再以小色块、深色、浅色、大色块的顺序进行印刷，拉毛掉粉情况就会好得多，同时也不影响光泽度。因为先印刷上光不仅将纸毛拉掉，而且还将纸表面毛细孔封住，再印其他色块时，纸张印刷适性就会增强。

（3）墨量的选择

印刷上光的目的是使产品富有光泽，质地感增强，如果墨量小、墨层薄就达不到预期效果。因为亮光油是无色透明的，所以操作者不可能像印刷有色油墨那样通过观察印品色彩的深浅来判断下墨量和着墨量的多少。根据实践经验，在印刷压力适中，水墨保持基本平衡的状态下，墨量一般通过观察墨辊在转动中拉出的亮丝的长短、疏密程度来判断。如果丝头长而密，说明下墨量相对大些，墨层厚实一些；如果丝头短而疏，说明下墨量小，墨层相对薄一些。还可以通过手指轻触印品表面，凭手感来估量膜层的厚薄，如果感觉"湿而不粘"，则说明膜层正常。

（4）添加剂的处理

干燥情况的好坏直接影响印刷上光的效果。一般来说如果亮光油安排在最后一道色序印刷，会在亮光油中加入一定的干燥剂，加速亮光油里的树脂与空气中氧气的氧化作用使亮光油结膜而迅速干燥，保证印品快干。一般加放量占亮光油3%～4%为宜。如果亮光油在第一道色序印刷，亮光油就不需加放干燥剂，因为亮光油快速在印品表面结膜后，再印其他色时就会出现"晶化"现象，油墨印不上去。亮光油的膜层容易出现泛黄倾向，影响印品白度，因此调配时，也要因产品、纸张而异，适量为宜。

（5）纸张的处理

纸张质量与印刷上光的效果关系很大。被上光的材料，一般是质地较好、平滑度较高的铜版纸、白板纸、卡纸等，这些纸张经过上光加工后，表面光亮、图文更清晰。但是有的纸张在印刷时掉毛、掉粉现象严重，则要将纸张表面先进行上光处理，将纸毛拉掉，再进行其他色序印刷。

若小批量上光印刷，上光后的印品可以采用晾格架错开，少量堆放，以减少相互黏着的可能性。若大量印刷，无法进行错开、少量堆放等处理，就需对纸张做好透风处理。透风处理的目的是加速亮光油的干燥速度，使空气中的氧气与亮光油中的树脂接触，加速氧化结膜。

三、压光工艺

印刷品涂布上光涂料之后,仅靠涂料自然流平性,干燥后还不能达到理想的光泽。对于一些光泽度较高的印刷品,在上光涂布后通常还需要经过压光机压光。压光是通过压光机在温度和压力的共同作用下,改变干燥后上光涂层的表面状态,使其成为理想的镜面的过程。

(一)压光的工艺流程

压光是用普通上光机先在印刷品上涂布压光涂料,待干燥后再通过压光机上的不锈钢光带热压、上光、冷却、剥离,使印刷品表面的膜层形成镜面的高光泽效果,具体流程如图5-17所示。

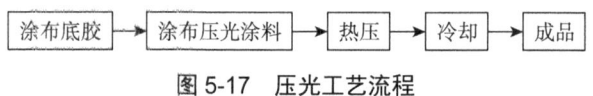

图 5-17 压光工艺流程

(二)压光工艺的质量控制

压光质量主要取决于印刷品的压光适性、压光涂料的选择和涂布过程、压光过程中的温度、压力和速度控制,以及压光机光带的清洁和维护等。

1. 印刷品的压光适性

印刷品的纸张性能和油墨性能是影响压光质量的重要因素和基础条件。

平滑度高、结构致密、吸收性较小的纸张、纸板容易取得高质量的镜面光泽效果;而表面粗糙、结构疏松、吸收性强的纸张、纸板则会造成压光涂料被大量渗透吸收,涂布不匀,出现发花及光泽效果很差的现象,严重影响压光效果。解决的办法是需要先涂布一层底胶,填充纸张、纸板的毛孔,然后再涂布压光涂料。

印刷油墨不干往往也是出现压光质量问题的因素之一,它不仅会对压光涂料产生排斥,造成涂布不上或者涂布不匀和发花,还会造成热压过程起泡、脱层等故障。油墨晶化,油墨颗粒太粗,油墨中加入的燥油或撤粘剂太多,油墨中加入防粘成分过量以及喷粉后在油墨表面形成的粉尘等都会严重影响涂料压光产品的质量。

2. 压光涂料的选择和涂布过程

压光涂料属无色透明液体,要求流平性好,干燥迅速、不泛黄变色、无残留气味,要求与纸张及油墨的亲和附着力强,在热压冷却后从光带上容易剥离。此外,还应具有一定柔韧性和耐磨性,无污染。

涂布液的黏度对涂布过程的流平性、涂层厚度、干燥性能和涂布质量都有很大的影响,需要根据产品要求、纸张情况和设备条件首先将涂布液调整到合适的黏度,纸张平滑度高吸收性小的印刷品,涂布液的黏度可以稍低一些;纸张较粗糙吸收性大的印刷品,涂布液的黏度要高一些。从涂布后的表观检查,不应有明显的条纹、橘皮或不匀的现象,合适的黏度和涂层厚度可以通过恒定的温度、压力条件下的压光试验进行验证。压光涂料的涂层必须充分干燥，涂布完成后应及时进行压光加工，不宜存放时间过长。

3. 压光温度

压光过程中，热压、上光和冷却剥离各阶段应有合适的温度，以利于涂料中主剂分子对印刷品表面的二次润湿、附着和渗透，增强两者之间的接触效果。在一定温度条件下，可使涂料膜层的塑性提高，在压力作用下使印刷品压光表面的平滑度大大提高。温度太高，涂料层黏附强度下降，变形值增大，印刷品含水量急减，这对上光和剥离过程是不利的；相反，热压温度太低，涂料层未能完全塑化，对印刷品的二次润湿、附着和渗透能力不足，涂料层的黏附作用差，因而压光效果差，压光后不易形成平滑度高的理想膜层。

4. 压光压力

在涂布干燥后的膜层中，涂料分子的排列是比较疏松的，其间存在着很多微小孔穴。压光时，在一定的温度和压力作用下，分子间的移动加剧，表现为膜层的体积变化。这个体积的变化百分率称为压缩率，它是涂料层加压时减少的体积与加压前原有体积之比。压缩率大，有利于在涂层表面形成光滑的膜层；反之，涂料层被压缩量小，表面就不易形成光滑的膜层。但压力过大时，会使印刷品的延伸性和可塑性降低而导致断裂。

5. 压光速度

上光膜层的表面平滑度和黏附强度一般随固化时间的增加而提高，但提高的速率愈来愈小，达到一定数值后就不再增大。而固化时间的长短取决于压光速度。在上光涂料与上光带接触时，其分子活动能力随涂层温度降低而逐渐减弱。如固化时间短，减弱速率快，涂料分子同印刷品表面墨层不能充分作用，涂料层对油墨层黏附强度就差，干燥、冷却后膜层表面平滑度就低。压光速度的确定应综合考虑压光涂料的种类、印刷品特性、压光机的性能以及压力、温度等各方面的因素。

6. 光带的清洁维护

不锈钢电镀抛光带是涂料压光工艺的核心装置，光带的平滑光亮程度决定着涂料压光的镜面光泽效果和产品质量。要经常检查压光设备滚筒上的清洁刮刀是否处于正常状态，及时清理沉积物，同时也要注意环境的保洁和严防异物的卷入。要特别注意保持光带正面和橡胶辊的清洁和防止划伤。最有效的光带清洁维护办法是定期抛光，可以采用手提布轮抛光机抛光，也可以采用简易的活动抛光架进行。抛光可以明显改进涂料产品的镜面光泽和自动剥离效果。

四、特殊产品的上光、压光工艺

（一）覆膜产品的 UV 上光工艺

所谓覆膜产品的 UV 上光工艺，就是对印刷品表面覆膜后再在整体或局部印一至两次光油，使印刷品表面获得光亮的 UV 光油膜层的方法。覆膜之后的产品再上 UV 光油可以增强油墨的耐光性能,起到提高印刷品光泽与立体感。形成强烈对比的作用。既可以采用满版上光,也可以采用局部上光。覆膜产品进行 UV 上光时，应注意以下问题。

（1）局部 UV 上光时，一般选用丝网印刷方式，因为其墨层厚度可以达到 30～100μm，一次印刷的墨层厚度可达到 20μm。用其进行局部上光，生产出的产品表面有立体感，层次较分明，而且精度高。凹印、胶印和柔性版印刷做出的效果与之相比就要差一些。而满版印刷时，则可以选用凹印、胶印、柔印机联机上光的方式，或者用单独的上光机上光。

（2）UV 光油的种类很多，甚至还有各具特色的覆膜专用 UV 光油，可以满足不同覆膜的需要。例如：对亚光覆膜产品进行 UV 上光，该光油中就可加入颗粒比较粗的颜料，形成特有的彩色光亮效果；对印有玫瑰图案的印刷品覆膜之后再涂布含有玫瑰花香的 UV 光油，不但使玫瑰图案更有立体感，而且还使消费者可以闻到玫瑰花的香味；还有适合食品包装用的 UV 光油，在提高包装档次的同时，还可起到防潮作用。

（3）薄膜材料必须与所用的 UV 光油相匹配。对薄膜的表面做电晕和火焰处理，使其表面张力达到 $(3.8～4.0)×10^{-2}N/m$，成为高能表面，可以使光油牢固地吸附在薄膜材料上。

（4）薄膜材料必须能耐 UV 光油固化时的温度，选用的薄膜材料要求在 20℃的条件下能保持正常的工作适性。同时要控制好 UV 光油的固化速度和固化温度。固化速度一般为 100～300m/min，固化温度一般为 20℃左右。

（5）光油涂层的厚度应均匀一致。

（6）丝网印刷过程中，套印要准确，一般套印误差应小于 1mm，否则光油刮印在已经印刷好并覆膜的图文上易产生很大的偏差，达不到突出局部的效果。丝网印刷的光油涂布量一般达到 $4g/m^2$，才能形成立体感很强的光亮效果。

（二）金属油墨印刷品的上光、压光工艺

金属油墨（如金墨、银墨）中的金属成分较多，具有漂浮性和颗粒粗的缺陷，在连接料中不容易分散，难以形成膜层附着在纸张的表面，这样会给上光带来很大的技术难题。如需对金属油墨印刷品进行上光、压光的表面加工，应注意以下问题。

（1）应根据金属油墨的特性，增加印刷品印后的静置时间，避免过量堆放，使印刷品充分干燥后再进入下一道工序。

（2）应选用韧性好的上光油打底，再用适合压光工艺且易结膜的上光油上光，覆盖表面要适度。两次上光油涂布作业均宜薄不宜厚，两次上油的时间应间隔 1～2 小时。

（3）上光、压光操作时，机台加热和干燥装置应保持良好状态，使纸张表面快速干燥，减少光油中的溶剂对油墨层的渗透和分解，提高上光油的膜层固化质量。

（4）印品上的上光油干燥后方可进入压光工序。压光机的温度应保持适中，便于纸张顺利剥离不锈钢带。热压辊和加压胶辊之间的压力以印品表面的平滑度和光泽度为控制基准。

（5）印前应充分考虑上光油压光操作时材料和温度的变化等因素，选用耐溶剂型的油墨。金属油墨印刷品经上光、压光加工，处理得当将获得比普通产品更加美观的效果。

五、上光设备

(一) 脱机上光设备

脱机上光设备是指在专用机械上上光的设备,按照设备组合情况,又可细分为普通脱机上光设备和组合式脱机上光设备。前者指的是上光涂布机和压光机两类单机,加工时,印刷品先涂布上光涂料,待干燥后,再在压光机上压光,这类单机由于增加了工序之间的运输转移工作,生产效率较低。组合式脱机上光设备是由上光机、压光机等组成的上光机组,既能连成整体工作,又能分别独立工作,使用灵活,操作方便,维修容易。

1. 上光涂布机

上光涂布机(以下简称上光机)类型繁多,命名方式也是各不相同,但是每种上光机的机构大同小异。如图5-18所示,即为SG-95A型全自动上光机的外形及内部结构图。

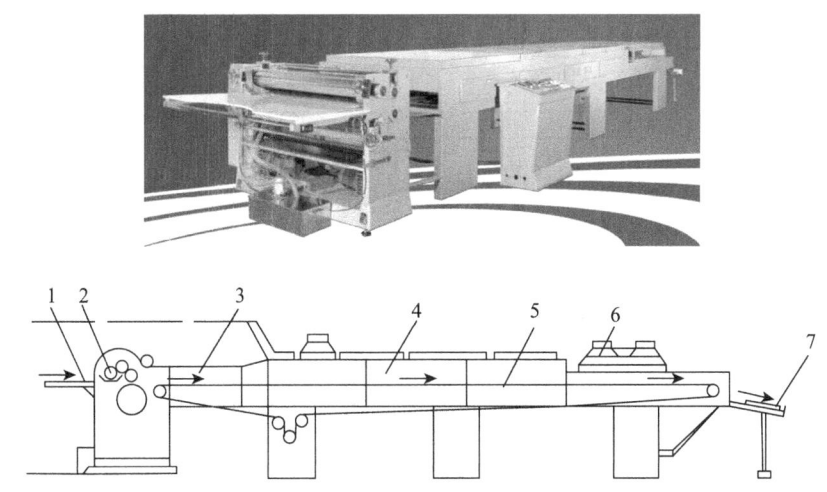

1-印品输入装置;2-涂布装置;3-接纸部分;4-干燥装置;5-传送带;6-冷却装置;7-输出装置

图5-18 SG-95A型全自动上光机外形及内部结构示意图

从图5-18可以看出,上光涂布机由印品输入、传送和输出装置、涂布装置、干燥装置、冷却装置以及机械传动、电器控制系统等组成。其中,涂布装置和干燥装置是两个最重要的构成部分。

2. 压光机

压光机是用于对已经上光的印品进行压光的设备。压光机一般由印刷品输送机构、机械传动、压光辊装置、压光板装置、冷却装置以及电器控制系统等部分组成,如图5-19所示。

上光后的印刷品由输纸台输入热压辊

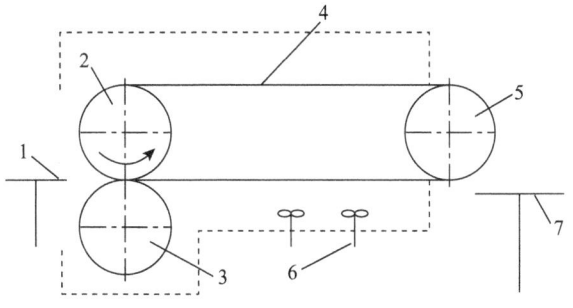

1-输纸台;2-热压辊;3-压光胶辊;4-压光板;5-压光板辊;
6-冷却风扇;7-收纸台

图5-19 压光机工作原理图

和压光胶辊之间的压光板，在热量和压力的作用下，涂料层贴附于压光板被压光。压光后的涂料层逐渐冷却，形成一层光亮的表面膜层。压光板是由经过特殊抛光处理的不锈钢带焊接而成的环状带，在传动机构驱动下做定向、定速转动。压光板的驱动辊是热压辊，从动辊是压光板辊，压光板套在两辊上运行，松紧可调。

压光机型号较多，如图5-20所示即为YG-1200型压光机的外形及内部结构。

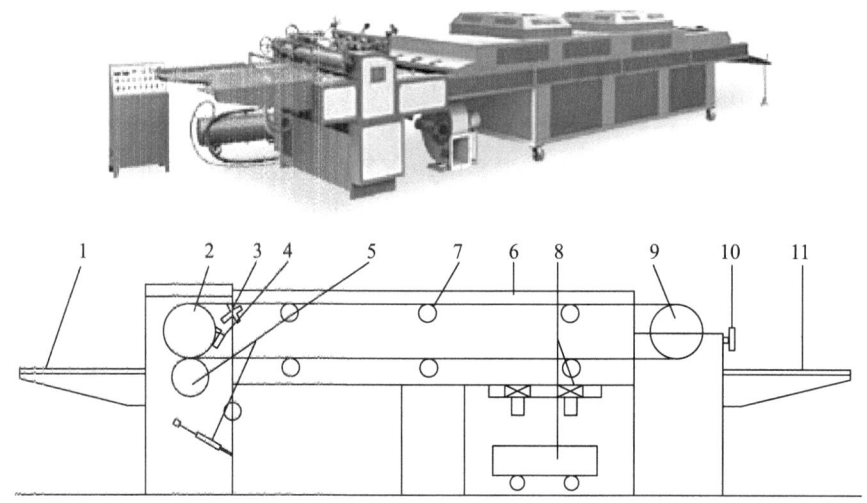

1-给纸台；2-热压辊；3-温控探头；4-除尘刀；5-压光胶辊及手动油泵；
6-镜面钢带；7-导辊；8-冷却风扇及水箱；9-收纸辊；10-调节手轮；11-收纸台

图5-20　YG-1200型压光机的外形及内部结构图

YG-1200型压光机的加热压光机构和其他型号压光机一样，由热压辊、压光胶辊、压光板等组成。热压辊为空心辊，在两端口各有一支撑托架，支撑着15支石英电热管，每支功率为1.8kW，作为远红外加热源用于加热压光辊。热压辊具有发热和传热两个功能，压光温度由温度自动控制装置和传感显示仪来调节并实现恒温控制。压光温度根据印品纸质、上光涂料黏度、上光层厚度等因素的不同，控制在80～120℃，具体热压辊的温度调节以热压时印品贴附在压光板上中途不能自动脱落，冷却后又容易剥离，压光后的印品表面光亮均匀为宜。

压光板带是由经过镜面抛光的不锈钢板焊接成环状制成，它由热压辊带动作定向、定速转动；环形带有涨紧装置和安全保护装置；热压辊上设有刮刀，以供刮去灰尘、纸毛等杂物，确保压光质量。

压光胶辊用于与压光热辊对印品施压。通常压力为5～12MPa。压力大小通过液压系统调整压光胶辊的升降以改变两辊之间距离，调整时要注意保证两辊的平行度。

该机器在调试和工作时，要保证热压辊、收纸辊与钢带内外表面的清洁，以免损坏钢带。在停止工作之前，应卸压力、松钢带，并要空转冷却钢带10分钟。不要在停机状态下加热，也不要在加热状态下长时间停机。

3. 组合式脱机上光设备

组合式脱机上光设备是以上光机、压光机中的基本装置，按模块的方式或其他形式组合而成的上光机组。一般由自动输纸装置、涂布装置、干燥装置和压光装置等部分组成。可根据被加工印刷品的工艺性质，形成不同的组合形式。例如：由输纸装置、涂布装置、干燥装置和压光装置组成整机，使上光涂布、压光一次完成；由输纸装置、涂布装置、干燥装置组成的机组完成上光涂布的加工；由输纸装置、压光装置实现压光加工。

（二）联机上光设备

1. 联机上光设备的特点和基本结构

联机上光设备是将上光机组连接于印刷机组之后，印刷、上光一次完成。现在的胶印机、凹印机以及一些丝网印刷机都可实现这一过程，而不需要另外添置专用上光设备。

联机上光设备的特点是：加工精度较高，速度相对较快，适用于批量大、交货期短的产品，可有效提高并保证产品质量，并能够为产品的后续加工如模切、糊盒等做好充分的准备。但联机上光对上光技术、上光油、干燥装置及上光装置的要求都很高，而且设备的投资比较高。

联机上光设备一般由多色印刷部分和上光部分组成，其结构简图如图 5-21 所示。

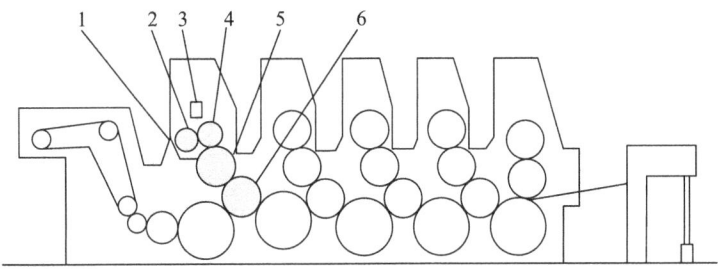

1-贮料槽；2-计量辊；3-出料口；4-送料辊；5-匀料辊；6-涂布辊

图 5-21 联机上光机组结构简图

2. 联机上光设备的分类

联机上光设备按照上光涂料的供给方式不同，可分为两用型联动上光装置和专用型联动上光装置。

（1）两用型联动上光装置

两用型联动上光装置与单张纸多色胶印机的连续给水润湿装置的结构和工作原理基本相同，不同之处是加装了一组涂料供给量控制装置，它既可以用于平版印刷的润版，又可以用于上光涂布，其结构如图 5-22 所示。

上光涂布时，首先由水斗辊 2 将涂料从贮料槽 1 中带起，计量辊 4 按上光要求调节供给量后，由串水辊传送至靠版辊，再经印刷滚筒 5 传至橡皮滚筒 6，然后由橡

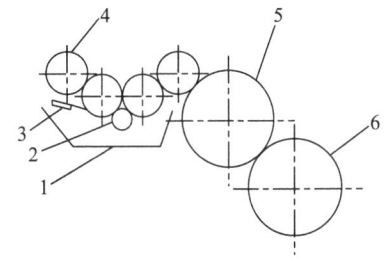

1-贮料槽；2-水斗辊；3-刮刀；4-计量辊；
5-印刷滚筒；6-橡皮滚筒

图 5-22 两用型联动上光装置示意图

皮滚筒 6 将其涂布到印刷品表面。上光涂料的计量是通过改变水斗辊 2 的转速及调整计量辊 4 同水斗辊 2 之间的间隙实现的，为保证涂布中涂料供给量的稳定，涂布机构还会设有速度自动补偿控制系统。

两用型联动上光装置，上光涂料的供给连续性强、均匀度高，可以有效利用印版滚筒的套印精度及压力的精确调整，提高上光涂布质量。

（2）专用型联动上光装置

专用型联动上光装置是指在印刷机组之后安装的专门用于上光的装置，它的结构如图 5-23 所示。

上光涂布时，供料辊 4 将涂料从贮料槽 1 中带出，由计量辊 3 和刮刀 2 按上光要求控制涂料量，再由传料辊 5 将涂料传至橡皮滚筒的涂布辊 6 上，而后涂布到印刷品表面。

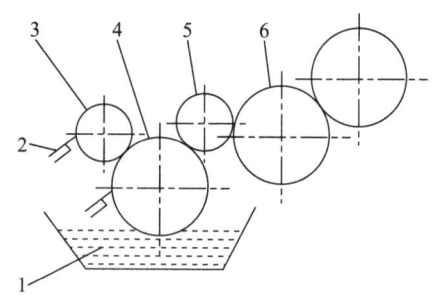

1- 贮料槽；2- 刮刀；3- 计量辊；4- 供料辊；
5- 传料辊；6- 涂布辊

图 5-23　专用型联动上光装置

专用型上光装置结构简单，操作使用及维修方便，成本低。由于用橡皮滚筒作为涂布辊，不但能将上光涂料理想地涂敷到印品表面，而且依靠涂布辊自身的弹性作用，对表面平滑度较差的印品，也能获得满意的上光效果。

第三节　凹凸压印

凹凸压印，俗称"轧凹凸"，是印刷品表面装饰加工中一种特殊的工艺技术，它不需要油墨与胶辊，仅利用一对凹凸模具，在较大的印刷压力下，使印刷品基材发生塑性变形，轧压出不同形状、不同深浅、富有立体层次的浮雕状图案，以增强印刷品的艺术感，提高包装产品的档次。凹凸压印包括图文和花纹图案两种压印形式，后者俗称压花。

凹凸压印起源于中国古代的铜版雕刻工艺，从拱花工艺中演变而来。拱花是一种不着墨的刻版印刷方法，采用凸凹两版相嵌合，使版面拱起花纹，以凸出的线条来表现花纹，衬托画中的行云流水、花卉虫鱼，使画面更富神韵。明代末期印制的《十竹斋笺谱》和《萝轩变古笺谱》便是利用了此项工艺。凹凸压印技术广泛应用于印刷品和纸包装，如书刊装帧、日历、贺卡、高档的商品包装纸、纸盒、装潢用瓶盖、标签、不干胶印刷品等的表面立体整饰造型艺术处理。

凹凸压印所用印版由凹版和凸版两部分组成，凹凸压印时，凹版和凸版成套使用，并要求两者具有良好的配合精度，如图 5-24 所示。凹凸压印的工艺流程如图 5-25 所示。

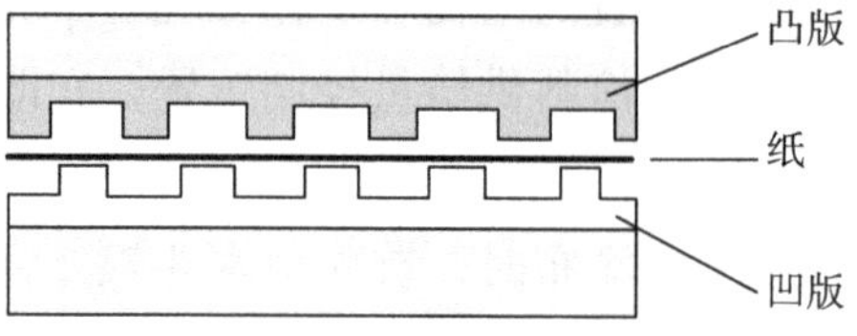

图 5-24　凹凸压印示意图

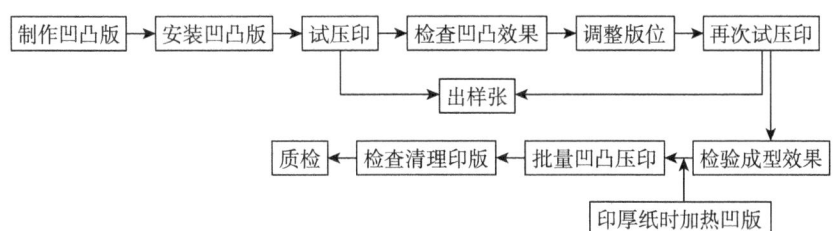

图 5-25 凹凸压印的工艺流程

一、凹凸压印的制版工艺

凹凸压印工艺采用两块印版,凹版直接由雕刻制得,凸版则是利用凹版制作而成。凹版模具制作的好坏,是决定凹凸压印质量的关键。

(一)制作凹版

凹版的制作工艺流程如图 5-26 所示。

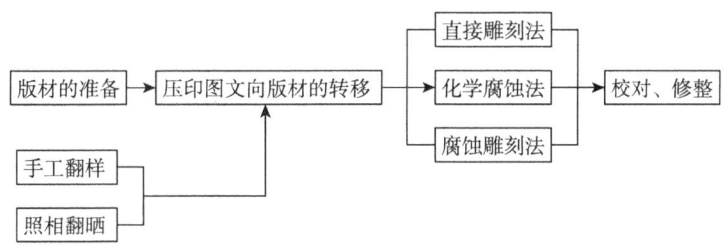

图 5-26 凹版的制作工艺流程

1. 版材的准备

目前常用的版材有锌板、铜板、钢板等,这需要根据被加工印刷品的特征及要求合理选用。若加工的图文简单、印量少,可以选用锌板;其他情况下大多选用铜板或钢板,厚度在 1.5～3mm。版材在使用前,应进行预加工,使之表面光洁平整。

2. 凹凸图文向底版的转移

手工翻样,是较早使用的图文转移方法,依所用材料不同可分为多种。例如:根据印刷好的成品图样,用透明材料将所需凹凸的部分覆盖,精确地描刻出划痕,然后再在划痕上均匀地涂布炭粉,并将其固定在涂布了一薄层白广告色的版材上,施以一定的压力,使图文翻印到版材上;再如,将版基均匀地涂布一层红丹粉,将所需凹凸图文描在特殊的纸上,再反印到版材上;如果需要凹凸的图文线条简单,还可以采用描红的方法将描红纸(超薄越好)直接粘贴在版材上。这种方法仅适用于加工精度要求不高、图文简单、立体层次不多的印版,因而很少采用。

照相翻晒,是在版基上均匀涂布一层感光胶,将通过原稿照相获得的底片密覆于版基表面,经曝光、显影后得到图文转移后的版材。这种方法,操作简单、劳动强度低、精度高,适用于各类复杂程度不同的原稿,因而被广泛采用。

3. 印版制作

凹版的制作方法主要有直接雕刻法、化学腐蚀法和腐蚀雕刻法三种。

(1) 直接雕刻法

直接雕刻法，即是在精磨的版材表面直接用雕刻刀进行图案雕刻的制版方法。雕刻刀采用质地较硬的锋钢制成，按不同用途分为尖刀、平刀、圆刀、排刀四种，刀具宽度为 0.3～0.5cm，长度为 10cm。印版图文的雕刻深度根据被加工印刷品的质量要求和纸张承受压力程度确定，一般控制在印版厚度的 50% 左右。对于厚纸，细的刻痕达不到理想压印效果，对于薄纸，过深的刻痕压印易碎，因而制版技术难度较大，但随着计算机的发展，电子雕刻逐渐解决了这一难题。这种方法能够获得层次丰富、立体感强的浮雕图案，适用于对立体感要求较高的产品。

(2) 化学腐蚀法

照相翻晒后，采用一定的腐蚀液，使版材表面发生不同的化学变化，产生满足压印要求的凹下图文。这种方法制得的凹版，图文凹下较浅，且整个版面凹下深度基本一致，立体感不强，但其制版速度快，图文轮廓准确，可适用于对质量要求不高的产品。

(3) 腐蚀雕刻法

腐蚀雕刻法，将腐蚀法和雕刻法相结合，它同时具有腐蚀法制作速度快和雕刻法制作精度高、立体感强的特点。加工时，先对版材进行化学腐蚀，使印版凹下部位腐蚀到一定深度，由于腐蚀后的图文轮廓不明显、层次较差，版口呈毛糙状，所以还需要再行雕刻加工。雕刻加工是一项细致的造型过程，要根据具体的图文要求，采取不同的雕刻手法。如果画面图案是呈圆形状的东西（诸如水果、动物等），则版口应修成圆边；若是文字线条图案，则版口宜修成直边；若是为了突出立体造型，有时则把版修成斜面。

(二) 制作凸版

凹版制好后，还要以其为母模，配制一块与凹版完全吻合的凸版。凸版的制作方法依制版所需原材料的不同而不同，常用的有传统石膏凸版制作工艺和热塑性高分子材料凸版制作工艺。

1. 石膏凸版制作工艺

石膏凸版制作的主要原材料是石膏粉，石膏粉为熟石膏，其粉末混水后具有可塑性，且硬化快，但干燥后质地很脆，耐压强度不高。石膏凸版的制作工艺如图 5-27 所示。

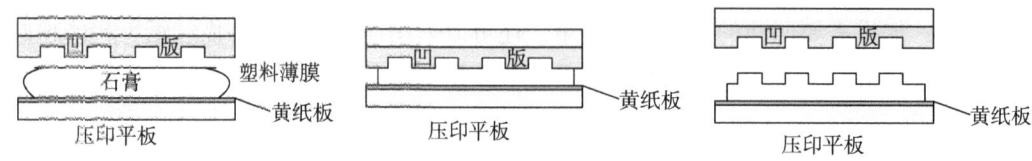

图 5-27　石膏凸版的制作工艺示意图

(1) 将质量符合要求的凹版粘固在平压机的金属底板居中处，并校平，方法是：用墨辊在印版表面均匀地涂布一层油墨,以压印方式观察版面试压后的轻花部位,并对轻花部位进行底垫,直至版面平整。

(2)在压印平板上糊上一张黄纸板,面积应大于印版,四周均多出 2~3cm。

(3)用树胶液(树胶与水的比例约为 1:2)与石膏粉调配,浓度以肉眼看不到水光浮现为准,或者以糯米粉糨糊调和石膏粉。将调配好的石膏浆快速涂布在黄纸板表面,尽量均匀地涂在压印版的凹凸形部位,略加摊平,铺上一层薄纸。为防止石膏粉落入版纹之中,再盖上一层塑料薄膜。

(4)压印前可在凹版上轻轻地刷一层煤油,防止压印时粘坏石膏模子。

(5)在石膏层将干未干时,轻压试印,压力一定要小,略显出印痕即可,防止石膏层受力过猛迅速铺开。

(6)第二次压印时,要在凹版后面加垫一张较厚的白纸板,待石膏层将近干燥前压印,形成于凹版图文完全相反的凸图。压印后,一部分石膏浆被挤压后外溢,为减轻机器压力,增强图文轧压效果,应把不需要凸起、不需要压印的石膏层刮挖掉。

(7)初轧压的成品上有立体感不足,石膏衬垫损坏或图文某部位笔画不够丰满时,可用薄石膏层进行修补,然后在修补的表面覆盖一层薄纸,再进行压印,以达到质量要求。

(8)当石膏层基本干硬后,立即将图案四周残余的石膏铲净,然后在石膏图案压印底台表面糊上一张坚硬的牛皮纸,以保护石膏层和便于输纸。

2. 高分子材料凸版制作工艺

传统的石膏凸版,制作工艺复杂、费时,且石膏的强度低,随着压印的进行,石膏由于积压而变形的程度加重,导致压印质量的下降。而高分子合成材料中的热塑性塑料,刚好满足了机械强度高、成型方便迅速的这一要求,通常选择聚氯乙烯(PVC)作为制作凸版的材料。

热塑性塑料的成型方法有层压成型、注射成型、挤出成型、压缩模塑等。其中压缩模塑,又称模压,是塑料在闭合模腔内借助加压(一般尚须加热)的成型方法,非常适合于 PVC 等热塑性塑料制作凸版的工艺操作。具体来说,是将塑料板材与模具重合后,放入具有加热及冷却系统的模压机内,通过调节温度和压力,得到与模具形状一致、凹凸相反的制品,其具体工艺如图 5-28 所示。

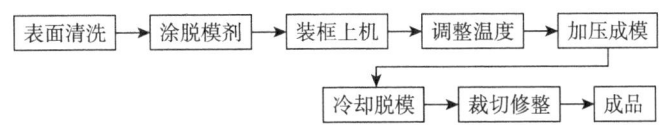

图 5-28 压缩模塑法制作高分子材料凸版的工艺流程

(1)表面清洗。将裁切好的 PVC 版材进行表面清洗,去除毛点、油污,清洗时可使用去污剂或弱酸、弱碱溶液。凹模板和模框也作同样清洗。

(2)涂脱模剂。在凹模板和 PVC 板的接触面涂刷脱模剂。常用的脱模剂有硅脂、硅油以及两者的混合物。

（3）装框上机。将凹模板和PVC板装入模框内，盖上盖板后送入模压机。注意必须将PVC板置于凹模板的上方，凹模板四周与模框壁之间应留有适当空隙，以便让多余的熔融状料液流出。同时可以在凹模板和PVC板之间垫数层薄型纸，有利于后续的脱模工序。

（4）调整温度。调温时要缓慢提升温度，同时要适当加压使被压物密合。

（5）加压成模。当温度提升到预设值时加压（对PVC而言，预设值一般为165～190℃）。压力大小应视版面大小、图文深浅、线条粗细有所变动，一般应控制在9.8～29.4MPa。

（6）冷却脱模。当温度冷却至室温后卸压、脱模。

（7）裁切修整。将图文以外的边角裁切后，经检查无缺陷，即制得成品凸版。

在此过程中，成型温度、压力及时间是影响凸模质量的主要因素。成型温度过低，凸模强度差；过高，PVC易降解，表面焦黑。压力过小，料液达不到凹模底部，凹模产生缺陷；过大，易损坏设备。

二、凹凸压印的加工工艺

在制得凹凸版以后，将凹凸版装在印刷机上，即可进行压印，压印方式一般分为平压式和圆压圆两种方式。

（一）装版

装版前，首先要选择合适的底板材料。凹凸压印应使用耐压性能好、不易变形的底板，金属底板无疑是最好的选择。金属底板分为普通金属底板和电热金属底板。电热金属底板是专供某些特殊产品使用的，采用电热金属底板压印时，底板先进行加垫。压印时，印版与纸张接触，一旦纸张受热，纸张内的水分会迅速减少，当大量水蒸气从纸张毛细管蒸发时，会使纸张内部组织受到相当大的压力，这个压力足以使纸张纤维表面之间的分子结合受到破坏，产生塑性变形。这样通过加热压印出来的凹凸压印产品轮廓饱满，层次分明，立体感好。

选用底板的厚度要根据凹凸压印印版的版材厚度而定，装版时，要使印版的实际高度符合印刷高度。石膏凸版在制作时即完成了装版工作，制版后，直接可以进入压印环节。新型高分子材料凸版在制作后，要同时安装凹凸版，步骤如下：

（1）将凹版用双面胶固定在金属底板上，可先用砂布将凹版背面打毛，以防打滑；也可用胶黏剂粘版，但凹版与金属底板之间应糊一层牛皮纸，避免金属与金属直接接触而造成脱版。

（2）将胶粘在一块的凹版和金属底板安装在压印机的版框中间位置，压印时受力均匀。定位后，将锁紧螺钉拧紧，防止松动。

（3）将双面胶粘贴在凸版版模的背面。

（4）将凸版版模吻合在凹版上，用玻璃胶固定四角。

（5）启动压印机，合上平板，在压力作用下凸版版模通过双面胶固定在平板上。

（二）平压式压印

平压式压印的原理和凸版印刷原理基本类似，其不同之处有三点：一是不用油墨；二是压力大；三是增加了凸模。压印时，将已印好的印刷品放在凹版和凸版之间，再用较大的压力和冲力直接压印。一般来说，在凹凸模板装好后，可先试压印几张，检查套准精度及压力等，确信无问题后即可大量压印。当印品较厚时（如硬纸板），可采用电热装置将凹版加热，然后冲压，利用瞬间的热量软化印刷品，从而提高压印产品的立体感和层次感。在压印过程中，印品出现折角、双张及纸张表面有杂物时，都会影响压印质量，甚至会损伤凹版衬垫，因此，操作时要注意以下几点。

（1）开机试印时必须由慢到快，发现不正常情况，立即停机检查。

（2）输纸时必须使纸张准确进入规矩位置，防止印刷品出现折角、双张等，这样会引发压印载荷过重而导致凸版版模材料压缩，影响压印质量。

（3）采用电热板装版压凹凸的，不能用木条、木料块填空和紧版，以免木条受热变形收缩引起散版事故，热压装版宜采用铝条、空铅和铁版锁等金属性材料。加热时温度不宜过高，控制在 50～60℃即可。

（4）压印过程中，要经常检查印版是否有松动或移位现象，遇有轻微松动、移位要及时调整。压印过程中，尽量避免移动印版和版框，以防套印不准。

（5）经常清洗印版，防止垃圾碎粒及杂物损坏凹凸印版，同时防止凹痕中存有杂质而影响压印质量。

（6）压印过程中，若发现凸版衬垫损坏、局部压力不够理想、图文轮廓不清晰等现象，应及时停机对印版进行修整。对于石膏凸版而言，不断受压后会出现压陷导致压力不足现象，这时可在石膏压印表面再铺一层石膏浆，或在石膏面轻压部位用水浸润，使其膨胀以达到所需压力。

通过上述操作技术严格把关后，不仅可以提高生产效率，而且可有效保证产品压印质量。

（三）圆压圆压凸

对于大批量的凹凸压印产品，也可选用速度较高、具有自动输纸的圆压圆结构的凸版印刷机压凹凸纹，这就是圆压圆压凸技术。但是凸版印刷机滚筒的包衬层应卸掉，且粘贴在滚筒上的版最好应制作成便于弯曲的塑料版或树脂版。

在圆压圆压凸工艺中，要根据不同的工艺要求和使用寿命，选用不同的模具材料。对于印量较大的，可选用一对对滚的圆柱形钢质材料，而印量稍小些的，可选用铜质或硬塑料材料。模具上，凹凸成型的深度一般为 0.14mm 左右。

（四）压花

压花是指利用压力的作用在人造棉、丝绸、皮、革等复合材料表面形成某种特殊的花纹，它也属于凹凸压印工艺。

压印多采用专门的压花机完成，例如超声波压花机。压花机的工作原理如图 5-29 所示，承印物通过上下排列的压花滚筒和橡胶滚筒进行压花。

压花滚筒用无缝钢管制得,表面用机械雕刻或化学腐蚀形成各种花纹,如羊皮纹、牛皮纹、橘皮纹等,为使滚筒表面防锈耐磨镀有铬层,滚筒内部通冷水使压制的花纹冷却定型,保证压花效果,同时保护橡胶滚筒。

橡胶滚筒是无缝钢管外包耐热橡胶制得。一般采用肖氏硬度为 85~90 的橡胶,滚筒表面要求光滑、不粘带布毛。使用一段时间后,橡胶受热易膨胀,或因杂质混入而引起凹凸不平,需在车床上车削或磨修。

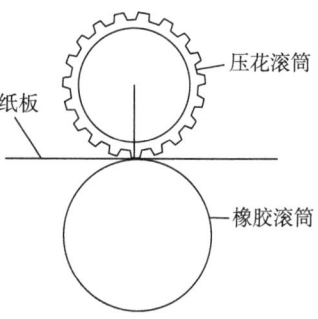

图 5-29 压花加工原理示意图

压花滚筒两端轴上装有丝杠提升机构,当需要调节压花滚筒和橡胶滚筒间的线压力时,可通过丝杠提升机构,使压花滚筒向上或向下运动,以调节压花滚筒和橡胶滚筒间的缝隙,从而调整两滚筒对承印物的压力。

三、凹凸压印设备

由于凹凸压印所需的压力比较大,所以一般采用四开或对开模切压痕专用设备。目前使用的凹凸压印机一般有三类机型,即平压平立式压印机、圆压平卧式压印机和圆压圆压凸设备。

1. 平压平立式压印机

平压平立式压印机只有简单的传动和压印装置,没有传墨装置,各部分铸件都是加固设计的,压印平板都由双臂齿轮拉动,其压力大小可由偏心套调整实现,并设有安全杆来保护操作者的安全。它的结构如图 5-30 所示。

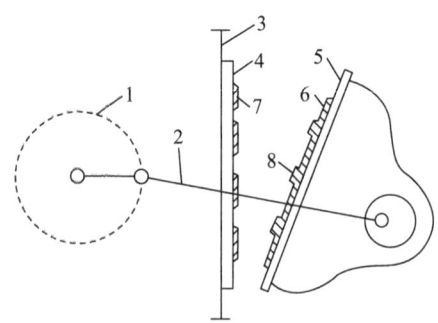

1- 曲柄机构;2- 连杆;3- 印版平台;4- 底板;5- 压印平板;6- 衬垫物;7- 印(凹)版;8- 凸版

图 5-30 平压平立式压印机结构示意图

平压平立式压印机冲击力大,压印产品轮廓层次丰富,缺点是速度较慢。

2. 圆压平卧式压印机

圆压平卧式压印机和一回转平台凸印机基本相同,只是去掉了上墨装置。同平压平立式压印机相比,它的效率更高,但压印产品的凹凸轮廓层次不够丰满。

3. 圆压圆压凸设备

圆压圆压凸设备的主要部件是压凸模具。安装模具的滚筒分为整体式和装配式两种，如图 5-31 所示。装配式便于更换不同的压凸模具，整体式更能保证压凹凸的精度。

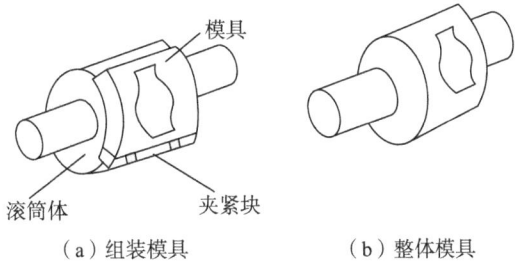

（a）组装模具　　　　（b）整体模具

图 5-31　压凸模具

整体式压凸钢模的制作方法一般有两种。第一种方法是在凹版电子雕刻机上对腐蚀层进行雕刻（可选用专用计算机软件进行无胶片雕刻），然后进行腐蚀，刻印深度达到 1～1.2mm。另一种方法是先机械雕刻，后经人工修整精加工制成压凸钢模。

组装式压凸模具，大批量生产（上千万件）时，使用钢模；量少一些（几万到十几万）时，使用铜模或钢模电镀铝。铜模制作方法是，先设计好图案，再制胶片，腐蚀，修整加工。有平版和圆弧版腐蚀两种方法，平版腐蚀后需在专用夹具上弯成圆弧版，然后将圆弧铜版用强力胶粘在弧形钢板上即成组装式模具。使用塑料阳模的加工方法是将塑料模毛坯的圆柱表面用火焰喷枪加热后与金属模对滚加压。

第四节　烫印

烫印是一种不用油墨的特种印刷工艺，它采用加热的方法将黏合剂熔融，把金属箔片或颜料箔片烫印到印刷品或其他材料表面，形成特殊的装饰效果。

最初，人们在烫印时采用的是金或银材料，先加工成极薄的金属箔片，再在其一面涂上虫胶或蛋白胶，而后用于烫印，因此被称为"烫金"。随着新技术的发展，研制出了可以代替金箔的电化铝箔，电化铝箔不仅成本低，而且化学性质稳定，能够长久保持良好的金属光泽，从而使得烫印工艺得到普及。采用现代烫印方法，可以使印刷品表面呈现出多种颜色的金属质感的图案，同时还可以与压凹凸等工艺结合起来，装饰效果极好，提高了产品的附加值，因而被广泛应用于书刊封面、宣传海报、包装装潢、商标图案、挂历、塑料制品、日用百货、家居装饰品等各种承印物上。

烫印除了具有表面整饰效果外，还可以起到防伪作用。在绝大多数证件或证书上面都利用全息烫印等手段进行防伪，在烟酒包装方面可以采用全息定位烫印商标标识，从而赋予产品较高的防伪性能。

一、烫印的原理与分类

（一）烫印的原理

烫印的实质是间接转印，印刷与转移分开进行，即把图文先印在中间体烫印膜上，再对烫印膜加热加压将图文转移到承印物上。

烫印时，利用热压作用，使烫印膜上的胶粘层熔化，与承印物表面形成附着力，同时烫印膜上的离型剂的硅树脂流动，使金属箔与载体薄膜发生分离，载体薄膜上面的图文就会被转移到承印物上面。之所以转移会进行，在于热熔胶受热产生粘接力而离型剂受热粘接力消失。因此烫印必须具备温度、压力、色箔、烫印版四个方面的条件才能进行。

（二）烫印的分类

随着烫印材料品种不断推陈出新，烫印种类也越来越多。烫印可分为热烫印和冷烫印两种，也可分为常规烫印、凹凸烫印、全息烫印和立体烫印等方式。

1. 热烫印

热烫印技术是指利用专用的金属烫印版通过加热、加压的方式将烫印箔转移到承印材料表面，我们所熟知的常规电化铝烫印即为热烫印。热烫印箔化学性能的提高，为烫印速度的大幅提升提供了可靠保证，同时也为联机热烫印工艺和先烫后印工艺的实现创造了条件。

热烫印技术的优点主要包括以下几点：①质量好，精度高，烫印图像边缘清晰、锐利。②表面光泽度高，烫印图案明亮、平滑。③烫印箔的选择范围广，如不同颜色的烫印箔，不同光泽效果的烫印箔，以及适用于不同基材的烫印箔。

2. 冷烫印

冷烫印技术是指利用UV胶黏剂将烫印箔转移到承印材料上的方法，即在印刷品表面需要烫金的部位印上UV胶黏剂，在压印滚筒无热量的情况下，依靠胶黏剂的黏度与滚筒间的压力实现烫印箔的转移。冷烫印工艺又可分为干覆膜式冷烫印和湿覆膜式冷烫印两种。

干覆膜式冷烫印工艺是对涂布的UV胶黏剂先固化再进行烫印。采用干覆膜式冷烫印工艺时，对UV胶黏剂的固化宜快速进行，但不能彻底固化，要保证其固化后仍具有一定的黏性，这样才能与烫印箔很好地黏结在一起。

湿覆膜式冷烫印工艺是在涂布了UV胶黏剂之后，先烫印然后再对UV胶黏剂进行固化。湿覆膜式冷烫印工艺能够在印刷机上连线烫印金属箔或全息箔，其应用范围也越来越广。

冷烫印技术的优点主要包括以下几点：①不存在常规烫印箔热熔胶熔化时间，烫印速度快，适合于高速印刷。②烫印基材适用范围广，如热敏类纸张，塑料薄膜等。③不使用电热烫印，不制作金属烫印版，有利于节省能源，降低生产成本。

但是冷烫印的图文通常需要覆膜或上光进行二次加工保护，这就增加了烫印成本和工艺复杂性。涂布的高黏度胶黏剂流平性差，不平滑，使冷烫印箔表面产生漫反射，影响烫印图文的色彩和光泽度，从而降低产品的美观度。

二、常规烫印工艺

在各种各样的烫印工艺中，电化铝箔平面烫印是一种常规的烫印加工技术。电化铝箔烫印的方法有平烫法和滚烫法两种，如图 5-32 所示。其烫印过程是：首先，在合压作用下，电化铝与烫印版、承印物接触，由于电热板的升温使烫印版具有一定的热量，电化铝受热使热熔性的有机硅树脂脱落层和胶黏剂熔化，此时受热熔化的有机硅树脂黏度减小，而特种热敏胶黏剂受热熔化后黏性增加，铝层与电化铝基膜剥离的同时转印到了承印物上。随着压力的卸除，胶黏剂迅速冷却固化，铝层牢固地附着在承印物上，至此完成一个烫印过程。

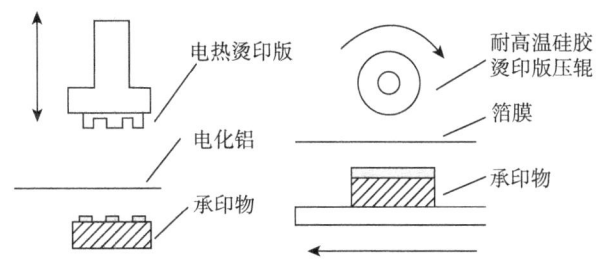

图 5-32　电化铝箔的烫印示意图

电化铝箔烫印的工艺流程如图 5-33 所示。

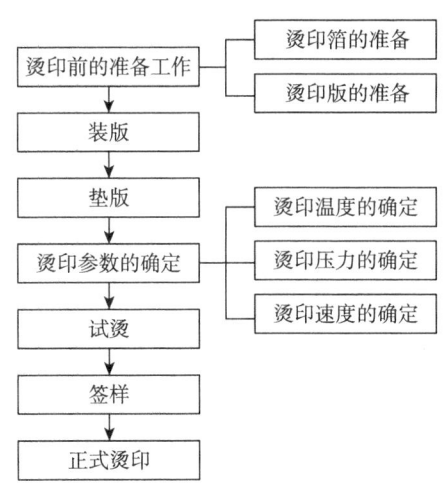

图 5-33　电化铝箔烫印的工艺流程

（一）烫印前的准备工作

烫印前的准备工作包括准备烫印箔和烫印版两个方面。

1. 烫印箔的准备

电化铝箔的生产厂家很多，制作工艺、批次、性能等各有不同，要想获得理想的烫印效果，首先要保证电化铝箔的质量以及正确选用电化铝箔的型号。

电化铝箔的质量主要靠目测和手感来把关，如检查电化铝箔的色泽、光亮度以及砂眼等。

质量好的电化铝箔要求色泽均匀、烫印后光洁、无砂眼。电化铝箔的牢度和松紧度一般可通过用手揉搓，或用透明胶带纸试粘其表面层进行检查。如果电化铝不易脱落，说明牢度、紧度较好，比较适宜烫印细小的文字图案，烫印时不易糊版；如果轻轻揉搓，电化铝就纷纷脱落，则其紧度较差，只能用于图文比较稀疏的烫印。

电化铝箔的型号很多，常用的国产电化铝有 1#、2#、8#、12#、15#、18# 等，色泽上除了金色以外，还有银、蓝、棕红、绿等数十种。电化铝箔的型号不同，其性能和适烫的材料及范围也有所区别。如 1# 电化铝箔适宜用在底色是浅色墨，质地比较松的纸张、皮革、漆布、丝绸等材料上；8# 电化铝箔，黏结力适中，光泽度较好，适宜用在一般的纸张或者已上光的纸张、漆布等材料上；12# 适宜用在硬塑料、有机玻璃、铅笔等材料上；18# 适宜用在底色是深色墨和粗线条的纸、皮革材料上。除了适烫材料外，白纸与有墨层的印刷品、实地印刷品与网点印刷品、大字号与小字号等，对电化铝箔的型号选择也要有所区别。

电化铝箔产品的规格参数是片基厚度、幅面宽度及每卷总长度。对于尺寸相对固定的电化铝箔，在烫印前，需要根据实际烫印面积的尺寸，计算在电化铝箔幅面宽度上的纵向分割，将大卷的电化铝箔分切成所需要的规格。裁切前，要精确计算，并为了节约烫印材料，可分别选用一次烫印、多条同时烫印、多次烫印、侧斜烫印、扣套烫印等。

（1）当承印物大部分面积上都有图文，并且需要全部烫印，一个版面一次烫印可以完成时，可选用一次烫印。

（2）当承印物表面需烫印的图文处于不同位置，且相互间有一定的间隔时，可将电化铝箔切成相当的宽度，对不同图文分别同时进行烫印，即多条同时烫印。

（3）当承印物表面有多个块面需要烫印，且不宜采用几条电化铝同步烫印，只能采用分块、多次烫印。

（4）对于不规则印面，如果直条烫印，耗用电化铝较多，可按实际可能将平板规矩改成侧斜角度，使电化铝箔得到充分利用。

（5）对于已经进行一次烫印的电化铝箔，尚有较多余料时，可选择适当产品再次烫印复用。

2. 烫印版的准备

烫印效果与烫印版的好坏有直接关系。烫印电化铝所用版材主要有铜版、锌版和钢版三种。制版时多选用铜版版材，因为铜版表面光洁度好，耐热性强，且传热性好，耐压、耐磨、不变形，性质适中，烫印效果好。当烫印数量较少时，也可以采用锌版。铜、锌版要求使用1.5mm以上的厚版材，通过照相制版加工成凸版，图文腐蚀深度一般应达到 0.5～0.6mm。加工时，要腐蚀得略深些，图文和空白部分高低之差要尽可能拉大，这样在烫印时可以减少出现连片和糊版现象，以利于保证烫印质量。

制作烫印版主要采用照相腐蚀工艺和电子雕刻技术，传统的照相腐蚀技术制作烫印版工艺简易、成本较低，主要用于文字、粗线条、一般图像；对于较精细、图文粗细不均的烫印版需采用二次腐蚀或采用电雕技术。电雕制作烫印版能表现丰富细腻的层次变化，但成本较高，且雕刻的深度还不够理想。

烫印版在使用前，要对其进行检查，看其是否平整、光洁，腐蚀深度是否达到了要求，字迹是否清楚等。因为烫印版上微小的斑点、划痕都会在印品上反映出来，从而影响烫印质量。

（二）装版

装版就是将制好的烫印版固定在机器上带有电热装置的底板上，并将规矩、压力调整到合适的过程。

烫印版应尽量安装在电热板的中心，以便烫印时的温度保持均匀，烫印版的安装一般要根据电化铝箔的合理使用和烫印时操作的方便而定。

装版的基本操作步骤如图 5-34 所示。

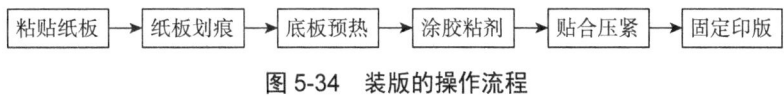

图 5-34　装版的操作流程

1. 粘贴纸板

把定量为 130～180g/m² 的白板纸或牛皮纸裁成稍大于印版的面积，将其划痕拉毛，用强力胶粘在印版的背面，以增加印版的粘贴效果。

2. 纸板划痕

把粘好的纸板表面再划些条痕，增加与胶黏剂的接触面积，增强与底板的接触效果。

3. 底板预热

清洁电热板表面尘埃、油污、杂质，然后接通电源，使电热板加热到 80～90℃。

4. 涂胶黏剂

将粘版用的胶黏剂均匀涂抹在已预热的电热板表面。

5. 贴合压紧

把粘有纸板的印版平整地放在电热板表面，保证印版所粘纸板与电热板上涂抹的胶黏剂全面接触，位置尽量居中，印版温度保持均匀。贴合平整后，放在压平机上紧压约 15 分钟，使印版平整地与电热板真正贴实、粘牢。

6. 固定印版

将压紧的烫印版放在版框中间（位置和支撑点要均匀适当，防止松动翻版），周围用金属块和金属枕塞紧（不可用木条塞固印版，以防受热木条变形，发生散版故障）。或者也可先固定底板，再用粘印版的方法把烫印版粘到底板上，在烫印机上用印版加热压实的方法固定印版。

装版时需要注意的是，如果是中途换装烫印版，必须在电热板彻底冷却的情况下进行，如在电热板带有温度的情况下换装烫印版，在烫印电化铝时极易引起烫印版走动。

（三）垫版

印版固定后，即可校正印版压力，对局部不平处进行垫版调控，以使各处压力均匀。方法是：校平压印平板后，在平板背面用胶带粘贴一张 100g/m² 以上的铜版纸，并用复写纸碰压得出印样，根据印样轻重调整平板压力，直至印样清晰、压力均匀。试压检查印迹，根据烫印情况在平板上粘贴一些软硬适中的衬垫，使用衬垫，可以使印品与印版版面具有良好的弹性接触，提高烫印质量。试印时，若发现局部烫印不上或烫花，出现麻点，应采用薄纸在平板该处上进行精细调整。

（四）烫印参数的确定

要想获得理想的烫印效果，烫印工艺参数的确定是关键。烫印工艺的参数主要包括：烫印温度、烫印压力和烫印速度，这三者又是相互配合，相互制约的。当一定的温度把电化铝胶层熔化之后，借助于一定的压力才能实现烫印，同时，还要有一定的压印时间即烫印速度，才能使电化铝与印刷品等被烫物实现牢固黏合。因此，理想的烫印效果是烫印温度、压力、速度的综合效果，操作中对三者的调整不应是孤立的，对某一参数的调整都要同时将另外两者的因素考虑进去。

1. 烫印温度的确定

所谓烫印温度是指在正常烫印过程中烫印版表面所达到的温度，它是烫印工艺中最重要的技术参数。烫印温度一定不能低于电化铝的耐温范围，这个范围的下限是保证电化铝胶粘层熔化的温度。温度过低会烫印不上或烫印不牢，使印迹发花。这是由于电化铝的脱落层和胶粘层熔化不充分所致。温度过高，则使热熔性膜层超过范围熔化，致使印迹周围也附着电化铝而产生糊版；温度过高还会使电化铝染色层中的合成树脂和染料氧化聚合，烫印后使电化铝印迹起泡或出现云雾状；高温还会导致电化铝镀铝层和染色层表面氧化，使烫印产品失去金属光泽，降低亮度，色彩暗淡。

确定最佳烫印温度时，首先应考虑电化铝的型号及性能，国内常用的电化铝烫印温度范围如表5-1所示。除此以外，还需考虑烫印压力、烫印速度、烫印面积、烫印图文的结构、烫印材料、印刷品底色墨层的颜色、厚度、面积以及烫印车间的室温等。比如，烫印压力较小，机器速度快，印刷品底色墨层厚，车间室温低的情况下，烫印温度要适当提高。烫印温度的一般范围是 70～180℃。最佳的烫印温度确定出来之后，生产过程中应连续进行烫印，尽量避免停机现象，以保持温度的恒定不变，以保证同批产品的质量稳定。

表5-1 国产常用电化铝的烫印范围

型号	1#	8#	12#	15#	18#
温度/℃	60～85	75～95	70～85 或 120～140	60～80	75～100

当同一版面上有不同的图文结构时，选择同一烫印温度往往无法同时满足质量要求，这时可采用两种方法予以解决：其一是在同样的温度下，选择两种不同型号的电化铝。其二是在版面允许的条件下（如两图文间隔较大），可采用两块电热板，用两个调压变压器控制，以获得两种不同的温度，满足烫印的需要。

2. 烫印压力的确定

恰当的压力是确保电化铝膜层完整、均匀转移的重要条件。在整个烫印过程中存在着三个方面的力：一是电化铝从基膜层上剥离下来时产生的剥离力；二是电化铝与承印物之间黏结在一起的黏结力；三是承印物表面的固着力。这三个方面的力都是由烫印压力的供给而产生和形成的，且烫印多是将电化铝施压在印刷之后的油墨层表面或纸张水分含量增加的部位，因此，烫印电化铝所需的烫印压力要比一般印刷的压力大，在 2.5～3.5MPa 的范围内。

当烫印压力过小时，无法使电化铝与承印物黏附，同时对烫印的边缘部位无法充分剪切，从而导致烫印不上或烫印部位印迹发花。若压力过大，衬垫和承印物的压缩变形因此而增大，会产生糊版或印迹变粗。因此，应细致调整好烫印压力，使烫印时达到不掉色，附着牢度好的质量要求。

对烫印压力有影响的主要因素有：烫印温度、烫印速度、电化铝本身的性质、被烫物表面的情况（如印刷品墨层厚度、纸张的平滑度等）。所以，在设定和调整烫印压力时要对上述因素进行综合考虑。一般来说，纸张结实、平滑度高、印刷品的墨层厚实，以及烫印温度较高、车速慢的情况下，烫印压力应小一些，反之，则应大一些。

3. 烫印速度的确定

接触时间与烫印牢度在一定条件下是成正比的，而烫印速度决定了电化铝与承印物的接触时间。速度越快，烫印接触时间越短。因此，烫印速度慢，电化铝与承印物接触时间长，黏结就比较牢固，有利于烫印；相反，当烫印速度增大，烫印接触时间缩短，电化铝的热熔性的有机硅树脂脱落层和胶黏剂尚未完全熔化，就会导致烫印不上或印迹发花。当然，烫印速度还必须与压力、温度相适应，如果烫印速度增加，温度和压力也应适当加大。

另外，电化铝本身的性能对烫印速度的影响也较大，质量好的电化铝可以实现快速烫印，这一点国产电化铝与进口电化铝差别较大。但不管速度如何，重要的一点是：烫印速度应尽可能保持相对稳定，最好不轻易改变，忽大忽小会造成温度变化不定，影响烫印质量。而应在稳定烫印速度的前提下，适当调整烫印温度与压力，使烫印效果最佳化，这样可以减少可变因素，使操作稳定，烫印质量容易控制。

上述三个参数之间并不是相互孤立的，而是相互制约的。一般来说，确定上述三个参数的顺序是：以电化铝的烫印适性和承印物的特性为基础，以烫印版的图文结构、面积和烫印速度来确定最佳的压力，最后调整合适的烫印温度。从烫印效果看，应尽可能以均匀适中的压力、较低的温度和相对稳定的烫印速度进行烫印，以达到图文清晰干净、平整牢固、光泽度高、无脏点、无砂眼。

（五）试烫、签样、正式烫印

烫印工艺参数确定之后，可进行印刷规矩的定位。烫印规矩也是依据印样来确定的。平压平烫印机是在压印平板上粘贴定位块，定位块必须采用较耐磨的金属材料，如铜块、铁块等，然后试烫数张，烫印质量达到规定要求，并经签样后，即可进行正式烫印。

在正常进行烫印时，要随时检查烫印效果，发现问题及时处理，以保证烫印质量。

三、全息烫印技术

全息烫印是一种将烫印工艺与全息膜的防伪功能相结合的工艺技术,已广泛应用于各种票证、信用卡、护照、钞票、商标、烟酒包装和重要出版物的防伪。

(一)全息烫印技术的原理

全息烫印技术与常规烫印最大的不同在于全息烫印箔的使用。高质量的全息烫印箔很薄,其厚度刚刚可以满足模压对厚度的基本要求,其结构与普通烫印箔相比,染色层是光栅。显示色彩和图像的不是颜料,而是激光束作用后在转印层表面微小坑纹(光栅)形成的全息图案。

烫印时,通过加热的烫印头将全息烫印箔上的剥离层氧化,胶粘层熔化,在一定的压力作用下,转印层与基材黏合,在箔片基膜与转印层分离的同时,全息烫印箔上的全息图文以烫印印版的形状转移烫印在基材上。

烫印在承印物上的全息图非常薄,与承印物融为一体,同时与承印物上的印刷图案和色彩交相辉映,可以获得很好的视觉效果,在增强产品装潢效果的同时,还可以发挥较好的防伪功能。

(二)全息烫印技术的分类

根据全息图烫印标识的特点,全息烫印可以分为连续全息标识烫印、独立图案全息标识烫印和全息定位烫印。

连续全息标识烫印。由于全息标识在烫印箔上呈有规律的连续排列,每次烫印时都是几个文字或图案作为一个整体烫印到最终产品上,对烫印精度无过高的要求,一般烫印设备即可完成。

独立图案全息标识烫印。高档产品为了使全息标识烫印能产生更好的防伪效果,大多数采用独立图案全息标识烫印,即将烫印箔上的全息标识制成一个个独立的商标图案,且在每个图案旁均有对位标记,这就对烫印设备的功能和精度提出了较高的要求,既要求设备带有定位识别系统,又要求定位烫印精度能达到 ±0.5mm 以内,否则会出现商标图案烫印不全或偏位现象,从而达不到防伪和增加产品附加值的效果。

全息定位烫印。在烫印设备上通过光电识别将全息防伪烫印箔上特定部位的全息图准确地烫印到承烫面的特定位置上。全息定位烫印技术难度很高,不仅要求印刷企业配备高性能、高精度的专门定位烫印设备,还要求有高质量的专用定位烫印箔与之相配合,生产工艺过程也要严格控制。全息定位烫印技术的定位精度要求不低于 ±0.25mm。

(三)全息烫印中的定位装置

对于独立图案的全息烫印箔而言,无论全息图案在烫印箔上的位置多么精确,烫印中误差仍会被逐步积累,从而在长时间烫印后会出现较大的误差。因此,独立图案全息烫印箔需要用定位光标及时修正全息图案在间距上的误差。

每一个烫印箔上的全息图案都需要有一个与之相匹配的光标，图案与其光标的相对位置必须恒定，如图 5-35 所示。光标必须是方的，其边长最小为 3mm，其中心线最好与全息图案的中心线一致，与全息图案之间的距离至少为 3 mm。为保证光标的准确性，光标的边缘应该很直，光学特性敏锐且一致。

目前用于定位系统的技术有基本型、与烫印版同位型和智能型三种。

基本型定位技术，如图 5-36 所示，探测器距离烫印版有一定距离，识别的图案不是正在烫印的图案。因而这种定位技术必须要求所有的全息图之间的间距完全相符，否则，任何误差都会反映为定位烫印上的误差。

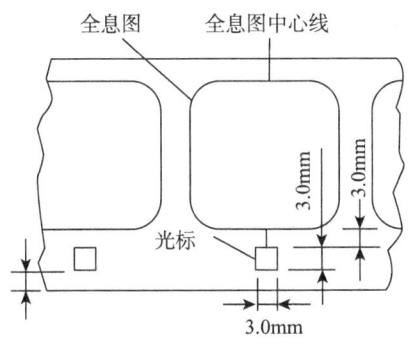

图 5-35　独立图案全息图与其定位光标的相对位置

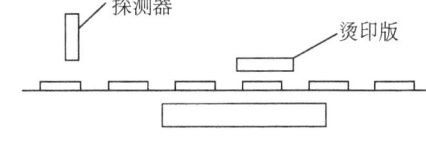

图 5-36　基本型定位技术

与烫印版同位型定位技术，如图 5-37 所示，探测器紧邻烫印版，定位的图案与烫印图案一致，是最准确的一种定位技术，特别适用于小型平压平烫印机。

智能型定位技术，如图 5-38 所示，其探测器的位置虽与烫印版有一定距离，但使用了微处理器进行控制，以保持对光标间距的跟踪，并拉动烫印箔来改变图案的位置，提高了定位的准确性。这种定位方式对烫印箔的张力控制比较敏感。

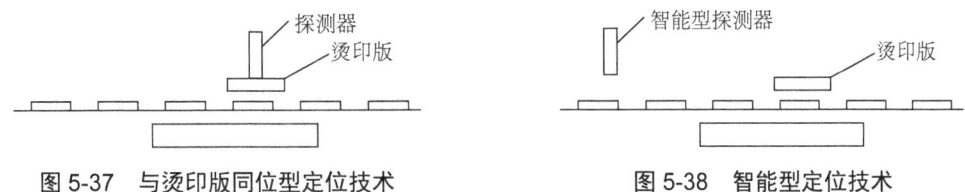

图 5-37　与烫印版同位型定位技术　　　　　图 5-38　智能型定位技术

（四）全息定位烫印的质量控制

全息烫印箔可以运用所有在通用全息防伪不干胶标识上采用的防伪技术，如像素全息、真彩色、合成加密、微刻、光化浮雕等技术；同时，产品上的全息图案精细而清晰、色泽鲜艳而光亮，具有很好的装潢效果。另外，全息烫印箔的制造技术以及定位烫印技术本身的难度都非常高，所以极大增强了防伪力度。所以，全息定位烫印在烟酒、化妆品等包装上得到了广泛应用。要想保证全息定位烫印的质量，必须从以下几个方面把握。

(1)全息定位烫印箔的要求

对于全息定位烫印技术,要求记录激光全息图的介质具有很高的分辨力(通常要求达到3000线/毫米),并且要求烫印箔的成像层能够保证高分辨力激光全息图的信息不损失,以保证烫印后的全息图仍具有很高的衍射率。

烫印箔上的定位光标的反射亮度不能太弱,否而会影响定位监测探头的工作。

(2)全息定位烫印设备的要求

对全息定位烫印设备要求有灵敏的探头识别装置、稳定的铝箔张力控制装置、精确的纸张套准系统、均匀平整的压力系统以及版面的恒温控制系统。

(3)全息定位烫印技术的要求

除了常规烫印的质量控制方法以外,还要注意定位块的安装及调整技术,这是保证全息图套准的关键所在。

四、立体烫印技术

立体烫印(也称三维烫印)是利用腐蚀或雕刻技术将烫印和凹凸的图文制作成一个上下配合的阴模和阳模,实现烫印和压凹凸一次完成的工艺过程。立体烫印原理如图5-39所示,这种工艺同时完成烫印和压凹凸,减少了加工工序和套印不准产生的废品,提高了生产效率和产品质量。立体烫印常采用分辨率很高的烫印压凸材料,在不同的角度观看图文可呈现出不同的颜色,实现了理想的防复制和防伪造的功能,同时烫印图案边缘清晰、锐利,表面光泽度高,具有极好的装潢效果,被广泛应用于烟酒等包装。

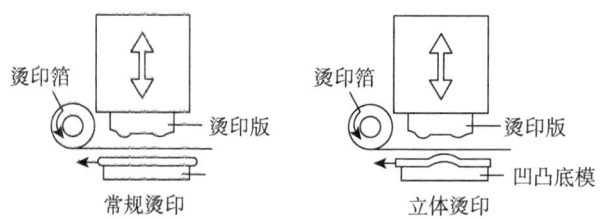

图5-39 立体烫印原理图

(一)立体烫印版

立体烫印技术的关键在于制版,普通烫印版经腐蚀后图文部分为直角线条,而立体烫印版要形成立体浮雕图案,要求图文为圆角线条。所以,立体烫印版在腐蚀后需要做二次加工,此工艺的技术难度较大。

1. 版材的选择

常用的烫印版材有黄铜、钢、紫铜、锌,使用的版材已经逐渐从紫铜过渡到黄铜。

(1)腐蚀紫铜版。腐蚀紫铜版厚度一般为2mm,将其铆接到另一块厚铜板或铝板上使用,这种烫印版成本较低、工艺简单,但立体感差、使用寿命短(一般10万印以下)、精细图文的烫印质量较差,一般适用于平面烫印和一些对浮雕效果要求不高的包装产品上。

（2）电雕黄铜版。由于黄铜具有较高的硬度（高于紫铜、锌）和理想的加工性能（优于钢），因此成为立体烫印版的首选版材。通常使用厚度达 7mm 的黄铜版，使用寿命可达 100 万印以上，大大减少了停机换版时间，但其制作成本比较高，一般适用于长版活的立体烫印。

2. 制版

目前普遍使用的是计算机数控雕刻黄铜版，用扫描仪先将要烫印的图案进行扫描，将数据储存进计算机，然后通过相关的软件控制，按照客户的要求进行三维立体雕刻，形成有丰富层次立体图案的阴模凹版。由于采用计算机控制，所以比传统的蚀刻工艺更能满足烫印在层次和细节上的高要求；起凸边缘可采用不同的形状，得到精确完美的边角，保证印刷品上的烫印压凹凸图案获得预期的边缘清晰度；按比例缩放图案的能力无可匹敌；烫印版和底模易于复制，可以使同批次产品烫印压凹凸图案的外观都保持一致；烫印的图文具有明显的立体层次，在印刷品表面形成浮雕效果，并产生强烈的视觉冲击效果，使包装具有独特的触感。

（二）底模

立体烫印与凹凸压印都需要底模的配合，但二者对于底模最根本的区别在于：立体烫印过程中一直保持加热，这也是立体烫印的首要工作条件。

立体烫印版在温度升高过程中将会产生一定的膨胀变量，而底模的温度如果仍保持在室温左右，那么将会造成实际施工中立体烫印版与底模的不匹配。因此，立体烫印要求采用精确的计算和新材料及特殊的底模制作技术，使制作的底模能与热压加工产生膨胀变量的立体烫印仍有精准的匹配。

底模可以采用手工方式用石膏制作，但制出来的凸模强度低，费时费事。所以一般采用新型高分子材料预制底模，它是将塑料版材与模具重合后，放入具有加热及冷却系统的模压机内，通过调节温度与压力，得到与模具形状一样，凹凸正好相反的凸模。

（三）装版

烫印版制作好以后，就要看底模以及合压时的定位技术（即保证上版与底模不偏位），而这两项都体现在装版上。

1. 安装烫印版

安装烫印版的一般流程如图 5-40 所示。

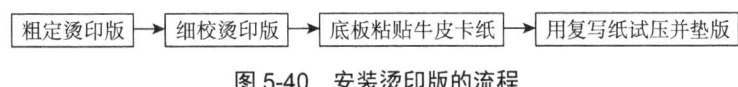

图 5-40 安装烫印版的流程

（1）粗定烫印版。对印品定位，工作态合压，使印张粘贴在蜂窝板上，然后拉出蜂窝板，用胶带固定印张，留下烫印图案，割去其余部分。接着在烫印图案边缘切割不规则的孔，装烫印版，调整锁版螺钉后，使烫印版与被烫图案重合。

（2）细校烫印版。拷贝一张有烫印图案的印刷胶片，以叼口为基准将胶片定位在烫印版上，然后调整局部烫印版的位置，与胶片重合。

(3）底板粘贴牛皮卡纸。清洗底板后，将两张 300g/m² 的牛皮卡纸黏合后粘贴在底板上。

(4）用复写纸试压并垫版。在底板上粘满复写纸（或在烫印版上粘贴电化铝），开机合压几分钟后，拉出底板检查，在压痕不清晰处用白胶粘贴薄纸，进行垫版。

2. 装底模

立体烫印的预制底模一般用树脂材料制成，通过两个定位柱与烫印版吻合，但这个定位柱的重复使用性较差，使用中底模易被压坏。因此可以在底模背面粘贴强双面胶，正面图上黄油脂，利用黄油脂的黏性与烫印版吻合，合压状态下保持 10～15 分钟，即可准确定位，然后用布将黄油脂抹去。

为了改变烫印版和底模安装过程中的反复调整、定位的不便和易产生变动误差，立体烫印可以采用由标识孔及位置显示器组成的易合定位系统，以缩短模具的安装、调整时间，保证加工效果的精美。例如，可以采用库尔兹公司研发并取得专利的易合定位系统，有了标识孔及位置显示器，安装烫印版和底模毫不费力，装版时间大大缩短。

3. 木碳打磨

可以用木碳打磨立体烫印版的金属表面，目的是去棱角、去油污，最后用丙酮清洗，装版完毕。

（四）立体烫印的工艺参数

立体烫印的工艺参数包括烫印温度、烫印压力、烫印速度，其设定与常规烫印基本一致，只是立体烫印的烫印温度比常规烫印略高些，烫印压力略大些，且均匀程度要求较高，同时烫印速度要比常规烫印略慢一些。

立体烫印工艺在烫印过程中容易出现烫印图案的边缘烫印不上的故障。如果烫印压凹凸过程中发现文字边缘部分烫印不上，而且是有规律地出现在文字笔画的某个固定部位，那么基本上可以肯定是底模的位置挪动了，造成部分区域压力不均匀。若无论怎么调整都无法完成烫压加工，则必须换版。立体烫印工艺对于烫印版的制作要求相当严格，如果烫印版与底模表面的弧度差别超过一定限度，则烫压加工无法完成。

五、烫印设备

烫印设备即实施烫印技术，对印刷品或承烫件载体进行定位烫印整饰的机械，又称为烫印机。在某种程度上，烫印机和凸版印刷机的结构和压印原理比较相似，有时可以将已被淘汰的凸版印刷机，改做成某种烫印机进行再利用。

烫印机的分类方式很多，按照输纸方式可以分成手动、半自动和全自动烫印机；按照烫印版放置方式可以分成立式和卧式烫印机；按照烫印功能可以分成单色、多色和多色多功能数控自动步跳式烫印机，还可以与模切压痕机及其他机器共同装配成多功能模切烫印机。

最常见的分类方式是根据工作原理分，即根据承印物和烫印方式的不同，可将烫印机分成平烫和滚烫两种方式。平烫，顾名思义，是指基准面是平面的印模，它的烫印头是一个被加热的硅橡胶板，该板能上下运动，以金属为基材的耐热硅胶板对承印物进行加热加压完成烫印膜的转印。平烫的形式有平压平、平压圆两种。滚烫，压印部分是一个被加热的硅橡胶辊，它可在平面上滚烫，也可以在圆弧面上滚烫，如配上专用伺服机构还可在不规则物体的表面上滚烫。滚烫的形式有圆压平、圆压圆、仿型式烫印三种。

（一）平压平烫印机

平压平烫印机的工作原理如图 5-41 所示，装在烫印头上的烫印版为平面的，烫印装置下压完成对平面承印物的烫印。平压平烫印程序比较简单，工作台不移动，烫印装置只上下移动。但烫印时两平面接触很容易在中间夹进空气而形成气泡。另外，它们之间全面接触施压，需较大的压力，因而限制了烫印幅面的增大。

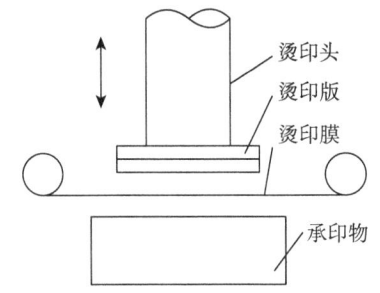

图 5-41　平压平烫印机工作原理示意图

平压平烫印机的结构如图 5-42 所示，一般这种机型主要由以下几部分组成。

（1）机身机架

包括机身及输纸台、收纸台等。

（2）烫印装置

包括电热板、烫印版、压印版和底板等。电热板固定在印版平台上，电热板内装有功率为 600～2500W 的迂回式电热丝；底板为厚度约为 7mm 的铝板，用来粘贴烫印版；烫印版在前文已有介绍；压印版通常为铝版或铁版。

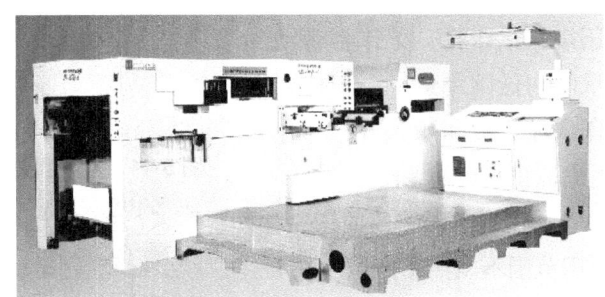

图 5-42　平压平烫印机

（3）电化铝传送装置

包括放卷轴、送卷辊和助送滚筒、电化铝收卷辊和进给机构等。电化铝被装在放卷轴上，烫印后的电化铝在两根送卷辊之间通过，由凸轮、连杆、棘轮、棘爪所构成的送卷进给机构带动着送卷轴做间歇转动，从而带动了电化铝的进给，进给的距离设定为所烫印图案的长度。烫印后的电化铝卷在收卷辊上。

平压平烫印机的工作流程如图 5-43 所示。平压平烫印机以整个烫印平板为工作界面，调整好热力、压力后，完成烫印。

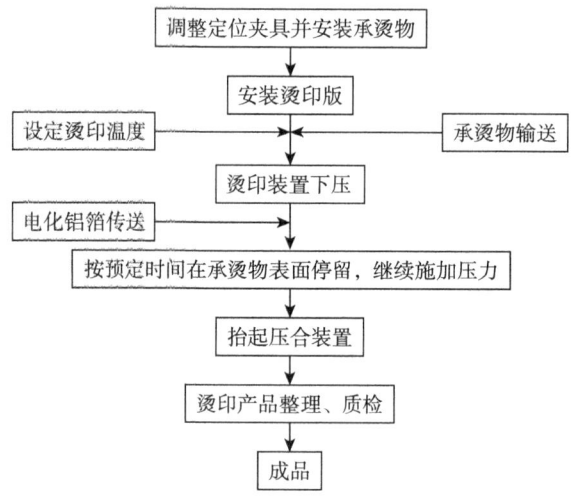

图 5-43 平压平烫印机工作流程

(二) 平压圆烫印机

平压圆烫印机工作原理如图 5-44 所示，它是在平压平烫印机的工作台上加装一个专用卡具，使平面烫印版压印旋转的圆形承印物。工作台支撑圆形承印物的部分可以前后进出，并可左右穿梭运动，需要定位时可利用齿轮齿条装置。其工作过程是：当图形承印物套装在支撑夹具上时，烫印头带动烫印版下压接触承印物，工作台带动承印物左右穿梭，使承印物做圆周运动，工作台运动到承印物圆面烫印末端，烫印版上升，工作台穿梭回程后，向外退出取出承印物。

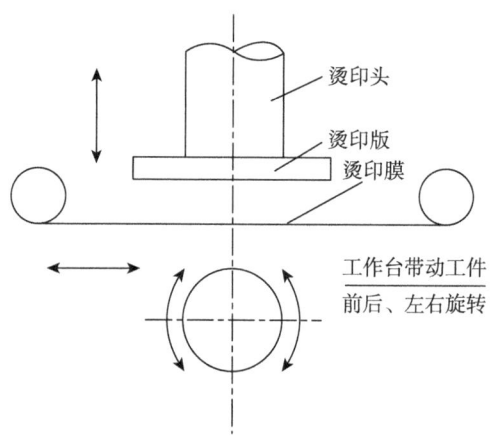

图 5-44 平压圆烫印机工作原理示意图

平压圆烫印机适用于圆柱型承印物的烫印，如塑料瓶盖、软管、玻璃瓶、圆形刻度盘、高尔夫球杆等，因其应用范围不太广，所以不再赘述。

(三) 圆压平烫印机

圆压平烫印机的工作原理如图 5-45 所示，圆压平烫印机的结构形式与平压平烫印机的主要区别在于：上部加热加压的烫印头由烫印版改为烫印胶辊，胶辊本身自转并能上下移动。烫印时，胶辊下移，工作台左右运动使承印物与胶辊成线性接触对滚，逐步完成烫印。烫印后胶辊上升，工作台穿梭回位。

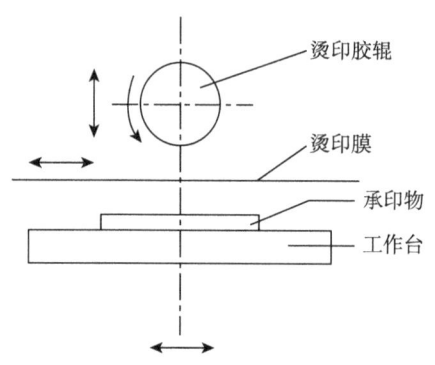

图 5-45 圆压平烫印机工作原理示意图

圆压平烫印机大多由圆压平印刷机改装而成，它的定位烫印速度在1000～3000张/小时，一般使用小直径的箔卷，因此很少用于高速大批量生产。全自动圆压平烫印机及其主要部件如图5-46所示。

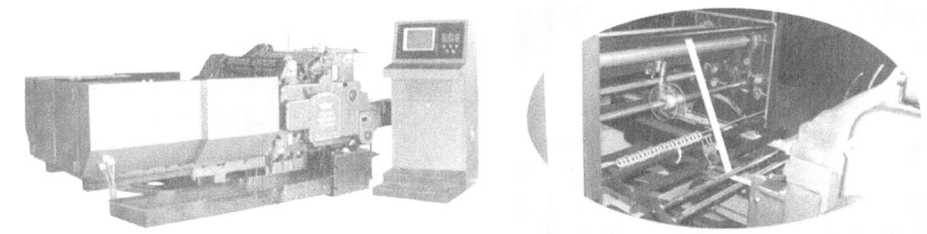

图5-46　全自动圆压平烫印机及其主要部件

圆压平烫印机的工作流程如图5-47所示。

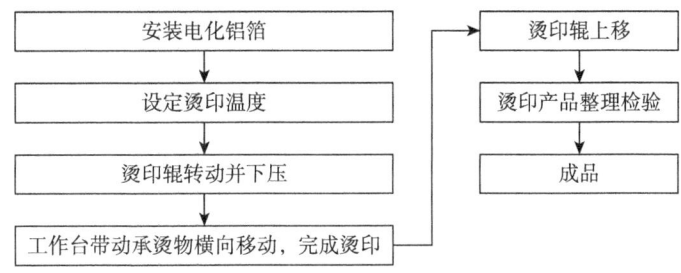

图5-47　圆压平烫印机工作流程

（四）圆压圆烫印机

圆压圆烫印机工作原理如图5-48所示，圆压圆烫印机机型是在圆压平烫印机工作台上加装一个专用卡具，胶辊自转并可上下移动，但装承印物的工作台不动。烫印时，胶辊下移与承印物接触，胶辊与支撑承印物的滚轴同时旋转，逐步完成烫印。

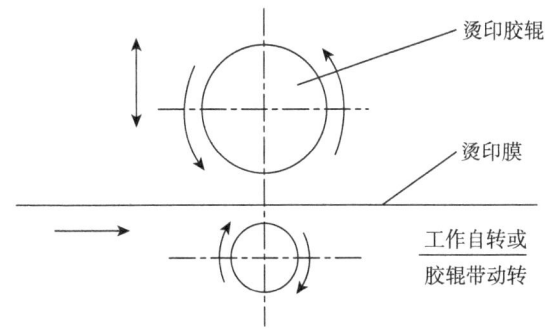

图5-48　圆压圆烫印机工作原理示意图

圆压圆烫印机基本结构如图5-49所示，它的机身结构与一回转凸印机大同小异，不同的是去除了墨斗、墨辊装置，改装了电化铝前后收卷辊。由于烫印机与烫印部位为线接触，其压力可以大于平面接触的烫印方式,同时,它的往复旋转,速度大于平压平的往复直线运动,适合于高速烫印。

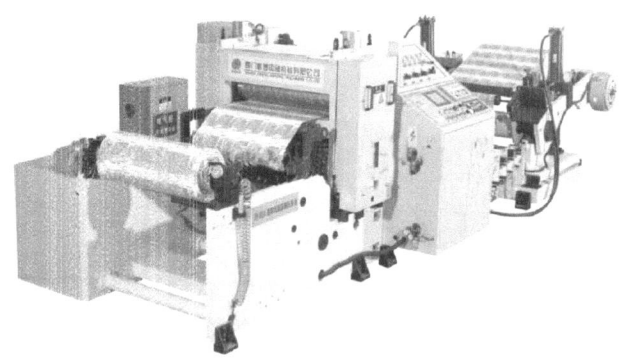

图 5-49　圆压圆烫印机

圆压圆烫印机由主体机架、辅助机架(压紧辊、主传动头、活动支架等)、电器系统、动力装置、轮转式烫印机构(上滚筒为刻有烫印图案的铜滚筒,下滚筒为表面平滑的不锈钢滚筒)、电化铝箔放卷装置、印刷品输送装置、烫印成品和废边的分别收卷装置等组成。

除了以上装置以外,还会安装有光电色标套准装置,进行双色、多色的定位套准;有的机器上面还装有间歇式进给电化铝箔节省特别设计装置等。

圆压圆烫印机主要实现对圆柱体承印物圆周上的电化铝箔转印,其工作流程如图 5-50 所示。

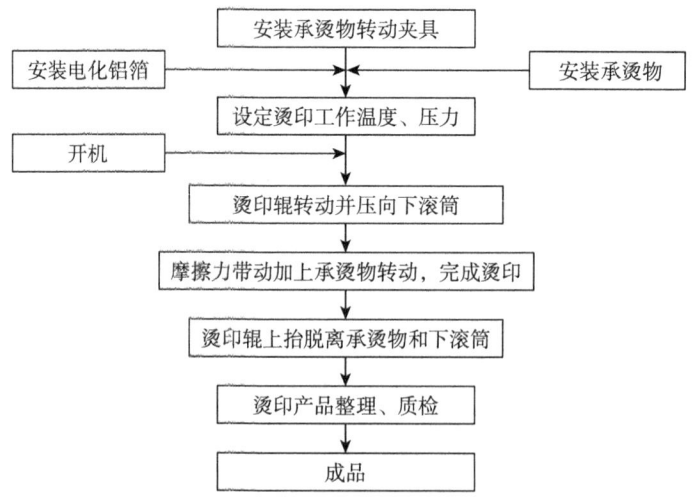

图 5-50　圆压圆烫印机工作流程

(五)仿型式烫印机

严格来说,仿型式烫印机应归属于圆压圆烫印机,如图 5-51 所示。它是通过设计特殊浮动的汽缸使胶辊随承印物烫印面外形转动,胶辊可上下浮动。烫印时,胶辊下移与承印物表面接触，承印物旋转，胶辊在一定压力下按承印物烫印面的外形上下运动。还有一种结构是承印物浮动，而胶辊只转动不浮动。仿型式烫印机多用于棱形、椭圆形、方形等承印物的烫印。

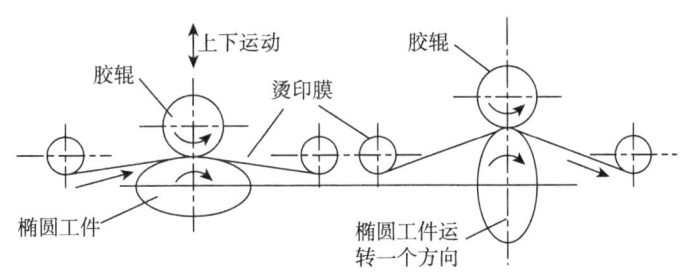

图 5-51　仿型式烫印机工作原理示意图

（六）全息烫印设备

全息烫印设备以斯托拿 FOLL-JET FBR104 型烫印机为典型，是圆压圆烫印机，利用胶印机的设计理念，最高烫印速度可达 12000 张/小时，全息烫印达到 8000 张/小时，全息烫印精度可以达到 0.4mm，可以一次完成全息烫印、普通烫印、压凸等工作，并且拥有激光箔接缝跳步功能，生产效率极高。该机型的内部结构如图 5-52 所示。

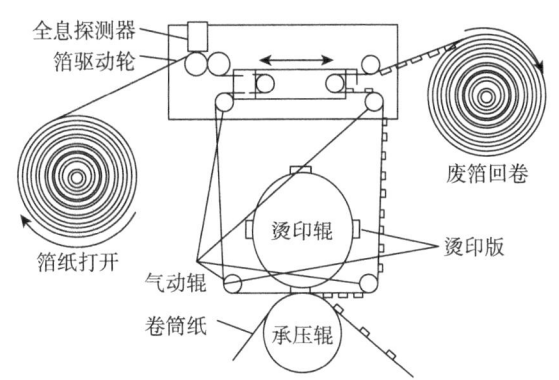

图 5-52　FOLL-JET FBR104 型烫印机的内部结构示意图

斯托拿 FOLL-JET FBR104 型烫印机具有以下特点。

（1）采用对全息标识逐枚检测、定位、烫印的方式，保证了烫印精度。

（2）无摩擦输箔系统，消除了机械对箔带拉伸产生的烫印误差，使每一枚全息标识都能满足定位烫印的精度要求。

（3）智能化跳步技术，可以使全息标识在箔带上以最紧凑的方式排列，从而最大限度地节省了烫印材料。

（4）可以同时提供 12 套箔带收放卷装置，每一套装置独立控制，满足了复杂的拼版设计和防伪标识小图多拼的特点。

这种机型采用模块化设计，烫印单元、压凹凸单元、给纸单元、收纸单元等可以自由组合；还可以与印刷机相匹配，实现印刷—烫印联机生产，提高了生产效率。

（七）立体烫印设备

立体烫印设备要一次完成烫印和压凹凸两种工艺，因此对烫印设备的定位精度等要求较高，一般采用平压平烫印设备，也可采用圆压圆烫印设备。

平压平立体烫印设备以博斯特设备为代表，其正向高速、高精度、使用方便的方向发展，是立体烫印的主要机种。例如，博斯特公司的 SPeria Foilmaster 102 自动烫印机，即可完成高质量的立体烫印。它的主要特点有：①独立的机外放卷单元最多可提供 6 个不同的放卷步进，可使换电化铝的工作变得异常轻松，而且，附加的电化铝放卷装置可以按照客户的需求进行配置。②电化铝的运行控制对象是线速度，无须在运行过程中对电化铝的轴端刹车进行调整。收集废电化铝的毛刷转速与整机速度相契合，可以使电化铝箔的运行更加平稳。③电化铝在转弯处采用了高科技的气垫杆技术，该技术使电化铝承受的张力更小，从而保证了承烫物具备更加良好的定位精度，其烫印精度可达到 ±0.1mm 以内。

圆压圆立体烫印设备以斯托拿烫印机为代表，机型主要有 FOIL-JET FBR104 型、FOIL-JET WEB 型等。斯托拿公司采用独创的单张纸轮转烫印技术，其模块化系统的立体烫印装置，使多层压凸与烫印一次完成，立体造型的产品上立刻闪烁出宝石般的光辉。

第五节　模切压痕

所谓模切是指根据产品设计的工艺要求，将印刷图文轮廓或空白纸面设计的形状，用相对应形状的钢刀版面或特制的模具在模切机上冲切成某种形状，局部或全部切断印品上的版面；而压痕是指用钢线或其他特制的线状模板，在印品上按设计要求压成线状的凹槽痕，以便于产品折叠成型或翻开使用。可见，模切与压痕是截然不同的两种概念，但由于模切和压痕往往是在一台设备上同时进行的，所以人们通常将模切压痕简称为模压。

对印品表面进行整饰加工的模压技术一方面应用于各种包装制品的成型加工方面，另一方面则主要应用于书刊、广告招贴类等平面作品的立体造型艺术加工方面，可以提高产品的附加值。

一、模切压痕的原理

模压前，需先根据产品设计要求，用钢刀（即模切刀）和铜线（即压线刀）或钢模排成模切压痕版(简称模压版)，将模压版装到模压机上，在压力作用下，将纸制品坯料轧切成型，并压出折叠线或其他模纹。其原理如图 5-53 所示。

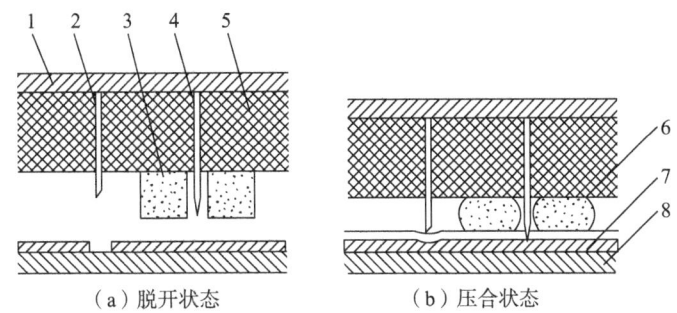

1-版台；2-钢线；3-橡皮；4-钢刀；5-衬空材料；6-纸制品；7-垫版；8-压版

图 5-53 模切压痕的原理示意图

从图 5-53 可以看出，模压过程是在定型的模具之内，通过施加压力的大小，使纸制品受力部位产生压缩变形或断裂分离。此过程经历三个阶段，即弹性变形阶段、压缩定型阶段和脆性破坏阶段，这些过程都是从纸制品内部纤维交织空间的被压缩开始，直到内部结构重新分布定位或彻底破坏断裂才终止。

钢刀进行轧切，是一个剪切的物理过程；而钢线或钢模则对纸制品起到压力变形的作用；橡皮用于使成品或废品易于从模切刀刃上分离出来；垫版的作用类似砧板，有软硬之分。

二、模切压痕制版工艺

模切压痕版的制作质量是模压工艺的质量保证。模切压痕版是采用钢刀（模切刀）、钢线（压痕线）和底模与辅助衬垫、固定物等，根据产品结构设计要求，组合排成与产品需要弯折、切断的加工部位和尺寸相适应的嵌有刀具的压版。

（一）模切压痕版的制作材料和工具

模切压痕版制作时使用的材料和工具种类较多，除了钢刀和钢线刀具外，还有衬空材料和一些铁框、木条、榫塞之类辅助材料以及专用或通用工具。制作要求材料具有良好平整性、坚固性和加工方便性，钢刀和钢线嵌入模切压痕版要可靠，以保证多次更换新钢刀和新钢线后模切压痕版仍能够保持所有尺寸不发生变化。

1. 模切压痕刀具

模切压痕刀具包括模切刀具和压痕刀具。模切刀具又称为钢刀或啤刀，是一种可以将纸板切断的优质钢材制作的锋利刀具；压痕刀具又称为钢线、啤线或压痕线，是一种刀口圆顿的刀具。在不同形式的模切压痕机上分别采用平压式模切压痕刀具和滚筒式模切压痕刀具。

（1）平压式模切刀具

模切刀具要求刃口坚硬锋利，且刃口光滑，不粘连、耐磨损、弯曲方便。

模切刀具的种类很多，一般可从热处理效果、精度、硬度、刀锋几个方面进行划分。

从热处理效果看，模切刀分为硬性、中硬性和软性，这里的软硬主要指的是刀体部分，而刀片的刃口经过淬火处理，刀锋都很硬。软刀中淬火处理面积的大小直接影响耐用性。如

图 5-54 所示,淬火面积大,则硬大于软,能将施加的机械压力均匀分布而保持韧性稳定;淬火面积小,则软多于硬,承受机械压力时会造成硬的刃锋向软的刀身部分的内进凹陷或崩裂豁口甚至脱落。

从刀的精度看,差异也很大。如低档次的模切刀精度只有 ±0.08mm,而高档次模切刀的精度可达 ±0.007mm。精度对模切质量的影响很大,尤其是要求极高的不干胶产品的模切,绝对不能选用粗糙的模切刀。

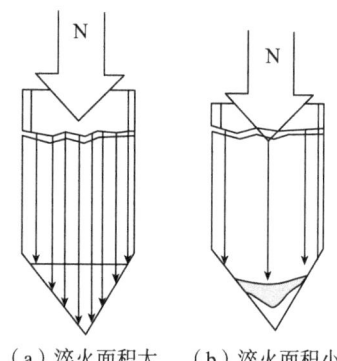

(a)淬火面积大　(b)淬火面积小

图 5-54　软性刀具的淬火处理图

为了适应不同的模切要求和不同角度的模切,刀片除应具有适当的硬度外,刀锋(刃口)还有高、矮峰和不同角度的区别,以及平直形刃口、齿形刃口(粗齿、细齿)、针孔形刃口、波浪形刃口、拉削刀刃、磨削刀刃等不同的形状。

常用钢刀一般高度是 23.8 mm,也有 7mm、8mm、9.5 mm 高度的钢刀用于不干胶生产,23.6mm、30mm、35mm、40mm、50mm 高度的钢刀用于特殊用途。钢刀一般厚度是 0.71mm,还有 0.53mm、1.05mm、1.42mm、2.13 mm 厚度的钢刀。钢刀厚度也用点(线)值表示,上述厚度对应的点(线)值如表 5-2 所示。

表 5-2　钢刀厚度与点(线)对应关系

厚度 /mm	0.53	0.71	1.05	1.42	2.13
对应点(线)值	1.5	2	3	4	6

(2)平压式压痕刀具

压痕刀具(钢线)材料要求具有耐磨损、弯曲度大等特性。钢线高度略低于钢刀高度,一般为 22～23.8mm。根据压痕纸张的厚度,钢线高度和钢刀高度一般相差 0.3～0.8mm 或更多一些。钢线厚度与钢刀厚度的规格相同。一般常用钢线高度 23 mm,常用钢线厚度 0.71mm、1.42mm、2.13mm。根据不同压痕形状的需要,钢线的形状有单头线、双头线、圆头线、平头线、尖头线等。

(3)滚筒式模切压痕刀具

滚筒式模切压痕刀具用于圆压式模切压痕机。从模切刀具的使用上看有整体式(即刀线直接加工在基辊上)和分体式(基辊+模切刀版)两种类型。

分体式模切压痕刀具的钢刀和钢线基本形状是圆环形和直条形,高度一般为 21.3～26.7mm,厚度一般为 1.05～2.13mm [点(线)值 3～6],也可以按照实际生产要求专门制作其他规格的钢刀和钢线。钢刀刃口形状有平直形、齿形(粗、细)、针孔形、波浪形等。

整体式的模切压痕刀具则与模切滚筒做成一体,称为模切辊,一组模切辊包括上辊和下辊。根据上辊和下辊的工作形式,模切辊分为压切式和剪切式。压切式模切辊如图 5-55(a)

所示，上辊是刀辊，下辊是光辊，刀口直接切压在光辊表面。这种结构制造成本低，安装方便，调整容易，清废简单，但是刀具使用寿命短，适用于小批量、经常换刀的快餐盒、折叠纸盒、商标、纸袋等短版活的加工。剪切式模切辊如图5-55（b）所示，上辊和下辊都是刀辊，通过上下刀口直接剪切实现模切。这种结构切口平整，刀具使用寿命长，制造成本高，适用于大批量、高质量模切的烟盒、快餐盒、折叠纸盒、牛奶包装盒、饮料包装盒等产品的加工。

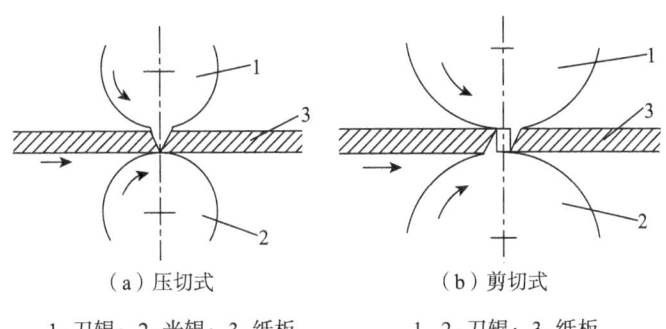

（a）压切式　　　　　　　（b）剪切式

1-刀辊；2-光辊；3-纸板　　1,2-刀辊；3-纸板

图 5-55　滚筒式模切压痕刀具工作示意图

2. 衬空材料

衬空材料又称为填空材料，用来固定版基上的模切压痕刀具，所用材料可以分为金属类和非金属类两大类。

（1）金属类衬空材料

金属类衬空材料包括铅、铝、钢类材料。

铅衬空材料有空铅、衬铅、铅条三种不同类型，其规格与铅活字排版用衬空材料相同。采用铅作为衬空材料，排版技术要求高，难度要大于用木板作为衬空材料排版。优点是成本低、比较灵活实用。

铝衬空材料质轻、加工方便，但改版困难，只能够一次使用。

钢质板衬空材料不受环境温湿度影响，尺寸稳定性好，坚固耐用，但是加工复杂，成本高，故适用于大批量产品的模切版制作。

（2）非金属类衬空材料

非金属类衬空材料包括木板、高密度板、电木板、PVC塑胶板等。

木板作为衬空材料主要使用多层胶合板，具有加工方便、制版精度高、重量轻、装拆刀版操作容易、成本低等优势，应用广泛。但是木板作为衬空材料容易受环境温湿度影响，无论在模切机上使用还是在库存中都有可能发生变形，影响模切压痕精度。所以在生产中临时或较长时间停机时，应该在模切版上蒙盖湿布，以防止或减轻模切版产生形变。

PVC塑胶板尺寸稳定性不受环境温湿度影响，而且具有硬度大、耐冲击、防静电、表面平整光滑的特点，是较理想的模切压痕版材料。

3. 制版工具

模切压痕版制作使用的专用工具包括刀片裁剪机和成型机。刀片裁剪机是切断钢刀、钢线、铅条等排版材料的专用工具，有多种型号和形式。成型机也称为弯刀机，是模切压痕刀具造型的专用工具。成型机可以在一定圆度内，将钢刀、钢线弯曲成任何弧形和复杂形状，而且定型。

模切压痕版制作使用的通用工具有打孔机和锯板机以及其他辅助工具。打孔机是用于在版基木板上打孔，可以采用小型钻床代替。锯板机是将版基木板按照嵌入的刀具造型锯缝的机器。所使用的其他辅助工具包括榫塞、铁台、锤子、圆规、角尺、钢锯、锉刀、砂轮等。

（二）模切压痕版的制作流程

下面主要以平压式模切压痕版为例，介绍其制作流程。

平压式模切压痕版的制作分为刀模板制作和底模板制作两部分，刀模板由模板、模切刀、压痕线和模切胶条等构成；底模板由底模钢板和压痕底模构成。模切压痕版的制作流程如图 5-56 所示。

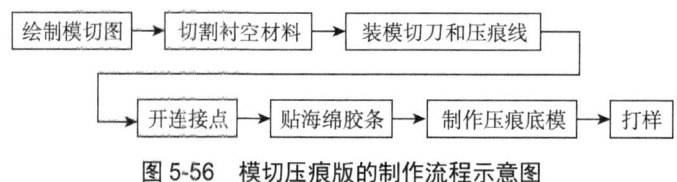

图 5-56 模切压痕版的制作流程示意图

1. 绘制模切图

首先根据要求设计模切版面。模切版面设计的任务主要包括：①版面的大小应与所要求的印刷品规格和设备的工作能力相一致。②根据产品的特点确定模切版的种类。③根据模切版种类选择合适的材料和规格。设计好的版面应该满足以下要求，即模切版的框架应该与印刷品的框架大小相同；模切的部分应位于模切版的中部，钢刀（啤刀）、钢线（啤线）线条图形的移动要保证产品的精度；同时还要做到安在模切版上的钢刀（啤刀）、钢线（啤线）要垂直等。

绘制模切版轮廓图是模切版制作的第一个关键的环节。现在包装印刷多采用的是整页拼版系统和 CTP 技术，因而可以在印刷制版工序中直接输出模切图，这样可以有效地保证印刷版和模切版的尺寸一致。如果印刷采用的是手工拼版，就需要根据样张的实际尺寸大小绘制模切图。在绘制过程中，为了保证模切版不散版，要在大面积封闭图形部分留出 2 处以上的位置不要切断，这种位置被称为"过桥"，过桥宽度要根据版面的大小来确定。通常大块图形的一般在 1 厘米左右，小块图形的在 0.5 厘米左右。为了使模切版的钢刀、钢线具有较好的模切适性，产品设计和版面绘图时还应注意以下几点。

①开孔、开槽的刀线应该采用整线，线条的弯节处应该带一定的弧度（或圆角），防止出现相互垂直的钢刀拼接。

②两条线的接头处应该避免出现尖角现象。

③避免多个狭小处的连接，应该增大连接部分，使其连成一体，便于清废。

④避免使用尖角，实在需要的改成圆角。

⑤防止尖角线截止于另一个直线的中间处，这样会使固刀困难，钢刀易松动，降低了模切适性，应该改为圆弧或加大接触角度。

2. 切割衬空材料

模切压痕版用的衬空材料（底版）要求有良好的质量，加工方便、表面平整、性能坚固，尽可能轻而硬，保证嵌入版中的钢线钢刀尺寸可靠，多次更换新钢刀，新钢线后与模切版仍能良好地结合，多次使用后尺寸仍不发生变化。常用的衬空材料底版有金属材料和非金属材料。其中多层胶合板使用得最多，常用的胶合板一般为 8～12 层，厚度为 12～18 mm。模切版底版（衬空材料）的切割主要有锯床切割和激光切割两种方式。

锯床切割主要利用特制的锯条上下往返运动，在底版上加工出可以安装钢刀和钢线的窄槽，要求窄槽宽度等于安装此处的钢刀钢线的厚度。锯床上配有电钻，可以在底版上钻孔，钻孔后将锯条穿过底版再进行切割。现在随着制版的种类不同，锯板机的规格和功能也越来越完善，有的配有吸尘系统，有的还同 CAD/CAM 技术相连，通过计算机来控制完成切割，使开槽的质量有较大的提高。

激光切割是由计算机控制激光切割机进行的。它是以激光作为能源，通过激光产生的高温对底版材料进行切割。激光切割首先需要将整版的模切轮廓图输入计算机，由计算机控制激光刀头，在底版上移动进行切割。当然切割过程中机器需要的参数比较多，如材料质量的相关参数，板材的厚度，激光输出的功率，吸气的种类和压力，产生激光的直径长度以及切割的速度等。激光制作的模切版的底版精度高，以保证高精度大型的模切尺寸，但激光切割机价格昂贵，切割成本高，从而使模切版制作成本较高。

3. 装模切刀和压痕线

在安装模切刀和压痕线之前，首先要进行钢刀（啤刀）和钢线（啤线）的裁切弯曲成型加工，即按照要求将钢刀和钢线进行裁切弯曲成相应的长度和形状。这一工序的完成常采用两种方法：手工单机成型加工和自动弯刀机成型加工。

手工单机成型加工的专用设备主要有刀片裁剪机、刀片成型机（弯刀机）、刀片冲孔机（过桥切刀机）、刀片切角机等。其中，刀片裁剪机用于钢刀和钢线的长度裁切；刀片成型机（弯刀机）用于钢刀和钢线的圆弧或角度的精确成型；刀片冲孔机（过桥切刀机）用于过桥部分钢刀、钢线的冲孔；刀片切角机用于钢刀相交处的切角形成一个连接的"鼻子"，其作用是保证刀与刀交接无缝，模切材料时不产生连边。这种制作方法速度慢，生产效率低，不能加工精细复杂图形，重复操作性差，且对操作者的熟练程度和技术水平依赖性很大；优点是成本比较低。

自动弯刀机成型加工是同激光切割机相配合使用的，共同完成模切版的制作。全自动计算机数控弯刀机是将裁切、弯刀、冲孔切角整合在一台机器上一次性完成。自动弯刀所用的图形直接取自产品的图形设计，工作时只要调入图形，输入要成型的数量，机器即可完成弯刀成型。整个过程中精度通过计算机来保证，而且速度快。

钢刀和钢线弯曲成型加工后，就要在模板上安装了，这个过程也称为排制模切压痕版的排刀过程。主要采用手工排刀、机械排刀、激光排刀、高压水喷射切割排刀等方法。

（1）手工排刀

手工排刀是根据设计打样的规格和造型，采用手工方法将已经成型加工好的钢刀、钢线拼组成模切压痕印版，并采用衬空材料固定。手工排刀采用铅质材料或木板做衬空材料。使用铅质空铅、衬铅、铅条做衬空材料时，用其直接将钢刀、钢线按照设计图样固定在模切压痕版上，操作方法与铅活字印刷排版基本相同。使用木板做衬空材料时，用手锯将胶合板按照产品规格锯缝，把钢刀、钢线嵌入锯缝中固定。手工排刀工艺简单，但是图形准确度低、容易变形甚至散落、排刀效率低，只适合于小批量、结构简单的产品模切加工。手工排刀工作过程如图 5-57 所示。

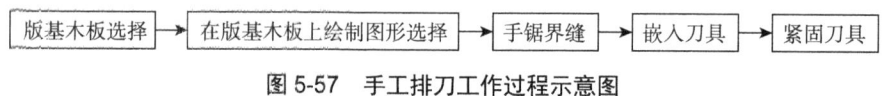

图 5-57 手工排刀工作过程示意图

（2）机械排刀

机械排刀是根据设计打样的规格和造型，先用专用的锯板机和其他设备在版基木板上锯出与钢刀、钢线尺寸相当的槽缝，然后将成型加工后的钢刀、钢线插入槽缝中，用固版装置固定，拼组成模切压痕印版。使用木板为衬空材料时，木板厚度一般在 18mm 左右。锯板机锯条宽度为 1.5～3mm，其厚度等于相应位置模切刀或压痕线的厚度。机械排刀过程使用各种排刀用机器，但线条导向由人工控制，属于半自动化方式。机械排刀工作过程如图 5-58 所示。

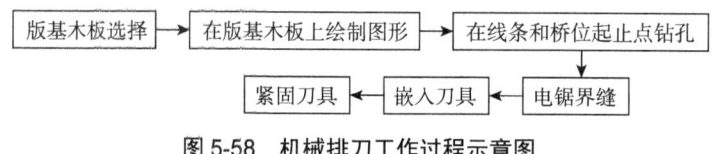

图 5-58 机械排刀工作过程示意图

（3）激光排刀

激光排刀是利用激光切割技术将排刀木板或钢板切割成与产品设计图纸相符的复杂切缝，同时保持板材的完整。激光排刀工作过程如图 5-59 所示。

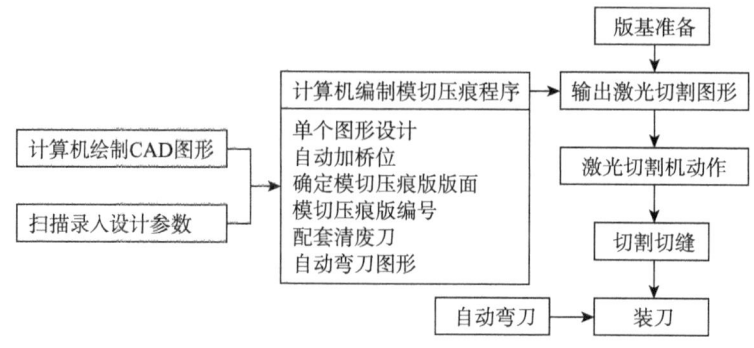

图 5-59 激光排刀工作过程示意图

（4）高压水喷射切割排刀

高压水喷射切割排刀是通过计算机控制，利用高压水喷射切割纤维塑胶板后，嵌入钢刀、钢线，制成模切压痕版。这种方法切线质量高，而且避免了激光切割纤维塑胶板和锯板机切割纤维塑胶板所造成的污染。

4. 开连接点

在模切压痕版制作过程中，开连接点是一道必不可少的工序。连接点就是在模切刀刃口部开一定宽度的小口，在模切过程中使废边在模切后仍粘连在整个印张上而不散开松落，以便于走纸顺畅。开连接点应该使用专门的设备刀线打孔机即砂轮磨削。而不是用锤子和锭子去开连接点，否则会损坏钢刀和钢刀的搭角，而且易在连接部分产生毛刺。连接点的宽度有 0.3mm、0.4mm、0.5mm、0.6mm、0.8mm、1.0mm 等大小不同规格，最常用的规格为 0.4mm。制作连接点通常要考虑到开在成品看不到的隐蔽处，以免影响成品的外观。另外，还应该避开过桥位置，防止钢刀断裂。

5. 贴海绵胶条

为了防止模切刀、压痕线在模切压痕时粘住纸张，在模切刀的两侧要粘贴弹性模切胶条。模切胶条粘塞在模切版主要模切刀刃口的两侧，利用胶条弹性恢复力的作用，可将模切分离后的纸板从刀口部推出。

模切胶条在模切时所起的作用非常重要，它直接影响到模切的速度与质量。应根据模切的速度、活件、连接位置以及其他相关条件，选择合适的模切胶条。按硬度可分为标准胶条、硬胶条和特硬胶条。

模切时，模切胶条会被压缩变形。如果模切胶条距离模切刀过近，会使胶条在受压时产生侧向分力，容易破坏纸张的连接点或使纸边拉毛，影响模切效果；如果距离模切刀太远，则起不到防止纸张黏刀的效果。模切胶条距离模切刀的理想距离为 1～2mm。

6. 制作压痕底模

压痕底模是固定在压印底版上，同钢线（啤线）一起作用，以保证压痕的清晰，容易成型。根据材料不同，压痕底模有石膏压痕模、纤维板压痕模、钢质压痕模、合成纤维粘贴压痕模四类。

7. 打样

模切压痕版加工完成后，要首先将模切版在模切机上进行试切，若试切样局部正常，而有一部分切不断时，就要在局部范围内进行垫版，也叫"补垫"。垫版就是利用 0.05mm 厚的垫纸版粘贴在模切版底部，对模切刀的高度进行补偿。当局部垫版后仍有个别刀线模切不透时，就要进行位置垫版，位置垫版就是用 0.02mm、0.03mm、0.05mm 厚的窄条垫纸直接粘在模切刀底部进行刀线高度的补偿。

三、模切压痕加工工艺

一般模切压痕的加工工艺流程如图 5-60 所示。

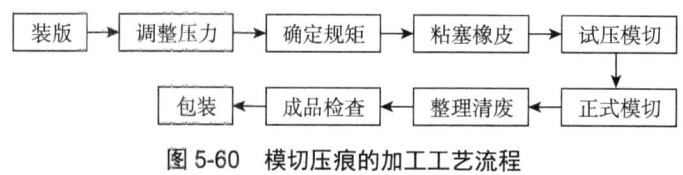

图 5-60 模切压痕的加工工艺流程

(一) 装版

装版是将模切压痕印版固定于模切压痕机的版框中，并按照规定位置定位。

装版前要先在模切压痕版钢刀的刀缝和刀沿粘贴上专用橡胶条。利用橡胶条的弹性，将模切印料从刀口间推出，避免钢刀被嵌牢而影响操作。

模切专用橡胶条一般有硬性和软性两种。橡胶条应该以高出刀口 3～5mm 为宜，硬性橡胶条高出少一些，软性橡胶条可以高出多一些。橡胶条的高低以能够保证模切的印料从刀口间顺利推出，又避免钢刀与钢线"抢纸"为准。橡胶条采用双面胶带粘贴在钢刀刀口下沿的空档处，橡胶条的密度要适中，主要钢刀刀口部位不可遗漏。如果钢刀刀口之间的空隙过小，如小于 1.5mm，就不宜粘贴橡胶条。

将模切压痕版安装在模切压痕机的压印机构上，每次调换和安装都由定位机构准确定位，以不影响位置精度。为了使模切压痕印版的钢刀或钢线刀口各点获得均匀的模切压痕压力，通常采用分别垫刀、垫线的垫版方法使压力均匀，保证模切压痕质量。

模切的钢刀和压痕钢线因为高度不同，刀口不在同一平面上，要分别调整。要求所有钢刀高度调整一致，所有钢线高度调整一致。模切压痕印版中压力过轻的钢刀或钢线，可以在印版后面相应位置增垫薄铁皮条或薄铁皮，来调整压力。为了满足钢刀、钢线高度差的要求，采用钢线垫纸的方法。钢线垫纸厚度的计算方法如下：

$$d = h_2 - h_1 - \delta$$

式中　d —— 钢线垫纸厚度，mm；

　　　h_2 —— 钢刀高度，一般 h_2=23.8mm；

　　　h_1 —— 钢线高度，一般 h_1=23mm；

　　　δ —— 纸板压实厚度，mm。

由于生产实际中涉及的各种因素较多，有时虽然符合上述公式，但也有可能产生模切粘连的情况，钢线的实际垫纸的厚度往往比计算值小 0.05～0.1mm。

检查印版压力是否均匀，可以采用试压、涂墨、压复写纸等方法。试压是采用大于模切压痕印版版面的纸板（400～500g/m²）和 60 g/m² 的牛皮纸覆在模切压痕印版版面上，进行试压。压痕浅的地方说明压力轻，应该进行垫版；压痕深的地方说明压力大，不垫版或少垫版。涂墨是采用墨辊在模切压痕印版版面上涂墨，墨迹深的地方为版面上的高点，也是压力大的点，不垫版或少垫版；墨迹浅或无墨迹的地方为版面上的低点，即压力小的点，必须垫版。压复写纸是将模切压痕印版版面压在复写纸上，复写纸下面铺上白纸，观察白纸上的复写印迹。复写印迹深的地方为版面上的高点，即压力大的点，复写印迹浅或无墨迹的地方为版面上的低点，是压力小的点。检查出模切压痕印版版面钢刀或钢线压力情况后，采用局部和全部逐渐增加或减少（挖出）牛皮纸层数的方法，使版面上压力均匀。

安装好模切压痕印版之后，还要在压印平板上铺压痕模，以保证压痕清晰，产品容易成型。

（二）开机模压

开机进行模切压痕的操作过程包括印刷品准备、调整规矩、装纸、试压、检查、正式生产、清废整理和检查等环节。

一般待模切压痕的印刷品已经经过印刷、覆膜等加工，在这些工艺过程中，产品材料要承受到各种压力和温湿度的作用，有时会产生变形。印刷品准备中需要采用调湿和整形的方法使印刷品含水量与生产车间温湿度相适应，将前续工序中产生的变形整理平整。然后根据印刷品的图文和成型要求，调整规矩位置，保证送纸定位准确。若使用自动模切压痕机，将印刷品装入输纸装置的纸堆台，供给自动输纸装置，操作保证印刷品整齐、平整、不粘连。

先将印刷品输入模切压痕机进行试压，检查模切压痕后产品是否符合要求，有无错位、粘连、压痕过轻或过重的现象，并及时解决存在的质量问题。试压后还应该检查包装纸盒盒坯折叠成型后的规格尺寸和外观是否符合要求。一切检查无误，方可进行正式模切压痕生产。模切压痕生产过程中，要做到随时监控模切压痕质量，及时清废整理。当模切压痕印刷品厚度较大时，特别要注意双张控制器的工作状态，避免出现双张，以免输入双张损坏设备。

四、模切压痕设备

模切和压痕工艺特点相似，一件待加工产品往往要求同时模切和压痕，所以越来越多的生产是将模切和压痕一次完成，简称模切工艺，所用设备被称为模切机。模切机主要用于纸盒、纸箱或商标等印刷品的模切、压痕和压凹凸上，是印后加工设备中应用最广、自动化程度和技术含量较高的机种之一。

模切机通常由输纸机构、模切压痕机构、清废机构及收纸装置组成，其中模切压痕机构是模切机的核心部分，根据输纸以及清废机构的不同可分为半自动、全自动等类型。半自动为人工送纸，操作人员的劳动强度较高、生产速度较慢，但适合曲翘纸板的加工生产；全自动模切机具有自动送纸单元，生产速度非常快，使用专用去废模板可以实现全部自动废料清理功能，生产效率很高。

按照压印形式的不同，模切机又可分为平压平式、圆压平式、圆压圆式，有的则是集模切压痕、凹凸压印、烫金等加工于一体的多功能设备。

（一）平压平式模切压痕机

平压平式模切压痕机有立式、卧式形式，四开、对开、全开等规格。立式、卧式平压平模切压痕机结构如图 5-61 所示。

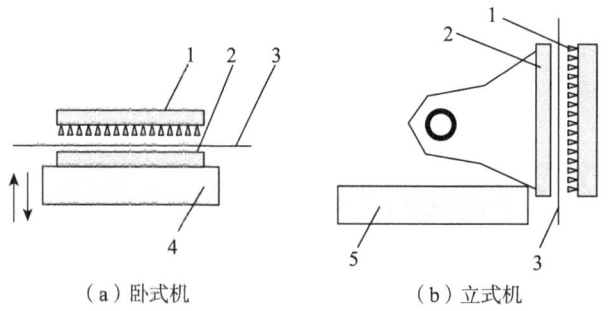

（a）卧式机　　　　　　（b）立式机

1-刀版；2-压印平板；3-印刷品；4-压印版台；5-导轨

图 5-61　平压平式模切机模切压痕机构结构示意图

顾名思义，这种模切机的模切版台和压切机构的形状都是平板状的。模切版被固定在平整的版台上，被加工板料放在压板上。工作时，模切版台固定不动，压板通过连杆作用往复运动，使得版台与压板不断地离合压，每合压一次便实现一次模切。

1. 卧式平压平模切压痕机

平压平式模切压痕机中，卧式是主要机型，应用很广泛。国际先进水平模切速度可达12000 张 / 小时，模切精度达到 0.01 mm；国内同类产品模切速度可达到 9000 张 / 小时，模切精度达到 0.10～0.15mm。卧式平压平模切压痕机主要由输纸装置、模切压痕装置、排废装置、收纸装置和控制系统组成，如图 5-62 所示。

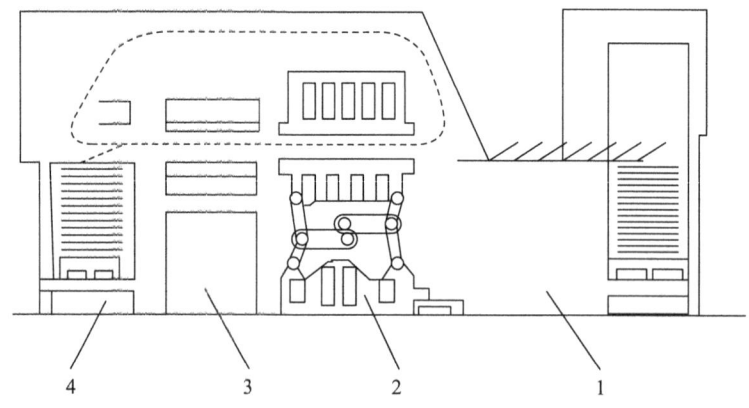

1-输纸装置；2-模切压痕装置；3-排废装置；4-收纸装置

图 5-62　卧式平压平模切压痕机示意图

2. 立式平压平模切压痕机

立式平压平模切压痕机多为手工输纸，劳动强度大，生产效率低，模切压痕幅面较小，适合于小批量生产。立式平压平模切压痕机主要由版台、压印平台、滑道和传动系统组成，如图 5-63 所示。

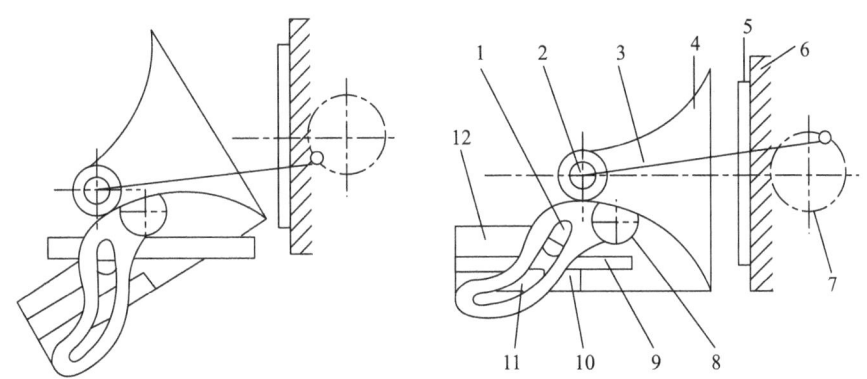

1- 曲线滑槽；2- 压板轴；3- 连杆；4- 压板；5- 模切版；6- 版台；
7- 曲柄齿轮；8- 圆柱滚子；9- 平导轨；10- 定位滑块；11- 定位圆柱销

图 5-63　立式平压平模切压痕机示意图

（二）圆压平式模切压痕机

圆压平式模切压痕机是在滚筒上安装模切压痕印版，即将专用于滚筒版的钢刀和钢线安装在滚筒表面，在其下方的压印平板上安装压痕模。圆压平式模切机模切压痕机构工作原理如图 5-64 所示。

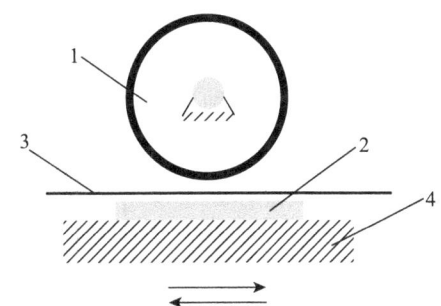

1- 刀版滚筒；2- 压印平板；3- 印刷品；4- 工作平台

图 5-64　圆压平式模切机模切压痕机构工作原理示意图

圆压平式模切机一般为一回转模切压痕机，即每当安装模切压痕印版滚筒旋转一周，压印平板就往复运动一次，完成一个模切压痕工作循环。从印版滚筒横截面来看，钢刀和钢线布置在滚筒的一半圆周上，另一半圆周为空挡。当钢刀和钢线与所需要模切的纸板接触时，压印平板带动纸板向右运动，完成工作行程；当空挡转到平板上时，压印平板向左运动，为空行程，为下一次模切压痕做准备。

圆压平式模切机适合于大幅面产品的模切，且生产速度和效率高于平压平式模切机；但是使用时要注意尽量考虑将版面刀线数较多的版向（纵向或横向）与滚筒轴向呈垂直状态进行模切，以减轻版面的压力负载，防止部分模切刀线（与滚筒成平衡方向）容易出现变形现象。另外，由于圆压平式模切机没有清废装置，产品结构的适用性方面有一定的局限性，应用市场比较小。

（三）圆压圆式模切压痕机

圆压圆式模切机模切压痕机构工作原理如图5-65所示。模切版台和压切机构（压力滚筒）的工作部分的形状都是圆筒状的，模压原理类似于胶印印刷机。将一个或两个弧度与模切版台基体（即模切版滚筒）相同的半圆形模切版（或金属模切辊）固定于模切版滚筒上，在压力滚筒表面裹上一层保护模切刀口的聚酯塑料。随着模压的进行，表层的聚酯塑料将被破坏，因此一般每隔一段时间就要将表层的聚酯塑料揭去，更换新的塑料层。模压时，送料辊将加工板料送到模切版滚筒和压力滚筒之间，两者将其夹住对滚模压，模切版滚筒旋转一周就完成一次模切任务。

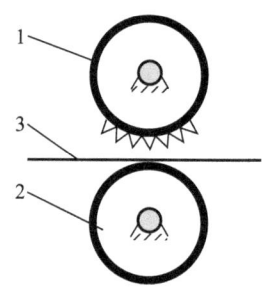

1-刀版滚筒；2-压印滚筒；3-印刷品

图5-65 圆压圆式模切机模切压痕机构工作原理示意图

圆压圆模切压痕机在模切压痕时是线接触，模切压力比平压平小得多，设备功率小，运行稳定性高。生产模切速度在100m/min以上，有的可以达到300～350m/min。圆压圆模切压痕机有高精度的套准装置和模切相位调整装置，可以获得相当高的模切压痕精度，适用于大批量生产，适合与印刷机联成自动化生产线。圆压圆式模切压痕机目前已经得到广泛应用。

（四）卷筒纸模切压痕机

卷筒纸模切压痕机包括圆压圆和平压平两种类型，使用卷筒纸模切压痕机一般有线外加工和在线加工两种形式。线外加工方式是将经过印刷已经回卷到卷筒纸板放于模切压痕机输纸机架上，进行模切压痕加工。印刷机高速印刷可以用多台模切压痕机与印刷机配合，或增加模切压痕机开机时间。在线加工是采用印刷机与模切压痕机联动生产，采用一道工序对卷筒纸板进行印刷、模切和压痕。但是一般印刷机速度较高，模切压痕机速度较低，两者速度不匹配，只能够降低印刷机速度，使生产效率受到影响。

Bobst Chemblen C-42型辊式输纸卷筒纸模切压痕机按照卷筒纸的幅面尺寸分为630mm、840mm、1130mm三种，速度为15000次/h（150m/min），由给纸架、手动续纸装置、预给纸装置、侧面脉冲振动部分、周期变距部分、模切压痕部分、排废部分、收纸部分组成。把已经印刷的卷筒纸板放于模切压痕机纸板辊支架上，由预给纸装置拉伸纸幅，进行横向对准；再由脉冲振动部分和周期变距部分向模切压痕部分间歇地按冲切长度送纸，要改变冲切长度尺寸时，只要改变脉冲装置和周期变距齿轮即可；模切后由排废回转鼓分离废纸屑，输出产品半成品。

（五）联机模切压痕机

联机模切压痕机是将模切压痕机与印刷机联成自动化生产线，又称为联动机，一般使用卷筒材料。联机模切压痕机有平压平和圆压圆两种类型，尤其圆压圆模切压痕机与高速印刷机联动配套机型速度快、生产效率高，有利于简化管理、降低成本。

这类联动机一般由进纸部分、印刷部分、模切部分、收纸部分等组成，需要应用高精度电子套准技术。联机平压平模切机与单张纸模切机的区别是：联动机模切压痕装置不需要咬纸牙排，它使用卷筒纸，靠输送装置送纸；联动机模切压痕版台的移动冲程较短，模切压痕速度得以提高，最高达到20000次/h；联动模切压痕采用套准标记定位，单张纸模切压痕机一般采用前规和侧规定位；联动模切压痕运动间歇，输纸运动连续。联动机的轮转印刷纸张连续运动进入模切压痕部分时，纸幅由一个偏心机构实现储存和放纸。纸幅在模切压痕位置处于静止时，前面连续送来的纸幅被偏心机构压向储存位置，纸幅完成模切压痕向前运动时，偏心机构继续转动放纸。

联动圆压圆模切压痕机在连续转动中完成对纸幅的模切压痕，不用纸幅停顿，生产效率更高。它的模切方式一般有两种：一是利用原来的一个印刷机组进行模切，即在橡皮滚筒上安装特制的金属版，通过与压印滚筒挤压完成印刷品的模切，如图5-66所示；二是采用单独的模切机组或利用上光机组完成模切。

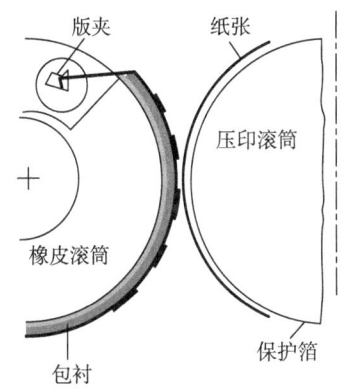

图5-66 利用胶印机组进行模切压痕

（六）新型模切压痕设备

随着新材料、新技术的出现，各类新型模切压痕设备不断涌现，磁性模切压痕设备是其中之一。磁性模切压痕设备中的磁性辊和磁性版（模切刀版）主要利用磁场原理制作而成，将单个永磁铁片按极性排列，镶嵌在不锈钢辊基体的槽内，由于优异的极性分布使磁性辊产生很强的磁场和永磁力，利用磁场吸力把模切刀版吸附在辊体表面。

磁性模切压痕设备与其他模切设备相比有下列显著特点：①优异的极性分布使磁性辊具有很强的永磁力，可以以极高的速度进行模切。②磁性辊加工精度高，同心度误差可以控制在±2μm以内。③采用定位线安装模切刀版，拆装模切刀版非常灵活、方便。④使用灵活广泛，特别适用于同一尺寸但花式品种多的情况。⑤根据模切需求量，不同模切材料可以采用不同加工工艺制作刀版，这样可以大大降低成本。⑥模切刀版的加工精度高、平整性好、刀版背面不需加工，刀版高度误差为3μm。⑦可以加工任何图案和点刀线、不同模切高度、全切透和半切透模切刀版。⑧由于模切刀版受刀高和磁性辊轴间隙的限制，在刀刃磨损后通常不能修磨，而整体式模切辊通常可修磨3～5次。⑨磁性模切刀版不太合适大批量、单一订单，更适合于小批量、多订单产品的模切加工。

磁性模切压痕设备可以应用于不干胶标签模切、模内标签模切、包装盒的模切和打孔等。

复习思考题

1. 印刷品覆膜加工的作用是什么？常见的覆膜工艺有哪些？
2. 简述即涂型和预涂型覆膜机的组成和工作原理。
3. 印刷品上光加工的作用是什么？上光机的组成和工作原理是什么？
4. 上光的干燥方法有哪些？
5. UV 上光的原理和特点是什么？
6. 印刷机联机上光的工艺注意要点有哪些？
7. 印刷品凹凸压印的原理和特点是什么？
8. 简述烫印技术原理和分类。各类烫印机的基本结构和工作方式是怎样的？
9. 全息定位烫印和立体烫印的技术要点有哪些？
10. 简述模切压痕的工作原理。
11. 压光机的组成和工作原理是什么？

第六章 常规印刷设备与生产线

第一节 柔性版印刷设备与生产线

一、柔性版印刷设备类型与机构组成

柔性版印刷机的分类有多种形式，如按印刷幅面分有窄幅柔性版印刷机、宽幅柔性版印刷机。窄幅柔性版印刷机的幅面在 200～520mm，主要适用于不干胶标贴、纸盒、计算机表格纸、开窗信封及部分包装类塑料薄膜印刷。宽幅柔性版印刷机的幅面在 600mm 以上，可用于塑料薄膜、纸张及软包装复合材料的印刷。

柔性版印刷机印刷部分的排列形式与柔性版印刷机的适用范围、印刷质量、印刷速度、操作性能等有着十分密切的关系。因此，一般是根据印刷各部件的排列形式对柔性版印刷机进行分类，基本形式分三大类：层叠式、卫星式和机组式。

（一）柔性版印刷设备类型

1. 层叠式柔性版印刷机

层叠式柔性版印刷机是将多个印刷色组一层一层地叠加装配起来的一个整体，承印材料上下依次通过各印刷色组，最后完成全部印刷，可印刷 1～8 色。每个印刷机组都有一个独立的印刷色组，包括压印滚筒、印版滚筒及输墨装置。这种机型在印刷机主墙板上的一侧或两侧、上下或两边按偶数排列多个印刷色组。另一端是开卷和收卷部分（也有一端放卷，另一端收卷的机型），结构简单紧凑，造价较低。如图 6-1（a）所示为层叠式四色柔性版印刷机。

其具有如下优点：

（1）安装导纸辊翻转装置可一次印刷正反两面，占地面积小。

（2）层叠式排列使印刷部件具有良好的可印性，便于调整、更换及清洗等操作。

（3）在色组间可增加其他的附加装置配合。如与覆膜、裁切、制袋等后加工联机使用，增加印刷机的功能。

（4）可以进行360°套印，各色印刷单元相互独立，可以单独啮合或松开，以便其他印刷单元继续印刷。

（5）可适用的印刷承印物范围较广，可以印刷多种承印材料。

其缺点是因各印刷色组间全部通过齿轮传动，传动误差造成对多色版印刷套印精度较低，不适用伸缩或容易起皱的铝箔等承印材料印刷。

层叠式柔印机有相当数量，以国产设备为主，一般是以中幅至宽幅规格为多，主要是卷筒材料印刷，质量要求不高，如手提袋、编织袋、贴面纸、棒冰包装纸、笔记本内页等，它有效解决了许多胶印和凹印难以承印的产品。有些小型窄幅的层叠式柔印机的性能也不错，对解决一些小批量多品种的短线产品有独特的优势。

2. 卫星式柔性版印刷机

卫星式柔性版印刷机与机组式相比，可获得更高的套印精度，且机器的结构刚性好，使用性能更稳定。卫星式柔性版印刷机因多个印刷色组围绕一个共用的压印滚筒而得名，如图6-1（b）所示为卫星式六色柔性版印刷机。它的中心是一个大直径的压印滚筒，在其周围配制多个印刷色组，共同组织一个庞大的印刷单元。这种类型的印刷机由于料带紧紧包裹在共用的压印滚筒上顺序经过每个印刷色组，完成多色印刷。料带与滚筒表面的静摩擦力使料带不产生延伸变形。在整个印刷过程中，料带和中心压印滚筒表面线速度保持一致，二者相对静止，因此套印精度极高。可以对很薄的、伸缩性大的薄膜类承印材料进行印刷，适合高精细产品的印刷。

其具有如下优点：

（1）承印物在压印滚筒上通过一次可完成多色印刷。

（2）印刷品套印精度高。

（3）承印材料广泛。适用的纸张克重在 28～700g/m²。适用的塑料薄膜品种有 BOPP、OPP、PP、HDPE、LDPE、可溶性的 PE 膜、尼龙、PET、PVC、铝箔等。

（4）特别适合于大批量的长版活、精度要求较高且伸缩性较大的承印材料。

（5）印刷调节时间短，印刷材料损耗少。宽幅卫星式柔印机，色间干燥间距一般为 550～900mm，比窄幅柔印机色间干燥距离小得多，所以在调整印刷套印时耗费原材料也较少。

（6）印刷速度快（一般可达 250～400m/min），最高可达 800m/min，产量高。

（7）制版周期短，一套6色的大幅面柔版的制版周期为6个小时左右，凹版制版需要 3～5 天。

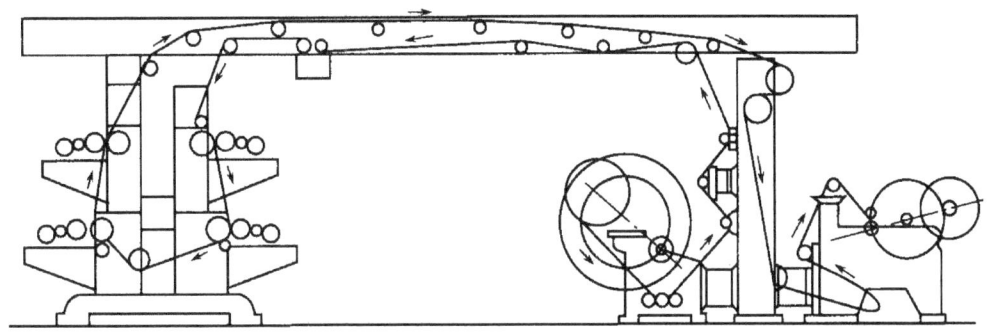

（a）层叠式四色柔性版印刷机

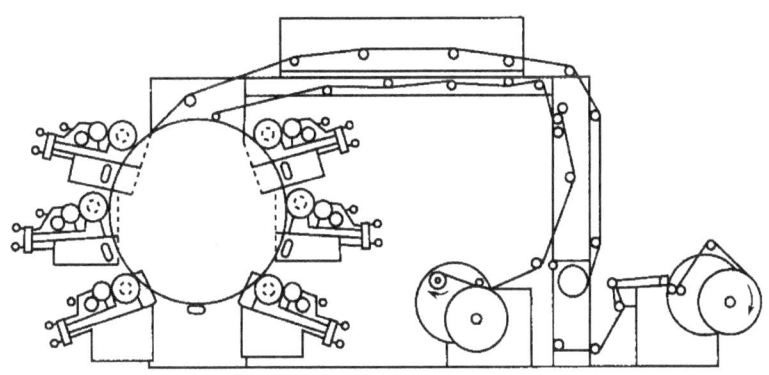

（b）卫星式六色柔性版印刷机

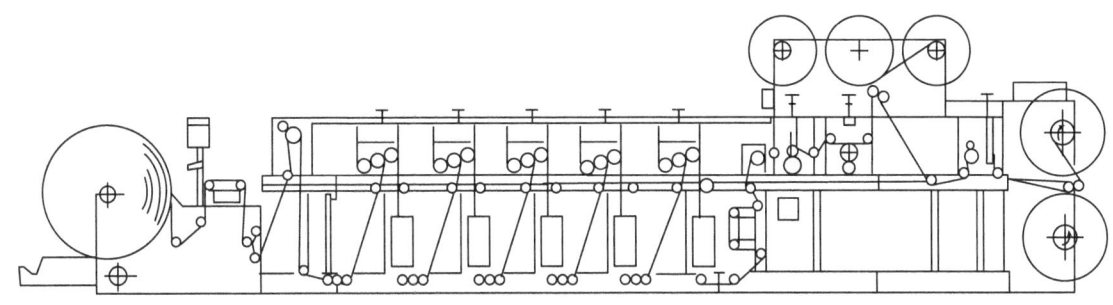

（c）机组式五色柔性版印刷机

图 6-1　柔性版印刷机机型

其具有如下缺点：

（1）该机型经过各个印刷单元的走纸路线是不能改变的，只能进行单面印刷。

（2）各印刷单元之间距离太短，油墨干燥不良时容易蹭脏。

（3）压印滚筒经过精密的加工，装配质量要求严格。

（4）联线印后加工能力差，一般只能做卷筒到卷筒的印刷。

卫星式柔印机主要用于软包装薄膜类产品印刷，如食品包装、日化包装、饮料标签、餐用纸品等。对应软包装印刷中，其产品主要集中在屋脊包、利乐包和薄膜等产品。这几年来，卫星式柔印机正在向纸张类包装产品开拓发展，如镀铝纸标贴、涂塑卡纸折叠盒、瓦楞彩箱面纸预印等。其市场需求量正在逐年递增，随着国内市场对柔印技术开发的日益重视和柔印配套器材、油墨、版材、制版等技术的完善，设备实现国产化，卫星式柔印机的设备需求在我国已迎来新的发展阶段，今后必将会与胶印、凹印争夺商品包装的市场份额。

3. 机组式柔性版印刷机

机组式柔性版印刷机的若干个印刷色组互相独立，每个印刷色组采用排列形式，其个数按印刷要求而定。机组式柔性版印刷机具有极大灵活性。由于每块墙版只支撑一个印刷色组，印刷机可以适应极宽幅面的印刷，如图6-1（c）所示。由于水平排列，即使印刷机幅面很窄，其稳定性也能保证，而且印刷色组的数量实际上是没有限制的。近年来印刷机械制造厂商开始采用无轴传动，使机器的振动更小，传动更平稳，套印更准确，机器的组合更方便灵活。其一般用来印刷纸张、镀铝纸、复合纸、塑料薄膜、不干胶、卡纸、瓦楞纸、报纸以及用于灌装牙膏的铝塑复合片材。

对于机组式柔性版印刷机通过改变料带的运行路线或借用翻转导向辊，印刷机可进行单色、多色、单面或双面印刷，设备的印刷色数基本上不受限制。由于料带压在印刷机组之间运行路线较长，因此，机组式柔性版印刷机一般需要增加套准调节装置。

机组式柔性版印刷机还有一个很大的优点，就是可以在印刷的单元后进行辅助性联合加工，如模切、压痕等，如图6-2所示。但这类机型占地面积大，其印刷精度受到一定的影响。

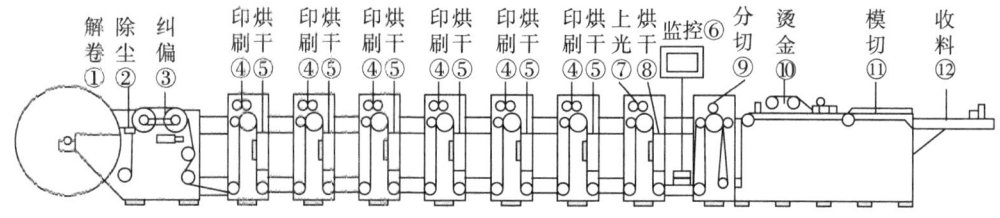

图6-2 机组式柔性版印刷机印后联机生产

该机的特点是：

（1）可进行单色、多色印刷。通过变换承印物的传送路线可实现双面印刷。

（2）承印材料可以是单张的纸张、纸板、瓦楞纸等硬质材料，也可以是卷筒纸如不干胶及报纸等材料。

（3）机组工位多，一机多用，对批量少、交货期急、需用工位多的特殊音频，采用此类设备具有优越性，适宜短版活印刷。

（4）零件标准化、部件通用化、产品系列化程度较高，在设计上具有先进性。诸如附设张力、边位、套准等自动控制系统，可实现高速多色印刷。

（5）窄幅机组式印刷机具有附加性好和可变性强的独特优点。

（6）有很强的印后加工能力。除了完成多色印刷外，往往还与诸如涂布、上光、烫金、横切、打孔、覆膜等后加工设备联机，形成柔性版印刷生产线。因此，该机型除包括给料解卷部、印刷部、收料复卷部外，还有涂料、上光部、烫金部、横切部、打孔部、肥料复卷部等。

（7）可根据需要与凹版印刷机组或与轮转网印机组合为组合印刷方式生产线，以增强产品的防伪功能和装饰效果。

机组式柔印机在我国的柔性版印刷机中占主导地位，其中窄幅机最多，主要集中在包装印刷企业，各种进口、国产品牌的柔印机都在发挥着各自的作用，承印包装产品的范围比较广泛，如商品标贴、折叠纸盒、不干胶标签、塑料复合包装等。中幅机的数量不多，一般用作纸杯材料的印刷，它的幅宽比较适合各种容量纸杯的拼版需求，也有用于扑克牌印刷的。宽幅机的数量目前不少，在瓦楞纸箱行业占大多数，二、三、四色机主要用于瓦楞箱纸板的直接印刷，在瓦楞纸箱的升级换代中起到重要作用。在美国及加拿大，10色窄幅机组式柔版印刷机已在不干胶、小型折叠纸盒、商业表格用纸、票据、挂签及软饮料包装等行业占据了大部分市场。

（二）柔性版印刷设备的机构组成

柔性版印刷机一般由开卷供料部分、印刷部分、干燥部分及复卷收纸部分组成。在现代柔性版印刷机上，一般还有张力控制、料带导向、印刷图像观察等附加控制、检测装置。

1. 开卷供料部分

开卷部分是安放待印的承印材料，并使待印的承印材料根据印刷机的压印特点平稳准确地送入印刷部分供印刷的装置。又称之为上料、输料或送料。它包括开卷、除尘、纠偏和张力控制等主要工作。卷筒印刷机的输料方式大多数为卷筒式。印刷时能按照规定的速度、拉力使承印材料开卷并准确地送入印刷部件。当印刷机转速减慢或停机时，其张力足以消除承印材料的皱褶，同时防止卷筒料拖在地面上。为了保证印刷的套印精度，必须要有可靠的料卷张力控制和承印物的侧规自动控制，为了保证印刷面的清洁，承印材料进入印刷前要进行除尘处理。

柔性版印刷机的开卷部分有单张和卷筒输纸两种形式。

（1）单张纸开卷装置

承印材料是单张（片材）形式，如纸张、纸板、瓦楞纸板等的印刷，一般采用单张自动给纸装置输送。

（2）卷筒纸开卷装置（给料解卷部）

主要包括的装置有：

① 卷筒纸架电动升降装置。用于方便更换卷筒纸。

② 各种卷材输送装置。其基本结构是相同的，均由输送轴、张力控制装置、卷材轴的调节装置和导辊系统组成。

2. 印刷部分

它是柔性版印刷机的核心部分，它的质量优劣直接影响柔性版印刷的质量。每一个单色印刷机组均装有输墨系统、印版滚筒和压印滚筒。输墨系统内包括墨斗、墨斗辊、网纹传墨辊、刮刀等装置，或不使用墨斗辊，而将网纹传墨辊直接置于墨斗内。大多数印刷机是多色印刷，在印刷部分有 2～8 个色组。各印刷色组一般采用激光雕刻陶瓷网纹辊和逆向刮刀标准配置形式，如图 6-3 所示。若墨槽为完全封闭式，则槽内配有两把刮墨刀，系统内的油墨和洗涤剂都根据流体力学的原理处于流动的状态。

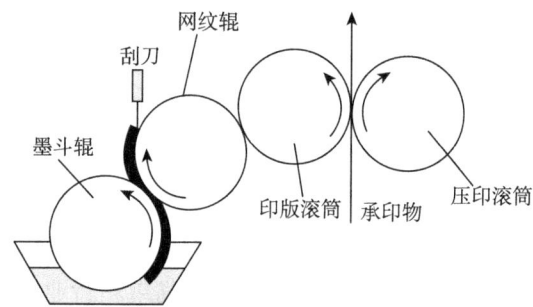

图 6-3　印刷色组的组成

（1）墨斗

现代柔性版印刷一般采用溶剂型油墨或水性油墨，属于低黏度液体油墨。为防止墨斗机件锈蚀，可选用不锈钢材料制作。墨斗应采用密封式结构，以保持墨斗内油墨黏度的稳定性。

（2）墨斗辊

墨斗辊是在钢辊表面包一层人造橡胶而成，它在墨斗内转动，将过量的油墨传给网纹传墨辊。为提高对网纹传墨辊墙上的刮墨效果，墨斗辊与网纹传墨辊在接触面上应产生一定速差，为此应使墨斗辊的表面线速度低于网纹传墨辊的表面线速度。

（3）网纹传墨辊

网纹传墨辊又称网纹辊，它使柔印机简化了输墨系统结构，其表面有凹下的墨穴或网状槽线，作用是向印版上图文部分定量、均匀传递油墨。高速印刷时，可防止油墨飞溅。网纹辊有金属网纹辊和陶瓷网纹辊，目前多用的是激光雕刻的陶瓷网纹辊。网纹辊表面雕刻（或腐蚀、冲压）有形状一致、分布均匀的微小凹孔，正是这些凹孔，起着匀墨和定量传墨的作用。

网纹传墨辊特征参数如下所述：

①网纹辊线数

网纹辊线数是指沿网纹辊轴向方向单位长度内网穴的个数，常用单位为线/英寸 或 线/厘米。

②网穴形状

从截面积看网穴有斜齿形、棱锥形、棱台形、碗形、试管形等；从俯视看孔边形状有四边形、六边形、菱形、连通形、螺旋形等。

③网纹辊角度

网纹辊角度指网穴的排列方向与轴线方向的夹角。

④网穴开口

网穴开口（b）是指网穴表面的开口宽度。

⑤壁厚

壁厚是指网穴之间墙壁的宽度。

⑥网穴开口度

网穴开口度是指网穴的深度（H）与其开口（b）的百分比，即 $H/b \times 100\%$，通常在 23%～33%，最佳值为 28%。

⑦网纹辊网穴容积

网纹辊网穴容积是指网纹辊在正常条件下,单位表面积可容纳的油墨量,单位为 BCM/in^2 或 $\mu m^3/in^2$。

在实际生产中,网纹辊的选择应该遵循以下原则:

①根据承印材料及印刷要求选用。如果承印物表面粗糙,墨量转移量大时,需要采用线数少的网纹辊;相反,印刷表面平滑的承印物要使用线数多,即转移墨量小的网纹辊。

②根据印版的网目线数选择。一般柔版加网线数与网纹辊网纹线数之比约为1:4,网穴角度宜选60°。

③根据不同输墨装置选择网纹辊。

④根据不同的磨损程度选择网纹辊。

(4)刮墨刀

刮墨刀设在网纹辊的左上方或右下方,用于刮掉网纹辊网墙上的油墨,反向刮刀不仅可以左右移动,而且还设有刮刀角度的调整装置和合理装置,当停机后刮刀应及时离开网纹辊。

(5)印版滚筒

柔性版印刷机的特点之一是可以印刷不同纵向长度的图文,因此柔性版印刷机一般都配有一套与常用印刷规格相应的印版滚筒。其可以通过更换不同齿数的齿轮及其相应直径印版滚筒的方法来印刷不同重复印刷长度的印品。所以,每一个使用柔版印刷机的厂商都应该准备一套与自己常用印件规格相适应的印版滚筒。

印版滚筒的结构形式常见的有两种:两端镶轴头式和芯轴插入式。前者因为其换版时的装拆不方便,换一次滚筒必须调整一次印刷压力,操作麻烦,很少在进口或国产的先进设备上应用。后者则由于其换版时只需抽出芯轴便可取下印版滚筒,装版时操作工一只手托起印版滚筒,另一只手将芯轴穿入印版滚筒支承座上相应的孔,装拆相同重复印刷长度的印版滚筒就不用重新调整印刷压力等优点,而在大部分进口或国产的先进设备上得到广泛的应用。后一种形式通常还用芯轴的手柄兼做滚筒的左右套准调整之用,结构简单、操作方便。只要印刷机械的制造厂商严格控制好滚筒芯轴的加工精度和装配质量,就不会产生印版滚筒的轴向窜动和径向跳动。为了适应印品规格的不同重复长度,印刷厂商必须配有许多不同的印版滚筒。

近年,柔印套筒技术开始得到了应用。与传统的印版滚筒比较,套筒重量更轻,连较大直径的滚筒都可以一个人装拆;它可以在气撑辊上方便地定位;能重复贴版和随时可以在套筒上换版;最大的好处是用一根气撑辊能够套上相同直径孔不同壁厚的套筒而得到一系列重复印刷长度的印版滚筒。

不管是哪一种形式,柔印机的印版滚筒表面都沿轴向或周向加工有若干条浅细的刻线作为粘贴柔版的基准。为了便于贴版时装拆滚筒,滚筒体通常做成空心管结构,采用铝合金材料制作。

柔性版印刷机的印版滚筒是一个关键部件。印版在双面胶带的黏合下贴于其表面。它的尺寸精度、形状精度和动平衡精度直接影响到印刷质量。

3. 干燥部分

柔性版印刷速度很快，在印刷过程中，每印完一色必须烘干。干燥包括色与色之间的色间干燥和最终干燥两种，色间干燥设在各色机组之间。使每一色印墨迅速干燥后，再进行叠色套印。而印后干燥室用来干燥所有的墨层，然后印刷品经冷却辊和复卷张力控制后到收卷装置。

柔性版印刷机的干燥装置一般都采用高速热风系统，其基本作用是：

（1）用热风提高承印材料表面温度，使油墨溶剂获得挥发所需要的足够能量。

（2）排除溶剂气体，以降低承印材料表面附近的容积浓度，提高溶剂的挥发速度。

（3）减少空气附着层的厚度，使挥发溶剂冲破附着层，进入干燥风流。

色间干燥装置的效率和性能直接关系到印刷机的速度。承印材料上某点经过干燥装置的时间仅为几分之一甚至十几分之一秒。因此，色间干燥装置的效率必须很高。同时，色间干燥装置不应对印版上的油墨产生影响，即避免油墨在印版上的固化。因此，在高速柔性版印刷机上，色间干燥风罩采用了封闭结构，保证干燥热风不从风罩上溢出。

柔性版印刷干燥装置，使用的干燥介质是高速热风。高速喷射的加热气流可以提高向承印材料表面的传热效率，并有足够的排气量将溶剂排出。最重要的是提高排风速度可以减少承印材料表面空气附着的厚度，使溶剂挥发速度加快。

4. 复卷收纸部分

根据不同的印刷品幅面采用不同的收纸方式，对卷筒纸印刷品采用复卷装置进行复取。复卷装置很简单，只需在普通的轴承上装一个轴，通过铁芯夹盘固定住卷纸轴就能卷取印刷机上已完成印刷的卷筒纸。

二、柔性版印刷设备生产线

柔性版印刷机既能进行多色套印，又能进行多种功能的联机生产，可对纸张、纸板、塑料薄膜、不干胶等不同承印材料实现精美印刷。因此，现代柔印机不仅具备多色的基本印刷机组，即给纸装置、输墨系统、干燥冷却装置和收纸装置等，根据用户要求，还可增设联线加工装置（如模切、覆膜、上光、烫金、打孔、分切等印后环节）、自动调节和自动控制系统以及其他辅助装置等。

（一）卫星式柔性版印刷机生产线

卫星式柔印机可用于印刷许多不同类型的产品，而每类产品都有与之相应的柔印机，常见的有以下几种：软包装柔印机；折叠纸盒柔印机；瓦楞纸板预印刷机；纸袋柔印机；装饰纸柔印机；薄棉纸柔印机；织物转移柔印机；礼品包装纸柔印机。

不同用途的柔印机其结构和性能也有差别，但衡量其总体技术水平的指标体系基本相同，包括：承印材料范围，包括材料的种类、厚度或定量大小；承印材料最大宽度或最大印刷宽度；印刷图文的重复长度；印刷单元数量（即最大印刷色数）；最高机械速度；最大放卷、收卷直径；套印精度；印刷机的控制和管理系统；可使用的油墨类型（水墨、溶剂型油墨、UV 固化墨等）；中心压印滚筒直径及加工安装精度；干燥热源及温度控制方式等。

目前几乎所有的卫星式柔印机的套印精度都可达到 ±0.1mm 以上。因此，人们衡量柔性版印刷机的性能时更加关注其他方面的指标。

1. 卫星式柔印生产线配置

卫星式柔印机大致由放卷部分、输入部分、印刷部分（CI 型）、干燥部分、联线印刷和加工部分、输出部分、收卷或堆码部分、控制和管理部分、辅助设备部分等组成。各部分又由若干单元组成，如表 6-1 所示列举了各部分的构成情况。但实际上，具体的印刷机通常只由其中部分单元构成，几乎没有一台机器包括表 6-1 所列的全部单元。

表 6-1 卫星式柔印机各部分组成

序号	主要部分	组成单元
1	放卷部分	放卷架（主放卷架、副放卷架）交接纸机构 张力控制单元
2	输入部分	预处理单元（纸张温湿度处理、电晕处理）纠偏机构 纸张展平机构 纸面清洁装置 张力控制单元（牵引辊组）
3	印刷部分	中心压印滚筒 压印滚筒温度控制系统 印刷单元 封闭刮墨刀上墨系统（包括激光雕刻陶瓷网纹辊）印刷单元定位和预啮合 横向、纵向套准控制 印刷单元自动清洗装置 转向棒机构
4	联线印刷和加工部分	联线凹印 联线柔印（层叠式或机组式单元）联线涂布、UV 上光等 联线复合 联线横切（切大张）联线分切（纵切）联线模切
5	干燥和冷却部分	色间干燥 桥式终干燥（主干燥或第一干燥）联线印后干燥 / 固化 集成化热风干燥系统 冷却辊（牵引辊）联线模切
6	输出部分	张力控制单元（包括牵引辊组）纠偏装置
7	收卷或堆码部分	收集架 张力控制单元 堆码单元（输送、堆码、计数、捆扎打包等）
8	控制和管理部分	印刷产品的设定和储存 故障诊断系统 料带观测装置 管理信息系统 全互锁安全防护装置
9	辅助设备部分	印版 / 网纹辊更换机械手 穿纸带系统 断料检测系统 料卷提升装置（上卷 / 卸卷装置）环境保护装置 防火灭火装置

产品和承印材料相同的柔印机，配置和结构也可以不同，如纸张和卡纸印刷机至少可以采用如下几种配置。

①放卷—CI 印刷—（联线印刷）—收卷。

②放卷—CI 印刷—（联线印刷）—联线复合—收卷（或分切—收卷）。

③放卷—CI 印刷—（联线印刷）—联线模切。

④放卷—CI 印刷—（联线印刷）—联线横切（切大张）。

⑤放卷—CI 印刷—（联线印刷）—联线横切（切大张）—收卷。

具体机型和配置的确定主要取决于产品品种和批量。

（1）放卷部分

放卷架一般只有1个（称主放卷架），但在联线复合时还有第2个放卷架（称副放卷架）。料卷的固定分有芯轴和无芯轴两种方式。根据料卷数量和交接纸方式不同，有单料卷、独立双料卷和高速自动交接纸（回转型）双料卷3种。放卷有单向和双向放卷两种形式，相应的裁切机构也有所不同。薄膜和较薄的纸张交接通常采用搭接方式，而较厚的纸张可采用搭接、对接或两种方式同时采用。

（2）输入部分

①预处理部分

对于纸张或卡纸，采用温度和湿度调节处理，预处理器（为预处理辊或预处理箱）有单面和双面处理两种形式，双面处理能获得更均匀的处理效果。对于薄膜，预处理通常是电晕处理。但在大多数情况下，印刷膜已经过电晕处理。所以，在印刷机上进行电晕处理并不总是必须的。但有时可能出现处理时间过长需要重新处理的情况，因此常常要预留位置以备将来安装电晕处理器。

②纸张展平系统

用于对卷筒纸放卷到印刷或印刷到模切之间的展平处理，对于较厚的纸张非常必要。

③纸面清洁装置

包括单面和双面清洁纸面，并排除纸灰的系统。

④纠偏装置

位于印刷部之前，以保证承印材料进入印刷部分的边缘位置始终正确。对于纸张等不透明材料，多采用光电扫描头；对于薄膜等透明材料，则采用气动扫描头。超声波传感器也经常被采用。

⑤张力控制单元

包括牵引辊组在内，是整个印刷机最重要的组成部分之一，是获得高质量的基础。整个印刷机张力采用分段独立的控制系统，一般包括放卷、输入、输出和收卷4个控制单元，也有一些厂家将放卷和输入或输出和收卷控制单元合而为一，即采用3个张力控制单元。

（3）印刷部分

①中心压印滚筒

中心压印滚筒是印刷机的核心部件，为双层结构铸件；其直径依不同色数和图文重复长度而异，一般为1400～2200mm，特殊机型可达到3000mm。压印滚筒安装在滚柱轴承上，要经过动、静平衡处理。压印滚筒的偏心允差一般为0.008～0.012mm；其表面有一个镀镍保护层，镍层的厚度为0.3mm左右。

压印滚筒还配有水循环系统，以保持其外表面温度的恒定，从而防止滚筒的受热膨胀。温度自动控制系统保证压印滚筒外表面的温度在一个设定值（通常为32℃），而有些系统还有超温保护功能，当温度超过某个最大值（通常为40℃）时，整个印刷机的电源将自动切断。

对于六色印刷，CI滚筒的直径一般为1200～1520mm，但瓦楞纸板预印刷机的滚筒直径则可达2400mm；对于八色印刷，CI滚筒的直径一般为1700～2000mm，但瓦楞纸板预印刷机的滚筒直径则可达3000mm；对于十色印刷，CI滚筒的直径一般为2900mm。

②印刷单元

若干个印刷色组（包括除压印滚筒外的其他印刷部件）分布在中心压印滚筒周围，色组间距为700～900mm。印版滚筒与料带，印版滚筒与网纹辊的离合压多采取在水平导轨上移动的方式来实现，这样系统可保证最大的刚性，避免跳动和印品上出现墨杠。预啮合（预套准）、横向套准和纵向套准在先进的机器上基本都采用电机远距离调节。横向套准调节范围一般为10～15mm，纵向套准调节范围可达30mm。印刷压力的调节各个单元独立进行，使用测微计和步进电机操作，调节误差可达1.6pm。

印版滚筒和网纹辊部有整体式和套筒式两种。整体式结构简单，刚性好，适用范围广，但更换较复杂。套筒式更换方便，但结构较复杂，每个组件带有气动快速夹紧松开装置。一般套筒式适合于宽度较小（如不超过1000mm）且经常更换的场合。常见的网纹辊直径为150mm、165mm、175mm，但有些机器的网纹辊直径达到300mm。

③自动清洗系统

此类系统为上墨系统（刮墨刀、网纹辊、墨泵和墨管等）提供全自动清洗。它可大大减轻劳动强度，使用这样的系统可在5min内完成所有色组的清洗工作，因此可显著提高效率、减少更换停机时间。由于此系统结构较复杂，成本较高，因此通常只用在全自动机型中。

④自动转向棒机构

用于管状膜的多色双面印刷，如双面六色、双面八色或双面十色、宽度不超过总宽度45%的印刷等。通常带有正反面印刷调节机构、自动套准扫描头和纠偏机构。

（4）干燥和冷却部分

①干燥系统

一般由色间干燥、主干燥和联线后干燥3部分组成。在不采用联线作业时，则只由前两部分组成，此时常将其称为色间干燥和终端干燥。色间干燥指两个相邻印刷单元之间的干燥。主（终）干燥采用桥式干燥箱。而后干燥显然是指对联线印刷、复合、涂布或上光等的干燥。色间干燥一般干燥长度为300～700mm，高速热风的速度为40～50m/s；桥式干燥箱的长度为4.5～65m，热风干燥速度比色间干燥稍低，通常为3540m/s。

干燥热源可采用蒸汽、电、热油及燃气四种。其中电热源使用最多。干燥系统控制有各色组分散控制和一体化控制两种方式，较先进的机型多采用一体化控制。大多数机型采用电子温控器。

②冷却系统

除起冷却作用外，其冷却辊通常还用作牵引辊，成为张力控制系统的一部分。冷却辊由直流电机驱动，它提供从最后一个色组，通过桥式干燥通道，到冷却辊出口这一区段的精确张力控制。

冷却辊直径一般为270～400mm，也都经过动、静平衡处理。

(5)联线印刷和加工部分

①联线印刷部分

可配备凹版或柔版印刷单元。联线丝印一般只用在软包装和装饰印刷中,而联线柔印可用在各种用途的印刷机中,一般为层叠式或机组式单元。

②联线加工部分

a. 横切部分

最大工作速度:300m/min。适用纸张范围:50～450g/m²。裁切滚筒重复长度范围和最小/最大裁切长度:500～1400mm。裁切误差(印刷到裁切):±0.2mm。最大纸堆高度(采用单收纸堆或双收纸堆等):1200mm。

b. 联线复合部分

可采用干法、湿法或同时采用两种工艺。

c. 联线模切部分

最大工作速度为250m/min。最大裁切长度为1000mm以上。模切和压痕载荷约700t。模切/压痕精度为±0.2mm。

(6)输出、收卷或堆码部分

与一般凹印机上的输出、收卷和堆码部分功能和结构相似。

(7)印刷机控制和管理系统

根据自动化水平的不同,柔印机的控制和管理系统大致分3档,手动调节为主、自动调节为主和全自动数字化的系统。如某著名制造商生产的3种系统分别为快速调控系统(FAST)、电子信息系统(SEI)和数字化控制系统(FNC)等。其中,FAST系统包含了较多的手动调节,SEI系统基本上采用的都是自动调节,而FNC系统采用的则是全自动化的数字控制。值得说明的是,FNC系统使用的硬件和软件都是目前市场上精度最高、可靠性最好的产品,用于多色(六至十色)卫星式柔印机的控制和管理。FNC系统有7个步进电机来驱动印刷单元、轴向和纵向套准、自动啮合以及在停机时网纹辊低速转动。FNC系统利用PC/PLC硬件指示、管理和监视印刷区域,并通过调制解调器为整个印刷机提供故障诊断。

2. 印刷/覆膜联机设备

对于软包装材料印刷,目前采用印刷/覆膜工艺联机的生产形式有了很大发展,印刷机制造厂家应根据用户要求生产不同形式的印刷/覆膜联动机。印刷/覆膜联动机主要有以下机型:基本型、标准型和多功能型等。

(1)基本型

基本型印刷/覆膜联动机的构成如图6-4所示。主要由给纸部、印刷部(卫星印刷机组)、复合部和复卷部等组成。

印刷部采用卫星式印刷机组,经多色印刷后,在最后印刷色组上由涂布辊涂布黏合剂,然后经干燥在层压复合部4与给料部6提供的复合薄膜进行复合。最后由复卷部复卷。这种机型,在印刷之后涂布新黏合剂之前,应对印刷表面进行干燥,其印刷速度受到限制,主要用于中低速印刷机。

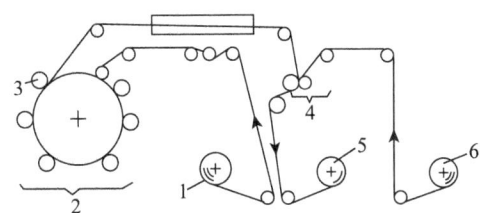

1-给纸部； 2-印刷部； 3-涂布辊； 4-复合部； 5-复卷部； 6-给料部
图 6-4　基本型印刷/覆膜联动机

（2）标准型

现代柔性版印刷/覆膜联动机大多采用标准机型，其基本构成如图 6-5 所示。这种机型的特点是，将印刷机组分为涂布、复合部两个部分，各部分单独设置，最后联机。

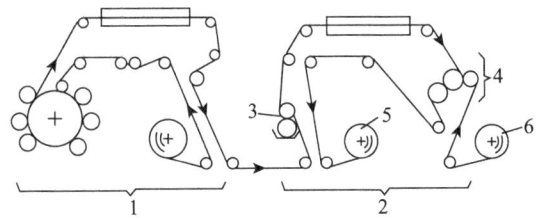

1-印刷部；2-涂布、复合部；3-涂布辊；4-层压复合部；5-复卷部；6-给料部
图 6-5　标准型印刷/覆膜联动机

由卫星式印刷机组经多色印刷后，经干燥传入涂布、复合部进行复合，最后收卷。这样，印刷后承印物的输送路线较长，有利于充分干燥，可提高印刷速度。此外，因印刷与涂布、复合单独设置，不仅提高了装配工艺性，而且便于调整与操作。

（3）多功能型

如果印刷、覆膜的产品总量较大，或需要经常改变印刷、复合的工艺过程，则采用多功能型印刷/复合联动机，其基本构成如图 6-6 所示。本机型可将印刷机组与涂胶、复合机组分开使用，也可联机使用，以完成不同的功能。

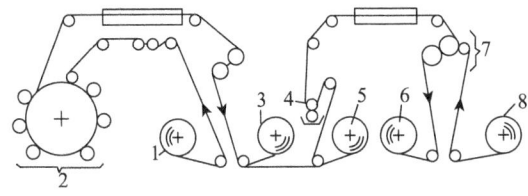

1、5、8-给料部；2-印刷部；3、6-复卷部；4-涂胶部；7-层压复合部
图 6-6　多功能型印刷/复合联动机

①印刷/复合联机作业

承印物由给料部 1 经卫星式印刷机组完成多色印刷后传到涂胶部进行新黏合剂涂布，然

后经干燥在层压覆膜部与复合薄膜（由给料部 8 提供）进行复合，最后由收料复卷部 6 进行复卷。

②印刷、复卷作业

当只需要印刷和复卷而不需覆膜时，承印物由给料部 1 经印刷机组完成多色印刷后，经干燥直接在复卷收料部 3 进行复卷，此时，涂胶、覆膜部停止工作。

③覆膜作业

与作业②相反，只启动涂胶、覆膜部，印刷机组停止工作。将一种材料表面（由给料部分提供）经涂胶部涂布新黏合剂，经干燥后在层压复合部与另一种材料（由给料部分 8 提供）进行覆膜，最后由收料复卷部 6 进行复卷。

④印刷与覆膜同时作业

将印刷 / 复卷与覆膜 / 复卷相对独立，同时进行操作，分别完成印刷和覆膜工艺。

（二）机组式柔性版印刷机生产线

在机组式柔性版印刷机的印刷机组前后，增加其他加工装置，即可组成印刷加工生产线。如将薄膜生产机、印刷机、烫合装置、裁切装置联机，可以组成完整的包装袋生产线；将印刷机、模切装置等联机，可组成不干胶生产线。机组式柔印机构构成及其生产线工作流程如图 6-7 所示。

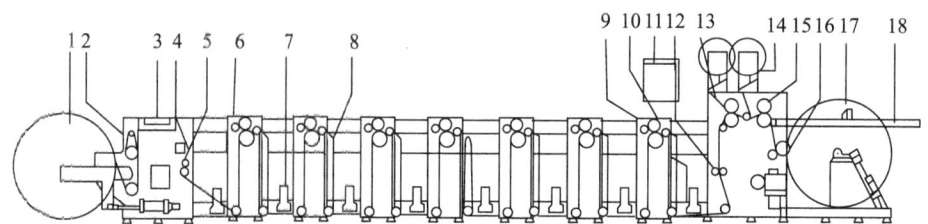

1- 开卷、恒张力装置；2- 除尘装置；3- 接纸台；4- 纠偏；5- 伺服；6- 印刷组；7- 墨泵；8- 红外干燥；9-UV 组；10- 紫外线干燥；11- 监视器；12- 纵切刀；13- 覆膜；14- 上收废装置；15- 模切组；16- 粉碎除废；17- 后退式收卷；18- 集纸台

图 6-7　RY460C 型机组式柔印机工作流程

1. 放料部

该机的放料部由气动摇臂式自动升、降料系统、磁粉恒张力系统、刷辊清灰负压除尘系统、带气动夹紧接纸台的过程纠偏系统和二级恒张力伺服开卷系统等几部分组成，这些部分的作用和目的都是为了给后续印刷提供一个干净、整齐、稳定的放料功能。

恒张力系统采用磁粉制动器，配合智能恒张力控制器，可以使一次开卷的张力就趋于平稳、可靠。

负压除尘系统采用弹性刷辊，由独立电机逆向驱动，可彻底清除原纸表面的灰尘和纤丝等。其负压吸风装置可以将刷下的灰尘和杂物直接吸走排出机外。

二级恒张力伺服开卷系统采用交流伺服电机为动力，由旋转此光电码盘从印刷主传动轴上获取机器速度信号,由控制器驱动伺服电机跟随主印刷轴同步转动,其张力递增可通过伺服电机的电子齿轮比的改变进行数字微调,经主动开卷可完全消除开卷脉动对印刷套准的影响,给后续加工提供一个良好的印刷条件。

2. 印刷部

印刷部由齿轮箱、承印辊、印版辊、陶瓷网线辊、周向对版系统、轴向对版系统、局部加湿系统、热风循环干燥系统、刮刀及墨室、供墨泵等组成。

(1) 传动部分

该机的主传动动力齿轮箱采用弧齿锥齿转动,具有运转平稳、噪声小、传动效率高等优点,齿轮箱与承印辊轴及各齿轮箱间的连接均采用弹簧片式联轴器,这种联轴器虽然制作复杂,但其传动间隙小,弹性适应范围大,传动精确。

(2) 承印辊

承印辊是印刷物的承托辊,其回转精度对印刷效果有较大影响,超差的承印辊跳动会引起印刷网点的扩大和套准时的错位。其支承辊轴承全部选用进口轴承,综合回转精度测定值小于 0.02mm。承印辊轴上安装有 360° 电动周向对版系统,利用它可以实现印版辊相对于承印辊的任意角度差动,这种对版方式,仅版辊差动,承印辊严格同步运转,因而对版不会影响组间张力,对邻组的套印不会造成任何影响。

(3) 印刷版辊

印刷版辊是该机的又一关键部件,柔版通过双面胶带贴于其上,它的精度直接影响印刷质量。该机的印刷辊的形式摒弃了国外机常用的插辊式结构,而将轴和版滚筒作为整体加工制作。这种方式排除了因插入轴与印版滚筒间隙带来的误差,支承轴承采用圆柱空心滚子轴承,回转轴的配合基本处于无间隙状态。印版辊与承印辊的传动采用斜齿轮传动,传动平稳,无印刷墨杠;印刷版辊的几何尺寸也是柔版印刷的一个重要参数,版辊直径的选择必须依据印刷幅长,再减掉双面胶和版皮所占的尺寸。

(4) 陶瓷网纹辊

该机采用激光雕刻的陶瓷网纹辊,这个简单的油墨计量装置比平版印刷机上复杂的油墨系统传墨量更精确、稳定。为了提高版辊、网线辊在离合动作过程中的空间稳定精度,网线辊的支承亦选用了高精度轴承。

网纹辊是该机上的一个精密定量辊,由于是用陶瓷喷涂制成,意外的撞击都可能造成不可修复的损坏,所以在安装拆卸过程中需格外注意,防止造成不必要的损失。多线坑是定量传墨的量器,若每次停用时不能对网线辊进行彻底的清洗,就会出现污物残留,传墨量降低,形成网线辊的软损坏。所以在每次停用时必须严格执行清洗操作,清洗的方式有机械式清洗和超声波清洗等。

(5) 供墨系统

供墨系统采用上置式半封闭墨室,它的特点是体积小,安装拆卸清洗方便。半封闭墨室与封闭式墨室相比较,减少了一个刮刀,这样网线辊与刮刀的磨损降低了近 1/2,并且消除了封闭墨室易出现的回墨不畅的弊病。

半封闭墨室中的油墨实际上始终处于强制循环中，该工作由为其配套设计的电动双隔膜泵完成，该泵由两个排量不等的隔膜泵组成，其中小排量泵完成从墨桶向半封闭墨室的上墨，大排量泵完成由墨室向墨桶的回墨，这种墨室中的墨始终处于强制循环中，印刷所用的墨从循环墨中吸取。

（6）对版系统

对版系统由两大部分，即360°电动周向对版系统和气压顶紧、交流伺服电机驱动的轴向对版系统组成。

（7）烘干系统

在每个印刷色组上都有一个独立的电加热热风循环式干燥装置，在UV组的印刷组配套的是一个特殊的UV光固化干燥装置，利用这些装置可以蒸发掉大量的溶剂，使在下一个印刷色组可以进行另一色印刷而不会改变以前的颜色。

印刷部的标准配置是6+1，即六个印刷色组加一个UV上光组，相应的烘干系统也有六个热风循环干燥器和一个UV光固化干燥器。

（8）压痕、模切、收集、排废

该机的最后上工位为压痕、模切工位，可将盒类印品联线加工成成品，单张成品的收集由皮带式集纸平台完成，压痕、模切刀具均为圆压圆工作方式。该机还增加有覆膜工位，可以进行连续覆膜加工，上收废可完成不干胶标签的印刷。边框废料还可以通过下收废排除，下收废装置采用变频同步技术，可将废料切成菱形料片再由风机排出至机外。该机的收集部分还配备有独特的后退式收大卷机构，这种收卷方式采用中心收卷与表面收卷相结合的方式，收卷整齐、紧密，更适合于高速运行，其收卷直径可到Φ1200mm，收大卷时皮带式集纸台可以快速拆除。

（9）控制系统

该机的控制系统以西门子PLC为核心，使机器的顺序操作安全联锁、功率比例投放、异常情况报警、汽缸的顺序压合与分离以及UV灯反射罩的自动动作、保温与运行的自动转换等均形成完整的程序化控制，大大降低了操作者操作量和误操作的概率，具有较高的自动化程度。

（三）窄幅卷筒纸柔性版印刷机生产线

1. 基本构成

窄幅卷筒纸柔性版印刷机是印刷幅宽小于600mm承印材料的卷筒纸柔性版印刷机。这种机型除了完成多色印刷外，往往还与诸如涂布、上光、烫金、模切、打孔、覆膜等后加工设备联机，形成柔性版印刷生产线，因此，该机型除包括给料解卷部、印刷部、收料复卷部外，还有涂布上光部、烫金部、横切部、打孔部、废料复卷部等机组，下面以多功能柔性版印刷机为例，简要分析其工作原理及机构特点。窄幅卷筒纸柔性版印刷机基本构成与生产流程如

图 6-8 所示。

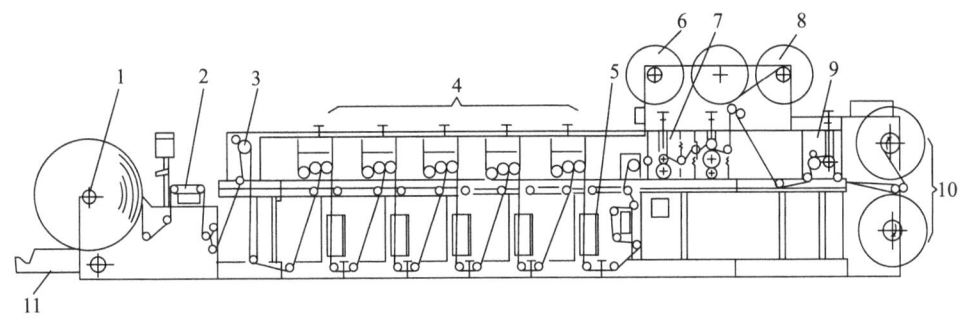

1- 给纸系统；2- 纸幅横向纠偏装置；3- 变速进纸装置；4- 印刷机组；5- 烘干系统；6- 覆膜装置；7- 模切机组；8- 废料复卷装置；9- 打孔、分切装置；10- 复卷装置；11- 升降纸架

图 6-8 窄幅卷筒纸柔性版印刷机的基本构成

印刷幅面有 419mm、470mm 和 521mm 三种规格，印刷速度为 150m/min，印刷色组根据用户要求进行配置，最多色组已达 12 个。烘干系统、模切机组、打孔、分切、张切机组也可按用户要求进行选配，是进行商标标签印刷，不干胶印刷，票据、表格印刷，纸板印刷，以及各种包装印刷的典型设备。

2. 承印材料

窄幅卷筒纸柔性版印刷机对承印材料的适应性较强，可印刷各种不同性能的承印材料，以各种薄膜、金箔、尼龙、纸板等单质材料和压敏材料为主。

3. 给料解卷部

主要包括以下装置：

①卷筒纸架电动升降装置，以便于更换卷筒纸。

②卷筒纸轴芯气动锁紧装置。安装卷筒纸时，采用气胀式芯轴将卷筒纸锁紧。

③卷筒纸末端探测器。当卷筒纸快用完准备更换新的卷筒纸时，由探测器进行检测，发出停机信号自动停机。

④张力控制器。采用电磁制动张力控制器可对不同的承印材料进行最佳的张力控制。

⑤张力补偿控制装置。采用检测装置检测卷筒纸直径，当卷筒纸直径减小时可自动调节纸带张力使其处于稳定状态。

4. 横向正位装置

本装置主要由两部分组成，即横向误差检测部和误差调整部。

5. 可变速进纸单元

可变速进纸单元也称送纸辊，在供纸系统中是传送承印物的主动件，由旋转的送纸辊和橡胶压纸辊组成，靠两辊的接触摩擦力由送纸辊带动承印物按所要求的速度将承印物送入印刷部，确保承印物保持在正确的纵向位置上。

送纸辊的表面应有一定的粗糙度，以产生足够的摩擦力。橡胶压纸辊设在送纸辊上方，并设有压力调整装置，以适应承印物的不同厚度。

6. 印刷部

印刷部由若干印刷色组组成。印刷色组除印刷滚筒部件外，一般采用激光雕刻陶瓷网纹辊和逆向刮刀标准配置形式，如图6-9所示。

墨斗采用密封式结构，以保持墨斗内油墨刻度的稳定性。逆向刮刀不仅可左右移动，而且还设有刮刀角度的调整装置和离合装置，当停机后，刮刀应及时离开网纹辊。网纹辊为陶瓷网纹辊，除设有压力调整装置外，在停机时网纹辊靠辅助电机还可保持匀速转动，以防止网纹辊表面墨层固化。

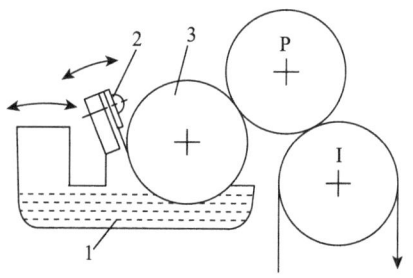

1- 墨斗；2- 逆向刮刀；3- 网纹辊

图 6-9　印刷色组的构成

7. 烘干系统

干燥器一般由不锈钢制成，主要包括以下装置：红外线短波灯管；冷、热风吹送系统；空气抽吸系统。

也可配置 UV 干燥系统，供选用 UV 油墨或 UV 上光时使用。

此外，还可选用 UV 及红外线混合型干燥系统，以满足使用 UV 油墨和其他标准油墨的需要。

8. 涂布机组

印刷部的最后色组可进行最后一色套印，也可进行涂布、上光。

作为涂布机组使用时，应将印版滚筒换成橡皮辊。由于涂料的蚀性较大，不能转移到橡皮布上，故此，涂布时可采取如图6-10所示的传纸路线，将涂料直接涂布到承印物表面。若使用溶剂型涂料，涂料斗内的涂料需要在不断加热升温的条件下完成涂布，这时，料斗辊不能使用胶辊，而应用金属辊，涂布机组的构成如图6-10所示。

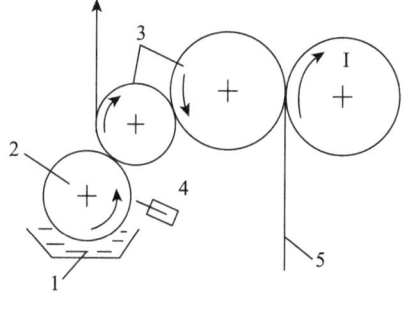

1- 加热涂料斗；2- 网纹辊；3- 橡胶辊；4- 正向刮刀；5- 承印物

图 6-10　加热涂料涂布机组

由网纹辊的网线数控制涂层厚度，涂布用胶辊起传纸作用。

9. 模切机组

无论是纸板印刷，还是压敏材料印刷，经多色印刷后，往往还要进行模切加工，现以压敏材料为例说明模切机组的基本构成。

现代柔性版印刷机的模切机组主要有两种形式，即平压平式和滚筒式（圆压圆式），现在以滚筒式为主流。滚筒式模切机组由模切滚筒和钢制砧滚筒构成，如图6-11

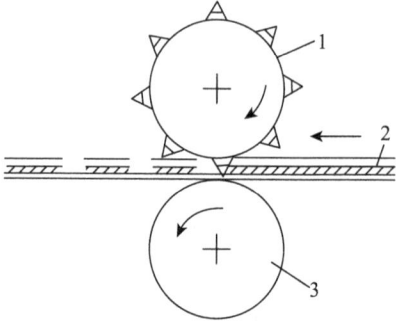

1- 模切滚筒；2- 压敏材料；3- 砧滚筒

图 6-11　模切机组的构成

所示。

当承印材料从模切滚筒和砧滚筒之间通过时，由模切刀将压敏材料的印刷层和压敏粘接层切断，模切滚筒上的模切刀按一定要求进行设计制造，精确地安装在模切滚筒上，以形成凸起的模切图形。模切时，为防止模切刀与钢制砧滚筒表面直接接触，特在模切滚筒和砧滚筒上设置滚枕，即模切时滚枕处于接触状态。

在模切过程中，为保证获得足够的模切压力，应在模切滚筒上方增设加压滚筒。通过合理地调整加压滚筒与模切滚筒的中心距，使加压滚筒压在模切滚筒表面的凸起图形上，既可获得足够的模切力，又可防止模切滚筒产生径向跳动，如图 6-12 所示。

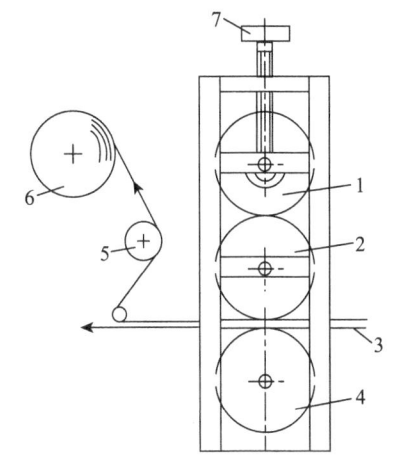

1- 加压滚筒；2- 模切滚筒；3- 承印物；4- 砧滚筒；5- 剥离辊；6- 废料复卷；7- 调节螺丝

图 6-12　加压滚筒的配置

卷筒承印物从模切滚筒下通过后，从卷筒纸上分离出的部分称为废料，经导纸辊由剥离辊将其剥离，送至废料复卷滚筒复卷，而被模切留下的成品被送至收料复卷部。

除设有模切装置外，还可配置冲孔、打孔等装置。

10. 层压覆膜装置

某些印品经印刷后，往往还要在印刷表面上进行层压覆膜。覆膜不仅可保护印刷表面，而且还可提高表面光泽，具有整饰作用。为此，可将模切滚筒用橡胶辊代替构成层压机组，把要层压覆膜的压敏材料解卷，而被剥离的衬纸由废料复卷部输出。带有粘接性能的压敏材料与承印材料重合在一起送入层压机组进行层压覆膜，如图 6-13 所示。层压覆膜后，可直接进行收料复卷，也可继续进行模切、打孔、分切等加工，最后输出或复卷。

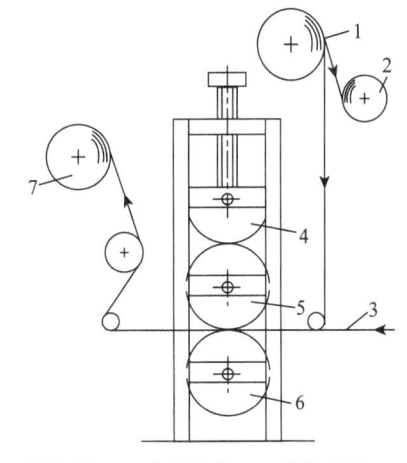

1- 压敏纸卷；2- 废料复卷；3- 承印材料；4- 加压滚筒；5- 橡胶辊；6- 钢制滚筒；7- 收料复卷

图 6-13　层压覆膜机组

第二节　胶版印刷设备与生产线

一、胶版印刷设备类型与机构组成

胶版印刷机（胶印机）目前已实现了品种多样化、零部件通用化、商品标准化系列化以及生产管理现代化。胶印机具有速度快、印刷周期短、印品质量好、色调丰富等优点，在包装印刷行业中占有较大比例份额，并具有多种类型，可满足不同印刷需求。其分类如下：

①从用途分类，有印纸胶版印刷机、平版打样机、平版印铁皮机、UV油墨胶印机等。

②从纸张类别分类，有单张纸胶版印刷机和卷筒纸胶版印刷机。

③从纸张幅面分类，单张纸胶版印刷机有双全张机、全张机、对开机、四开机等；卷筒纸胶版印刷机有单幅纸卷机和双幅纸卷机等。

④从机器组成的色组数分类，单张纸胶版印刷机有单色机、双色机、四色机、五色机、六色机和八色机等；卷筒纸胶版印刷机有卫星型、半卫星型、B-B型，还有卫星型与B-B型混合组成的。色数也有双色、四色、六色、八色等。

⑤从印刷速度分类，转速在3000张/时以下的为低速胶版印刷机；转速在4000～7000张/时的为中速胶版印刷机；转速在8000～15000张/时的为高速胶版印刷机。卷筒纸胶版印刷机的转速更高，可达20000～70000张/时甚至更高。

⑥按润版系统可分为水润版的胶印机、酒精润版的胶印机和无水胶印机。

⑦一次走纸可以同时完成两面印刷的双面印刷机。

胶版印刷机除了打样机以外，都属于圆压圆轮转机型。单张纸胶印机的印刷滚筒排列形式较多，如表6-2所示。

表6-2 单张纸胶印机滚筒排列形式

单面印刷	机组型	滚筒传纸	单机组式	等径三滚筒传纸 正反三角对称排列
				正三角排列
				倍径压印、传纸滚筒
				1:3或1:4大传纸滚筒
				两个等径滚筒、一个倍径滚筒（有翻纸滚筒）
			双色机组式	等径三滚筒
				倍径三滚筒
				一个大传纸滚筒（11:3或1:4）
				倍径单滚筒连接
				二个等径滚筒一个倍径滚筒
		链条传纸（多色印刷）		五滚筒排列（二色卫星组合）
				等径三滚筒（双色组合）
	卫星型	二色卫星型		正"V"字型排列
				横">"字型排列
		四色卫星型		
双面印刷	六滚筒排列			
	B-B型四滚筒排列			上方输出
				下方输出
	带有纸张翻转机构的胶印机			

(一)单张纸胶印机

单张纸胶印机由输纸机构、定位机构、递纸机构、印刷机构、润湿机构、输墨机构、收纸机构及干燥、喷粉等辅助机构组成。如图 6-14 所示。

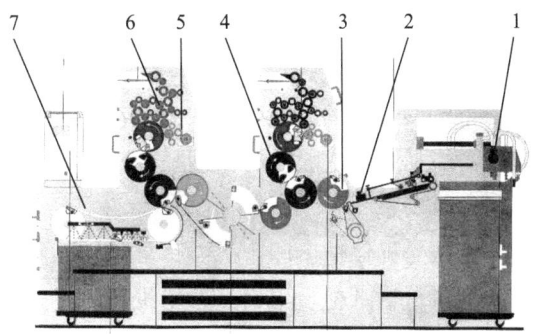

1- 输纸机构；2- 定位机构；3- 递纸机构；4- 印刷机构；
5- 润湿机构；6- 输墨机构；7- 收纸机构

图 6-14 单张纸胶印机机构组成

1. 输纸机构

将单张纸连续、准确地传送给印刷装置。一般都由下列机构组成。

① 分纸机构。准确地把给纸堆上的纸张，自动逐张分开，并传送给输纸板。

② 升纸机构。随着纸张的逐渐输出，把堆齐待印的纸堆自动逐渐上升到相应的高度。

③ 输纸机构。把通过分纸机构分离的纸张，通过输纸板准确地传输给规矩部件进行定位。

④ 气路系统。配合分纸机构，将吹风或吸气分配给吸、吹嘴。包括气泵、气路和气阀。

⑤ 自动控制机构。包括双张、空张、歪张、破碎纸的自动控制装置。当发生上述各种输纸故障时，能自动中止输纸部件的工作，并连续产生一系列停印所必须的机械动作，如减慢车速。

现代高速胶印机广泛采用连续气动式输纸机构。

2. 定位机构

在纸张递进印刷装置前，对其进行纵向和横向两个方向的定位，使其相对于印版有固定的正确位置，印刷后在印张上得到固定位置的图文，从而保证印张与印张、色与色之间套印准确，用于纸张纵向定位的装置称为前规矩机构，用于纸张横向定位的装置称为侧规矩机构。

3. 印刷机构

又称印刷装置或滚筒系统，是胶印机完成图像转移印刷过程的主要职能部分。包括印版滚筒、橡皮滚筒、压印滚筒及其相应的印版、橡皮包衬的固定夹紧装置、叼纸牙机构、滚筒相对位置调节装置等，另外还有滚筒的齿轮及传动部件、离合压机构、传纸装置及有关控制装置。

4. 润湿机构

常规的润湿机构是由供水、匀水、着水 3 部分组成。供水部分由水斗、水斗辊和传水辊组成，供水部分的作用是定量、定时地给印刷机构供水；匀水部分主要指串水辊，其作用是打匀及输送水分；着水部分是指水辊，其作用是将水分涂敷于印版滚筒的空白部分。

5. 输墨机构

输墨机构是胶印机的一个重要机构，是给印版传递油墨的装置，由许多根粗细不等的传墨辊和窜墨辊及一个墨斗组成。印刷品的墨色是否均匀、层次是否清晰与输墨机构有十分重要的关系。

6. 收纸机构

将印刷完毕的纸张通过收纸滚筒、链条和叼纸牙排输送到纸堆上。一般在收纸机构中还加一套喷粉装置，喷粉的作用是防止印件粘脏。

7. 传动机构

作用是确保整个印刷机能正常运转，由电机和机械传动部分组成。

纸张从输纸板台上，经过给纸机构输送到定位装置，然后由递纸牙排和压印滚筒上的叼牙排将纸张送入压印状态，与此同时，给水装置和给墨装置向印版上输送水和墨，在完成压印后由收纸机构将纸张送到收纸板台上，完成整个印刷过程。为了保证产品的质量要求，整个过程中的每一个动作都要准确无误。

（二）卷筒纸胶印机

卷筒纸胶印机印刷速度快、生产效率高，印刷装置结构简单、运转平稳，适合于双面多色印刷，并带有裁切、折页机组，有利于实现印装联动化和印刷过程自动化。

根据用途不同，卷筒纸胶印机在机型结构设计上采用 B-I 型（橡皮滚筒对压印滚筒）和 B-B 型（橡皮滚筒对橡皮滚筒）两种基本形式。

1. B-I 型

（1）机组型

① 三滚筒机组型

卷筒纸胶印机三滚筒机组型的结构特点与单张纸机组型三滚筒多色胶印机基本相同。印刷机组之间横向串联可进行一面多色印刷，若在机组间加设转向杆及导纸辊，也可进行双面印刷，如图 6-15（a）所示。

② 五滚筒机组型

a. 单面四色印刷机组

卷筒纸单面四色印刷机组的结构与单张纸机组式五滚筒四色胶印机基本相同。每一机组有一个压印滚筒可印双色，两机组串联起来印四色，如图 6-15（b）所示。

b. 双面双色印刷机组型

每面可印双色，纸带通过两组压印滚筒后，正、反面各印两色，D 为干燥装置。如图 6-15（c）所示。

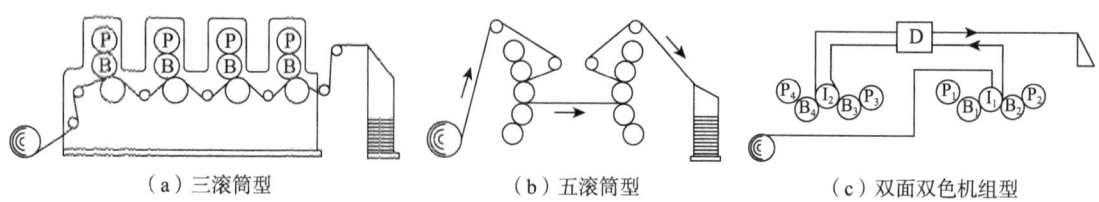

(a) 三滚筒型　　　　(b) 五滚筒型　　　　(c) 双面双色机组型

图 6-15　B-I 型机组式卷筒纸胶印机

（2）卫星型

多组印版滚筒和橡皮滚筒共用一个大压印滚筒印刷。由于缩短了传纸路线，减少了机组配合误差以及机械振动等引起的纸张张力变化，因此易于保证套准，但结构庞大，价格高。

①单面四色型。机组形式如图6-16（a）所示。

②双面四色型。如图6-16（b）所示，压印滚筒I进行正面四色印刷，压印滚筒I′进行反面四色印刷。为了防止蹭脏，还设有干燥装置D进行干燥。

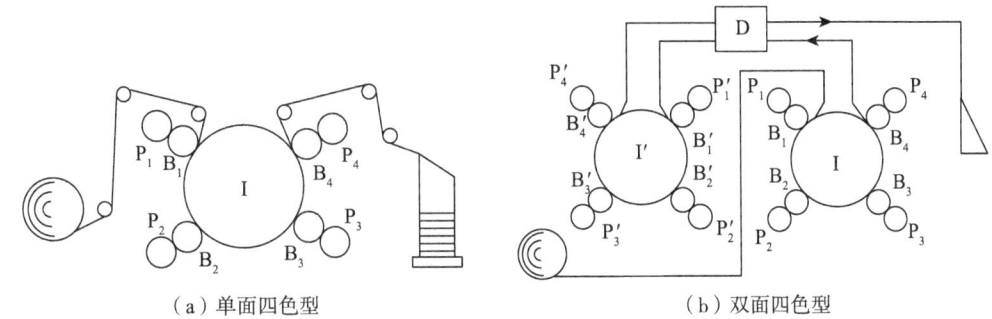

(a) 单面四色型　　　　　　　　　　(b) 双面四色型

图6-16　B-I型卫星式卷筒纸胶印机

2. B-B型

没有专门的压印滚筒，印刷时两组橡皮滚筒对滚（互为压印滚筒用），纸带从中间通过，完成双面印刷。对于卷筒纸胶印机，这种机型最为普遍，其结构型式有三种。

（1）横向排列式

横向排列式基本形式如图6-17（a）所示。如果改变滚筒的排列和纸带的通过方式可进行多种印刷。

（2）纵向（立式）排列式

纵向（立式）排列式基本形式如图6-17（b）所示。国产JJ201、JJ204机型采用这种类型。如果改变滚筒排列和纸带的通过方式可进行多种印刷。

（3）拱形排列式

四滚筒拱形排列，并将各机组按上下和水平方向进行组合，如图6-17（c）所示。根据需要可改变纸卷的个数和纸带的通过方式，以进行双面多色印刷。

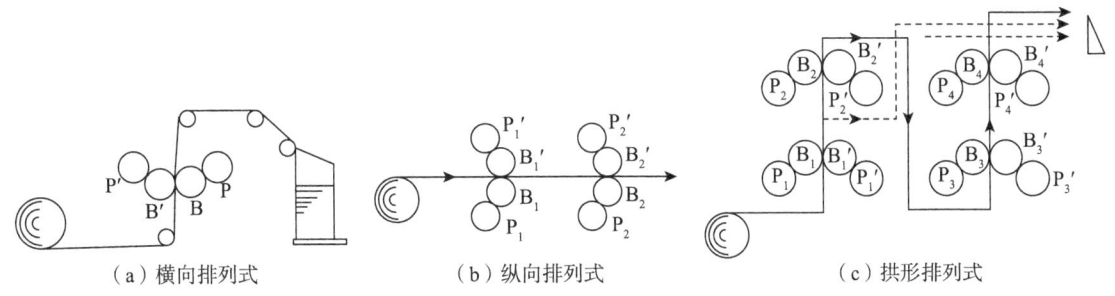

(a) 横向排列式　　　　(b) 纵向排列式　　　　(c) 拱形排列式

图6-17　B-B型卷筒纸胶印机

二、胶版印刷机自动控制系统

可以利用电子技术、数据处理和计算机等方面的先进技术，制造印刷机的各种自动控制系统。如德国海德堡印刷机的 CPC（Computer Print Control）自动控制系统，罗兰印刷机的 CCI 系统，日本小森印刷机的 PQC 系统。目前，国际印刷设备市场中，90% 以上的多色胶印机都配有控制系统，实现了输墨、套准装置的预调、集中控制和遥控系统、故障诊断和自动监测显示装置以及快速上版定位装置，提高了自动化程度，大大缩短了印前准备及调节时间的同时保证了良好的印品质量。

控制系统的形式及名称虽然不同，但基本控制原理及功能大致相同。都能根据印版上图文的密度，经计算机计算，控制墨斗的输墨量，并能在控制台上通过电钮遥控图形的套准及输墨，使工人摆脱常规操作方法，集中精力于主要的作业，以更经济的方式去提高印刷质量。例如，海德堡 CPC 系统是一种可扩展式系统，由给墨量和套准遥控装置 CPC1、印刷质量控制装置 CPC2、印版图像测读装置 CPC3、套准控制装置 CPC4、数据管理系统 CPC5 和 CP Tronic（CP）自动监测和控制系统组成，如图 6-18 所示。海德堡印刷机自动控制系统具体内容请扫描封底二维码阅读。

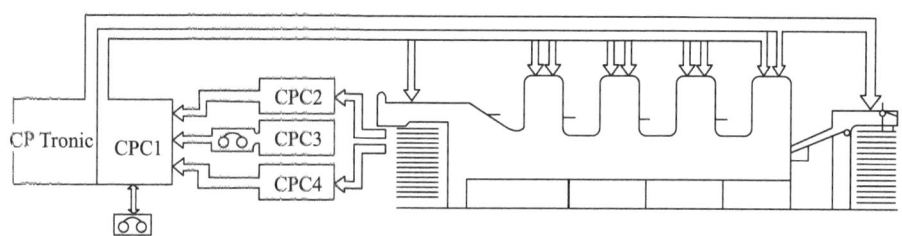

图 6-18　海德堡印刷机 CPC 和 CP 窗系统

第三节　凹版印刷设备与生产线

凹印产品墨迹较厚不易干燥，在印刷设备中一般都有烘干装置。凹版印刷机具有以下特点。

（1）印刷压力较大

因为凹版独特的网眼结构要保持恒定的油墨转移率，必须要有较大的印刷压力，使油墨与基材紧密接触。因此，凹版印刷机大多采用的是圆压圆方式，印刷区域很小，以近似线压力的方式对印版施压，一方面获得了较高的压力，另一方面又不使印刷机过于笨重。

（2）机械结构简单

凹版印刷机采用圆筒形版辊，不需要安装印版的滚筒，有别于其他印刷机构件。并且版面上不存在空当而减少了离合压装置，考虑凹版油墨独特优良的流动性，版辊的供墨系统直接放置于墨槽当中。

（3）特殊的印刷装置

凹版印刷机的每色组是由墨盘、刮墨刀、印版滚筒、压印滚筒及干燥装置组成，由刮墨刀清除非印刷部位油墨，实施压印。

一、凹版印刷设备类型与机构组成

（一）凹版印刷设备类型

凹版印刷机可以从以下角度对其进行分类：①按印刷滚筒排列形式，滚筒式凹印机又可分为图6-19所示卫星式和图6-20所示机组式两大类；②按给纸方式，可分为单张纸凹版印刷机和卷筒纸凹版印刷机；③按印刷品类型不同，可分为纸张凹版印刷机、软包装凹版印刷机、硬包装凹版印刷机三类。纸张凹版印刷机主要用于印刷彩色印品及书籍杂志，其给纸形式有单张纸和卷筒纸两种。软包装凹版印刷机以印刷各种软包装材料为主（如卷烟、食品等），如纸张。塑料薄膜、电化铝等印刷品，其给料形式以卷筒材料为主；硬包装凹版印刷主要是印刷不同厚度的纸板，如印刷硬盒卷烟外包装、食品盒、药品外包装等类印品，其给纸形式以卷筒材料为主。

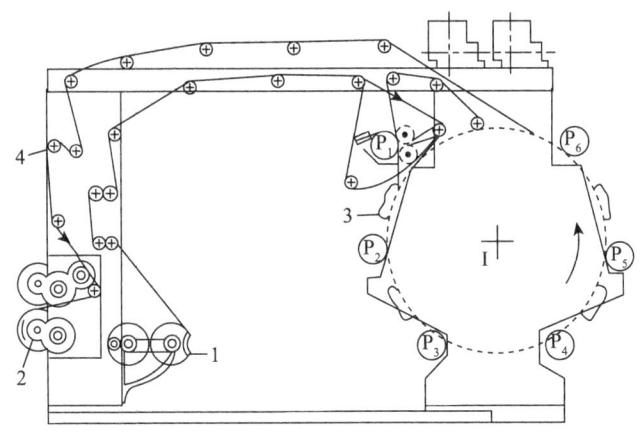

1-给料部；2-收料部；3-制动辊；4-牵引装置

图6-19 卫星式凹版印刷机

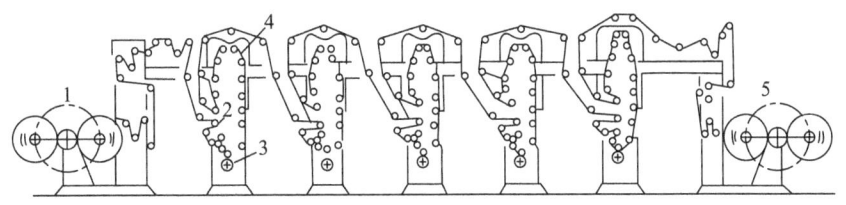

1-给料部；2-套准调节部；3-印刷部；4-干燥部；5-收料部

图6-20 机组式凹版印刷机

(二)凹版印刷机主要机构

凹版印刷机的主要机构包括:输纸装置、给墨装置、刮(擦)拭装置、印刷装置和收纸装置。凹版印刷机的给纸装置和收纸装置与平版印刷机基本相同,只是凹版印刷墨层较厚,所以为防止印品蹭脏,可加大纸张的输送距离或在印张之间设置间纸,收纸装置采用较长的收纸路线。另外,为促进油墨快干,对于高速凹印机设置干燥装置。在此介绍凹版印刷机中的典型机构。

1. 输墨装置

由于凹版印刷采用溶剂型液体油墨,所以凹版印刷机采用短墨路输墨装置。凹版印刷机输墨装置主要有墨斗辊式、浸泡式和喷墨式三种。

(1)墨斗辊式输墨装置

墨斗辊式输墨装置基本构成如图 6-21 所示,这种输墨方式又称间接着墨法。墨斗辊 3 的一部分浸入到墨槽中,旋转时带动表面的油墨,通过接触传递到印版滚筒 P 上,刮墨刀 2 直接作用印版滚筒上,将多余的油墨刮掉。该装置中,墨斗辊一般由橡皮布辊或牛皮胶辊制成。

(2)浸泡式输墨装置

浸泡式输墨装置基本构成如图 6-22 所示。这种输墨方式又称直接着墨法。将印版滚筒 P 一部分直接浸入墨斗 3 内,1/3 左右。通过它的旋转直接将油墨从墨斗中带出,实现给印版滚筒的版面上油墨的目的,刮墨刀 2 刮掉多余的油墨。此机构中印版滚筒同时起到墨斗辊的作用,该输墨装置是回印机普遍采用的着墨方法。

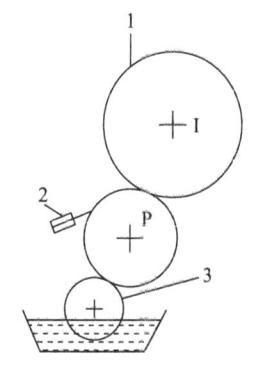

1- 压印滚筒;2- 刮墨刀;3- 墨斗辊

图 6-21 墨斗辊式输墨装置

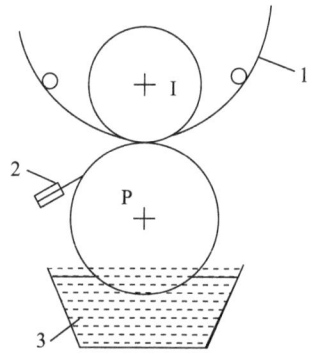

1- 承印物;2- 刮墨刀;3- 墨斗

图 6-22 浸泡式输墨装置

(3)喷墨式输墨装置

喷墨式输墨装置基本构成如图 6-23 所示。本机构是喷射式密闭给墨装置。工作时,印版滚筒 P 置于密闭的容器内,油泵把油墨打入油墨管中,由喷墨装置 1 直接喷射到印版上,刮墨刀 3 将空白处的油墨刮掉,被刮下的油墨又回到墨槽 4 中去。输墨装置中的喷嘴和刮墨刀可沿印版滚筒轴左右移动,以保证着墨和刮墨效果。

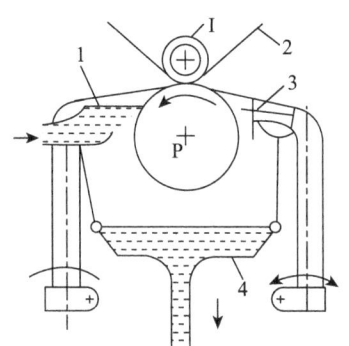

1- 喷墨装置；2- 承印物；3- 刮墨刀；4- 墨槽

图 6-23 喷墨式输墨装置

现代高速四印机一般采用这种输墨装置。由于在高速印刷中，油墨用量很大，这种密闭式结构使油墨内的溶剂挥发较少，保证了油墨性能的稳定性。表面层一般用木棉或皱纹纸制成。

2. 刮（擦）拭装置

（1）刮墨装置

根据凹版印刷工作原理，刮墨装置是四印机上很重要的组成部分。印版表面着墨后，要用刮墨装置将空白部分的油墨刮掉，刮墨装置刮墨效果直接影响印品的质量。

刮墨刀的结构如图 6-24 所示。两组刀片夹 4 把刮墨刀 1 和单垫片 3 用螺钉 2 紧固。单垫片 3 的作用是加强刮墨刀的刚度，一般为钢片，厚度为 0.3～0.5mm，如果刮墨刀用上下垫片支撑，则每个垫片厚度为单垫片的一半。垫片伸出刀夹 25～30mm。

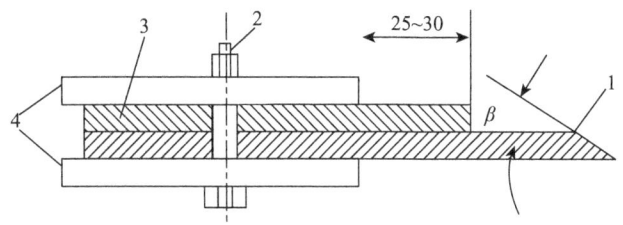

1- 刮墨刀；2- 螺钉；3- 单垫片；4- 夹片

图 6-24 刮墨刀结构图

刮墨刀一般用优质钢片制成，长度比印版宽度稍大一些，宽度为 50～80mm，厚度为 0.1～0.5 mm。刮墨刀的刃角是个重要的参数，它的大小直接影响刮墨效果。刀较小，刮墨效果好，但容易损伤刀刃，刀刃容易被油墨或纸张上的硬粒碰出缺口，导致印品上出现细墨杠。刀过大，虽然刃口坚固，但是刮墨效果不良，刮墨刀的刃角一般取为 20°～25° 为宜。

刮墨刀的安装位置如图 6-25 所示，一般以 α 角的大小来确定，α 角为两滚筒的中心连线 OO 和通过刮墨刀与印版滚筒的接触点到印版滚筒中心点的延长线 AA 所夹的角度。从图中的三种情况对比：α 越大，从刮掉油墨到进行印刷中间经过的时间就越长，结果在压印前油墨就容易变干，而且印版凹纹中的油墨易溢出，影响印刷质量。所以，α 角小一些比较有利，即刮墨刀与印版滚筒的接触点靠近两滚筒的接触点较为有利，图 6-25（a）中安装位置较好。

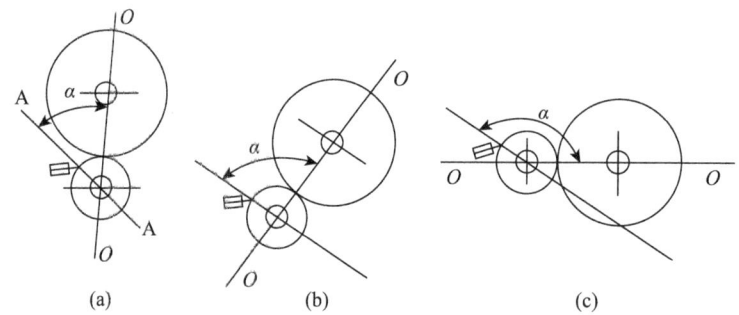

图 6-25　刮墨刀的合理位置

（2）擦拭装置

擦拭装置主要用在雕刻凹版印刷机中。擦拭装置基本构成如图 6-26 所示。擦拭装置由溶剂槽 1 和擦拭辊 2 组成。擦拭辊 2 下部浸入溶剂槽 1 中，上部直接与印版表面接触。擦拭辊由动力带动与印版滚筒保持同方向转动，利用速差将版面多余的油墨擦净。擦拭辊表面层一般用木棉或皱纹纸制成。

3. 印刷装置

印版滚筒和压印滚筒的排列形式有水平排列、倾斜排列和垂直排列三种，一般机器采用倾斜排列或垂直排列，压印滚筒直径有单倍径、双倍径等不同类型，如图 6-27 所示。图 6-27（a）中，压印滚筒 I 与印版滚筒 P 的直径相等。压印滚筒设有空挡，所以印版滚筒的利用率达不到 100%。图 6-27（b）中，压印滚筒 I 的直径是印版滚筒 P 的直径的 2 倍。压印滚筒旋转 1 周，印版滚筒旋转 2 周，小直径印版滚筒，有利于制版操作和后续处理。因此，这种机型应用较多。

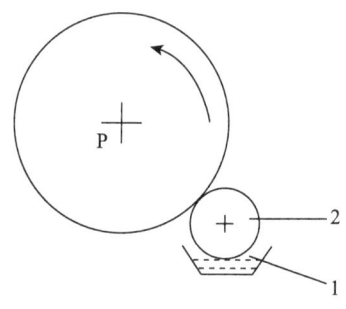

1- 溶剂槽；2- 擦拭辊

图 6-26　擦拭装置

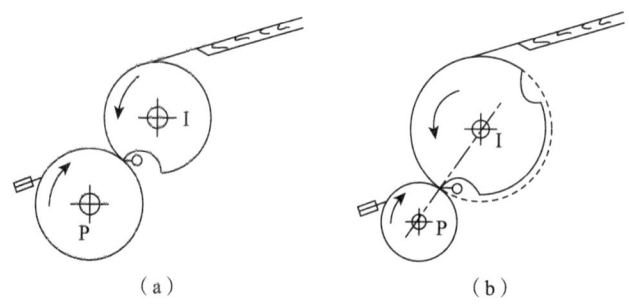

图 6-27　印刷装置的基本类型

4. 干燥装置

在高速多色凹版印刷机中，各机组之间一般都设置干燥装置。干燥装置根据安装位置不同通常分为印后干燥装置和机组间干燥装置。根据干燥装置结构不同又可分为滚筒干燥装置和热风干燥装置。

（1）滚筒型干燥装置

滚筒型干燥装置一般采用水蒸气加热或电加热方式使干燥滚筒表面辐射热能。印品直接与干燥滚筒表面接触，使印迹固化。这种干燥装置干燥效果比较理想，目前应用较广泛，但是这种干燥装置容易引起印品的伸缩变形，最好配套使用冷却辊。

（2）热风干燥装置

热风干燥装置的结构如图6-28所示。这种装置多配置在现代凹版印刷机上。该装置采用热风箱和冷却辊组合的干燥系统。印刷后的纸带从右侧进入烘干箱，烘干道中喷嘴喷出的热空气使油墨中的溶剂得到挥发，使油墨层及时得以干燥。纸带从热风箱中出来，再通过冷却辊使纸带及时降温，从而保证纸带上的印迹尺寸稳定。

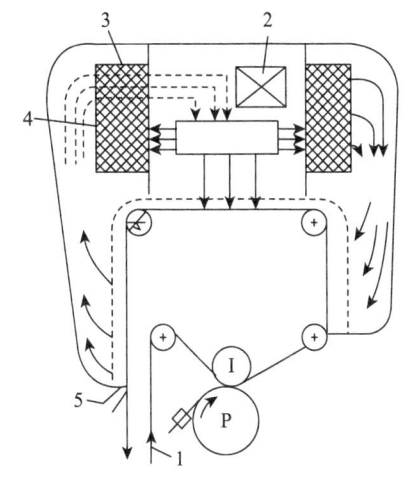

1-印张；2-排气口；3-发热装置；4-通风装置；5-进气口

图6-28 热风干燥装置

该装置采用热交换加热方法产生热风。工作时，用热风管把风吹出，使油墨干燥。同时回收部分热风，并使部分热能循环使用，节约了热能，又提高了干燥效率。

二、凹版印刷机自动套准控制系统

凹版印刷机自动套准控制系统一般应设有光电套准自动控制装置、自动正位装置和印品同步观察装置，主要由中央控制器、双光电眼、编码器、数据高速采集卡、纠偏装置及显示器等部分构成。

（一）光电套准自动控制系统

1. 光电套准控制系统的组成

现以FX系列卷筒塑料薄膜凹印轮转机上采用的IC-470（T-520）型套准控制系统为例，介绍光电套准自动控制系统的工作原理，如图6-29所示。

该套准控制器采用集成电路与数字控制技术，自动检测调整套印精度。该装置由电子控制台（包括数控电路组件、示波器组件和操作面板）、光电扫描头、脉冲信号发生器、补偿调整电机等组成。其系统装置原理如图6-29所示，图中R_1、R_2、R_3、R_4分别为四个印版滚筒（FX系列凹印轮转机通常配有5个印刷单元和1个上光单元），从第二个印刷单元起装有光电扫描头S_1、S_2、S_3，分别检测各单元的套印标记。检测信号送入自动套准装置电子控制台，经三个独立的数控电路运算处理后，发出补偿调整信号，控制调整电机M_1、M_2、M_3，驱动补偿调节辊摆动，调节印刷单元间卷筒印刷材料的张力，从而校正套印误差。示波器共用一套，由频道选择开关选择显示某一频道的信号波形。PG 为脉冲信号发生器,随着某印版滚筒(图中为 R_3)的转动,发出系统的同步控制脉冲。D_1、D_2、D_3、D_4 为干燥器。

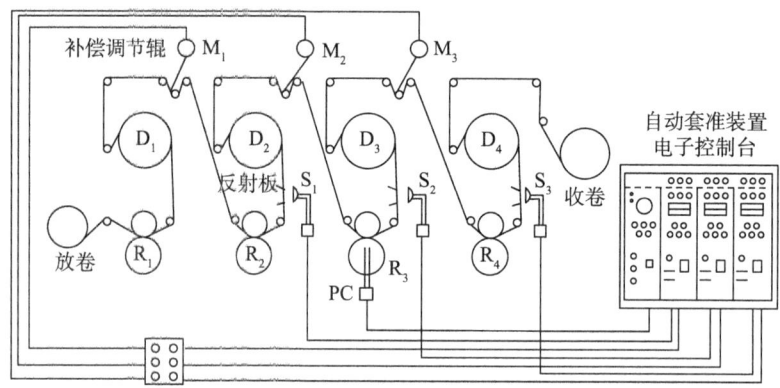

图 6-29　IC-470 型自动套准控制装置原理图

自动套准控制器系统框图如图 6-30 所示,可分为光电扫描、输入及显示和输出三部分。

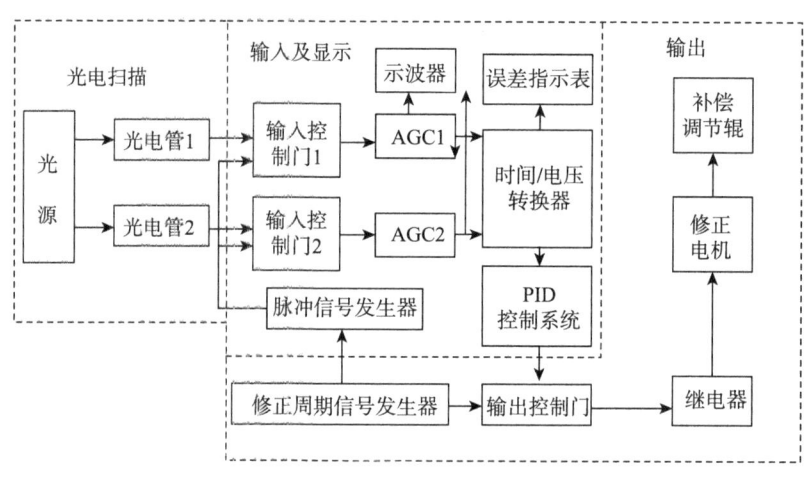

图 6-30　自动套准控制器系统框图

2. 自动套准控制系统原理

(1) 套准标记

目前印刷机上对图像信号的输入普遍采用 CCD 扫描技术,套准标记在每块印版上制作一短横直线,线宽 0.8～1mm,线长度为 10mm 的短线。在承印物上有两种放置方法:

①水平式

如图 6-31 中 A 所示,是将各色标在承印物前进方向上呈横向排列。如果各色标在承印物上,整齐地横向排列成一条直线,则不存在套色差,如果各色标不在同一直线上,相互间存在纵向间隔,则表明有套色误差存在。A 型标记多用于漫反射的卷筒印刷包装材料。

②垂直式

如图 6-31 中 B 所示,在承印物的左侧空白区,与前进方向呈纵向排列。各色标中心间距严格规定为 20mm，如果没有套色误差，各色标均保持间距 20mm 不变，如果间距变为 19.9mm 或 20.1mm，则套色误差为 ±0.1mm。B 型多用于全反射的印刷包装材料。

光电眼和编码器就是用来监视和检测这些色标的。它被安装在第 2 色以后（含第 2 色）的各印刷单元的调节支座上，垂直对准承印物料的色标，并调节好电眼与承印物的焦距。在承印物的后面还设置有一块反光板（约离承印物 1mm 处）。

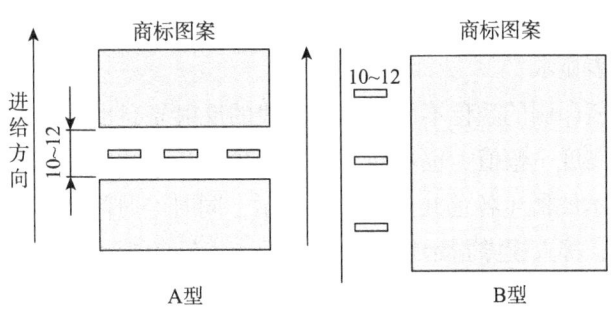

图 6-31　检测标记

（2）光电检测原理

① 光电扫描头组成

双电眼套准检测装置具有集成度高、性能稳定、响应速度快、颜色识别范围广，版误差低速修正好后升速不需要再修正等特点，提高了整机检测与调整的速度。如图 6-32 所示，扫描头由一个光源、两个聚光透镜和两个光电倍增管组成。

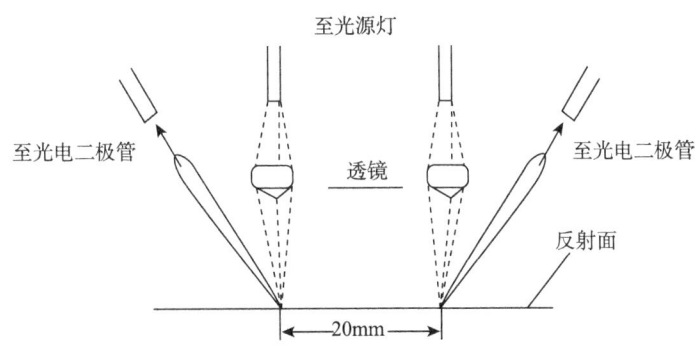

图 6-32　光电扫描头组成

在印刷过程中，扫描头监视印刷品上的套印检测标记马克线在扫描头下通过时，进入光电倍增管的光量发生变化，光电倍增管将光量变化转换为电流变化，输出一个电流脉冲，一般以第一色的马克线为基准。其产生的脉冲信号称为主脉冲，检测其一色（例如第二色）时，该色马克线所产生的脉冲信号称为副脉冲，主副脉冲之间的时间差（相位差），即代表两色之间的套印误差，如果两者同步，表明无套印误差，套印准确；如果副脉冲信号超前或滞后，则表明存在着套印误差，主副脉冲时间差越大，则套印误差也越大。

②脉冲信号发生器及控制门

卷筒材料在多色套印过程中，除了马克线外，印刷图案（或画面）经过扫描头时，也会发出光电信号，因此必须区别印刷图案与马克线，系统设有脉冲信号发生器（各色共用一台），它与印版滚筒同轴旋转，每转一周发出数百个脉冲，通过粗调、中调、细调三个选择按钮，使印版滚筒与印刷图案对应的区域内输入控制门关闭，仅在与马克线相应的 5°～6° 的范围内打开输入控制门，让扫描头检测的马克线脉冲信号通过，如图 6-33 所示。

③输入回路与仪表显示

由于各印刷单元所印刷的颜色不同，其马克线的反射光亮也不同，因此由输入控制门输出的主副脉冲信号的高度（幅值）也不同，其作用是将各色脉冲信号的幅值变为一致。主副脉冲信号一方面送入示波器（各色共用一台）显示，同时经时间/电压转换电路，将主副脉冲时间差转换成电压，接入误差指示表。误差指示表指针的摆动大小及方向，即代表主副脉冲之间相位差的大小，以及副脉冲的超前或滞后，如图 6-34 所示。

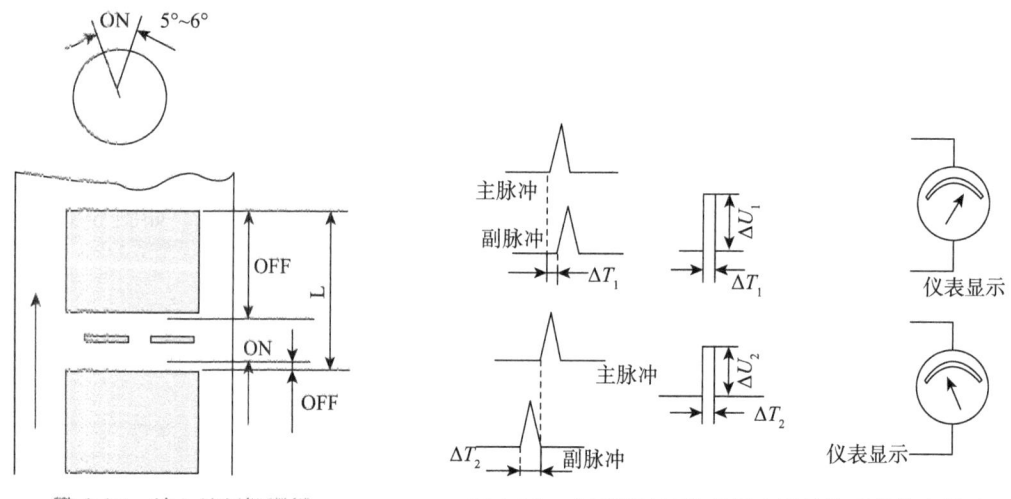

图 6-33　输入控制门开闭　　　图 6-34　主副脉冲相位差及电压转换后的仪表显示

④输出回路

输出回路由 PID 控制器、修正周期信号发生器、输出控制门及驱动放大器组成。PID 控制器根据误差信号电压的大小，按比例、微分、积分关系进行运算，控制补偿电机的动作时间，从而保证误差迅速而准确地得以修正。该系统不是每经过一个马克线（即印版滚筒每转一周）调整一次，而是通过设定修正周期，通常是印版滚筒每转 8～10 圈时，修正周期信号发生器输出一次信号，打开输出控制门，使补偿电动机按 PID 控制信号动作一次。修正周期设定值小，则修正得快。

（3）套准调节装置

目前，中、高档凹印机采用的套准纠偏装置通常分为两类：一类是通过调整补偿辊位置，来增加或缩短料带长度而实现套准；另一类则是由电机通过行星齿轮差动方式驱动，直接带动印刷版筒，调整印刷版筒的相位来实现套准。如图 6-35 所示是调整补偿辊位置的纠偏装置。

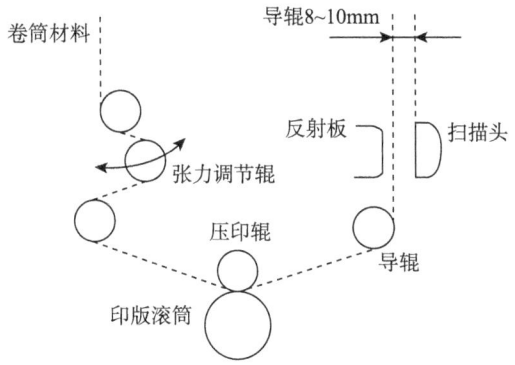

图 6-35 套印误差补偿示意图

带有减速器和制动器的伺服电机驱动补偿调节辊速度。当发生套准误差时，调节辊的转速改变，从而调节了印刷单元间卷筒材料的长度，纸带纵向套准误差得到补偿。校正套印误差时自动套准控制器的套准精度应达到 ±0.02mm。

（二）自动正位装置

一般来说，卷筒印刷包装材料在进给过程中，不仅会在纵向上产生位置误差，而且由于机器制造及安装的误差、材料厚薄不均以及张力波动等原因也会产生横向套印误差。因此，多色轮转凹印机还设有边缘位置检测与控制装置，进行横向套准误差的调整，保证卷筒印刷材料在进给过程中始终处于居中位置。各色机组之间的横向套准误差的调整一般是通过改变各色印版滚筒的轴向位置实现的。

（三）印品同步观察装置

本装置是为了在印刷过程中不停机观察印品的色彩和套准的瞬间变化情况而设置的监视系统。主要有以下三种型式，即频闪观测器、摇摆镜观测器和旋转镜观测器等。

1. 频闪观测器

频闪观测器是最简单的印品质量观测器，主要由观测灯和电压脉冲光源组成，如图 6-36 所示。

频闪观测器与自动计时灯相类似，由于频闪观测灯与承印物的印刷长度或与印刷长度乘积同步闪光，所以总可以观测到承印物印刷表面的同一部分，即闪光频率以印刷的长度及承印物的进纸速度为依据，当印刷长度及进纸速度发生变化时，观测灯的闪光频率也随之变化。当印刷速度不断提高，闪光频率达到一定程度时，就会在闪光区间内形成一个可见视区，产生闪光效果，即可看到印刷画面相对静止的图像。

这种观测器结构简单，价格便宜。使用中由于频闪作用，

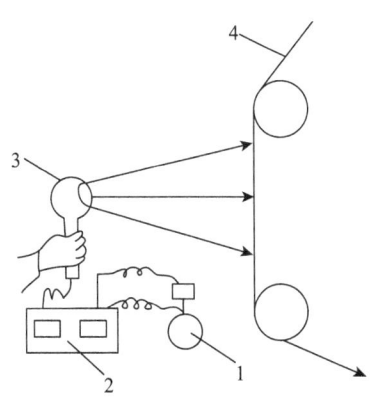

1-电压脉冲光源；2-控制部；3-观测灯；4-承印物

图 6-36 频闪观测器

眼睛容易疲劳，再现图像的清晰度也不理想。此外，当观测器频闪达到或超过每秒 25 周时，便会自动失去静止图像的视觉效果，这时，灯泡便只起到连续照明的作用。因此，这种观测器的应用受到限制。

2. 摇摆镜观测器

摇摆镜观测器的扫描器由直角镜组成，直角镜与印刷长度做同步摇摆，如图 6-37 所示。

扫描时，将扫描器安装在离印刷表面一定的距离内，由摇摆反射镜的扫描角度的不断变化，提供印刷长度或印刷长度乘积的变化情况，摇摆弧度的总和等于摇摆镜在轴上横向的扫描角度。

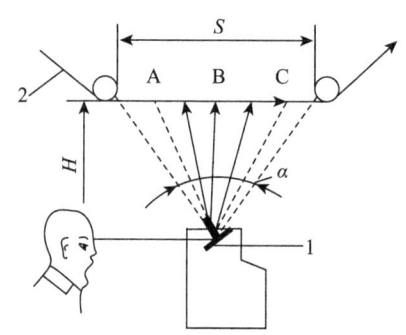

1- 摆动反射镜；2- 承印物
H- 固定距离；S- 印刷重复长度；α- 扫描角度

图 6-37　摇摆镜观测器

观测镜所能观测到的印刷表面的宽度为 457～508mm。可将其安装在横向导轨上，这样便可在观测范围的上方，在承印物的宽度内来回移动。

由于受到摇摆镜的宽度和高度的限制，在一定时间内，只能在观测区域内观测到印刷长度的一部分画面，所以，要在变速器上安装一个同步驱动器，使摇摆频率规则化，这样，便可在整个印刷长度范围内进行观测，只要重新设置同步，便可对印刷长度进行连续观测。

但摇摆镜观测器存在以下不足之处：

①因扫描头的不断运动，不仅限制了观测时间，而且使可见图像失去稳定性，特别是对于窄幅的承印物会加大摇摆频率和往复运动的频率，因此，这种装置只适用于中低印刷速度、幅面宽度为 250mm 左右的印刷机。

②当印刷速度为 30～90m/min 时，通过摇摆镜看到的印刷图像会产生扭曲，失去稳定性，这是因摇摆镜按一定角度摆动时，印刷面与摇摆镜表面之间的观视距离不断变化所致。

3. 旋转镜观测器

为克服上述观测器的不足，现代柔性版印刷机可采用旋转镜观测器。本装置主要由反射镜和旋转镜多面鼓组成，如图 6-38 所示。

旋转镜多面鼓与给定印刷周长的卷筒承印物和被观测部分同步旋转。每次旋转都把通过观测区的印刷图像反映出来，然后，旋转鼓上的观测镜再捕捉下一个印刷周长的观测区域。同样，旋转鼓的另一面观测镜又同步转到另一印刷区域。这样，随着旋转鼓的转动，印刷面上的一系列图像就可反映到与旋转鼓轴一同转动的每个观测镜上，从而在观测区内形成相对静止的图像。

旋转镜观测器一般可观测印刷面的宽度为

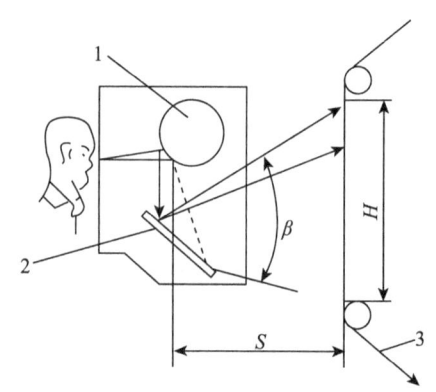

1- 旋转镜多面鼓；2- 反射镜；3- 承印物
H- 扫视跨度；S- 印刷重复长度相关距离；
β- 固定视角

图 6-38　旋转镜观测器

450～500mm，通常将观测器安装在机器上部导轨上，可沿导轨横向运动。

值得注意的是，为保证印品质量观测器正常工作，需要设置适当光束持续不断地照射到承印物观测部位固定的印刷面上，并产生一定反射。如果印刷透明或半透明承印物，最好采用背面照射光束，以提高承印物的照明度。

第四节　丝网印刷设备与生产线

一、丝网印刷设备类型与机构组成

（一）丝网印刷设备类型

1. 按承印物的形态分类

（1）平面丝网印刷机

该类印刷机的承印物为平面状，可以是单张的，也可以是卷筒的；所用的网版可以是平网也可以是圆网；印刷台有的为平面状或滚筒状，其中平台式包括揭书式、水平升降式和滑台式。

（2）曲面丝网印刷机

按丝网印版的形状分为平网曲面丝网印刷机和圆网曲面丝网印刷机。平网曲面丝网印刷机的印版为平面状，承印物的支撑装置根据承印物的形状而不同，可以通过更换附件来改变支撑装置的形状和尺寸；圆网曲面丝网印刷机一般为多色印刷，其印版为圆筒状，刮板安装在圆筒状丝网印版内，印刷工作台为多组合式曲面印刷台。适宜玻璃、陶瓷、塑料等各种成型物套色印刷。

2. 按机械自动化程度分类

（1）手动丝网印刷机

图6-39所示为手动式丝印机，该机结构简单，价格低廉，操作使用方便，主要用于小批量、中小规格的零件印刷。

手动丝网印刷机通常是由网框夹持器、铰链和工作台组成的一种机械装置。把网框固定在夹持器上以后，印刷过程的各种动作如上下工件、刮墨、回墨、网框抬落等完全依靠手工作业，一次印刷一种颜色。由于手工丝印比较经济、简便易行，至今在一些行业里仍占有相当比重，并逐渐由简易型向功能较为齐全的方向发展。

（2）半自动丝网印刷机

图6-40所示为半自动丝网印刷机。

图6-39　手动式丝印机

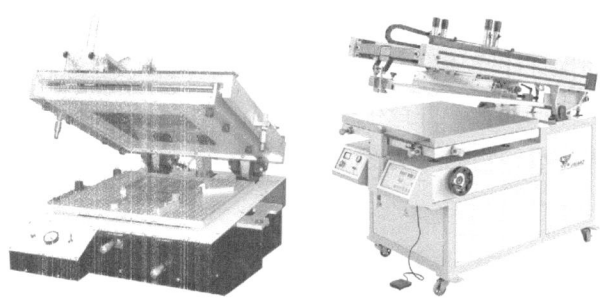

图 6-40　半自动丝网印刷机

除给料与收料由手工操作外其他工艺过程均自动完成的丝网印刷机。也就是，在手工丝网印刷机的基础上，将印刷时的各基本动作按固定程序由一定的机构自动完成，仅上下工件由手工进行，其传动方式一般为电机驱动、机械传动、气功或液动、机械－气动或机械－液动。这种形式适合丝网印刷的工艺特征，结构比较简单，价格也较低廉，是丝网印刷机的主要机型，其印刷速度一般为 1000 张/时左右。

（3）全自动丝网印刷机

全自动丝网印刷机是具有自动给料、自动印刷、自动烘干和自动收料功能的丝印机。此类机型结构先进，零部件精密，调节控制系统完善，其印刷速度对单张纸印刷机一般为 1500 张/时左右，适用于产品稳定、较大批量的连续丝网印刷，能保证印品的质量。图 6-41 所示为多色全自动丝网印刷机。

图 6-41　多色全自动丝网印刷机

多色自动印刷机配置多个印刷位置，一般适合常年大批量的订单，可在一台机上印刷两色至五色，生产效率最快为 5000 张/时，能保证印品质量的稳定。图 6-42 所示单色全自动丝网印刷机能够完成整套印刷过程，但只配置了一个印刷位置。

全自动丝印机通常也与其他设备联机使用，形成全部自动化丝印生产线。如与干燥、烫金、压痕、模切等装置中的一种或几种联机使用，由于联动机的全机组每个环节都有检控装置，各机组可单独控制或全机用微机进行程序控制，所以网印联动机不仅节省了车间场地，而且省去了承印材料在各工序前的定位麻烦，生产效率高，劳动力的利用率高。

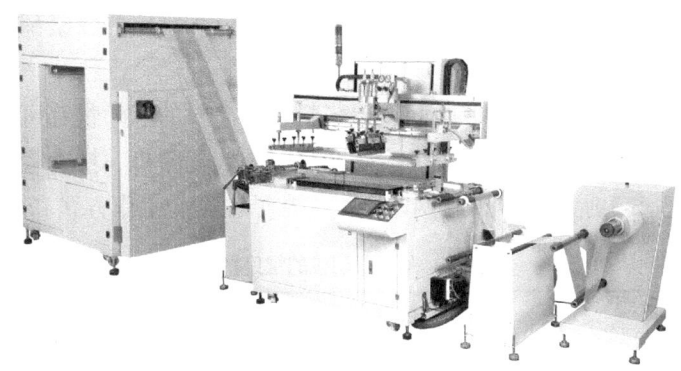

图 6-42　单色全自动丝网印刷机

3. 按网版及印刷形式分类

（1）平网机

平网机是指网版为平面形状的丝印机，该机型是丝网印刷机的标准机型，其是目前应用最广泛的品种，占丝网印刷机的 80% 以上，主要适用于各类纸张、纸板、塑料薄膜、金属板、织物等平面承印物印刷。如电子行业用的印刷线路板和电子元器件丝印机、瓷用花纸印刷用的丝印机、工业用立体物品丝印机、曲面丝印机、印染丝印机等都属于平网机。

平网的印刷方式只能是往复间歇式，或是网版固定、刮刀往返；或是刮刀固定、网版往返。这样，供墨和刮印都不能连续进行，白白增加升降、往返运动的时间，限制了印刷速度。平网机的最高印速约为 3000 印 / 时。

（2）圆网机

圆网机是指网版呈圆筒形的丝印机，其主要有平台式和滚筒式两种形状。此机圆筒内的油墨，其均匀性和黏度稳定性均优于平网机，多用于卷筒匹布和墙纸的多色印刷。在圆筒型网版内部设有供墨辊和固定刮墨板，印刷时，网版的旋转与承印物的移动同步进行，以实现连续印刷，可对单张或卷筒式承印物进行高速印刷。平台式圆型丝印机主要用于单张纸印刷，印刷速度可达 2000 张 / 时；滚筒式圆型丝印机主要用于卷筒纸连续印刷，其印刷速度可达 80m/min。

4. 按压印方式分类

①平面丝网印刷机。使用平面丝网版在平面承印物上印刷，一般是刮墨板压着印版水平移动，通过印版起落更换承印物。

②曲面丝网印刷机。使用平面丝网版在圆面承印物上印刷，一般是刮墨板固定，印版水平移动，承印物随印版等线速度转动。

③转式丝网印刷机。使用圆筒丝网版，筒内部装楔状刮墨板或刮墨辊，印版转动和承印物移动的线速度相同。

④静电丝网印刷机。使用导电性良好的不锈钢丝网版，由正负电极板之间的静电驱使粉墨穿过印版通孔部分附到承印件的表面，是无压印刷。机器的形状因承印物不同而异，但一

般都包括承印物输入部分、印刷部分、油墨固着干燥部分和承印物收集部分。其中印刷部分由丝网印版、电极板、高压发生装置组成。

丝网印刷机的种类较多，平面、曲面、单张料、卷筒料的承印物都可实现印刷，而且根据承印物不同的用途又可将丝网印刷机分为印花机、玻璃丝印机、精密零部件、薄膜、开关专用丝印机等。如表6-3所示列出了丝网印刷机的常见种类、工作方式和应用特点。

表6-3 丝网印刷机的常见种类

网版形状	承印物形状	印刷台或滚筒形式		印刷色数与自动化程度	主运动方式	特点用途
平网	平面	平台式	揭书式	单色半自动	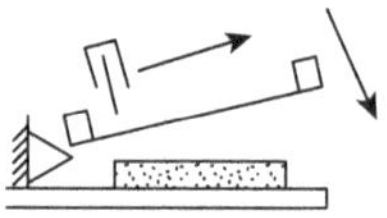	尺寸适应性大，上下料空间大，刚性差、精度低、速度慢。印服装、宣传画、玻璃等
			水平升降式	单色自动	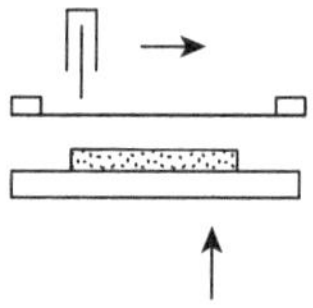	工作平稳、套印精度好，适用于印刷电路板、电子元器件及多色网印
			滑台式	多色自动	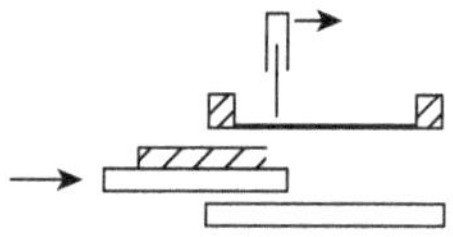	工作平稳、套印精度好，适用于印刷电路板、电子元器件及多色网印
		滚筒式		单色、多色自动	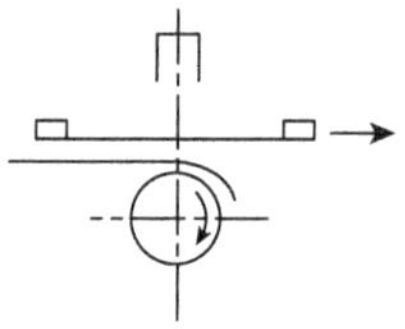	单张纸自动印刷，速度3000～4000in/h，可印刷印花纸和商标等
	曲面	工作台的附件可调换，以适应不同形状表面的印刷		单色、双色、多色自动	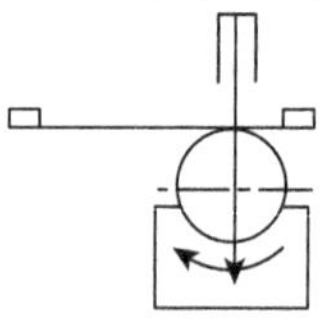	印刷平面、圆柱面、圆锥面、椭圆面、球面等成型制品和硬质塑料容器
圆网	平面	平台式		多色自动	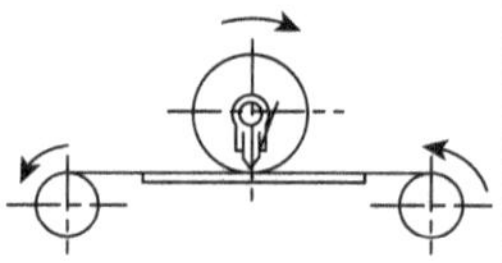	高效、连续印刷，适用于印染行业
		滚筒式			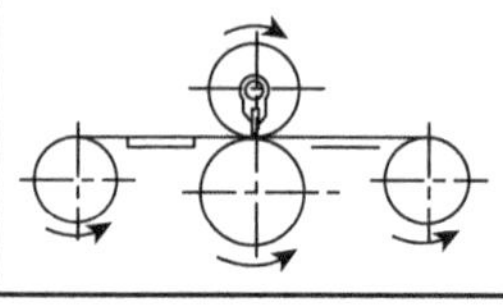	

（二）丝网印刷设备机构组成

1. 传动装置

丝印机的传动装置的作用是向各运动部件传递动力，使各部件按照设计要求完成各项运动和动作。包括电机、液压气动系统、调速机构和机械传动机构。

（1）电机

一般网版印刷机多采用4级交流电机，电压380V或220V（220V较方便，被广泛采用），功率依机器而定，大型设备可用2台或3台电机分别驱动。

（2）气泵

气动网版印刷机一般需要$6kgf/m^2$（$1kgf/m^2=98.0665kPa$）以上的气源，有的机器自带气泵，有的需另配气泵，也可接共用气源。

（3）液压泵

液压网版印刷机的动力来源是液压泵。

（4）电磁离合器

网版印刷机上的电磁离合器有与电机为一体的，也有单体安装的。其作用是变电机频繁启动为常转，使执行部件动作灵敏，免受电机惯性影响。

（5）减速器

一般采用蜗轮蜗杆减速器，其传动比较大，体积小结构紧凑，用于传递功率、减速，调整输入、输出轴方向及安装方位。

在通过一台减速器带动几个动作的情况下，其啮合间隙应要求小些，不然会因受力方向的改变而出现某些动作不稳现象。也可采用皮带减速，但必须在蜗轮蜗杆减速器之前，不影响整机相位关系。

（6）调速机构

根据不同印刷工艺的要求，考虑生产效率和工人操作熟练程度的因素，一般丝印机都配备调速机构。调速机构分有级和无级两类，多数中小型机都采用无级调速机构。

2. 支承装置

支承装置在印刷过程中承印物的支承载体，即印刷工作台，用来安放夹具和承印物，工作台主要有平面工作台、T型工作台、吸气工作台、圆柱体工作台、椭圆体工作台等类型。T型工作台和吸气工作台印刷过程中处于静止状态，其他工作台则还有上下动作。

平面工作台应满足如下方面的要求：

①有较高的平面度和印件定位装置，能保证套印重复精度；

②平台的高度应可调整，能适应不同厚度的承印物和保持一定的网距；

③承印平台在水平方向应可调节，使对版方便。

典型的半自动平面网印机，其承印平台均带有真空吸附设施，即吸气式平面工作台，用以固定不透气的片状承印物，如纸张、塑料薄膜等，其工作原理和特点参见前文所述。

如图6-43所示是一种利用多孔板及MARK定位针精确定位的平面工作台，其网版旋转定位采用高精度进口轴承，工作台板

图6-43 多孔板及MARK定位针精确定位的平面工作台

采用铝合金精密加工。

圆形滚筒支承装置根据承印材料规格不同,其滚筒结构也不同:

①印刷卷筒料的丝印机支承滚筒要求表面有足够高的光滑度,保证卷筒料的正常传递和支承。

②印刷单张料的丝印支承滚筒,因为在印刷时起到支承作用的同时还要传递单张料,所以滚筒上有空挡,并在其上安装有叼纸牙排和闭牙板等装置,使其完成叼纸和放纸的动作。

支承曲面承印物的方法主要有滚柱、支架、滚柱支架并用的装卡等。

①圆筒、圆柱形的印刷,一般靠4个滚柱支承承印物,目的是防止旋转时不出现斑点。

②圆筒、椭圆形承印物,靠尺寸相符合的滚柱支架固定,并确定其中心。

③综合使用滚柱和支架的支承特点,同时使用滚柱和支架,用气压滚轴把承印物固定在滚柱相反的一方。

3. 印版装置

丝网印版在网印机中必须固定在印版装置上,在印刷过程中,实现揭书式起落或水平升降。

(1) 印版夹持器

印版夹持器要求夹持牢固,在夹持点上不破坏网框。夹持方式很多,但被广泛采用的是槽形体加丝杠压脚夹紧。

(2) 印版起落机构

①揭书式丝印机

揭书式丝印机一般采用铰链式结构,起落版装置可采用机械式(如凸轮、曲柄连杆、拉簧、配重等)或气动液动式并辅以配重块。

②水平升降式丝印机

水平升降式丝印机的起落装置必须保证网框与承印台的平行,一般采用凸轮导柱结构或汽缸导柱结构,可通过机械平行连杆机构回转或机动、气动同步顶升实现。

(3) 抬网精度保证装置

①离网装置

根据丝网印刷的原理,要求刮墨板刮墨后油墨刚透过油墨的局部,网版即与印件离开,这一动作除借助于丝网本身的弹力以外,往往要依靠丝网印版离版装置来实现。最简单的结构为在网印机工作台上设置一个由弹簧控制的顶销与网框支架外端相接触,在刮墨过程中,借助弹簧作用,使顶销产生一个向上的顶力,如图6-44所示。

②抬网补偿机构

为避免离网角随刮墨板行程逐渐加大而变小的不利影响,在高精度丝网印刷机上可增设补偿机构,一般采用两种形式:

a. 凸轮驱动→摆杆放大→滑块执行,随印刷行程逐渐将网框前端顶起。

b. 网框前端挂拉簧,同时刮墨板装置加滚轮压在网框斜面,如图6-44所示。印刷行程刚开始，滚轮压网框，拉簧伸长，使网版与工作平台平行，随印刷行程逐渐加大，拉簧逐渐将同版前端拉起，达到补偿离网角的目的。但是抬网补偿动作会引起同台距的不一致，因此应允许网台距后边数值小，甚至为0，进而对网台距进行补偿。

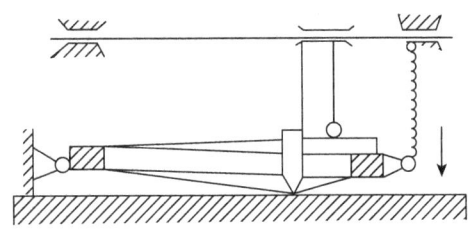

图 6-44　抬网补偿装置示意图

此外，为了保证印刷的精度，必须在每次印刷动作完成后，使印版再次落到工作位置时，其与平台的相对位置保持不变。铰链回转轴的轴向和径向间隙必须严格控制，一般不大于0.05mm；水平升降式导柱的径向间隙一般不大于0.03mm，这些间隙值是由制造厂保障的。

4. 对版机构

对版调整是指在丝网印刷机上对丝网印版与被印件之间的印刷精度调整，也就是确定印刷图文在承印物上的具体位置。定位包括两层意思：一是印件的坐标位置正确，另一层意思是在印刷过程中，印件始终保持这个正确位置，这是提高印件精度的环节之一。为了提高丝网印版与平台间的重复位置精度，有采用专门定位机构的，如双锥销、定位块、滚轮等。

对版机构一般有光照对版、机械对版、电子对版。对版机构放在支承装置内或者放在印版装置内都可以，但一般半自动机均放在支承装置内。

对版时可通过在XY方向移动平台或移动网版，达到位置精确对准的目的。平台位置的移动，一般是靠机械螺纹旋动来实现的，并应有可靠的锁紧装置和移位导向（燕尾槽或导向键等）。网版位置的移动一般在网版安装的同时，进行位置调整。

5. 印刷装置

（1）刮墨系统和回墨系统

丝印机的刮墨板和回墨板通常一起安装在刮板滑架上，在印刷行程和回墨行程中，令刮墨板和回墨板作交替起落，分别实现刮墨和回墨动作。刮板的起落，在一般平面半自动丝印机上采用机械式换向，在精密半自动平面丝印机上则多采用气动控制。

刮墨和回墨动作，有时也可采用一把刮板实现。如在手动丝网印刷时，刮墨板也用于回墨，只要控制好刮墨和回墨的不同压力，就能使其完成刮墨和回墨。手动曲面机，在刮印完成时，依靠一种独特的跳墨机构，即可在返程时把油墨均匀地敷在丝网印版上，以便下次印刷时使用。

（2）刮板座和滑轨

刮墨板是安装在刮板座上的，在刮墨板移动刮墨的丝印机上，刮板座可沿其滑轨移动。刮板座的移动是实现刮板印刷或回墨的主运动，其往复行程即为印件所需要的印刷长度。要求刮板印刷时，运动轨迹与承印平台保证平行，并尽可能实现匀速运动。

刮板座的移动与滑轨配合进行，目前常见的滑轨有双圆柱式、圆柱滑块式和同步链条式，前两种用于印刷行程较短的平面丝印机，后者用于印刷幅面较大的丝印机。

（3）印刷装置的传动

丝网印刷机大多通过皮带、齿轮、蜗轮蜗杆减速及无级调速系统传动，也有采用针轮、凸轮曲柄机构、平行四连杆机构或链条机构传动的。前者结构简单，操作方便，但运动不够均匀；后者传动平稳，但结构较复杂。印刷装置的传动可以采用机电控制系统和气液电控制系统进行传动控制。

（4）网版的升降

为了保证丝网印版升降或起落的一致性，保证重复运动精度，印刷装置的部件制作精度要求较高。

①印刷往复行程的实现一般采用如下机构：

a. 曲柄连杆机构：行程大小和行程位置好调节，但不匀速。

b. 曲柄滑块机构：行程位置不好调，不匀速。

c. 链条链轮机构：行程大小一般不能调整，但匀速运动。

d. 圆柱塞磁力汽缸：行程大小和位置均好调节，匀速运动。

②导向机构一般采用的形式有：

a. 滚轮槽轨：间隙大些，运动轻快，容易调整。

b. 双导向轴：间隙小，滑块中心距要求高。

c. 导向轴加滑块：中心距要求低，运动轻快，但导向轴与滑块距离大时，需同步驱动才能运动平稳。

③刮墨板和回墨板换位机构通常采用如下形式：

a. 台阶槽升降撞块加杠杆换位机构。

b. 凸轮升降机构加杠杆换位机构。

c. 两汽缸反向动作或单汽缸加杠杆机构。

d. 凸轮－摆杆机构拉动钢丝加杠杆机构。

e. 链条挂点变化使两板摆角换位。

f. 用一把刮板代替两把刮板时，需要一个跳墨动作，跳墨动作由特定机构完成。

（5）电气控制装置

电气控制装置一般具备三种控制功能：

①工作循环控制：分单次循环控制、连续循环控制等；

②负压控制：如真空吸附装置的继续吸气、不吸气的控制；

③每一个工作循环的刮板位置控制：如封网、不封网的控制。

（6）其他装置

有些网印机出于安全考虑，设有紧急停车控制。也有些具备二次印刷和二次吸风控制装置。

6. 干燥装置

单色丝印机往往不配备干燥系统，印件在印刷完成后，采用晾架晾干或用烘干箱烘干，而自动线或多色网印机则必须配备干燥装置，使印件上印刷的前一色油墨快速干燥后，才能再进行第二色印刷，否则会发生印刷故障。即在多色自动丝印机的每两色机组之间都要有干燥装置。

干燥系统的设置，要与采用的油墨相匹配，如半自动平面五色网印机采用远红外电热管热风烘干，紫外线固化油墨（UV油墨）要采用紫外光固化烘干装置等。

二、丝网印刷设备生产线

（一）平网滚筒式丝印机

在实际生产中，平网滚筒式丝印机主要是为了适应高速印刷单张料类承印物而发明的专用机。平面网版与滚筒之间留有一定网距，整个印刷循环过程中网版只需作水平的横向移动，刮墨板协调地作上下的移动进行刮墨和回墨，并配有自动给纸装置、自动输纸装置和自动收纸装置，实现给料、印刷、收料等一系列过程的完全自动化，如图6-45（a）所示。平网滚筒式丝印机多为全自动型，套准精度高且速度快，适用于大批量精美印刷，国内主要用于烟包、酒包、陶瓷贴花纸等特殊效果的大批量精美印刷。此种丝印机的原理和构造是平面形网版和圆筒印刷台通过齿条和齿轮正确地啮合，刮墨板固定在滚筒上方的中心，印版左右水平移动，滚筒同时旋转。承印物在印刷前被送到预备位置，然后与滚筒一起旋转，滚筒的圆周表面上开有很多真空孔，并与气泵相连，可使承印物吸附在其表面进行转动印刷，当纸张印刷完成后随即被送到收纸台上收纸，如图6-45（b）所示。

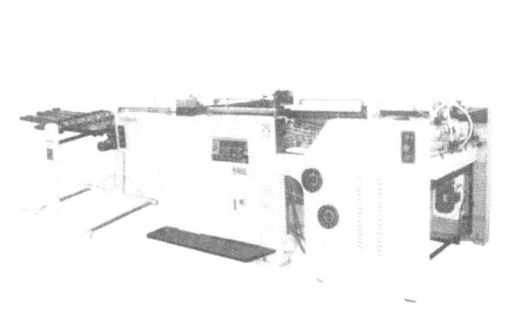
（a）全自动平网滚筒式丝印机

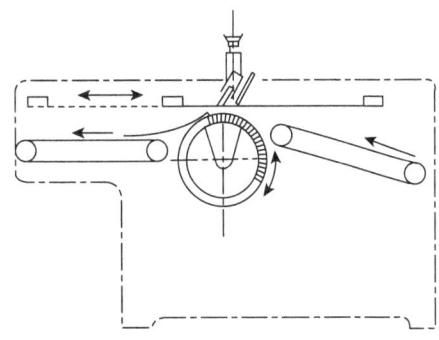
（b）印刷和传料方式

图6-45 平网滚筒式全自动丝印机

根据设备构造原理，设备对印刷承印物的厚度有限定，小的滚筒只能印刷薄的承印物。印刷较厚的承印物时可通过加大滚筒直径的方法实现印刷。但同时滚筒直径增大，其质量也随之增加，使滚筒的运动惯性增大，造成印刷时机器产生振动或承印物在滚筒上定位不准，引起套印不准。因此，此时要想准确控制承印物，确保精度，尚有一定困难。即使此时印刷精度在允许的范围内，但由于滚筒直径的增大印刷速度也会减慢，因此，现已开发出了新型滚筒型丝印机，这种机器把直径大的滚筒制造成"扇形"，所以虽然是直径大，但质量很轻，可进行高速印刷（最高为4600张/时），另外由于圆弧很大，可进行范围很广的承印物的印刷。

许多丝网印刷设备供应商也在不断开发研制一些据有独特优势的滚筒和控制技术，使平网滚筒式丝网印刷机的印刷速度不断提高，印刷精度更加准确，如樱井MS系列和SPS滚筒丝印机。

（1）樱井MS系列滚筒式高速全自动网版印刷机

樱井丝网印刷机多为全自动轮转式，是集胶印与网印的优点设计制造而成。M-SA滚筒式网版印刷机保持了与平台式网版印刷机相同的印刷精度，生产效率为平台式印刷机数倍以上，平均印刷速度1500～3000张/时。承印物厚度范围广，从0.05mm的薄膜胶片到3mm的卡板纸均可印刷。在MS系列中，以MS-102AII印刷最高可达4000张/时。樱井全自动丝网印刷的输纸装置、套准装置、印刷滚筒及收纸部均秉承胶印之特点，不仅印品质量高，且便于工人操作，人机操作界面友好，如图6-46所示。

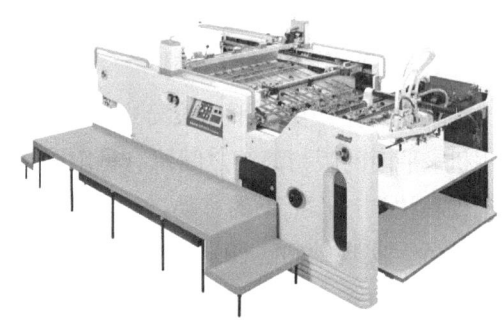

图6-46 樱井MS系列全自动滚筒丝印机

（2）SPS滚筒丝印机

SPS滚筒网印设备独特的滚筒设计和控制技术为四色网点的还原提供了可靠的保障，该机技术特点如下。

①滚筒凹槽设计，网距近乎为零

在网版印刷中，合适的网距才能保证印刷过程中网版和承印物保持一致性线接触，从而达到良好的印刷效果，印刷面积越大，使用的网版越大，需要的网距就越高，而间距越高，套印精度就越低。相比较，普通的滚筒丝印机需要留置的网距大于SPS滚筒需要的网距，如图6-47所示。

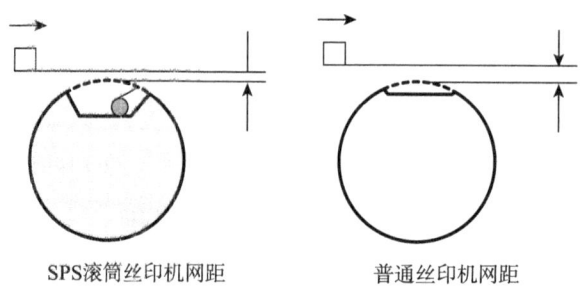

图6-47 SPS滚筒丝印机与普通滚筒丝印机的网距

②滚筒同向转动，达到平稳送纸和高速印刷

SPS滚筒丝印机在每个印刷周期内滚筒360°旋转，如图6-48所示，可达到更高的印刷速度，最快速度 4200 张 / 时。滚筒同向转动，也避免了摇摆状态下的冲击，减少了磨损，提高了设备的使用寿命，同时增加了承印物运送的平稳性，避免了因冲击造成的承印物损边而影响套印精度。

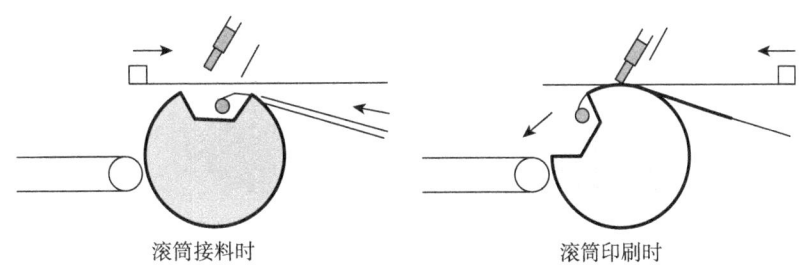

图 6-48　SPS 滚筒丝印机滚筒运转情况

③精密的三点对位系统

承印物通过真空吸气的传送皮带，传送到位于滚筒上的两个前端定位挡上，带真空吸附和传感器的侧向定位装置将承印物吸附定位，并向印刷机头传送"可以印刷"的信号。整个定位过程安全可靠，侧向定位装置的吸附力可调整，避免了承印物边缘的损伤。

④精密控制的刮墨板系统

PEH 重型刮墨板系统，结合了气压、液压、机械、光纤等多种先进技术及刮墨板换向气动控制、液压补偿，即使更换刮墨板也可确保在整个运行的过程中，刮墨板压力和角度不变；刮墨板高度自动调整系统，可根据承印物厚度不同自动调节；可调的设定点由电子定位装置，确保了印刷起点准确地落在滚筒夹纸器的后边；刮墨板电动垂直调整装置，精确保证刮墨板印刷面与滚筒表面平行。

⑤ RKS 刮墨板系统

带夹持器的 RKS 刮墨板为四色网点的真实还原提供了极大的方便。

⑥规格齐全

SPS 设备有三种类型十二个规格的产品，根据客户的不同要求可印刷 0.075～2.5mm 厚的平面柔性和半刚性的承印物。印刷行业涉及陶瓷花纸、薄膜开关、汽车仪表、防伪印刷、包装印刷等行业。

（二）平网曲面丝网印刷机

在实际生产中，曲面丝印机型以半自动机为多数，比较适合于一些小批量定单的厂家，品种更换快，易于操作，购机成本相对于自动丝印机为低。但要配备表面处理机及固化机，这样就要用较多的人员操作，如图 6-49 所示。

全自动曲面丝印机，集自动上料、火焰表面处理、网印、固化、卸料为一体，印刷生产效率高，用人工少，但售价较

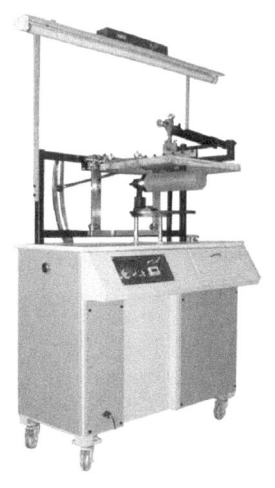

图 6-49　半自动曲面丝网印刷机

高，较适合于较大批量印刷的厂家使用。多色的全自动曲面丝印机配有对准控制系统，可完成精确的套色印刷，高宝印刷机械科技有限公司生产的 LC-S-103 型三色全自动曲面丝印机，如图 6-50 所示。

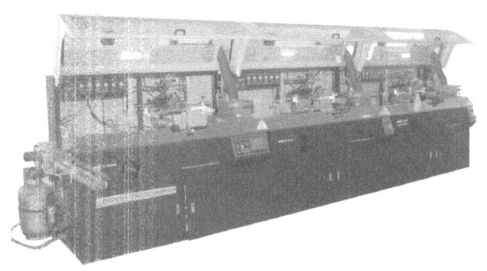

图 6-50　LC-S-103 型三色全自动曲面丝印机

该系列机多台单机组合成双色、三色、四色印刷生产线。输送带自动入料，转款及调校快捷，瓶子模具安装简易，印刷速度高达 5000 次／时，具有高效 UV 紫外光固化系统。其具备的电子传感器可实现"无瓶不印刷"之功能。具有圆瓶、扁瓶预先对位的功能，可对 PP 或 PE 瓶表面进行自动火焰处理。

复习思考题

1. 说明胶印印刷设备类型及其基本组成。
2. 说明凹印印刷设备类型及其基本组成。
3. 什么是印刷自动控制系统？请举例说明。
4. 说明凹版印刷自动套准标记光电检测原理。
5. 柔性版印刷设备的类型及其特点是什么？
6. 什么是网纹传墨辊？其特征参数是什么？如何选择网纹传墨辊？
7. 丝网印刷设备有哪些种类？
8. 什么是丝网网距？它对丝网印刷效果有何影响？

第七章 包装印刷产品典型实例

第一节 纸包装印刷

在纸包装印刷生产领域,平版胶印、柔性版印刷、凹版印刷及丝网印刷等多种印刷方式并存,单张纸印刷一般采用平版胶印方式,卷筒纸印刷可以采用平版胶印、凹版印刷和柔性版印刷等。纸包装容器的设计与印刷生产的一般流程如图 7-1 所示。

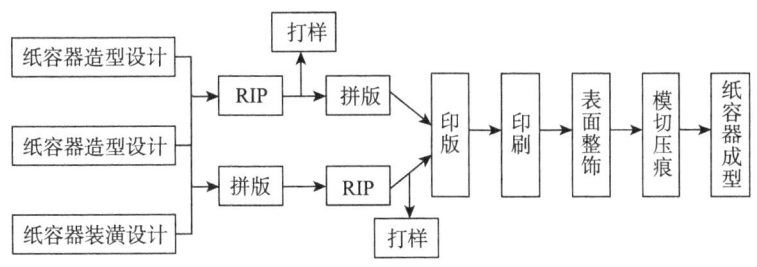

图 7-1 纸包装容器设计与印刷生产一般流程

一、纸盒印刷

纸盒包装可以采用不同的材料,包括瓦楞纸、牛皮纸、白板纸、白卡纸、镀铝卡纸、铝箔卡纸、转移激光卡纸、工业纸板等。纸盒印刷加工的工艺方式已从原来单一的印刷方式转化为多种不同印刷方式的组合,既可以采用胶印、凹印或柔印等,也可以是不同印刷方式的组合。

1. 平版胶印

在单张纸板的印刷中几乎都是平版胶印，而且平版胶印流程的数字化程度较高，质量控制技术先进，在色彩阶调、网点再现及色彩的丰富性和柔和多变性方面都有突出的表现，但在墨层的厚实饱满程度方面稍有所欠缺，故对于一些普通中低档的纸盒包装，可以采用胶版印刷。纸盒印刷色组数一般在 2～8 色，其中以 4～6 色使用最多。近年来折叠纸盒中较多使用专色，因此印刷色组数很多都采用 6～8 色。而单张纸胶印机一般色组数都不超过 5～6 色，所以其使用正在受到挑战。同时，卷筒纸印刷机生产线（包括胶印、凹印、柔印加丝印）的使用却迅速增加，其中卷筒纸柔印增长最快。

2. 凹版印刷

凹版印刷以其图像色彩丰富、色调浓厚、印版耐印力高等特点著称。在高档、大批量的纸盒生产中，凹版印刷占一定地位，尤其是随着卷筒纸印刷机联机切大张，联机烫印、膜切、清废、联机复合、分切、复卷设备使用量的增加，联机生产设备越来越广泛地被用于折叠纸盒的生产。当然，纸盒生产从材料准备、印刷、印后加工、成型、装填到包装有很大区别，所以联机生产方式要因产品而异，所采用的机器也就可能有很大的差异。例如：烟盒等单层纸板盒可以使用卷筒纸凹印印刷—裁切—单张纸电化铝烫印、压凹凸、模切生产工艺，或者采用卷筒纸凹印印刷—联机压凹凸、模切生产工艺。2～3 层纸板盒采用卷筒纸印刷—薄膜复合—裁切—单张纸烫印或压凹凸、模切生产工艺；也可采用卷筒薄膜印刷—卡纸复合—横切—单张纸烫印或压凹凸、模切生产工艺。

3. 柔性版印刷

用于纸盒柔性版印刷的主要有两类设备：机组式柔印机和卫星式（CI 型）柔印机。机组式柔印机功能灵活，一般在最后一个色组加装一个 UV 固化装置，用于 UV 上光。除印刷、上光外，窄幅机组式柔性版印刷机还可配备联机烫金、压凹凸、模切和输送及收纸等单元。由于联机烫金对整机的速度有较大影响，联机压凹凸和模切的刀具加工要求高，故只适合印制批量大、品种单一的纸盒，如烟包、酒盒等。考虑到灵活性的要求，一些厂家通常选择联机切大张，然后用单张纸模切烫金机进行模切烫金。CI 柔印机具有更高的套印精度、性能更可靠，也可以用于纸盒柔性版印刷生产。

4. 丝网印刷

丝网印刷在高档烟酒、食品包装纸盒方面的应用逐步增加。使用 UV 丝网油墨，如图 7-2 所示在烟盒上印刷磨砂、折光、冰花、皱纹等效果，极大地刺激了消费者的购买欲望。但由于平压平丝网印刷方式印刷速度低、油墨固化速度慢、印刷质量难于控制、印刷材料消耗大，无法满足香烟纸盒规模、批量生产的需要。采用高速轮转丝网印刷生产线，整个印刷过程从进纸、供墨、印色套准，UV 干燥等可由计算机全自动控制，既能满足印刷磨砂、冰花等特殊效果的要求，又能联机烫印全息防伪标识、压凸、模切成型，易于实现高速自动印刷纸盒。

（a）磨砂效果　　　（b）折光效果　　　（c）冰花效果　　　　（d）皱纹效果

图 7-2　网印特殊效果

5. 组合印刷

为了满足各种高档精美的纸盒印制需求，将胶印、凹印、柔印和丝印等印刷方式进行组合完成纸盒的印制过程，集合各种印刷工艺固有特点，如胶印的突出优点就是对细微层次的表现力强，特别适合印刷网目调图像和细小的线条和文字，凹印在实地印刷方面更为出色，柔性版印刷具有高度的灵活性，印刷一致性好，并且具有环保的特点；网印能够达到很厚的墨层厚度，而且能够采用特种油墨进行印刷，实现独特的效果。

6. 纸盒印后表面整饰和产品成型

印后加工环节的表面整饰工艺可以为纸盒增添更加绚丽夺目的装饰效果，主要有烫印、覆膜、上光（UV 光、水性光、压光）、凹凸压印等，针对不同的用户需求可以选择不同的工艺方法。此外，纸盒产品的成型不能缺少模切压痕工艺过程。

纸盒烫印是一种不用油墨的特种印刷生产工艺。它是借助一定的压力与温度，运用装在烫印机上的模板，使印刷品和烫印箔在短时间内相互受压，将金属箔或颜料按烫印模板的图文转印到被烫印的纸盒印刷品表面，俗称烫金，其工艺原理如图 7-3（a）所示。

烫印按烫印压合条件可分热烫印和冷烫印两类。热烫印即为我们常说的烫印，利用电化铝箔材料，在热压作用下，使热熔性有机硅树脂脱落层和胶黏剂熔化，熔化后的热熔性有机硅树脂黏合力降低，使得电化铝中的铝箔层从聚酯基膜上剥离，此时，已脱膜的电化铝中的铝层在热压作用下，经过短暂的保压，其背面呈热熔状态的胶黏剂即刻有效地和纸盒印品表面贴合，冷却后转移到印品表面的电化铝便牢固地附着在印品表面。烫印图案通常在纸盒表面上有着画龙点睛的功效。烫印产品具有很强的装饰性，其效果如图 7-3（b）所示。

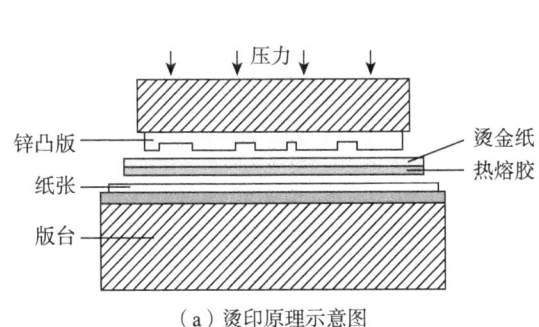

（a）烫印原理示意图　　　　　（b）烫印效果图

图 7-3　烫印工艺原理及效果图

纸盒上光是均匀地在印品表面涂布一层无色透明涂料，经热风干燥、冷风冷却或压光后在印品表面形成薄而均匀的透明光亮层。在纸盒表面上光，可以增强纸盒表面光亮度，而且能起到防潮、防霉的作用，并具有保护印刷图文的作用。上光所用的光油有溶剂性、醇溶性、水性及UV光油等。UV光油具有上光质量良好、环保等优势，在现代纸盒生产过程中被越来越多地采用。

UV上光可以通过联机或脱机的方式，随着印刷机的发展，柔印机、凹印机及部分胶印机都具有联机上光的功能。在实际操作中，由于柔性版UV上光的可变因素较胶印普通上光要多，所以在此将柔印UV上光的注意要点做一强调。

柔性版UV上光是通过网纹辊将UV光油均匀传递到柔性版上，再转印到承印物表面，经UV光源使光敏预聚物树脂结晶成膜，在承印物表面呈现耐水、耐磨的玻璃化质感。必须选用黏度适中的光油，严格控制乙醇等非反应型溶剂的纯度和加入量，使用平滑度等较好的承印物，经济地选用网线辊和UV光源的技术参数，有效地规避上光后印品表面光泽度不好、亮度不够质量缺陷的发生。

纸盒覆膜工艺是将塑料薄膜涂上黏合剂，与纸板印刷品经加热、加压后使之黏合在一起，形成纸塑合一产品的加工技术。覆膜用薄膜厚度一般为 $15\sim20\mu m$，主要有聚丙烯、聚氯乙烯、聚乙烯、聚酯等材料。其中，应用最为广泛的是BOPP薄膜，其透明度好、光亮度好、柔韧、无毒耐磨、耐水、耐热、耐化学腐蚀、价廉。

覆膜工艺因其采用的原材料和设备不同，故有即涂覆膜工艺和预涂覆膜工艺之分。即涂覆膜工艺是操作时先涂布黏合剂再热压，形成纸塑合一的过程；预涂覆膜工艺是将预先涂布好黏合剂的塑料薄膜，直接热压后，形成纸塑合一的过程。

在纸盒覆膜过程中需注意以下四点：第一，选用适宜的胶黏剂并控制涂布量，使用纯度较高的醋酸乙酯，印刷时尽可能降低喷粉量和墨层厚度，适当延长印品墨迹干燥时间，选择适当的覆膜温度、压力和速度，都能有效规避纸塑黏合不良质量缺陷的发生。第二，降低印品墨层厚度，延长墨迹干燥时间，适当降低干燥温度和复合辊表面温度，选择黏度适中的胶黏剂并足量均匀涂布，均能有效地规避起泡质量缺陷的发生。第三，保持传送辊平衡，选择适宜的涂胶量和烘道温度，确保电热辊和橡胶辊平行且压力与线速度均等，可有效地规避皱膜质量缺陷的发生。第四，选择适当的纸、塑放卷和收卷张力，采用适宜的复合温度与压力，避免对低定量薄纸印品进行覆膜加工，可有效规避印品翘曲质量缺陷的发生。

凹凸压印加工是一种常见的印刷品表面整饰工艺，近年随着电子雕刻和激光雕刻技术的不断提高，凹凸印模的加工水平有了质的飞跃，精雕细琢的凹凸印模使得经凹凸压印加工的印品表面之图文更加惟妙惟肖。

在纸盒压凹凸中需注意以下四点：第一，选择适当的压力，确保凹凸印模压合时受压均匀，可有效规避图文轮廓不清质量缺陷的发生。第二，使用图文轮廓较凹印模轮廓小一线，且轮廓边缘圆滑的凸印模，能有效规避轮廓套印不准质量缺陷的发生。第三，在使用石膏凸印模时，选用质量好的石膏粉和胶水，可有效规避图文表面斑点、石膏凸印模易碎等质量缺陷的发生。第四，纸盒类制品的压凹凸高度不能太高，一般高出一张纸的厚度为宜，否则，打包运输时会将凸起的图文部分压扁，非常难看。盒片的压凹凸高度太高，还会影响自动包装机的运行速度，有的甚至不能上自动包装机。像宣传夹页一类的印品，压凹凸高度高一些效果更好。

模切压痕是纸盒生产流程中的重要一环。模切压痕工艺是以盒型结构设计稿为底台，采用有序镶嵌于多层胶合木板中的钢刀、钢线排列而成的模板，在一定的压力作用下，将印刷品压切成型的过程。压痕炸线是加工过程最易发生的主要质量缺陷。为避免质量故障，应选用韧性好、耐折度高的纸张，同时在联排印版时应尽可能地使折叠纸盒的长边方向与纸张纤维方向垂直，可有效规避压痕炸线质量缺陷的发生；盒型设计时合理安排相互关联盒面搭接的避让关系，在盒型结构中相互搭接拐点处尽可能地采用弧线搭接，能有效规避压痕炸线质量缺陷的发生；选择适当的压力，黏固好压痕线型条或压痕底台，始终保持压痕线条沟槽或压痕底台沟槽内无异物存留，可有效规避压痕炸线质量缺陷的发生。

成盒工艺是纸盒加工的最后一道工序，成盒是将经过模切压痕加工的印刷品制成盒子的工艺过程。可以采用手工操作或机器作业。

糊口打毛或加针刺都能使胶水起到渗透的作用，以提高糊盒的黏结力。糊盒方式也应考虑在内，是机糊还是手工糊，是滚胶还是喷胶，这和纸盒的糊口大小有着重要关系。糊口在纸张有效范围内尽可能留大，最小不少于12mm，以确保黏结面积、施胶量及黏结力的有效性。另外，胶水的涂布量及运行中的皮带压力也要严格控制，调节不当都能影响成型质量。再者就是工作环境的温湿度对盒体的折痕线影响较大，印面在结束印刷、模切后有一段放置期，这期间纸张内的水分部分挥发，使其含水量减少变脆。如果环境湿度太低，易出现爆线问题，因此，应根据季节将温度调整在 20～32℃，相对湿度控制在 50%～85%。

二、瓦楞纸箱印刷

瓦楞纸箱印刷生产加工的工艺包括：瓦楞纸箱直接柔印工艺；微型瓦楞纸板制纸箱的直接胶印工艺；瓦楞纸箱预印工艺；瓦楞纸箱成型加工工艺。

（一）瓦楞纸箱直接柔印工艺

瓦楞纸箱直接柔印工艺的流程为：瓦楞纸板生产→纸板直接柔性版印刷→模切开槽→黏合钉箱。

瓦楞纸箱直接柔印工艺使用水性油墨印刷，比较环保；另外，柔印印后加工的灵活性大，换版速度快，废品率低。柔性版印刷既适合大批量长订单印刷，如啤酒、饮料、食品的瓦楞纸箱印刷，又适合小批量的短订单印刷，尤其是价格昂贵的大尺寸计算机、家电的包装箱。这种印刷技术最大的优势是可以联线生产，即印刷、上光、模切、开槽、粘箱、捆扎可以在一条线上联机完成，是目前瓦楞纸箱生产中最常采用的印刷加工方法。

瓦楞纸箱直接柔印以及其他柔性版印刷产品，在印前处理时若按照胶印或凹印的方法来制作柔印版，印刷出来的样张会出现很多质量问题，例如：颜色变深、层次丢失、高光部分出现丢点或硬边等。所以，柔性版印刷由于版材及印刷工艺的特殊性，在印前处理中应采取相应的网点增大补偿、印版伸长变形补偿和补漏白（陷印）等补偿技术措施。

网点大小的变化随不同油墨、不同纸张及不同压力而有所不同，但大致趋势是类似的。以加网线数34线/厘米（86线/英寸）Cyrel版印刷复制曲线为例，0～100%的网点在印刷时的增大情况：50%的网点将变为73%，增大23%；15%网点增大量为23%；75%网点增大量为13%。所以要在分色时注意调整分色层次曲线，将网点增大部分进行压缩（俗语说：降曲线），这样就使印刷网点增大后达到理想的层次复制曲线，实现理想的网点还原。

柔性版最明显的特点是具有弹性，一个制作得非常完美的柔性印版，当它安装到圆柱形滚筒上之后，印版会沿着滚筒表面产生弯曲变形。在印刷压力的作用下，图文沿印刷方向（圆周方向）的尺寸被伸长，而滚筒轴线方向的尺寸基本不变，这种变形波及印版表面的图文，使得印刷出来的图文与原稿尺寸发生偏差。补偿途径有下面几种：①在原稿设计时，根据印版伸长率，在变形尺寸中减去相应值。②拍摄晒版胶片时，采用变形镜拍摄，缩短变形尺寸。③采用计算机制版，只需在设计完墨稿分色前，给一个单向缩放指令。④采用滚筒式的晒版方法，即晒制印版滚筒与印版滚筒尺寸相同。

对印刷品不同颜色间出现的漏白现象进行补偿处理的技术称为补漏白或陷印（Trapping）技术。例如：在Photoshop中创建陷印：将文件另存为RGB模式，以便将来重新转换图像。然后选取"图像"＞"模式"＞"CMYK颜色"以将图像转换为CMYK模式；选取"图像"＞陷印；在"宽度"中输入陷印值。然后选择一种度量单位，点按"好"。一般陷印值为0.2mm。

补漏白技术是采用计算机软件来解决在实际印刷生产过程中不可能做到的绝对套准，从而在不准确中求得准确的效果，以达到提供完美的印刷画面的目的。Barco包装工作站可提供补漏白自动和手动处理能力，许多图形处理软件也提供较完善的补漏白功能。

补漏白处理的基本原则是：浅色入深色的原则。在补漏白技术中，无论是外延还是内缩，都应掌握浅色进入深色的原则，这样画面才不会出现明显的改变。

（二）微型瓦楞纸板制纸箱的直接胶印工艺

瓦楞楞型按大小顺序，依次为A、C、B、E、F、G、N等，E、F、G、N楞纸板通常被称为微型瓦楞纸板，一般采用直接胶印工艺生产纸板厚度小的瓦楞纸箱或纸盒。微型瓦楞纸板制造纸箱的工艺流程为：微型瓦楞纸板生产→微型纸板直接胶印→模切开槽→黏合钉箱。

这种瓦楞纸箱直接胶印工艺具有以下优势：印刷质量高，可以印刷出极细的文字稿和复杂的网目调图像，加网线数可以达到200线/英寸；成本较低，胶印印版制版成本低，胶印的高度标准化也有助于降低印刷成本；印刷辅助时间相对较短，对短版活更为经济适用。相对于先胶印面纸再对裱的加工方法，工序相应减少、纸张的加放量比较少。然而，瓦楞纸板的直接胶印由于印刷压力作用，纸板强度也会产生不同程度的下降。另外，瓦楞纸板胶印工艺不能像柔性版印刷设备那样可以实现纸板纸箱联动生产，生产效率相对较低。胶印幅面相对有限，能印刷的幅面种类相对较少。目前胶印直接印刷纸板主要还仅是印刷微型瓦楞纸板，对于克重较大的厚纸板还不能在胶印机上直接印刷。为了消除或弥补以上一些缺陷，需从以下几个方面着手解决。

（1）采用超压缩海绵层的新型橡皮布

超压缩海绵层橡皮布其良好的弹性可以补偿瓦楞纸板波峰和波谷在进行直接胶印时印刷压力差，改善印刷效果。

（2）瓦楞纸板的合理选择

为了减小胶印压力造成的质量缺陷，改变瓦楞纸板结构将提高瓦楞纸板的强度，削弱瓦楞纸板波峰和波谷所形成的表面不平整度，如新型G楞等微瓦。

（3）选择合适的油墨

弹性良好的橡皮布可以降低瓦楞纸板波峰和波谷的压力差，但是不能完全消除压力差，这样就还会形成印刷压力的差异，这个印刷压力差在不同程度上导致脊部和凹部的网点增大及油墨的叠印，这样就形成了瓦楞纸印刷的一个质量问题——印刷的"搓衣板"效应的产生。一些新型油墨将减小由于瓦楞纸板表面不平整造成的印刷质量问题，可以采用专用瓦楞纸板直接胶印油墨。

（4）选择先进的胶印设备

现在胶印设备供应商注意到胶印在包装印刷中的发展，研制了不同类型的专供包装印刷使用的印刷设备，能够提高瓦楞纸板直接胶印的印制质量。

（三）瓦楞纸箱预印工艺

瓦楞纸箱预印工艺是使用卷筒纸柔性版印刷机或者卷筒纸凹版印刷机进行印刷，印刷后仍然以卷筒纸的形式收料，再将印刷好的彩面卷筒纸作为纸箱面纸，上瓦楞纸板生产线制成瓦楞纸板，然后模切成型。其工艺流程为：卷筒纸预印刷（凹印、柔印）＋纸板生产线生产的瓦楞复合黏合→计算机纵切→计算机横切→模切开槽→黏合钉箱。

瓦楞纸箱预印工艺可以更好地保护瓦楞不受损坏，使得瓦楞纸箱的抗压强度得以提高，能更好地保证运输过程中产品的质量。此外，瓦楞纸箱预印的印刷精度高、图文清晰精美、色彩丰富饱和。采用预印并覆膜后，可与胶印后覆膜的效果相当，经过长途运输、仓储、搬运过程后仍然能保持良好的印刷质量。这类预印工艺尤其适合牛奶、啤酒及高档饮料外包装箱的印刷。基于印刷速度快和生产成本的考虑，预印纸箱的起印量一般不低于50万箱，对中小客户和短版活件均不适用。

（四）瓦楞纸箱成型加工工艺

1. 模切压痕工艺

纸箱模切成型技术有三种方式，即平压平模切、圆压圆模切、圆压平模切。

平压平模切特点是制模容易成本低、模切精度高。平压平模切机有半自动型、全自动型和老虎口式3种，半自动型靠手工递纸，生产效率较低；全自动型，自动送纸、自动除废，生产效率高；老虎口式平压平模切机，生产效率特低，操作极不安全。

圆压圆模切机有两种机型：一种是软模切，模套采用聚氨酯材料或者尼龙材料。另一种是硬模切，该机结构简单，造价低廉，生产效率高，其弱点是刀片损坏快、制模成本高。

全自动型圆压平模切机生产效率高，能配多色柔性印刷单元，组成印刷模切机组，一次完成彩面瓦楞纸箱印刷模切成型，精度也特别高。

手动型模切机即平台模切机，在市场也有较广泛应用。该机的特点是采用三圆压平模切方式，具备三圆压平的优点，但不足的是定位不够精准、生产效率低。

2. 瓦楞纸箱箱体接合工艺

瓦楞纸箱是由模切压痕后的瓦楞纸板互相搭边接合在一起，而形成一个完整的瓦楞纸箱。瓦楞纸箱的箱体接合有3种方法：金属钉钉合方法、胶带黏合方法和黏合剂黏合方法。金属钉钉合方法是应用较多的一种箱体接合法，用金属钉沿搭接部分的中线钉合。胶带黏合方法是用宽度为60mm左右的胶带在纸箱外部，以纸箱接口部的结合楞线为中线进行黏合。黏合剂黏合方法是用黏合剂将纸箱箱体的搭接部分黏合。黏合剂要求黏性好、对温湿度变化有较高的适应性、能在较短时间内快速干固，所用黏合剂多为聚醋酸乙烯乳液。

在选用瓦楞纸箱接合方法时，应根据内装物的特征、瓦楞纸板的种类和瓦楞纸箱生产批量来合理选用。

第二节 塑料包装印刷

一、塑料软包装印刷

塑料软包装印刷包括塑料薄膜的印前表面处理、制版、印刷及印后加工等工序，其整个工艺流程如图 7-4 所示。

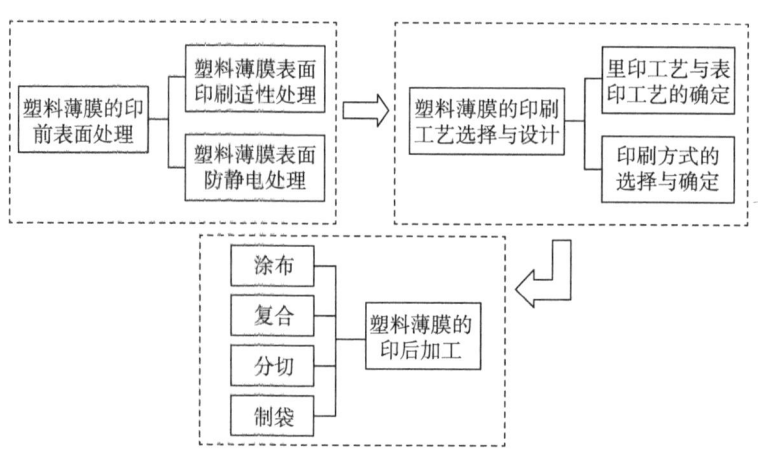

图 7-4 塑料薄膜印刷工艺流程示意图

(一) 塑料薄膜的印前表面处理

塑料薄膜在上机印刷之前需要进行印前表面处理,一是由于塑料薄膜属于非极性高分子聚合物,其表面张力与油墨的表面张力相差不大,对油墨的黏附能力较差。为了增加塑料薄膜表面对油墨的吸附能力,必须对塑料薄膜表面进行适当处理增加其表面张力,也就是说要提高塑料薄膜的印刷适性。二是因为在塑料薄膜的印刷过程中,因摩擦容易产生静电,当薄膜卷在一起的时候,由于静电的作用而互相粘连在一起,这给印刷加工带来了一定的困难,因此,在印前塑料薄膜还需进行抗静电处理。

1. 改善塑料薄膜的印刷适性

为了提高塑料薄膜表面的印刷适性,常用于塑料薄膜表面的处理方法有电晕处理法、气体等离子处理、化学处理法、电子火焰处理法、离子浆处理法等。不管是使用何种表面处理方法最终的目的都是改善薄膜表面对油墨的吸附能力,未进行表面处理和进行表面处理的塑料薄膜表面对油墨的吸附能力变化如图 7-5 所示。

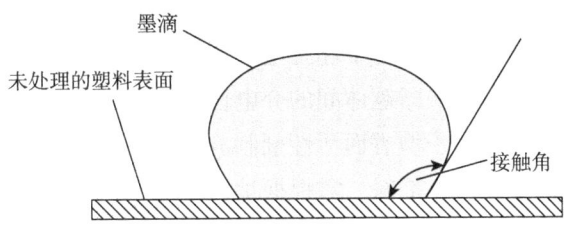

(a) 未进行表面处理的塑料薄膜表面油墨的附着状态

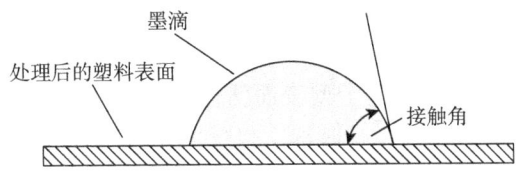

(b) 进行表面处理的塑料薄膜表面油墨的附着状态

图 7-5 油墨墨滴在塑料薄膜表面的状态

2. 塑料薄膜的防静电处理

由于塑料是绝缘材料,非常容易带静电,而静电的存在又会使塑料表面吸附灰尘,既影响油墨附着力,又影响印刷效果。因此,除了环境清洁干净外,消除静电是防尘的最主要因素。塑料薄膜印刷一般都采用抗静电剂消除静电,根据其处理技术不同分为添加型抗静电处理技术和涂层型抗静电处理技术。

(1) 添加型抗静电处理技术

添加型抗静电剂的处理原理是利用抗静电剂的亲水基团增加薄膜表面的吸湿性,吸附空气中的水分,形成微薄的水膜,起泄漏电荷的作用。也可增加薄膜表面的光滑性,降低摩擦系数,防止摩擦起电。

添加型抗静电处理技术工艺是将添加型抗静电剂按一定比例与热塑性树脂混合,并添加多种助剂，经熔融、混炼、造粒等处理过程制得抗静电粒子。在添加型抗静电处理技术工艺过程中需注意以下一些问题。

①在选用抗静电剂时，需注意其与基体树脂的相容性问题。如果两者的相容性差，则制得的抗静电粒子性能也较差，但相容性太好，则导致抗静电剂向表面迁移的速度太慢，难以形成抗静电水膜。选用其玻璃化温度较低的热塑性树脂如聚乙烯（PE）或聚丙烯（PP）作载体树脂，有利于抗静电剂向表面迁移。

②在与载体树脂进行熔融、混炼、造粒的过程中，要尽可能维持较低的加工温度，防止抗静电剂受热分解。

③利用抗静电粒子制备抗静电塑料薄膜时，通常采用三层共挤吹塑工艺。添加抗静电粒子的比例需根据有效物的含量来确定。

（2）涂层型抗静电处理技术

塑料薄膜产生静电，主要是由于其导电性差，在生产加工的过程中由于摩擦产生的电荷积聚在其表面而不能逸散所导致。涂层型抗静电剂根据塑料薄膜表面所带电荷的正负，通过增加薄膜表面的离子浓度，以阴离子中和正电荷或以阳离子中和负电荷的方法防止电荷积累。介电常数大的抗静电剂可增加摩擦体间的介电性，使介电损耗增加，达到抗静电效果。涂层型抗静电剂处理工艺是将离子型表面活性剂制成抗静电涂料，涂覆于塑料薄膜表面，防止电荷积累。在选用涂层型抗静电剂时，需根据被涂覆基材的功函数大小来确定。塑料薄膜的功函数大，则在摩擦时，电荷会从功函数小的一方往功函数大的一方转移，因此容易带负电；功函数小，则容易带正电。常见的塑料材料中，功函数由大到小的顺序依此为：PP＞PE＞PS＞PVDC＞PET＞PA，即PP、PE极易带负电，宜采用阳离子型表面活性剂涂覆；PET、PA极易带正电，宜采用阴离子型表面活性剂涂覆。要求塑料薄膜表面润湿张力大于$38dyn/cm^2$，抗静电涂料成膜性好、耐摩擦、耐化学腐蚀且作用持久。

（二）塑料薄膜印刷工艺选择

1. 塑料薄膜的"里印"工艺和"表印"工艺

塑料薄膜具有透明的特点，因此，在塑料薄膜上的图文既可以在薄膜的外侧呈现也可以在塑料薄膜的内侧呈现，即通常所说的"表印"工艺和"里印"工艺。

（1）"表印"工艺与"里印"工艺的特点

塑料薄膜的"表印"工艺是指在塑料薄膜上印刷后，经制袋等后工序，印刷的图文在成品的表面上的工艺。表印工艺的图文在塑料薄膜的表面上，因此，要求油墨附着力好，并具有相当的耐磨性、耐晒性、耐冻性、耐温性。表面印刷塑料薄膜多为聚乙烯、聚丙烯等聚烯烃类薄膜。

"里印"工艺是指运用反像图文的印版，将油墨转印到透明承印材料的内侧，从而在承印物的正面表现正像图文的印刷方法。其优点是色彩鲜艳，不褪色，不掉色，防潮耐磨、牢固实用、保存期长、不粘连、不破裂，由于油墨印在薄膜的内侧，经过复合工艺，墨膜层被夹于两膜之间，因此，不会污染包装物品。"里印"工艺已成为透明塑料薄膜的主要印刷工艺。

（2）"表印"工艺和"里印"工艺的区别

"表印"工艺和"里印"工艺在印刷色序的安排及油墨的选择上都有不同之处，如表7-1所示。

表7-1 "表印"工艺和"里印"工艺区别

		"表印"工艺	"里印"工艺
制版工艺		"表印"工艺的制版与一般制版工艺完全相同，若是直接印刷的柔印工艺，则印版上的图像为反像，印后是正像	"里印"制版工艺与一般制版工艺基本相同，与"表印"不同的一点是，印版上的图文与"表印"工艺使用的印版图文相反，若是直接印刷的柔印工艺，则印版上的图文为正像
印刷色序		塑料薄膜的"表印"均以白墨铺设底色，用来衬托其他色彩的印刷效果。首先，白墨与塑料薄膜具有良好的亲和力，可以提高墨层在薄膜上的附着牢度。其次，白墨底色是全反射，可使印品的色彩更为鲜艳。再次，印制底色可增加印品的墨层厚度，使印品的层次更加丰富，并富有浮凸感的视觉效果。以柔印为例，塑料薄膜"表印"工艺的印刷色序一般确定为：白→黄→品红→青→黑	为了获得与"表印"一样的视觉效果，"里印"工艺的印刷色序应与"表印"相反，也就是说白墨底色应该放到最后印刷，这样从印品的正面观看印品，白墨底色才能起到衬托各色的作用。仍然以柔印为例，则"里印"工艺的印刷色序应为：黑→青→品红→黄→白
印刷油墨	连接料	"表印"工艺使用的是表印油墨，主要是以聚酰胺树脂作为连接料，其附着力好，光泽好，但高温条件下不适应，复合时牢度差	非蒸煮型里印油墨的连接料主要是氯化聚丙烯，国外也有用硝酸纤维及氯乙烯-醋酸乙烯共聚树脂的。耐高温蒸煮的里印油墨连接料是聚氨酯，使用时加入一定量的硬化剂，二液混合，交联反应
	溶剂	表印油墨所用的溶剂主要是二甲苯、异丙醇	一般里印油墨溶剂以甲苯、醋酸乙酯为主。耐高温蒸煮里印油墨则是乙酮、醋酸乙酯等为主。里印油墨溶剂适合高速印刷，溶剂的挥发度较快，溶剂残留量特别少
	耐磨性	由于聚酰胺树脂柔软性好，具有较大的弹性，加入的助剂使其耐磨性提高，与外界物体相碰较牢固	里印油墨的氯化聚丙烯树脂刚性特别好，耐磨性差些，由于是里印，对耐磨性要求也就相应低些
	辅料	表印油墨与里印油墨由于连接料等不同，其辅料助剂及添加剂也不相同，表印油墨中常加入失水苹果酸酯、猕猴桃果酸酯，用以提高附着力，增加光泽，提高黏度	里印油墨也加入各类颜料分散剂、增强剂、消泡剂等助剂

2. 塑料薄膜印刷方式的选择

适合塑料薄膜的印刷方式主要有凹版印刷、柔性版印刷和丝网印刷等。在选择印刷方式时，需从承印材料、单位面积着墨量、墨层厚度、印品质量要求、印刷色数、换版频率及成本预算等方面加以综合考虑，最终确定合理的印刷方式及工艺。

（1）塑料薄膜的凹版印刷工艺

凹版印刷是目前塑料薄膜印刷的主要印刷方式。使用凹版印刷方式印刷的塑料薄膜印品具有其他印刷方式无法比拟的一些优点，如印品的墨层厚实、色泽鲜艳、图案清晰明快、画面层次丰富、反差适度、立体感强、形象逼真等等。凹版印刷的制版工序较复杂、价格也比较昂贵，但其耐印力高，对于大批量印件来说，是比较适合的选择。

（2）塑料薄膜的柔性版印刷工艺

柔性版印刷的最大特点是采用柔性印版和快干型油墨，且属于轻压印刷。其设备简单，印刷速度高，版材和机械损耗较小，成本较低，并且换版时间短、工效高，承印材料的范围广，对于中小批量的塑料薄膜印刷是比较合适的选择。

（3）塑料薄膜的丝网印刷工艺

丝网印刷的墨层厚实，遮盖力强，网印设备简单、成本低，对于一些中低档的塑料薄膜印刷可选择丝网印刷。

塑料薄膜网印工艺包括手工网印工艺和卷筒网印工艺，其中卷筒薄膜网印可印刷各种塑料薄膜及编织带等。印刷方式有平网长平台网印、卷筒式平网机网印和圆网印刷机网印。对单幅画面印刷，大多采用平网长平台网印，需要印多少颜色，就使用多少组平网印刷装置。对于连续画面的薄膜印刷，多采用圆网印刷方式。

（三）塑料薄膜的印后加工处理

塑料薄膜的印后加工处理主要包括复合、分切制袋等工艺。

1. 塑料薄膜的复合工艺

塑料薄膜印刷后一般通过复合工艺来克服单层薄膜的缺点，集中各层单膜的优点，满足各种商品包装的需求。在复合基材的选择上应根据复合薄膜的用途、内装物的特性、单层薄膜的性质及产品包装的合适价位等因素综合考虑。塑料薄膜复合加工方式有干式复合法、湿式复合法、挤出复合法、热熔复合法和共挤出复合法等数种。

2. 塑料薄膜的分切制袋工艺

（1）分切

分切是按使用要求，将宽幅薄膜沿其纵向分切并复卷的工艺，在分切复卷机上完成，为了保证分切复卷精度，一般设有边位控制装备。塑料薄膜分切复卷机及结构如图7-6所示。

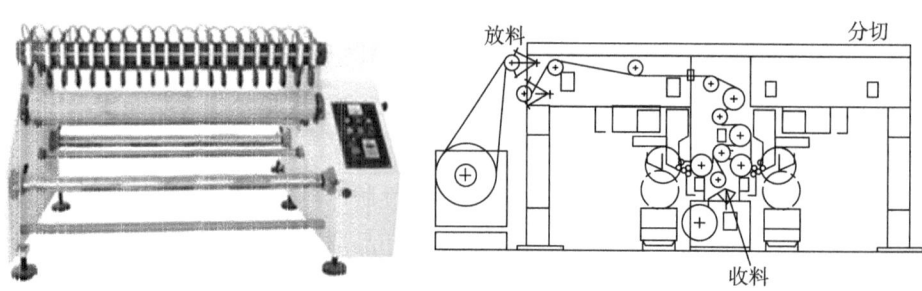

图7-6　塑料薄膜分切机复卷机

（2）制袋

经分切、复卷的薄膜由制袋机完成最后一道工序，即制袋工序。制袋时一般在热封的同时完成裁切、制袋工序。热封制袋主要有两侧缝袋、L缝袋、U缝袋等形式，如图7-7所示。

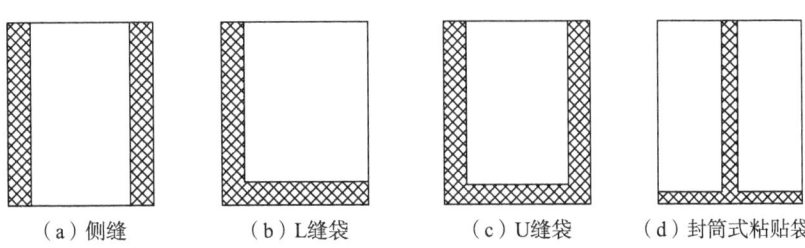

（a）侧缝　　　　（b）L缝袋　　　　（c）U缝袋　　　　（d）封筒式粘贴袋

图7-7　塑料袋结构型式

二、塑料容器印刷

塑料容器与塑料软包装相比，最大特点是即使取出内装物也不易变形，而且大都属于曲面容器，如塑料瓶、塑料罐、塑料盒等容器。适合塑料包装容器的印刷方式主要有丝网印刷、移印和贴花纸印刷等。下面以常用的丝网印刷和移印为例加以说明。

（一）塑料容器丝网印刷

塑料容器丝网印刷流程包括印前的处理、制版、印刷等工序，下面重点从塑料容器的印前表面处理和印刷工艺两个方面讲解。

1. 塑料容器的表面处理

塑料容器在印刷之前需要进行印前表面处理，主要包括塑料容器的脱脂、除尘处理及印刷适性的改善。

（1）塑料容器表面脱脂处理

塑料容器表面沾上油污或脱膜剂会影响油墨的附着力，在印刷前要通过碱性水溶液、表面活性剂、溶剂清洗和砂纸打磨达到表面清洁脱脂的目的。

（2）塑料容器表面除尘处理

塑料容器表面的灰尘既影响油墨在塑料制品上的附着力，又影响网印的效果。除尘的方法通常有三种：第一，采用表面活性剂洗涤可除尘和除静电，但这种方法在干燥过程中又有沾尘的可能；第二，采用装有高压电极产生火花放电的压缩空气喷头吹尘，这种方法速度快，操作较方便，既除尘又除静电；第三，使用除电刷除尘，效果较好。

（3）塑料容器表面印刷适性的改善

改善塑料容器表面印刷适性的方法多种多样，需要根据不同的塑料和工艺选择合适的表面处理方法，如聚烯烃（PE、PP）非极性塑料，可采用火焰或电晕处理；聚酯塑料因含有苯环，其光学活性大，可采用紫外线光照处理；尼龙可采用磷酸处理，以提高塑料制品的印刷适性。

火焰处理方法比较适用于小型塑料容器的表面处理。火焰处理是采用一定配比的燃烧气体，在特殊的灯头上燃烧，使火焰与塑料制品表面直接接触的一种表面预处理方法。当塑料容器表面瞬间通过氧化火焰，其表面就会生成碳氧化合物，从而增强了油墨黏着力。塑料容器火焰处理是在火焰处理机上完成。

火焰处理具有处理迅速、效果好、对设备要求不高、无公害、成本低等优点。火焰的高温作用能消除表面的污垢，进而去除塑料表面的薄弱边界层，提高了塑料薄膜的表面能，使表面形成很薄的氧化层，还可以缓解成型时产生的内应力，以防止龟裂等。但火焰处理时操作要求比较严格，稍有不慎就可能导致产品变形，甚至烧坏产品。所以火焰处理时要特别注意，不要处理过甚，只要把塑料加热到稍低于热变形温度并保持一定时间就可以了，以免"灼伤"表面。目前火焰处理法主要用于较厚塑料制品（如中空容器）表面的预处理。火焰处理只能暂时提高表面能，因为增塑剂和脱膜剂会从塑料中不断溶出，减弱处理效果，而且预处理不能有效地清除薄膜表面的外部污染物。

2. 塑料曲面容器丝网印刷工艺

丝网印刷机分平面丝网印刷机、曲面丝网印刷机和静电丝网印刷机等。曲面丝网印刷机能在圆柱面、圆锥面、椭圆面、球面的塑料容器、玻璃器皿和金属罐等物上进行直接印刷。曲面丝网印刷机主要有圆柱曲面丝网印刷机和圆锥曲面丝网印刷机两种。

（1）圆柱体印刷

圆柱曲面印刷机主要完成圆柱形状的塑料、金属或玻璃等容器的表面装饰。圆柱体产品的丝印工艺和平面丝印工艺并没有太大差别，圆柱体的圆周实际上可以展开为平面，所以在原理上是通用的。如果圆柱体产品的圆周的某一条母线在运动过程中能和刮板平面保持平行，圆柱体产品的丝印就可以较容易实现。圆柱体丝网印刷机有两种形式：摩擦传动式丝网印刷机和强制传动式丝网印刷机。

摩擦传动式丝网印刷机及工作示意图如图 7-8 所示。将圆柱体产品置于支承装置的滚轮上，支承装置与刮墨板可作上下运动并可进行调整。印刷时，刮墨板向下移动对承印物施加一定印刷压力，当网版作水平运动时，靠版面与承印物表面之间的接触摩擦力带动承印物转动完成油墨转移。这种印刷装置结构比较简单，使用比较方便，但不能保证网版与承印物表面有比较精确的传动关系，印品质量一般，主要用于单色印刷。

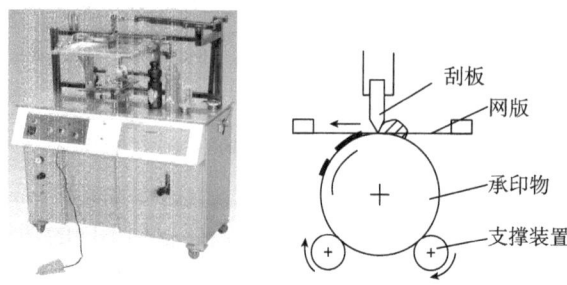

图 7-8 摩擦传动式丝网印刷机装置

强制传动式曲面丝网印刷机及工作示意图如图 7-9 所示。圆柱体产品被固定在可以围绕中心轴转动的夹具上，在传动齿轮的带动下发生匀速转动，其圆周的线速度和网版的左右位移速度相等,这样网版上面的图文就会准确地转印到产品的圆周表面。这种装置的齿条与网版运动部件连接在一起,通过齿条 – 齿轮传动机构由网版带动承印物同步转动。因此,对版时,应保证合理的网版间距,并使刮墨板印刷压力的方向通过承印物的中心线;上料时,应用专用模具安装承印物,以保证套印时准确的印刷起始位置;应根据不同直径的承印物选配传动齿轮的模数与齿数。这种机型可对圆柱体承印物进行精密多色套印。

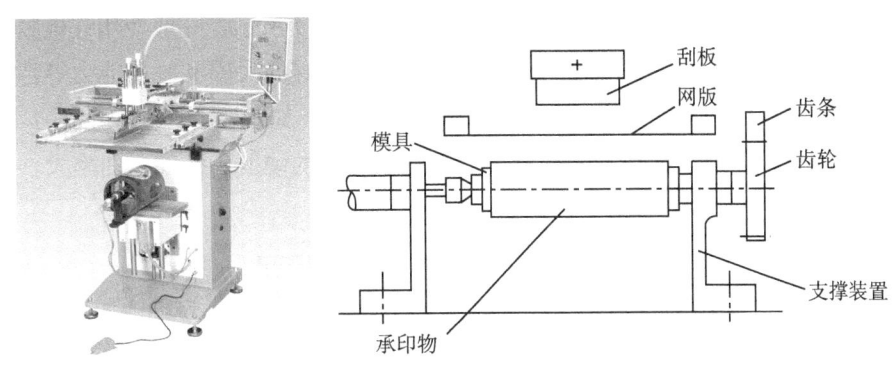

图 7-9 强制传动式丝印装置

（2）圆锥体印刷

圆锥体印刷与圆柱体印刷从原理上来说基本相同,但与圆柱体印刷相比,由于圆锥体印刷展开面是扇形图案,是有弧度的。因此在圆锥体印刷制版前要计算出锥体上下圆的周长差,画出扇形图。更准确的方法是,将要印在承印物上的图案、文字模仿画在纸上,做成扇形图,再剪下并围贴在锥体上,这样制成的网版更为精确。根据容器锥度大小调整承印物中心线与水平方向的角度大小,以保证承印物印刷表面与网版的水平度,通常在8°以内。

由于圆锥体和圆柱体在印刷面形状上的差异,在圆锥体的印刷包装上需要有一些特殊要求。如:印刷圆柱体承印物的网版作水平直线运动,而印刷圆锥体承印物的网版是以锥顶为中心作水平摆动。圆锥形物体是一头大一头小,印刷时先把印刷机上的承印物放置支架和承印物调至成与网版平行,然后调准网版运动的摆动半径,用类似印刷圆柱体的方法印刷圆锥体承印物。其工作原理如图7-10所示。

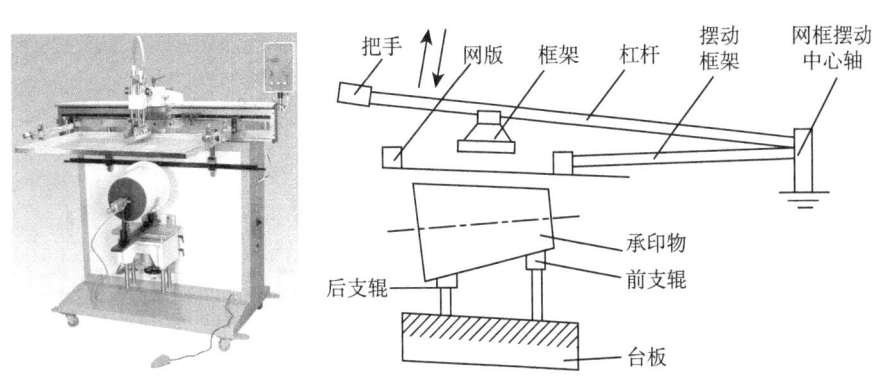

图 7-10 圆锥体丝网印刷设备及工作原理示意图

（二）塑料容器移印

适合曲面或异形塑料容器印刷的另一种装潢方式是移印。移印使用一种被称为"移印头"或"辊轴"的中间物来转移印刷图文，在凹版面上全部涂以油墨后，用刮刀刮去高面空白部分的油墨，再用移印头施以压力粘出图文部的油墨，并转移到承印物上。移印工艺的图文转移过程如图7-11所示，移印印版结构同凹印的凹版，如图7-12（a）所示。移印所使用的移印头的作用是转印印版上的图文，形状各异，如图7-12（b）所示，一般使用硅橡胶来制作，具有一定的柔软性、良好的弹性、较高的表面粗糙度、较好的吸墨和脱墨能力等特点，对曲面容器的宽容度比较大，尤其适合一些小面积的曲面印刷，如瓶盖的印刷，如图7-13所示。在实际印刷过程中，应该根据不同曲面合理地选择移印头的硬度。例如：曲率大、硬度高的承印物，应选用硬度小的移印头。

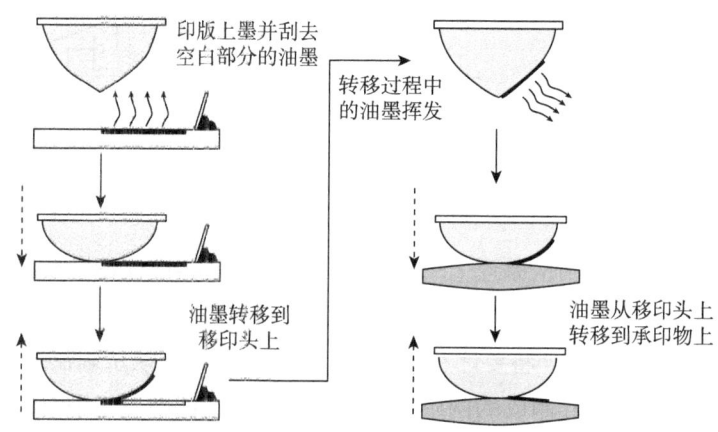

图 7-11　移印工艺图文转移过程示意图

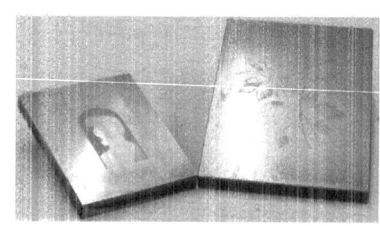

（a）移印印版

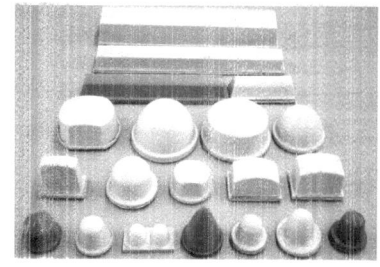

（b）移印头

图 7-12　移印使用的印版及移印头示意图

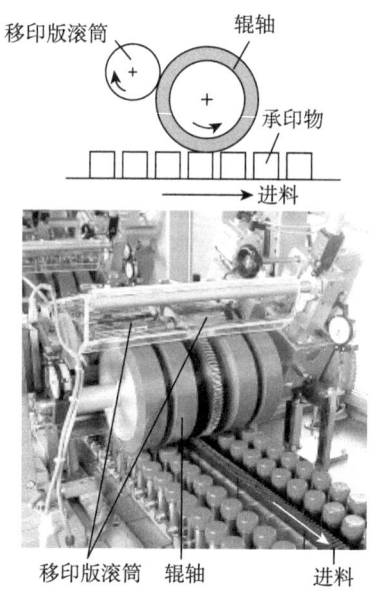

图 7-13　移印印刷瓶盖示意图

第三节 金属包装印刷

一、单张金属板印刷

单张金属板印刷的生产工艺流程如图7-14所示。首先，为了实现包装金属板的印刷效果，在印刷前对金属板必须进行防尘去皱及涂布处理；其次，根据金属板承印材料的特殊性选择合理的印刷方式进行施印；再次，为了让金属板印刷的表面效果好，印后还需进行涂布上光；最后，通过加工成型手段制成所需的金属容器。

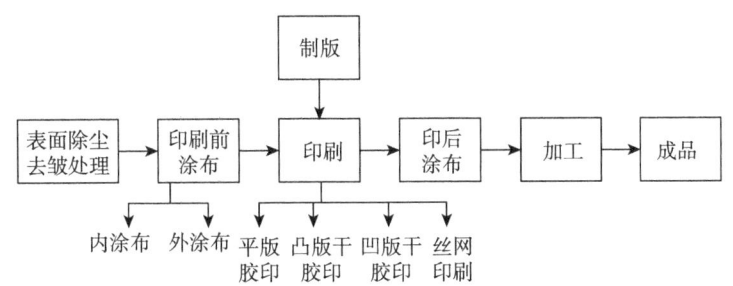

图7-14 金属板印刷工艺流程

（一）表面除尘去皱处理

在涂布和印刷前要对金属板表面进行除尘去皱处理，主要目的有二：首先，为保证涂布和印刷的效果，必须清除金属表面的油脂和尘土等杂质；其次，使金属表面具有良好的平滑度。主要设备有除尘机、除皱机和烘炉。

（二）印刷前涂布

涂布是在金属表面涂布底色的工艺，涂布印刷的单张马口铁可加工成食品罐、饮料罐等。涂布工艺分为内涂布和外涂布。

1. 内涂布

内涂布是在金属罐内表面涂布的方式。内涂布的涂料将金属罐与内装物隔开，其主要目的是防止金属容器内层与内容物互相反应腐蚀，从而提高内容物的存放时间。由于内涂料是直接与食品、药品、化工产品等物质接触的，因此它除具有耐酸、耐溶剂、耐脂肪、耐蛋白质、耐化工原料等不同性能外，还必须无毒、无味，不与所装物品发生化学反应。目前常用的合成树脂类内涂料，是以环氧树脂为主要成分，具有良好的抗化学性、柔韧性和附着力，已成为涂料行业的主要产品之一。

2. 外涂布

外涂布是指对金属罐的外表面进行的涂布。外涂布的主要目的有二：第一，提高油墨在金属表面的附着性，改善金属的印刷适性。由于金属是硬质承印物，对油墨的吸附性较差，直接将油墨印刷在金属表面很难达到牢固的附着,为改善油墨的附着性能,可以使用浅色的底漆对金属外表面先均匀涂布,然后再印刷。第二,提高金属制品的机械性能。印刷后的金属板在罐成型加工过程中,会受到弯、折、压、卷等外力的冲击,通过涂布底漆,可以提高金属制品的机械性能。

常用的底漆多为环氧胺基类化合物,具有颜色浅,柔性好,多次烘烤不变形变色、耐冲击等特点。为提高色彩的再现性,底漆之上还需要通过一次或两次印白,以达到印刷所需要的白度。

3. 涂布工艺及设备

金属板的涂布通常是在涂布机上完成,其工作原理如图7-15(a)所示。载料辊和传料辊将涂料转移到涂布辊上,当金属板经过涂布辊和刮料辊之间时,涂布辊将涂料转移到金属板上。对于单张金属板来说,金属板按一定时间间隔传送,金属板之间有一定间隔,在间隔时间段涂布辊和刮料辊将会接触,涂料将沾到刮料辊上,会造成金属板背面蹭脏,故使用刮料刀通过增湿辊将涂料回收,避免蹭脏现象的发生。对于卷料金属板来说,则可以进行双面涂布,如图7-15(b)所示。金属板两面可以分别涂布不同的涂料,以满足内外同时涂布的要求,此时只需要将刮料辊换成涂布辊即可,并去除刮料刀即可。

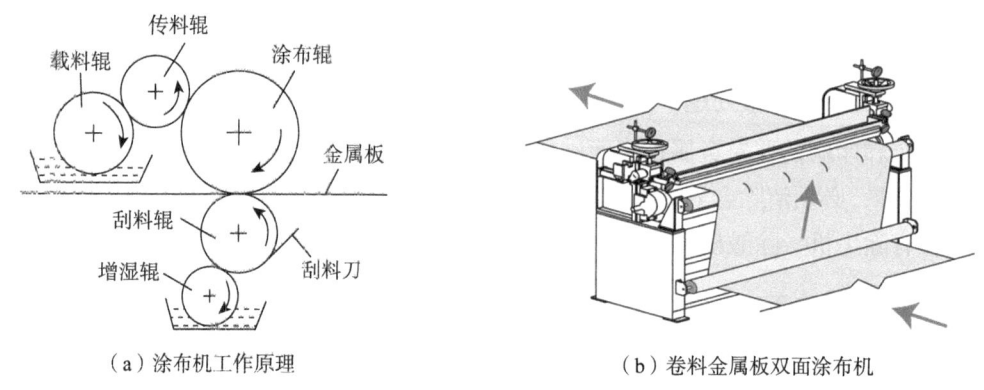

(a)涂布机工作原理　　(b)卷料金属板双面涂布机

图7-15　涂布机示意图

由于涂布机的滚筒排列与胶印机的核心滚筒排列类似,在图7-15(a)中,如果是印刷机,传料辊应该是印版滚筒,涂布辊应该是橡皮滚筒,而橡皮滚筒与涂布机上涂料辊的性能基本一致。因此,可以将现有的多色胶印机的某一色组进行改造,将印版滚筒换成一般传墨辊,在墨槽中加入涂料,即可以在印刷机上完成金属板的涂布。通过这种方式可以降低设备成本、节约占地面积并提高生产的效率。

在金属的涂布工序中,涂料和涂布辊的性能是决定涂布质量的关键。首先,金属印前使用的涂料包括内壁涂料、打底涂料、白色涂料等,对于内壁涂料来说,由于其直接与食品接触,要求涂料必须无毒、无味,内涂后应在干燥器中进行干燥。打底涂料用于金属表面与油墨起到连接作用,是金属和油墨之间的一层涂料,其作用是使涂膜牢固地附着于金属表面上,并能和油墨结合良好,因此,对于打底涂料要求对白色涂料或油墨具有良好的亲油性并对金属有牢固的附着；具有良好的流平性，适宜的热固化性和较好的柔韧性；具有良好的抗水性；色泽要浅，干燥成膜后泛黄性小。对于白色涂料来说，常作为印刷满版图文的底色使用，应具有良好的附着性和白度，并在高温烘烤的条件下不泛黄、不褪色。所有涂料都应复合环保要求，涂料选用合理对金属印刷产品的牢固度、色彩鲜艳度、白度、光泽度以及机械加工适性等方面都会起到重要的作用。其次，为了得到一定的涂层厚度和涂膜的均匀性，除了将涂料保持一定的黏度及不挥发性外，涂布辊的表面硬度应符合一定要求。

金属印刷所使用的涂布辊一般为合成橡胶辊，其具有抗拉抗撕裂、耐磨耐腐蚀、对涂料的黏附性好、有一定膨润性的特点，是涂布辊的主要使用材料。

（三）制版

制版工艺必须与所选的印刷方式相匹配，适合金属板的印刷方式有平版胶印、凸版干胶印、凹版胶印及丝网印刷等。若采用凸版干胶印方式，可采用感光性树脂凸版进行印刷，不能使用连晒机制版，大幅面的阴图采用专用曝光机进行曝光制版。若采用平版胶印方式，其制版工艺除了满足一般PS版制版工艺要求外，还应注意以下几点。

（1）网点的选用：选用链形网点有利于金属印刷的阶调再现。

（2）加网线数的选用：根据金属印刷的色调传递情况，其加网线数不宜选用过高，一般应控制在120～133线/英寸范围内。

（3）色数的确定：尽量选用标准三原色工艺，避免多色版的专色、辅助色。

（4）白版的使用：使用白版时，在白版与金版的结合部分，二者之间应压一线，防止在印刷过程中露出铁边。

（四）印刷

金属板承印材料与纸张等相比，其属于硬质材料，故要求印刷时直接和金属接触的印版或间接转移图文的滚筒表面应具有一定的柔弹性，以弥补刚性材料印刷适性的不足，能满足这种要求的印刷方式有平版胶印、凹版胶印、凸版胶印和丝网印刷等。

1. 平版胶印

金属板平版胶印和普通的平版胶印原理并无两样，即利用平版胶印的水墨相斥原理，借助印刷压力将印版上的图文信息转移到橡皮滚筒上，再经橡皮滚筒转移到承印物上。但在油墨和印刷设备的使用上应根据金属承印物的特殊性来合理选择。

金属印刷油墨是以干性树脂为基料，特种颜料为主体的悬浮状物质，属于一种印刷在马口铁和其他金属材料上的特殊高黏度油墨。金属材料属于非吸收性表面，不能渗透，版面上的润湿水过多容易产生油墨的乳化和网点增大等现象，故印刷过程中需要精确控制版面上水膜的厚度和着墨量。

单张金属胶印设备主要由进料系统、定位机构、印刷装置、输墨装置、润湿装置、传动机构等组成，下面针对金属印刷对各个部件的特殊需要进行分析。

（1）进料系统

金属印刷机自动进料系统由进料机和链条输送组成，主要作用是分离马口铁并准确地输送到定位机构进行定位。进料机的结构形式与一般的给纸机基本相同，由于金属板的比重与厚度都高于纸张，所以无论是分料吸嘴，还是送料吸嘴，都应选用大型的结构形式，以保证用强力将板料吸起。板料的分离装置除选用大型的分料吸嘴外，一般在堆料后侧右上方增设磁铁，利用磁铁的磁力先将堆料上面2～3张金属板吸起，以便于板料的分离。

（2）定位机构

金属印刷机的定位机构包括推进器、前规、侧规和缓冲装置。其主要作用是在印张进入印刷系统套印之前对其作轴向和径向定位，以保证每一套色的十字线的准确叠合。一般产品的套印误差不能大于0.2mm。

（3）输墨装置和润湿装置

金属胶印设备的输墨装置和润湿装置与普通胶印一样。输墨装置由供墨、匀墨和着墨三部分组成，主要是将印刷油墨均匀适量地转移到印版上。润湿装置则由供水、匀水和着水三部分组成，主要是供给印版非图文部分合适的润湿液，以保证空白部分不沾油墨。

（4）印刷装置

金属板平版印刷机的印刷装置由印版滚筒、橡皮滚筒和压印滚筒组成，如图7-16所示。在金属板平版胶印中，为了避免金属印品上产生网点变粗，保证网点的再现性，金属板平版胶印机的印刷部件应该具有足够的刚度和精度，并严格控制滚筒的包衬尺寸。故金属平版印刷设备中应该选用硬型橡皮布和硬式衬垫。

（5）印刷压力

金属板印刷过程中，影响印刷压力的因素有多种，如马口铁的厚度和平整度、金属印刷速度、产品的质量要求、橡皮布厚度和弹性等。调节印刷压力时，应注意：第一，印刷压力的调节必须掌握在衬垫材料受压后变形允许的最小限度；第二，根据金属印刷品的特点来调节，

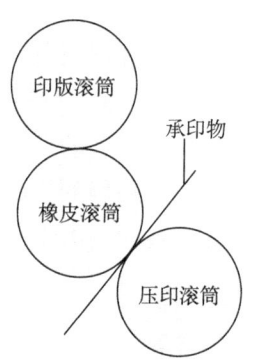

图7-16 金属平版胶印设备印刷装置

一般情况下，印刷实地金属产品时，为了使印迹更加结实一些，压力允许稍大些；而印刷网线金属产品时，为避免网点的丢失和扩张，应根据印刷设备和印刷条件做到标准化的控制和管理。

2. 凹版胶印

凹版胶印免去了平版胶印对印版的润湿环节，即印刷过程中不需要上水，因此，不存在水墨平衡的问题。凹版胶印印刷设备的印刷单元如图7-17所示，由凹印版滚筒、橡皮滚筒和压印滚筒组成，与普通的凹版相比，橡皮滚筒的存在大大提高了油墨在金属表面的附着性能。在凹版胶印中，印版的图文部分低于空白部分，印刷时，先给印版上墨，再使用刮墨刀刮掉空白部分的油墨，然后在压力的作用下将图文部分的油墨转移到橡皮滚筒上，再由橡皮滚筒将油墨转移到金属板上。

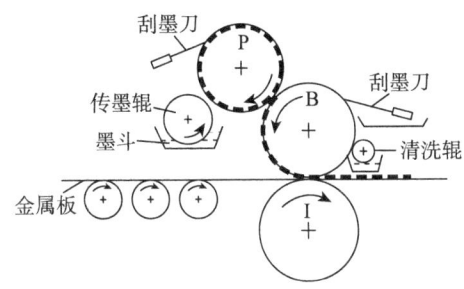

图 7-17 凹版胶印原理

3. 凸版胶印

凸版胶印方式采用了凸版印版，相比凸版印刷，在印刷单元增加了橡皮滚筒，提高了油墨在金属表面的附着性能，而相比普通胶印，免去了润版液，提高了金属印品的光泽度，同时有利于墨层的干燥。

4. 丝网印刷

金属板丝网印刷时，在进行正式印刷之前，要用一张不起黏的铜版纸试印，检查图文是否有欠缺，刮刀刃是否平直，网距是否合适，墨色是否均匀，试印 2～3 次，待网吃墨均匀后再正式印刷。

印刷时，印刷网距一般控制在 6～10mm，视网框大小而定。印墨的黏度、流动度和细度分别控制在 4～5Pa·s、30～50mm 和 15μm。连续图文可用大刮板一次刮印完，对分开的图文，可以用各种规格的小刮板局部印刷。全部印完后再抬网。小面积易获得平整的表面，印后字迹饱满，不会出现深浅不一的现象。

平面金属丝网印刷一般采用蒸发干燥方式，即采用烘干箱进行干燥，烘干温度一般在 100～160℃为宜。浅红、浅蓝墨易褪色，干燥温度要控制在 110℃以下。

（五）印后涂布

金属板的印后涂布工艺是在印刷后的金属板表面加印一层罩光油的工艺，也称上光工艺。通过上光能增加色彩的鲜亮度，提高金属表面光泽，增加墨膜强度，从而提高商品自身价值。印后涂布的原理及所使用的设备与其印刷前涂布相同，在此不再赘述。

印后涂布常用的光油有两种类型：一种是有机溶剂型罩光油，具有光亮、美观、牢固等优点，但这类光油是以芳烃类作为主溶剂，挥发性强、易燃易爆、有一定毒性、环保性差，因此不适合在食品包装、药品包装、饮料包装等领域使用。另一种是水性罩光油，水性罩光油用水代替或部分代替有机溶剂，增加一定的助剂和连接料，使其除了具有罩光油的基本属性外，还具备清洁、无毒、环保、耐烘烤的特点，拓宽了金属印刷品的应用领域。

（六）加工

金属板印刷之后，根据金属板的不同用途进行加工，若是用于标牌、面板等平板装的装饰品，则只需要裁切成所需尺寸即可；若用于金属罐等，还需要进行成罐工序制成金属包装容器。

二、金属容器印刷

金属容器印刷是指金属成型后的印刷工艺，以金属罐为代表产品。金属罐按其结构加工工艺可分为二片罐和三片罐，下面从二片罐和三片罐各自的特点来分析其在印刷工艺上的不同。

（一）二片罐印刷

二片罐的罐底和罐身使用整块金属薄板冲压拉拔而成，罐盖由另一片金属薄板单独成型，故二片罐实际上由两块金属板制作而成，罐身没有任何接缝，形状多以圆柱形出现。二片罐整个生产流程示意图如图 7-18 所示，大致可分为成型、表面处理、涂装和印刷等工序，其自动化生产线较完善，涂装和印刷属于自动化生产线的组成部分。

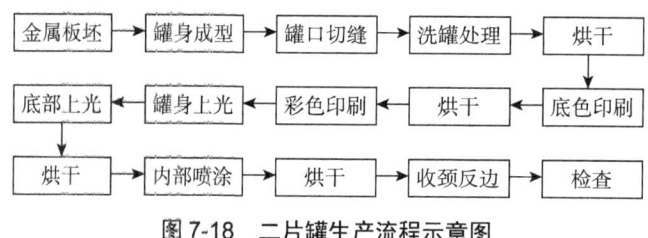

图 7-18　二片罐生产流程示意图

为了满足二片罐高速生产的要求，一般选用凸版胶印的印刷方式，其在自动生产线上的结构如图 7-19 所示。圆柱形金属罐通过星形轮的转动顺利输送到流水线，印刷区域的印版为凸版，滚筒有 4 个或 6 个，可实现四色或六色印刷。凸版上的油墨先转移到橡皮滚筒上，由橡皮布转盘引出的传动皮带带动芯轴上的金属罐与橡皮布以同一线速度共同对滚，完成橡皮滚筒向金属罐表面的图文转移。印刷完成后，对罐的表面有一个上光处理，可以提高油墨的牢度并提高罐体表面的光泽度，最后由输出装置输出金属罐。从图 7-19 中可以发现，在这个印刷系统中，四个印版共用一个橡皮滚筒，而普通的胶印机上每个印版都有自己的橡皮滚筒；金属罐凸版胶印单元的橡皮布转盘由 8 块扇形区组成，每个扇形面上有不同位置的画线，作为不同上墨系统在橡皮转盘上安装的定位所需，保证各色图案在橡皮布有固定的套印位置。金属软管的印刷亦采用凸版胶印的方式。

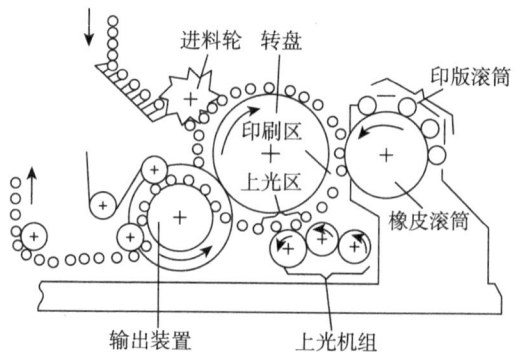

图 7-19　二片罐生产线上印刷单元结构示意图

（二）三片罐印刷

三片罐由罐盖、罐身和罐底三部分组成，即需要三块金属薄板分别加工成罐盖、罐身和罐底，故罐身有接缝。通常情况下，采用成型前印刷，即在金属板上印刷之后再加工成金属罐。三片罐制作工艺流程如图 7-20 所示。印刷工艺是三片罐制造工艺中的一部分工序，由于是在金属罐成型之前进行印刷，故相当于在金属板上印刷，印刷方法和方式都跟金属板印刷相似，但这里需注意的是三片罐印刷之后罐身部分要连接成型，通常是采用锡焊接、缝焊接和粘接的方式，在焊接的地方不能有内涂料。所以，在上内涂料的时候，必须根据一定的版式进行。罐身焊接之后，通过内喷涂的方法将聚乙烯树脂涂料涂覆于罐接缝处并加热固化。

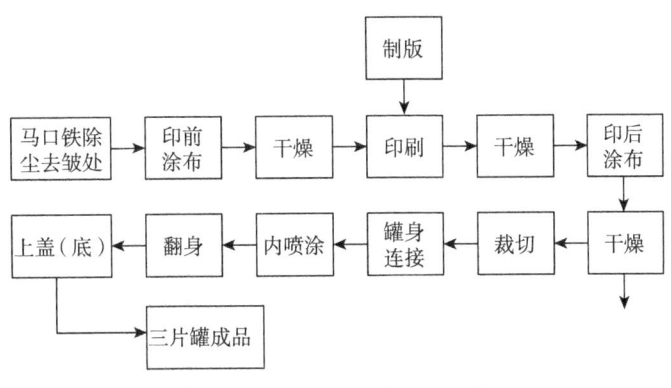

图 7-20　三片罐生产工艺流程

第四节　不干胶标签印刷

不干胶标签又叫自黏标签、即时贴、压敏纸等。与普通标签相比，最大的特点是使用了不干胶材料，而不干胶材料是以纸张、薄膜或者特种材料为面材，背面涂有黏合剂，以涂硅保护纸作为底纸的一种复合材料。在这种材料印刷标签所需的信息图文，将载有图文的面纸从底纸上剥离下来，然后手动或者使用贴标机将其贴附到商品或商品的包装上面。免去了普通标签刷胶的过程，提高了生产效率。

不干胶标签的主要应用是：第一，在包装标签领域，主要用于商品的标示和宣传，如食品、饮料、化妆品、化工产品玩具及家用电器等商品的标签；第二，在可变信息标签领域，是以文字和线条为主的标识，如产品批号、条形码、仓储管理信息及生产日期等；第三，在特种标签领域，特种标签一般是指有特殊功能的专用标签，如防伪标签。

一、不干胶标签材料

不干胶材料的基本结构为三层，分别为表面基材、剥离层和胶黏剂层，为了便于剥离层从胶黏剂层脱落，通常在剥离层和胶黏剂层中间上一层硅油，如图 7-21 所示。在不干胶表面基材上完成图文的印刷后，将剥离层和硅油层从胶黏剂层剥离，然后将带有胶黏剂的表面基材粘贴到被贴物品上，不干胶材料剥离如图 7-22 所示。

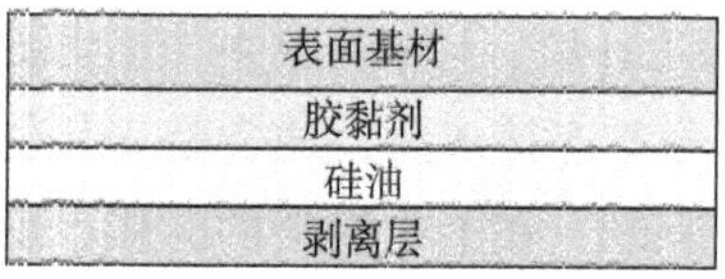

图 7-21　不干胶材料的结构 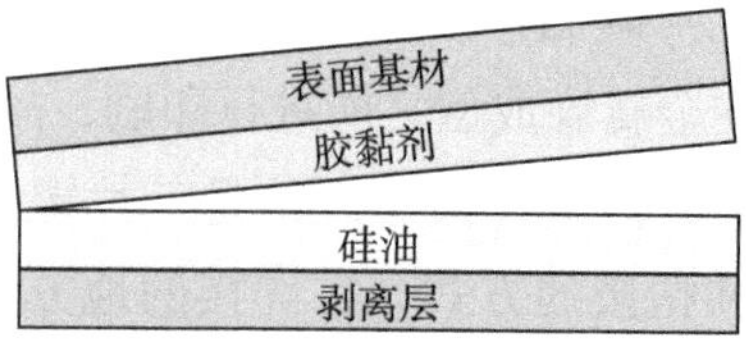　　　　　图 7-22　不干胶材料剥离示意图

（一）表面基材

不干胶材料的表面基材是标签印刷图文的载体，必须具备一定的印刷适性，主要有纸类基材和薄膜类基材两大类。不干胶基材的性能及表面特性直接影响着不干胶标签的印刷质量及效果，因此，在不干胶材料基材的选择上应根据实际应用领域、标签的性能及用途来综合考虑。

1. 纸类基材

纸类基材主要有非涂布纸、涂料纸、金属箔纸、铝箔纸、特种纸以及可变信息印刷用纸等。

非涂布纸以胶版纸为主，其克重通常为 $64g/m^2$；涂料纸以铜版纸为主，与非涂布纸相比其纸张的平滑度和光泽性上更优一些，适合高级不干胶标签的印刷；玻璃箔纸与铜版纸相比进一步提高了纸张平滑度和光泽度，档次更高一些，故通常在一些高档包装上选用；铝箔纸是在纸张表面复合一层铝箔，铝箔有金色或银色，可以提高纸张的光泽度和平滑度；特种纸主要是对一些有特殊要求的标签而言，如耐水纸、荧光纸及彩色纸等；可变信息印刷纸主要用于使用喷墨或激光打印机打印不干胶标签时的表面基材。

2. 薄膜类基材

薄膜类基材主要有聚酯薄膜、聚丙烯薄膜、聚苯乙烯薄膜、聚氯乙烯膜及合成型薄膜等。

聚酯膜主要有透明型和蒸煮型两种类型，其薄膜厚度一般为 $25\mu m$ 或 $50\mu m$，具有优良的耐光性及耐药品性，尺寸的稳定性好。聚苯乙烯薄膜，有白色及透明型，多用于与承贴物同质材料的（可回收型）标签。聚氯乙烯膜柔软、耐水性好，最适于标牌等。合成型薄膜以塑料为主原料，具有纸张的白度、不透明度以及印刷适性和塑料的特性，在食品包装标签上应用广泛。

（二）胶黏剂

胶黏剂是标签材料和黏结基材之间的媒介，起连接作用。胶黏剂对不干胶印刷材料的性能及使用范围有直接的影响，是衡量不干胶印刷材料的主要性能之一。胶黏剂的分类主要有以下几种。

（1）按其特性可分为永久性和可移除性两种，有多种配方，适合不同的面料和不同的场合。

（2）按其主要成分可分为橡胶系、丙烯系和热熔系。橡胶系胶黏剂的耐光性较差，广泛应用于在大范围的被黏合体上粘贴；丙烯系胶黏剂的耐光性和加工性能良好，但在烯类材料上黏合时黏合性较差。

（3）按其形态可分为溶剂型、乳剂型和无溶剂型黏合剂。无溶剂型黏合剂具有良好的环保性能，将是未来黏合剂的发展趋势。

（三）硅油

硅油层的主要作用是保护黏合剂层，避免黏合剂同剥离层发生粘连，故属于剥离层表面涂布的离型剂层。

（四）剥离层

剥离层是承载表面基材，保护胶黏剂和作为模切的基体。剥离层主要有纸类和薄膜类两种类型，可根据不同的用途和使用方法选择不同的类型。

二、不干胶标签印刷

不干胶标签印刷加工方法大概可分为两类：第一种是单张纸印刷；第二种是卷筒纸印刷。

（一）不干胶标签单张纸印刷方法

不干胶标签单张纸印刷方法主要应用于基础标签印刷和可变信息标签印刷。

1. 基础标签印刷

基础标签印刷即常用的包装装潢类标签印刷，常用的印刷方式为胶印、凸印（柔印）和丝网印刷，应根据所选不干胶材料表面基材的特性来选择合适的印刷方式，如胶版纸或铜版纸表面基材可选用胶印，若是薄膜类表面基材可选用凸印（柔印）或丝网印刷方式等。其印刷工艺流程同其他单张纸印刷加工基本相似，根据标签的设计要求在单机上依次加工，整个工艺流程如图 7-23 所示。

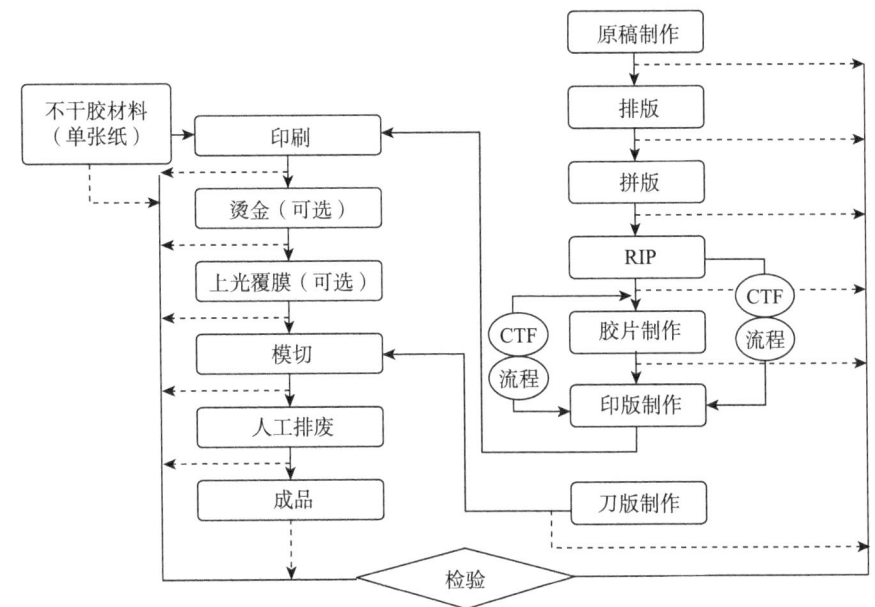

图 7-23 基础标签印刷工艺流程

2. 可变信息标签印刷

可变信息标签印刷通常采用打印机打印的方式完成印刷图文的再现，有以下几种方法完成可变新标签的制作。

第一种方法：由材料供应商提供分切和模切好标签图形的单张纸，由打印机打印。打印机根据计算机的指令把操作者编排的内容规则地打印到每个标签上。应用时手动撕下标签，贴到物品上。

第二种方法：预先加工好的单张纸由条形码打印机打印后成为数据标签或挂牌等。

第三种方法：标准规格的单张纸由打印机打印成标签。

（二）不干胶标签卷筒纸印刷方法

不干胶标签卷筒纸印刷是由专用的标签印刷机和加工机完成。不同的标签机有不同的功能，但基本的工艺流程相同，可根据标签的用途选择合适的工艺路线。不干胶标签卷筒纸印刷工艺流程如图7-24所示。

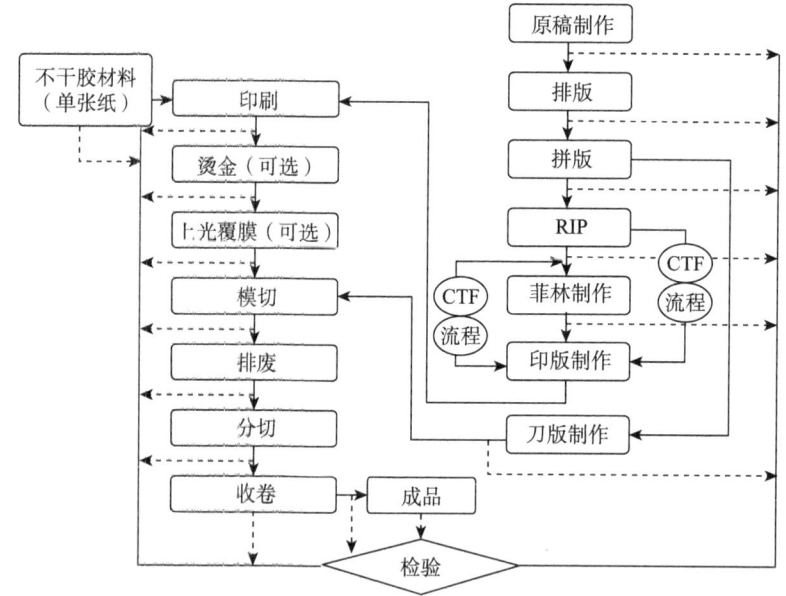

图 7-24 不干胶标签卷筒纸印刷工艺流程

与单张纸不干胶标签印刷流程相比，卷筒纸印刷的工艺流程集成化程度更高，因为标签印刷机大都采用模块化设计方式，使得生产方式的选择更加灵活。不管是单张纸印刷方法还是卷筒纸印刷方法，其印前流程及工序与其他印刷相似。

1. 印刷

不干胶标签印刷在标签印刷机上完成，通常标签印刷机包括一个供纸及其开卷装置和几个印刷单元。这些印刷单元都是插入式印刷单元，有插入式胶印、柔印、丝网印刷、凸印，或烫金箔/热压凸加工等，有时还可以采用插入式凸版雕印单元、插入式上光单元和UV干燥装置等。不干胶印刷机的主要形式有三种：平压平印刷机、圆压平印刷机和圆压圆印刷机。

（1）平压平式不干胶印刷机

平压平式不干胶印刷机的各机组采用平台式设计，如在印刷机组印版和压印部位均采用平台式设计，以平压平型的压印方式完成图文的转移。平压平式不干胶印刷机一般由给料装置、印刷装置、烫印或模切及收料装置组成，如图7-25所示。由于印刷机组采用平压平型压印方式，卷筒纸印刷机采用间歇式供料系统，承印物静止时，印刷和模切或烫印部位同时进行，完成压印和模切或烫印。这种机型比较适合简单、小面积图文的不干胶标签印刷，进行简单彩色网点的套印时，速度快效率高。

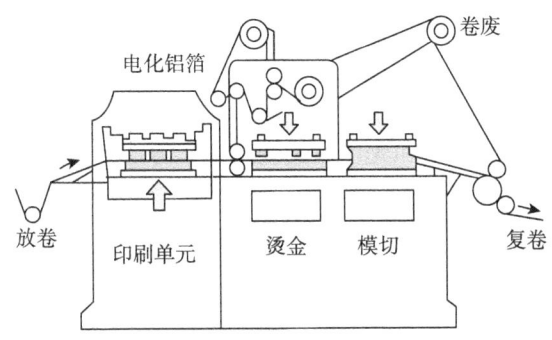

图7-25 平压平式不干胶印刷机示意图

（2）圆压平式不干胶印刷机

圆压平式不干胶印刷机的印刷机组采用圆压平型的压印方式，印版装在圆筒形印版滚筒上，压印部位为平台式，印刷时印刷台固定不动，印版滚筒往复旋转完成多色印刷，如图7-26所示。这种机器适合印刷带有实地、普通彩色的不干胶标签，速度较慢，印刷质量较平压平式不干胶印刷机好，但较圆压圆式不干胶印刷机差。

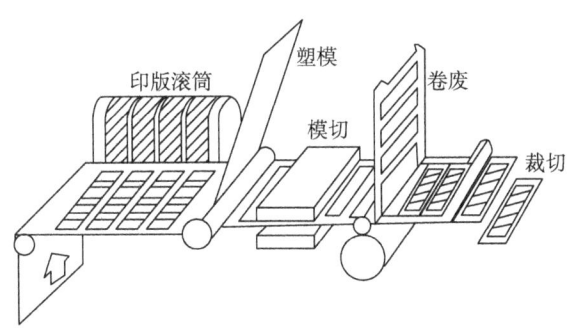

图7-26 圆压平式不干胶印刷机

（3）圆压圆式不干胶印刷机

圆压圆式不干胶印刷机的印刷机组采用圆压圆型压印方式完成印刷图文的转移，大多数采用卫星式滚筒排列形式，其基本结构如图7-27所示。圆压圆式不干胶印刷机在完成印刷工序后，可以进行模切和复卷，也可以根据需要在模切后进行裁切，这种机型适合各类图文的印刷，且印刷质量好、生产效率高。

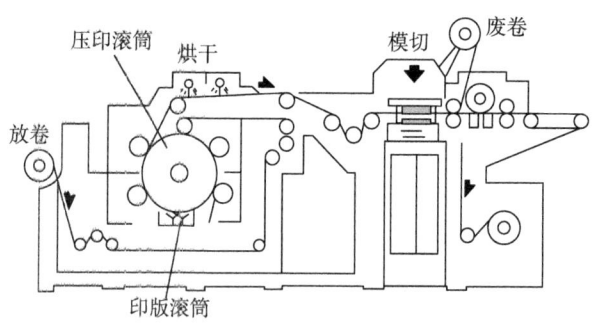

图7-27 圆压圆式不干胶印刷机

2. 烫印

根据标签机的结构有先烫后印和先印后烫两种加工方法。先烫后印即先完成不干胶材料上需烫印的图文部分，然后再进行表面其他图文的印刷；而先印后烫是先完成不干胶材料表面的印刷图文，再进行图文烫印。根据烫印机组的压印方式有平压平型和圆压圆型两种烫印方式，通常平压平型烫印方式应用于间歇式输纸的小型标签印刷机上，而圆压圆型烫印方式应用于连续式输纸的大型标签印刷机上。

3. 模切

与传统的模切工艺相比，不干胶模切的不同之处在于采用半切透工艺，即只切断面材，而不切断底纸，有平压平和圆压圆两种模切方式。前者适合各类标签机使用，而后者一般应用于圆压圆标签设备上。

复习思考题

1. 请说明各类纸盒、纸箱印刷技术方式及其生产工艺流程。
2. 请说明典型塑料包装印刷技术方式及其生产工艺流程。
3. 请说明典型金属包装容器印刷技术方式及其生产工艺流程。
4. 请说明不干胶标签印刷技术方式及其生产工艺。

参 考 文 献

[1] 金银河. 包装印刷技术 [M]. 北京：印刷工业出版社，2005.

[2] 刘真. 印刷概论 [M]. 印刷工业出版社，2008.

[3] Helmut Kipphan. Handbook of Print Media[M]. Germany：Springer. 2001

[4] Hugh M. Speirs. Introduction to printing technology (4th edition) [M]. British Printing Industries Federation. 1992.

[5] 赵秀萍，顾翀. 柔性版印刷技术（第二版）[M]. 北京：中国轻工业出版社，2013.

[6] 王洋等. 卫星式柔印 [M]，北京：文化发展出版社，2021.

[7] 金杨. 数字化印前处理原理与技术 [M]. 北京：化学工业出版社，2006.

[8] 张逸新. 分色制版新技术 [M]. 北京：中国轻工业出版社，2001.

[9] 金杨. 数字化印前处理原理与技术 [M]. 北京：化学工业出版社，2006.

[10] 尼尔森 著，赵志强 译. 包装印刷 [M]. 北京：印刷工业出版社，2010.

[11] 许文才. 包装印刷技术（第二版）[M]. 北京：中国轻工业出版社，2015.

[12] 刘世昌. 印刷品质量检测与控制技术 [M]. 北京：印刷工业出版社，2000.

[13] 藏广州. 凹印印刷技术分册 [M]. 安徽：安徽音像出版社，2003.

[14] 霍李江. 丝网印刷实用技术 [M]. 北京：印刷工业出版社，2008.

[15] 楚高利. 特种印刷技术 [M]. 北京：印刷工业出版社，2009.

[16] Frank J. Romano 著，王强 译. 喷墨印刷 [M]. 北京：文化发展出版社，2018.

[17] 姚海根，孔玲君，徐东，姜中敏. 喷墨印刷 [M]. 北京：印刷工业出版社，2011.

[18] 姚海根，孔玲君，金张英. 静电照相数字印刷 [M]. 北京：印刷工业出版社，2012.

[19] 陈晓平. 条码印制技术 [M]. 北京：清华大学出版社，1995.

[20] 张逸新. 现代标签印刷技术 [M]. 北京：化学工业出版社，2005.

[21] 朱梅生. 印刷品上光技术 [M]. 北京：化学工业出版社，2005.

[22] 曹园，曹华. 最新印刷品表面整饰技术 [M]. 北京：化学工业出版社，2004.

[23] 刘尊忠. 防伪印刷与应用 [M]. 北京：印刷工业出版社，2008

[24] 张逸新. 印刷与包装防伪技术 [M]. 北京：化学工业出版社，2006.

[25] 钱军浩. 印刷机械 [M]，化学工业出版社，2005.5

[26] 江谷，朱雨川. 软包装印刷及后加工技术 [M]，印刷工业出版社，2007

[27] 张选生. 印后加工工艺与设备 [M]. 北京：印刷工业出版社，2007.

[28] 钱军浩. 印后加工技术 [M]. 北京：化学工业出版社，2003.

[29] 翁洁. 印后加工机械 [M]. 北京：化学工业出版社，2005.

[30] 张海燕. 印刷机与印后加工设备 [M]. 北京：中国轻工业出版社，2004.

[31] 吴艳芬，郭云清. 印后加工工艺 [M]. 上海：上海交通大学出版社，2008.

[32] 唐万有. 印后加工技术（第二版）[M]. 北京：中国轻工业出版社，2016.

[33] 马静君，武吉梅. 印后加工工艺及设备 [M]. 北京：印刷工业出版社，2007.

[34] 霍李江. 纸盒生产实用技术 [M]，化学工业出版社，2005.8

[35] 任宪姝，霍李江. 瓦楞纸箱生产工艺生命周期评价案例研究 [J]. 包装工程. 2010.5

[36] 徐世桓. 无水胶印技术与市场分析 [J]. 今日印刷. 2009.8

[37] 王梅. 无水胶印及其发展前景 [J]. 广东印刷. 2000.5

[38] 柴承文，武淑琴. 无水胶印输墨系统油墨温度控制方法 [J]. 北京印刷学院学报. 2015.4

[39] 王琪. 金属罐印刷与加工工艺的研究 [J]. 包装工程. 2006.8.

[40] 王琪，王素玲. 条形码印刷与质量控制 [J]. 印刷质量与标准化. 2007.1.

[41] 任云. 印刷图像质量评价 [J]. 印刷质量与标准化. 2004.4.

[42] 姚海根. 印刷质量的主管评价和客观评价 [J]. 印刷杂志. 2005.7.

[43] 李予. 印刷品质量分析与评价 [J]. 印刷杂志. 2005.6.

[44] 范敏. 关注印刷生产过程中产生的污染 [J]. 印刷质量与标准化. 2005.7.

[45] 李超. 网点扩大补偿释疑 [J]. 印刷世界. 2005.6.

[46] 杨祖彬. 包装印刷设计中印刷材料的选择问题 [J]. 包装工程，2006.2.

[47] 谢德红，简川霞. Photoshop 中校正色偏的几种方法 [J]. 广东印刷. 2006.2.

[48] 简川霞. Photoshop 的色彩校正 [J]. 印刷世界. 2004.10.

[49] 陈全东. 浅析塑料薄膜印刷里印与表印工艺 [J]. 中国包装. 2005.1.

[50] 科印网. http://www.keyin.cn

[51] 必胜网. http://www.bisenet.com

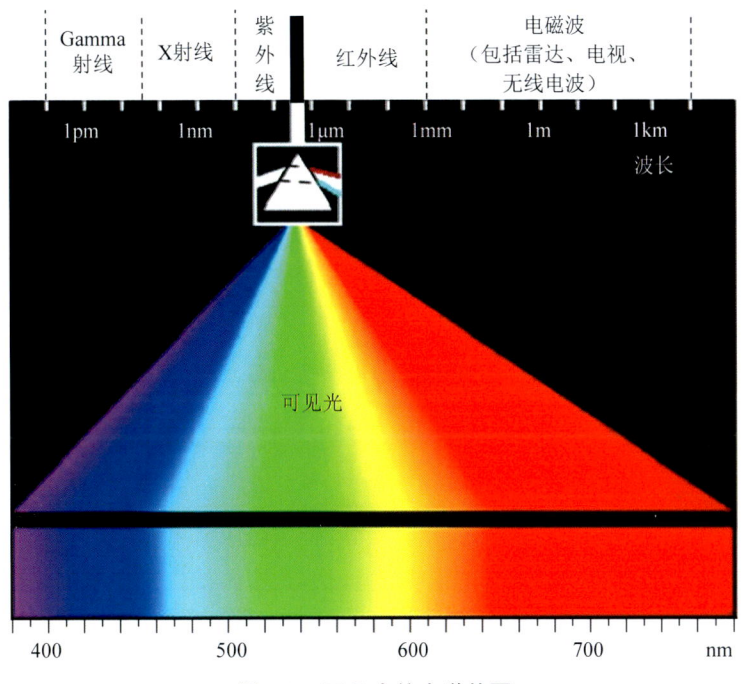

图 2-2　可见光的光谱范围

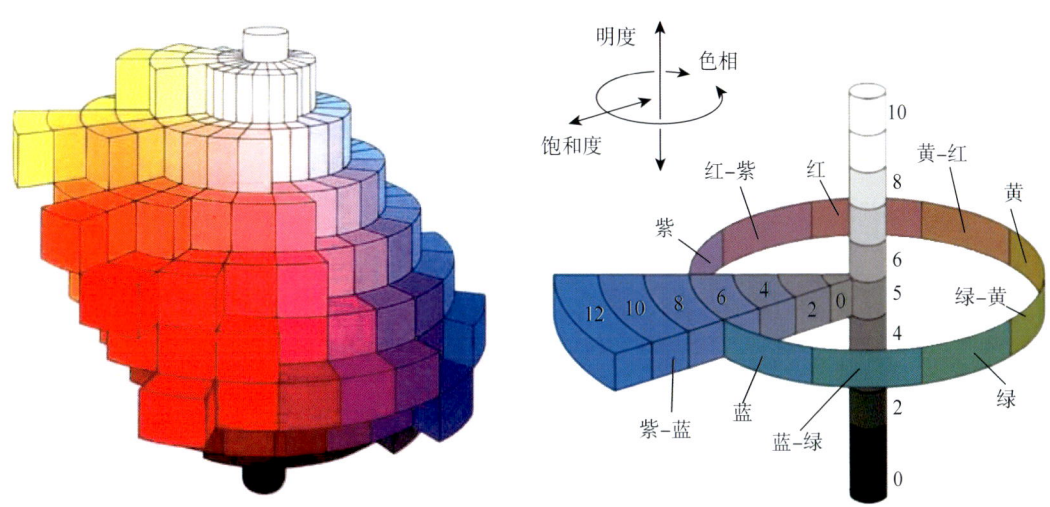

图 2-3　孟塞尔表色系统

图 2-5 色光加色法

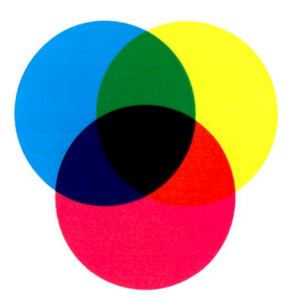
图 2-6 色料减色法

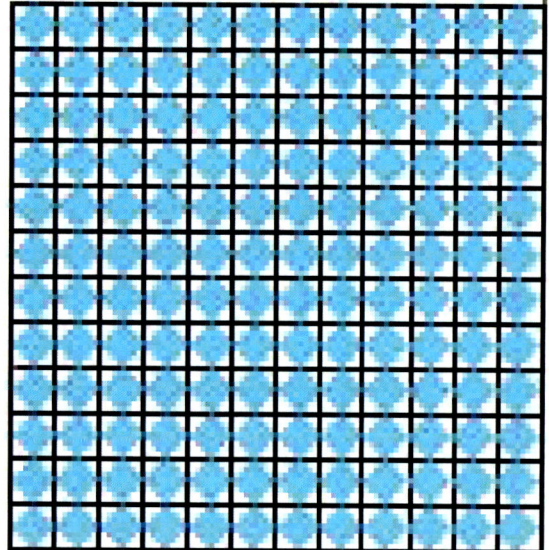

图 2-12 90°角排列的 50% 正方形网点

图 2-13 50% 时正方形网点开始搭接

图 2-14 70% 处圆形网点开始搭接

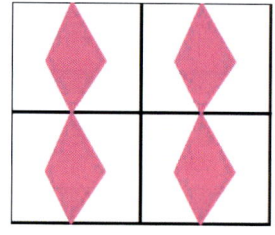
（a）网点面积为 25% 时

（b）网点面积为 75% 时

图 2-15 菱形网点的搭接

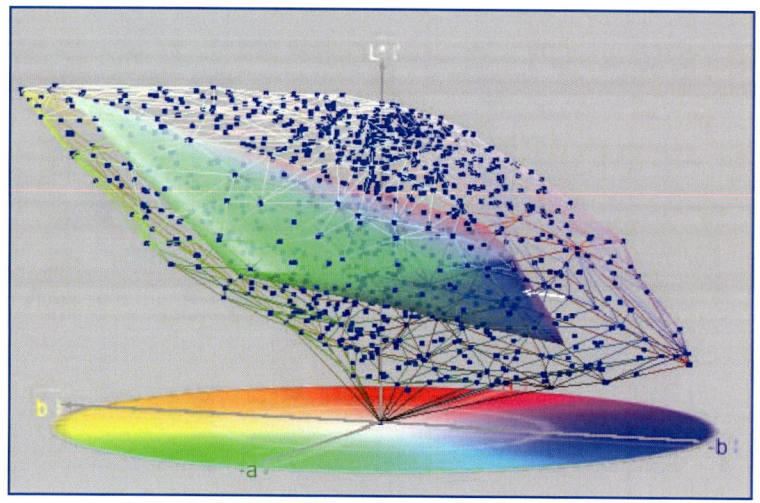

图 2-34 部分专色与打印机色域比较